序

　　近年來由於企業積極參與政治、經濟及社會事務，並配合國家各種公共政策的執行，使企業界體認到其經營管理活動不該再侷囿於產銷策略的研擬範圍，而是應擴展至更積極的政策層面，因此，對企業政策的確立，亦日益重視。

　　本書係為提供研究企業政策者的參考，以整合基礎，依邏輯演繹過程，將企業政策的確立，由一般理論及觀念架構著手，根據學理、判斷情勢、研析事理、詳察因由，推斷各項經營管理的準則。本書計分十二章，前七章，說明政策確立、目標選定、評估內外環境、策略研擬、決策執行，以培養觀念為主，旨在介紹有關企業政策的知識、態度與技術；後五章，則依企業功能探討政策的有關內容，而社會責任為今日企業倫理的內涵，故一併討論。

　　本書自蒐集資料起，迄完稿止，歷時五年，其間蒙龔師平邦、馬師鍾良、沙師燕昌等舉薦與提攜，在撰述及行政經驗上助益甚大，趙董事長常恕、徐董事長風和、交通大學教授同仁及陳定國博士諸學長指導，雙親、兄長及內子照顧，均銘謝在心。坊間有關管理著作不少，願本書問世有助斯學研究之參考，則感幸甚。個人雖試圖融會論述，但以學殖有限，謭陋之識，難堪重任，疏漏謬誤之處在所難免，敬請學者前輩不吝賜教匡正為盼。

陳 光 華 謹 識

民國七十年元月於交通大學

企 業 政 策

陳 光 華 著

學歷：成功大學交管系畢業
美國猶他大學管理碩士
現職：交通大學教授

三 民 書 局 印 行

國家圖書館出版品預行編目資料

企業政策／陳光華著.－－初版五刷.－－臺北市；三
民，民90
　　面；　公分

ISBN 957-14-0259-1　（平裝）

490

網路書店位址　http://www.sanmin.com.tw

© 企 業 政 策

著作人　　陳光華
發行人　　劉振強
著作財
產權人　　三民書局股份有限公司
　　　　　臺北市復興北路三八六號
發行所　　三民書局股份有限公司
　　　　　地址／臺北市復興北路三八六號
　　　　　電話／二五〇〇六六〇〇
　　　　　郵撥／〇〇〇九九九八——五號
印刷所　　三民書局股份有限公司
門市部　　復北店／臺北市復興北路三八六號
　　　　　重南店／臺北市重慶南路一段六十一號
初版一刷　中華民國七十年三月
初版五刷　中華民國九十年十月
編　　號　S 49008
基本定價　柒　元
行政院新聞局登記證局版臺業字第〇二〇〇號

ISBN　957-14-0259-1　（平裝）

企業政策　目次

序

企業政策與管理教育

第一章　企業的政策

第二章　企業的目標

第七章　企業的決策

第八章　企業的行銷管理政策

第九章　企業的生產與物料管理政策

第十章　企業的財務管理政策

第十一章　企業的研究與發展政策

第十二章　企業的社會責任政策

參 考 文 獻

企業政策與管理教育

　　在一般大學管理教育或企業經理人員訓練班的最後階段，常開授有關制定企業經營策略或是整體性管理的課程，諸如「企業政策」、「企業整體經營」或「企業個案研究」……等，而將管理訓練的學習情緒掀到最高潮。開授這種課程的主要目的，顯示了一項事實，就是以較現代化的教育或訓練方法、材料及標準，使學習者能夠熟習決策理論，模擬地訂定經營策略，建立系統觀念，並運用管理訊息 (management information) 等技能，以激發學習者在面臨企業經營的實際挑戰時，能有效地應用先前所學過的管理知識與技術，發揮能力，解決經營管理上的問題；同時，並使學習者能因此而充分地了解管理的機能、目標、內容、方法、標準及責任，以增加他們未來在實際經營時具備更豐富的知識、技能及經驗。上述的教育方法，已成為當今舉世為促進國家邁向現代化過程中的基本工作，為配合「企業政策」觀念的推展，本文將就企業管理教育的特質、演進及教學方法作一整體性說明，以供參考。

第一節　企業管理教育的意義與特性

所謂「企業管理教育」(Business Education)，簡單地說，就是教育界或企業界爲了順應時代潮流，配合環境變化的需要，所推行加強企業組織與經營管理的人才培育工作。要瞭解「企管教育」的意義，必須從二種觀點來考慮，一是「企管教育」的基本性質，另一是它的結構來說明。

一、企管教育的基本性質

企管教育的基本性質，主要是指它的多效性、全面性、時代性與長期性而言。

（一）多效性

企管教育不僅是教育界配合企業經營需求的一項政策，也是企業的一項「長期人力發展計劃」(Long-term manpower Development plan)，與企業組織、經營策略、管理制度等息息相關，而且相互影響。因此，推行現代化企管教育，對企業本身而言，可提高經營的效率與效果；對有志於從事商務的青年或企業內部員工而言，不僅吸收了許多管理知識，增加經營經驗，提高工作能力，同時亦可培養出工作的熱忱和興趣，激發工作情緒，並且可養成自立的能力，供來日從事管理工作或自己創業時發揮應用。因此，企管教育的功能是多效性的，廣受青年學生，從業人員及企業家所歡迎。

（二）全面性

企管教育的對象是全面性的，不僅青年學生，企業內部的基層或中層員工，各級幹部，即使是最高經營階層的總經理或企業主，也應接受

各種不同階段的管理教育或訓練。

（三）時代性

企管教育的效果，固然可提高經營效率，健全管理制度，只是經營的環境常由於時代的變化，發生新的問題，進而影響或左右了教育的效果，故教育方式或內容必須常與企業的實際需求密切配合。倘若企管教育只對企業基層員工或各級幹部施予強迫性的教育訓練，而企業本身的制度與經營策略却未能符合時代潮流的要求，則企管教育的推行必然遭遇重重的阻礙，因此，推行企業教育時，必須考慮到企業的現實需求。

（四）長期性

企管教育是一種長期性的人力投資，其效果必然是緩慢性與遲效性的。因此在推行時，可能會遭遇到許多困難，諸如初期時投資費用龐大，效果不易顯著……等，倘若沒有信心、恒心與熱心，常會引起許多不良的反應與不同的困擾，因此在推行企管教育前，必須有全盤性與完整性的長期計劃供執行參考，同時，也必須確實追踪考核，以檢討其效果。

二、企管教育的結構

美國哈佛大學企業管理學院 (School of Business, Harvard University) 教授安德魯博士 (Dr. Kennth Andraws) 曾將企管教育因配合企業實際需要的不同，而劃分爲下列三種課程結構系統：❶

（一）「制定式」課程法 (Institutional approach)

早期的企管教育內容係按照各種特定行業所需要的技能或知識來設計課程，特別是有關保險業、房地產業與運輸業等，到現在仍在採用此

---

❶ Kenneth R. Andrews, "The Progress of Professional Education for Business," *M. B. A.*, Vol. II, No. 1, Part I, 1967, pp. 6–11, 43–47.

一方式。「制定式」課程的目的，主要是爲需要人才的企業機構訓練所需的基層人員或幹部，故課程的內容以專業技能或工作方法爲主，多半由企業按照其產業或職務的需要設計課程並負責編撰教材，甚至於所需的專業師資，有時亦可委託外界的顧問公司或訓練中心設計或辦理專業基礎訓練。一般現行產業與教育機構所進行的建教合作，或民間顧問公司所舉辦的各項工作或實務研習班均屬之。

(二)「功能式」課程法 (Functional approach)

　　一般教育機構的管理教育係以訓練學員能執行「企業機能」(business function)爲製訂課程的依據，以提供學習者能了解有關的計量分析、控制技術及組織行爲等一般觀念，並培養其執行企業有關的人事、財務、生產、物料控制或行銷管理作業能力。由於「功能式」課程內容係以經營管理所需的工具課程（如語文、會計、統計等）及企業機能的基礎課程（如組織與管理、行銷管理、財務管理、生產管理等）爲主，故又稱爲「工具導向」(tool-oriented) 課程法。

(三)「整合式」課程法 (Integrating-idea approach)

　　「整合式」課程是爲了強調學習者的執行決策能力，所設計的整體性策略訓練方式。這種課程法的主要功能，在培養高階層主管所需的技能、知識、責任感、價值觀念與心理準備等，譬如一旦擔任總經理職位後，所需了解的職責、功能、態度、價值觀念及責任感應如何，才能配合企業要求！在此情況下，學習者不再是負責執行部門作業的單位主管而已，他同時被要求嘗試分析企業經營環境中，有關社會、經濟、政治、技術等因素變化時對企業機能可能的影響，此外，並能識別企業所面臨問題的核心，研討解決問題的可行方案並做適宜的決策，訂定營業目標與方針，預測市場未來的趨勢與特性，評估可能的經營機會與風險程度，及所應擔負的社會責任等項目。這種管理教育的重點以培養觀念

爲主， 而不再是強調作業執行過程的功能了！ 大學教育中的「企業政策」、「企業個案研究」課程， 與一般顧問公司所開授的「領導人員統御訓練」、「管理才能發展研究班」等均是以此爲目標。

第二節　企業管理教育的發展

一、美國管理教育的發展

　　自1900年代初期， 美國教育界應企業界要求， 在賓州、麻州、加州及芝加哥地區各大學設立現代化「企業管理教育計劃」❷ 以來， 除1925-33 年經濟大蕭條期間 (The Great Depression periods) 及 1941-45 年二次大戰期間外， 管理教育一直是企業界與教育界間一項極獲注目的共同研究論題， 每年均舉行討論有關管理教育的集會或年會 (Annual Conference)， 不斷提供改進企業管理教育的方式與材料。

　　科學性研究管理教育濫觴 於 1910 年 佛雷斯諾 敎 授 (Abramham Flexner) 爲「卡內基高等敎育基金會」(Carnegie Foundation for the Advancement of Teaching)所提出的「佛雷斯諾醫學敎育報告」(Flexner report on medical education) ❸ 中述及注意學員人性問題及配合社會科學之敎育訓練方法， 這種見解到現在仍爲多數從事企管敎育工作者所津津樂道。 正式研究管理教育應以 (1) 哥倫比亞大學教授戈登(Robert A.

❷　1881年美國賓州大學瓦頓財經學院成立， 爲現代化商業及管理教育的濫觴， 隨之， 1898年芝加哥大學設立管理與商學院， 加州大學設立商學院。1908年哈佛大學首創企業管理研究所， 培養企業管理研究生， 並頒給企業管理碩士 (MBA) 學位。

❸　Abraham Flexner, *Medical Education in the United States and Canada* (New York: Carnegie Foundation for the Advancement of Teaching, 1910)

Gordon) 及霍爾 (James E. Howell) 在「福特基金會」(Ford Foundation)
資助下所提出的「戈 登 報 告」(Gordon Report) ❹ 及 (2) 皮爾遜教授
(Frank C. Pierson) 及其同僚在「卡內基基金會」資助下所提出的「皮
爾遜報告」(Pierson Report) ❺ 最爲著名。

　　上述兩研究報告所獲得的結論幾乎完全相同，均明確地檢討美國管
理教育的現況、變化、發展趨勢、學生期望及企業需求型態，說明訂定
課程及修訂課程的原則，並根據一般大學裏管理科系學生的素質、畢業
後表現、師資、教學方法、研究方式及管理發展計劃，證明一項事實：
卽企業管理教育的目標，並非僅僅在訓練會計師、運輸經濟專家或工業
工程師 (Industrial engineer)，而是須以「實用導向」(realistical oriented)
爲依歸，以培養未來企業領導主管的正確管理思想及價值觀念爲主旨
(conceptual oriented) 的教育方法。換言之，管理教育不僅在訓練一位
執行企業作業機能的專家，並且爲社會儲備未來的領導份子。因爲，就
一名企業家而言，「他除了爲其企業本身謀求利潤外，並須擔負起協助
解決當時社會問題及推動社會政策發展的責任」❻ 。在此前提下，管理
教育的課程，應以當時需要與當地環境來訂定其教材內容，而毋須要求
「標準化」(unstandardized) ❼ 。根據「皮爾遜報告」的研究。發現一般

---

❹　Robert A. Gordon and James E. Howell, *Higher Education for Business* (New York: Columbia University Press, 1959)

❺　Frank C. Pierson and Others, *the Education of American Business* (New York: McGraw-Hill Book Co., 1959)

❻　James C. Worthy, "Education for Business Leadership", *Journal of Business* (The Graduate School of Business of the University of Chicago) Vol. XXVII, No. 2, p. 76–82.

❼　見 Robert D. Calkins, "The Problems of Business Education", *Journal of Business* (January 1961) Vol. XXXIV, No. 1 文中引述皮爾遜報告意見及其個人見解。

管理教育或訓練，均犯有下列缺點：

(1) 學生素質過低，能力不足擔當未來主管的職務。

(2) 缺乏嚴格的基礎教育訓練。

(3) 師資不足，且缺乏認眞教學。

(4) 課程無助於未來管理發展所需，且過份專業化。

(5) 學生負擔過重。

根據兩報告的建議，理想的管理教育發展計劃應具備下列特點：

(1) 較一般典型的商學教育而言，具有更多的管理觀念的教育，更
少職業訓練性的課程。

(2) 訓練管理主管具備適合我國國情與社會環境的價值觀與判斷基
礎。

(3) 了解工作意義。

(4) 協助企業家了解他在處理事務中所須持有的立場，及對社會的
責任。

(5) 強調有效執行作業及嚴正責任感的領導方式。

二、歐洲管理教育的發展

二次世界大戰後，歐洲各國的企業迅速發展，許多公司都變成大企
業，甚至於成爲國際性的企業集團。美國式的管理方式也漸漸地在世界
的各種企業管理工作上嶄露頭角，許多歐洲學生也紛紛赴美國學習「企
業管理」的知識，然後囘國傳佈他們所學的技能，許多國家，尤其是
德、英、法等，爲了要趕上美國的企業管理科學，也設立企業管理學
院，並聘請美國的專家學者來協助他們發展管理教育❽。

---

❽　英國在 1914 年以前，由於商業公會反對管理現代化，管理教育亦不受
重視，歐洲其他各國亦然。二次大戰後，由於受到美國國際性與多國性企業競

初期，歐洲的管理教育在教學方法與教材內容上，遭遇了挫折，主要是「美式」管理觀念以「解決問題」(problem-solving-through-people) 爲基礎，而將統計、會計、計量控制等技術列爲管理工具，然而，歐洲各國的社會制度、經濟情況與文化背景均與美國迥異，管理的基礎訓練並未成熟，尙停留在「學習事務」(subject-matter-to-be-learned) 階段，無法像美式教育一般，將學員依企業機能作業確立他們在企業內部的職責，或改變他們傳統的價值觀念與週圍的社會制度，以適應「美式」的「個案討論」(case study) 的教學方式❾。另外，還有一項困擾，是來自歐洲的企業界仍然抱着懷疑的態度，因爲歐洲各國常受到經濟蕭條的影響，故企業管理教育是否爲實際有效的訓練方式，抑或是一項能免則免的奢侈品，成爲一項長期爭議的論題❿。然而，不可否認的事實是正規的現代化管理教育一直在西歐各國間蓬勃地發展。

三、我國企業管理敎育的研討

我國的管理教育亦隨歐美現代化教育的潮流，早在民國二十年代中期業已創設，惟對本國管理教育方法與教材內容的科學性研究則爲近年

爭影響，又在美國政府支助的「國際合作總署」(International Cooperation Agency) 支援下，方漸發展。有關文獻見 Mary. E. Murphy, "Education for Management in Great Britain," *Journal of Business*, Vol. XXVI (Jan. 1953), p. 37; Lyndall Urwick, "The Development of Scientific Management in Great Britain," *British Management Council Report* (London 1938), pp. 9–12 及 J. A. Bowie, *Education for Business Management* (London: Oxford Univ. Press, 1930), pp. 127–31.

❾ Harold J. Leavitt, "On the Export of American Management Education," *Journal of Business*, Vol. XXX, No. 3, (July 1957), pp. 158–160.

❿ *Ibid.*, pp. 153–154.

之事。

　　近三十年來，我國在臺灣的經濟發展十分迅速，已朝向開發國家邁進，經濟結構急劇地轉變，因此淘汰過去落後的經營型態乃是必然的趨勢，在工業邁向現代化的過程中，各種科技人才都有可能向國外覓求，惟獨企業管理人才必須由國內來培養，因為真正的管理知識必須奠基於本國文化，對本國國民行為有徹底的了解，然後才能有效的運用，因此我國的企業界今後將需要大量受過優秀管理教育或訓練的人才來擔當重任。

　　我國的管理教育雖已相當發達，然而企業界仍認為教育界方面的某些做法與企業界的要求仍有相當距離。民國64年夏，中華民國企業經理協進會以兩個月的時間，就「企業與管理教育」為題，做了廣泛而深入的討論，其結論報告並於該年八月舉行的第十三屆年會中提出，並呈送教育主管當局參考。其研究的結論包括下列諸項：

(1) 教育機構之課程、班次、招生人數、性別，為配合就業，宜依據企業實際需求加以規劃。

(2) 為增進教育界對於經營實務之認識，企業應儘量提供學生參觀或實習的機會。

(3) 企業界可邀請教授帶領少數學生，在企業內部擔任研究經營管理上所遭遇的問題。

(4) 教育界和企業界可考慮組設「企管教育研討委員會」，經常檢討師資的教學方式，及改進課程。

(5) 企業界參加教育界舉行的企業個案研究的討論[11]。

民國65年3月，國立政治大學企業管理研究所黃俊英教授，對二百

---

[11] 「企業與管理教育」，中華民國企業經理協進會第十三屆會員大會，2-10頁。

名企業經理協進會會員及 175 名各大學企業管理課程師資之抽樣調查顯示，回件中的95％均承認企管教育和企業實務間確有差距存在⑫。其差距的原因，主要可歸納為下列七項：

(1) 教材偏重理論，　　　　(2) 優良師資不足，

(3) 課程不切實際，　　　　(4) 教學方法不好，

(5) 學生求知精神不夠，　　(6) 建教合作溝通不夠，及

(7) 自然差距。

有關縮短上述差距的方法，據回件者一般意見，可歸納為下列五項⑬：

(1) 改善教材內容，使理論與實務配合，並且多採用適合國情的教材。

(2) 改進教學方法。

(3) 提高師資素質，多了解實務。

(4) 加重實務課程，及

(5) 加強建教合作。

企管教育的時代性必須由教育機構與企業界來共同承擔，這項任務可謂任重而道遠，唯有不斷的研究與討論，引發更多有效的方法，才能有助於改進與解決企管教育與企業實務間的差距。

---

⑫　黃俊英，“企管教育與企管實務的差距”，「企業經理月刊」(臺北市：中華民國企業經理協進會) 94期，p. 3，據該文說明二百名經理 (回件率45.5％) 與 175 名大學企管專業課程教師 (回件率 61.71％) 中，回件的 95％承認企管教育與實務間有差距存在，61.11％教師與 51.65％的經理並認為差距顯著。

⑬　*Ibid.*，有關差距原因之調查反應統計比率，及縮短差距方法之調查反應統計比率從略。

第三節　企業管理課程的敎學目標

教育是項「樹百年之功」的長期性投資，企管敎育對於企業家或資本主而言，更是一項嚴重的挑戰。因爲，他正以有限的資源供給企業內部各管理階層從事經營上的賭注，因此，一般企業主均要求他們的經理人、幕僚或各部門的主管均須具備下列的能力：

(1) 有堅強的意志能力，對企業外在環境的變化能做充分與成熟的思考。

(2) 有組織能力，能分派各種生產要素，且能協調各部門的作業機能。

(3) 能愼謀遠慮的能力，對未來市場機會做合理的判斷，且能獨立決策，並具有負責的心理準備。

(4) 有正確的意識，建立完整的社會責任的觀念，使企業配合環境要求。

(5) 有敎育工作的熱忱，以平衡發展各階層的人力資源，銜接各部門作業機能，促進組織的成長[14]。

爲了培養管理人員具備上述的能力，因此，一般敎育機構或顧問公司的訓練班，依照發展程序而將敎育或訓練方式區分爲下列二個階段：

一、基礎階段 (Primary Stage)

在此階段裏，學員被要求須具備下列能力：

(1) 能有效運用已學過的知識、管理原則與技能的能力。

---

[14] Pearson Hunt, "Management and Training for Management", *Scientific Business*, February 1964.

(2) 對解決企業問題時，須具備發展或分析的能力。

(3) 在分析企業問題後，能提出解決方案的能力。

二、專業訓練 (specialized training)

在此階段裏，主要在訓練學員獨立思考和分析判斷的能力，並接受管理的經驗，其內容為：

(1) 在各種實際挑戰氣氛中（如實地參觀、實習、建教合作研究計劃），經驗企業的各種機能作業，並且了解其性質。

(2) 以個案研究，經營演習，甚至於實地參與解決企業問題等方式，不斷地吸收在不同環境中企業決策的經驗。

(3) 發展管理聯繫 (Management Communication) 的技能，將各種可行方案，以文字撰寫出政策性的說明[15]。

上述的教學目標，可以歸納成下列三種不同的角度來詳細說明，唯有各方面平衡發展，才能相輔相成，達到企業界的要求。

一、知識上目標

(1) 在企業存續經營的前提下，須具備訂定企業整體性政策的知識，如「組織與管理」、「企業政策」等。

(2) 配合企業機能，須具備能處理各部門作業的基本知識，如「人事管理」、「財務管理」、「生產管理」、「行銷管理」等。能分析、預測與掌握企業環境的知識，如「商事法規」、「經濟學原理」、「商業循環」、「經濟分析」、「會計學原理」及「成本會計」等。

---

[15] William T. Greenwood, *Business Policy* (New York: Macmillan), 1967, pp. 7-9。

(3) 須具備解決企業問題的方法或技能，如「作業研究」、「系統分析」等。

二、態度上目標

(1) 須能獨立與客觀地思考，並以管理通才(generalist)的立場處理企業整體性的問題。

(2) 配合企業環境實事求事，而非純理論的研究。

(3) 須具有企業家的氣質，能充份運用管理資源，適宜決策，並能評估風險，承擔經營責任，而非自私自利的商賈作風。

(4) 不斷地發揮個人的想像力與創造力，主動開拓市場機會，而非守成地經營。

(5) 勇敢地面對公衆，並且擔負起企業對社會的責任。

三、技能上目標

(1) 能有效地分析企業環境，了解有關問題的事實，建立實用性假說，創造解決的可行方案，試求可能的結論，並且預估期望的結果。

(2) 能掌握企業現有的特性及未來發展的方向，評估市場機會及可能的風險程度。

(3) 能發揮組織與協調的能力，運用所有的生產資源。

(4) 能適時決策解決問題，事後對績效的考核，能提出修正的方案或回饋的訊息 (feedback information)[16]。

---

[16]　綜合 Edmund P. Learned, et al., *Business Policy: Text and Cases*, (Homewood, Ill.: Richard D. Irwin, 1968), pp. 3–11, 及 H. N. Broom, *Business Policy and Strategic Action* (New Jersey: Prentice–Hall, Inc., 1969), Memo. To Student pp. 3–4.

第四節　企業管理教育的教學法

由於企業所面臨的環境複雜而多變，管理的問題又不限圍於特定作業或單一部門內，在決定公司整體目標時常需要各階層的參與，因此一般管理教育皆強調，學員應主動地分析教材內所列舉問題的情況 (situations)，應用所學過的知識參與決策，以培養獨立思考、分析與判斷的能力，日後才能承擔起企業的管理工作。

企管教育的教學方法，大致可分為兩類，一是灌輸性的，由教授將前人經驗的累積或實驗調查的發現，作有系統的講述傳授，一是啓發性的，利用個案或專題，讓學員就問題想出解決的辦法。後者，由於採行方式不同，又可分為：(1) 個案教學法，(2) 專案研究法，(3) 管理競賽法，與 (4) 專題演講法等，茲分述如下。

一、個案教學法 (Case Method)

又稱「實例研究法」(case studies)，乃哈佛大學企業管理研究所主任唐漢 (Wallace A. Donham) 於 1926 年為了培養優秀管理人才，參照法學教育的判例研究及醫學教育的臨床研究所設計出的訓練方式，數十年來，該教學法已普遍為各方所接受，故又稱「哈佛教學法」(Harvard method of instruction or teaching)。

所謂「個案」(case)，事實上只是一項事件的檔卷 (files)，包括大量的資料，旣無一定的排列次序，也未必和解決的問題都有關係。典型的企業個案著重在敍述公司的歷史、管理階層的建立、財務及營業資料的公佈，及經濟或社會變化的影響等，某些顯著的事件常輕筆淡寫帶過，而一般事實皆以平淡與靜態的語氣說明，縱使有時事件擴大，亦在撰寫

者授意下，以其他情況代替之，而多數事實的說明皆無結論。參加個案研究的學員在上述情況下，必須自行發掘問題，選擇有關資料，發展可行方案，選擇解決問題的最宜答案，有時資料不足或事實不明之處，亦必須假設以為解決問題的根據⑰。

　　個案教學法的基本前提認為，解決問題的答案不能由教授傳授學員，必須由學員親自去討論摸索，因此，在「行而求知」的原則下，由於各個案常提供企業所有可能的活動，則學員透過集體討論的過程，擔任蒐集事實及分析的角色，積極參與學習，並執行所有管理機能的作業，包括企劃、決策、組織、執行及績效控制等工作，以鍛鍊其能力。一般個案實例活動的情節，必須能吸引學生的興趣，並考驗其管理能力，此外，學習環境亦須配合，教授在實施個案研究時的方式與認真程度，均可能影響教學的效果。在「個案教學法」中，教授的工作以誘導學員往研討的途徑為主，他必須摒棄獲求答案的意願，亦須避免指明解答所在，因為任何他個人的主觀或偏差均可能影響學員的研究結論，教授宜忠實地引導個案內的事實，接受學員各種不同的意見，以交換各人的看法，避免學員在討論過程中互相攻訐或逞辯，使所有的個案研究均由學員本身按其所了解的情況下，做出答案。

　　個案教學法使得學員直接對決策的後果負責，然而迄今尚無一方法能提供個案教學即時獲得成效，學員們唯有不斷地研討個案以獲得竅門與經驗。一般研討個案常依下列步驟進行：

　　(1) 情況分析 (situational analysis)　首先必須認清問題的所在，如何時、何地、何人、為何及如何發生問題。

───────────

⑰　George D. Greenberg, Jeffrey Miller, Lawrence Mohr, and Bruce Vladeck, *Case Study Aggregation and Policy Theory.*, Unpublished manuscript, (Univ. of Michigan: Ann Arbor, 1974), pp. 6–10.

(2) 發展並評估可行方案 (development and evaluation of action alternative) 接着，糾合各種管理資源，掌握各種影響問題的因素，發展一些可能解決問題的方案，並比較其彈性、效用、風險程度及可能的成本效益比 (Ratio of cost-benefit)。

(3) 選擇最適宜的答案 (The action decision)。

(4) 執行與考核(Implementation and checking of action decision)

俟執行的細部計劃完成後，將決定的方案付諸實行，並因應環境需要隨時調整，使計劃得以順利進行，在規定的日程內並考核之，以作為修正或下次企劃時參考[18]。

「個案教學法」的特點是：學員的主要工作在綜合不同事實的特性，故重點不在獲求答案，而答案亦可能不止一個，此外，透過集體討論，發揮集體創造力亦符合民主原則[19]。它與傳統的講課或討論方法比較，有下列顯著的區別：

(1) 重視個案內所敍述的事實，強調實際參與的經驗。

(2) 重視彈性原則，因應事實需要。

(3) 重視培養學員思考過程，訓練運用資料訊息的能力[20]。

個案研究介紹到我國的企管教育，已有十年以上的歷史，目前個案教學方法在國內企管教學上亦逐漸盛行，惟在個案的取材上，仍以採用外國個案居多，主要的原因在於外國個案種類齊全，來源甚多，採用方便。我國的政治大學企業管理研究所在行政院國家科學委員會資助下，從事

---

[18] H. N. Broom, *op. cit.*, memo. pp. 11–12.

[19] Robert K. Yin & Karen A. Heald, "Using Case Survey Method to Analyze Policy Studies", *Administrative Science Quarterly*, (Sept. 1975), Vol. 20, pp. 371–380.

[20] *Ibid.*, pp. 371–380.

臺灣企業管理個案的發展，已有相當的成果，分別於民國六十三年二月、十月及六十五年二月出版三輯「臺灣企業管理個案」。由於本國的企管個案必須自己發展，自己編撰，也必須配合本國企業環境的變遷與實際需要，俾使企管教育能發揮效果，因此這三輯臺灣企管個案的出版，對推動國內個案教學方法的發展，自有其相當的貢獻。

二、專案研究法 (Project Method)

專案研究法係教育界透過建教合作，在一定計劃或專案下長期研究企業的實際問題。在此訓練方式下，學員一面在學校接受管理知識，一面在企業內部實際從事作業或研究工作，使企業與學校間很難正式的劃分，則理論與實務得以同時配合。美國的辛辛那提大學 (Univ of Cincinnati) 及麻州理工學院 (M. I. T.) 諸校均採顯此教學法，以發展其企管教育。

學員在專案研究法中，依其專案的性質，主動地參與企業內部工作，並就企業的問題負責正確與完整的資料蒐集與情況分析後，提出解決問題的可行方案。另一方式的專案研究法是企業就問題的性質，自內部選擇適當的作業或幕僚人員至學校選修適當課程，或與學校的教授、研究員組成研究小組共同解決企業的問題。上述數種方式，均必須受企業負責人的督導，以控制專案計劃的進度，並考核其績效。學員除蒐集資料外，有時尚須實地調查(field survey)，提供分析或研判的參考。定期地並將研究的結果舉行專題研討，提供企業決策或執行的根據，與回饋修正的參考。

專案研究法在企管研究所採行較多，主要的理由是研究生具備統計、會計、經濟、組織與管理，及計量決策的知識，較易發揮研究的成效，另一方面，大學部學生人數較多，而企業所能提供的專案計劃極為有限，

在實行上較為困難。

我國企業對專案研究法的支持，已較往昔改進甚多，並有朝向蓬勃發展的趨勢，尤其在組織設計、工作規範、生產設計、品質管制、存貨控制及市場分析等專題上，理論與實務的結合，企業與教育界間的合作均有極顯著的成績。

三、管理競賽法 (Management Games)

管理競賽法又稱「企業遊戲」或「經營演習」(Business Games)，一般學者專家常以「管理決策模擬法」(management decision simulation) 稱之。乃是利用一般企業情況，以演習和競賽方式，讓參加人員自動地採取積極行動，使之體驗實際企業經營的內容，以培養各階層管理人員在企業管理工作中具備分析、思考及決斷的能力，是一種較新式與頗佳的訓練方法。

「管理競賽」傳說是淵源於我國的圍棋，將棋及西洋棋等遊戲原理，亦或謂起源於軍事教育的圖上作業或沙盤演習。此項高效果的管理能力訓練法是於1957年始正式出現於美國，其歷史雖短，但十餘年來在美國及各國迅速盛行，對近年的企管教育及企業發展，貢獻甚鉅[21]。

在管理競賽中，設有數個模擬的企業[22]，每一參加人員須參加一個

---

[21] 1957年5月，有20家企業主或高階層管理人員參加美國管理學會(AMA)在紐約市亞士都旅館 (Hotel Astor) 舉行高階層決策模擬專題演講 (Top Management Decision Simulation Seminar) 竭力推薦發展該管理決策技術，隨後四年內，有89種管理決策模擬或競賽方法適用於工商企業或企管教育，迄1965年共有220種以上方法流行。見 P. S. Greenlaw, L. W. Herron & R. H. Pawdon, *Business Simulation in Industrial and University* (Englewood cliffs, N. J., Prentice-Hall, Inc.,), 1962, p. 340.

[22] 以往管理競賽皆區分為四小組，每組約有 5～6 人，每一次競賽時間約三天，共15小時，近年來已有許多改變，組數不定，而連續性模擬之管理競賽其時間延長。

企業的實際經營工作，譬如擔任總經理、生產部經理、營業部經理、財務部經理、企劃部經理、總務處處長、會計長或其他幹部，在各模擬企業特定的目標下，各成員須逼真地扮演其職位的管理角色，凡一切經常在企業經營中，實際上會遭遇到的生產問題、銷售問題、財務問題、投資問題等均納入競賽的情況中，參加人員就模擬企業所提供的財務報表或經營有關的資料，按其利潤水準、現金狀況、存貨、市場佔有率、企業在產業的地位、生產能量、訂購量、成本分析，及成長率等諸因素，運用學識和智慧去分析情況、處理問題、決定方針、採取對策，使參加人員在不斷變化的競爭環境中，獲得所需的技能與經驗。

各小組的競賽目標係以各模擬公司每季的營業狀況來決定，在開始新決策時，各小組得被告知最近一季決策的結果。管理競賽後的各組結果，須受到競爭者反應及經濟循環的影響，故在決策時，對於競爭者的可能反應，及循環波動的可能變化，均須預測並評估其可能衝擊程度，而將公司作適當的調整，根據競賽結果所完成的企劃，將可提供測驗各組管理能力的依據。

每一參加小組在每學期至少要完成12次決策，同時對過去所做過決策與最近一季實際發展作一比較、修正後，再預測下一季的結果。各組保有對模擬企業狀況的圖表，使管理人員得了解與發現差異原因，提供環境變化時修正的參考，並做為評估實際結果的指標。

由於管理競賽係為一連續性的決策模擬作業，故指導教授須注意下列諸項要求：

(1) 須使參加學員就其模擬的管理角色，如同真正管理人員在實際作業中工作。

(2) 須配合學生的背景與能力。

(3) 須激勵學生引起學習興趣。

(4) 競賽過程甚為費時費力，故競賽內容必須實際有用[23]。

管理競賽的方式不勝枚舉，然而依其性質而言，可歸納為下列兩大類:

(一) 早期的管理競賽方式，僅以簡單的數學為基礎，模擬運算如比率分析、成本分析等項目，其目的亦僅在訓練管理人員執行企劃作業，而教學的材料亦多半取自哈佛大學的個案教學法。

(二) 自從「管理科學」(management science) 發展後，管理競賽方式亦有顯著的改進，依實施方式的不同，又區分為下列種類:

(1) 依競賽的過程中，是否考慮競爭者彼此間相互的影響，分為「交互競賽法」(interactive model) 或「自主競賽法」(non-inter-active model)。

(2) 依競賽結果，考慮其信賴度之不同，分為「獨斷競賽法」(deterministic model) 或「機率競賽法」(probabilistic model)。

(3) 依競賽決策程序，是否考慮其「連續性」影響，分為「靜態競賽法」(static model) 或「動態競賽法」(dynamic model)。

(4) 依競賽的訓練機能與對象之不同，分為「個人競賽法」(individual-type game) 或「團隊競賽法」(team-type game)。

(5) 依競賽時使用工具之不同，分為「筆算競賽法」(hand-scored or manual type) 或「電腦競賽法」(computer-scored type)[24]。

近年來，企業大量運用電腦程式處理資料的結果，亦衍生對管理決

[23] Robert C. Graham & Clifford C. Grey, *Business Games Handbook* (New York; American Management Association, 1969).

[24] 自 Stanley Vance, *Management Decision Simulation* (New York: McGraw-Hill Book Company, 1960) 一書中彙總而成。一般坊間刊物報導皆區分為 AMA 式、哈佛大學式，及 UCLA 式，惟近年來競賽技術的多樣化，已難作明確區分。

策實施電腦模擬運算，使管理競賽有着突破性的發展，管理人員不再限囿於「靜態性」計劃的說明，而以動態分析或企劃來促進決策程序的科學化！例如在行銷上有 MARKSIM，財務上有 FINANSIM，生產上有 PROSIM 等決策模擬之程式可以援用❻ 。

實施管理競賽教學法可獲致下列效果：

(1) 協助參加人員認識問題的情況，決策的過程與重要性。

(2) 促進了解企業各部門的功能與彼此間關係，培養幹部的綜合性經營經驗。

(3) 發揮管理理論、原則及方法的運用能力。

(4) 激勵參加人員對決策結果的責任感。

(5) 提供參加人員對動態決策與企劃的工作經驗。

對於管理競賽與個案研究間的關係，可做下列的說明，競賽較傾向「企劃」功能，而個案則較重視「控制」功能，對學員而言，個案中企業政策的分析將可協助達成競賽之決策，而政策所面臨環境的變化，亦可能影響政策的訂定，從「回饋性系統分析」而言，個案研究與管理競賽間有互為因果，相輔相成的功效。

四、專題演講法 (Seminar Approach)

專題演講法係專為傳播知識，改善技術或增進了解，而就特定專題提出各種研究心得之會議訓練方式，盛行於各科技專業的高階段教育計

---

❻ 分見 Paul S. Greenlaw & Fred W. Kniffin, *MARKSIM: A Marketing Decision Simulation*; Paul S. Greenlaw & M. William Trey, *FINANSIM: A Financial Decision Simulation*; Paul S. Greenlaw & Michael P. Hothcustein, *PROSIM: A Productional Decision Simulation* 均由 International Textbook Company (Scanton, Pa.), 1964 年出版。

劃中。在企管教育方面，芝加哥大學早年的「管理人員訓練計劃」(executive training program)，亦採用此一方式，藉會議之進行，融合各種不同的研究觀點與結論，並使與會人員透過意見交流，獲得所需的訊息與經驗。專題演講法的主題必須與管理問題有關，其範圍可為純理論研究結論，應用研究發現或發展過程之檢討，參加人員可為教授、學員、專家，或企業中的負責主管，甚至於資深的從業人員，每一研究或專題報告約二至四小時，包括宣讀、說明、討論及結論等步驟，務使參加人員經過專題演講後，應用或發展其管理知識與能力。

專題演講法在我國學術團體中亦極為盛行，如中華民國管理科學會、品管學會、系統分析學會……等，均常舉行專題演講討論會，多數管理研究所亦採取此一方式，大學部中因課程性質的限制較難採行，然而部份課程如「中小型企業管理」(Small Business Management)、「企業問題研究」等亦可配合實施。

上述數種教育或訓練法，均為國內外企管教育計劃中較現代化或科學化的方式，我國今後為發展管理人力，宜針對我國傳統教育方式的缺失，研究改進之，並因應時代需要採行科學化訓練方法，以促進國家及早邁向現代化。

第一章　企業的政策

　　儘管科學技術不斷革新，管理方法亦不斷改進，對企業而言，仍有一項基本問題永待解決，即如何在「人盡其才，地盡其利，物盡其用，貨暢其流」的最高經濟原則下，使企業的經營更經濟、更有效，並達到經營的目的。然而，如何才能引導每一企業經營順利，依多數成功企業家的看法，均同意確立一完整的「企業政策」(Business policy)，乃是最適當的途徑！

　　一般人對於企業政策的確立，皆認為那只是企業高級主管的職責罷了！事實並不盡然，任何受過企業管理教育或訓練，且有志於從事管理生涯者，皆必須研究企業政策。此由於政策的確立，涉及一整體性概念，對於企業的內外情勢必須全盤了解，倘未經此一訓練過程，單憑個人的經驗，一旦面臨將企業整體利益視為一體的經營決策時，常會千頭萬緒，束手無策之感，否則，也是楊枝灑水，毫無方向可言。因此，了解企業政策確立的有關知識、態度與技術，乃是管理者在高階養成過程中最受注目的內容，期對政策的研究，「從理論與實務中，擷精取華，深入研討，反覆推究，切實取法，長期磨鍊，而後深造自得」，乃能成為企業

所仰賴其興衰繼亡的柱石。

第一節 企業政策的意義與特性

一、政策的意義

「政策」（policy）又稱「方針」（guide）或指導原則，依「公共行政」（public administration）或「政策科學」（policy science）等學門對政策的系統性解釋，政策乃在前提利益的存在下，為達成利益的特定程度，選定適宜的目標（objectives）；並為達成該目標，確立合理的「思想指導原則」（guide to thinking）或「活動方針」；在此指導原則或方針指引下，對未來的行動設定其「行為範疇」（code of conduct）；依據此行為範疇，制定執行的「策略」（strategies）、「方案」（program）或「工作方法」（method），使任何行動的決策與結果，均得以達成預期的目標，並使前提利益得以實現❶。此一觀念性的闡述，說明政策係在反映行動的意向，為執行人員所遵循以達成計劃目標，或決策所依據以規範合理行動的思想性說明❷。一般公共行政或管理的學者專家稱之為「政策」；統計專家稱為「決策法則」（decision rule）；系統工程師則稱之為「常備計劃」（standing plan）。

政策的前提利益，有基本性的，如國家利益、社會利益、企業利益，乃至於個人利益；利益亦有特定性的，如經濟利益、非經濟利益等。對

---

❶ Walter H. Klein and David C. Murphy, *Policy*: *Concepts in Organizational Guidance* (Boston, Mass.: Little, Brown, 1973), ch. 1.

❷ William F. Glueck, *Business Policy*: *Strategy Formation and Management Action* (New York: McGraw-Hill, Book, Co.,) 1973, p. 4, p. 301 and p. 351.

企業而言，企業的前提利益，係以「營利」為目的，為達成該目的，必須選定各種經營目標，設計適宜的組織系統，制定執行的策略與工作方法，調配可用的管理資源，以應付或克服外在環境變化的衝擊。因此，「企業政策」乃是企業依其經營性質的要求，在「利益」的目的下，為達成該目的而選定所需經營目標，並指導管理者制定策略或行動方式所遵循的思想指導原則或行為範疇❸。

二、政策與計劃的關係

對於企業高級主管而言，確立一完整且有效的企業政策係為其主要職責之一。然而，對於一般中下級主管，政策則是最常被誤解與誤用的管理詞彙，因而造成許多不實與不當的行動，主要是由於「政策」與「計劃」(plan)、「策略」、「方案」，乃至於「規則」(rule) 或「程序」(procedure) 等用語皆常混淆使用所致。

事實上，不論是目標、政策，或是策略、方案、方法、規則與程序等，都是計劃在各種情況下所呈現不同類型的同義字，是管理人員為解決企業所面臨現有或未來問題，而使用「智力過程」(mental process)，即「策劃」(planning) 活動所產生的結果。企業的計劃，因其待解決問題的性質不同，可分為財務性、生產性、行銷性、行政性及研究發展性等項目 (items)；因問題所隸屬企業組織單位不同，可分為全公司性、子公司性、部門性、專案性，乃至於多國性經營等層次 (dimensions)；

---

❸　參閱 Thomas J. McNichols, *Policy Making and Executive Action:
Cases on Business Policy* (New York: McGraw-Hill), 4th. ed., 1972;
William T. Greenwood, *Business Policy*, (New York: Macmillan) 1967;
Edmund P. Learned, et. al., *Business Policy: Test and Cases*, (Ill.:
Richard D. Irwin) 1968; H. N. Broom, *Business Policy and Strategic
Action* (New Jersey: Prentice-Hall, Inc.,) 1969 諸書中對企業政策之定義。

因時效的不同，可分爲長期性、中期性及短期性等階段 (time term)；因問題解決的性質不同，而有經濟性、彈性、數量性、難易性、正式性、成文性、公開性、策略性、主要性、理智性、廣泛性及複雜性等特性 (characters)； 因企業適用過程的不同， 而有公司組織章程、 信條、 目標、政策、策略、方案、方法、預算、程序、規則等類型 (patterns) ❹ 。

在一個企業組織中，由於各階層與各單位部門的主管衆多，所司的工作事項極爲複雜，卽使每位主管都具有現代化的管理才能與訓練，也無法確保各單位的目標與組織總目標一致，更無法肯定各單位的行動確實符合企業的要求，因此，較可行的方法乃是將組織的基本「使命」轉換爲長期「目標」，確立指引處理事務的「政策」，制定資源配合運用的「策略」，估算所需投入資源的「預算」，決定執行行動的「方案」、「方法」與「程序」，評估及考核績效的「規則」，並依據各作業功能及各

圖 1-1　企業計劃類型間的關係

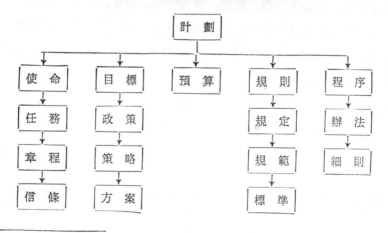

❹　M. Valliant Higginson, *Management Policy: Vols. 1 and 2 AMA Research Study 78,* (New York: AMA, 1966)；陳定國， "企業整體策劃"，「金工」（工業管理與研究專輯），民國 64 年 1 月，第 12 頁。

級人力能力，訂定各種不同時間長度或責任程度的計劃，供各單位或部門人員在執行時所依據與事後衡量績效的「標準」，在此一系統性說明中，包括例行性的日常工作及特定性的「專案」(project)在內，將企業所使用各種類型計劃間的關係，作觀念性闡述，如圖 1-1 所示，該圖示最足將政策與其他各種類型計劃的關係作合理的敍述。

三、企業政策的緣起與特性

企業政策的發生，旣以利益存在爲前提，惟其發生的緣由，主要可歸納爲下列幾個來源：

(一)外在環境的衝擊

許多企業的問題，皆源自外在環境的變化與限制。企業爲爭取有利的經營環境，並掌握變化的動向，必須確立因應的政策，作爲經營管理行爲的準繩，並依據該基礎，制定有效的執行策略與方法。

(二)企業高級主管的要求

政策常代表着企業高級主管對組織目標的看法與銓釋，並藉憑此政策之規定，作爲統一或調整經營管理活動的主要手段，使組織內各部門與全體成員，在活動時能整體配合。

(三)反映企業基層的請示

企業的基層人員在面臨企業問題或遭遇作業的例外狀況時，並非在主管授權範圍內，當請示上級主管裁奪其所擬辦的方案，或指示有關作業的原則，此種決定常形成政策的內容。

(四)對未來的期望

政策的確立，常是企業當局盱衡內外在情況態勢後，對未來發展的有關假設，並依據該假設與現行實際情況比較，以發現可能的企業問題對策或市場機會；此外，政策亦提供一種確定的行爲基礎，使企業內部

許多不同的策劃活動，獲得共同的想法或依據。

因此，政策的發生，必然涉及上述的任一緣由，無論是問題、機會、情況或意向的基礎，均必須在組織的特定利益的前導下，進行政策確立的作業。

嚴格地說，明確的企業政策乃具有下列的特性：

(1) 企業政策是企業一切行政活動的未來基礎。

(2) 企業政策必須反映出組織利益、目標或管理者意向。

(3) 企業政策必須配合環境變化的要求，彈性地調整企業的功能，並適用於各部門。

(4) 企業政策必須符合社會的「公共利益」❺。

(5) 企業政策必須解決企業現有或未來發生的問題。

(6) 企業政策指引一貫性的決策，在情勢重演時，可繼續貫澈到底的遵循。

(7) 企業政策指導制定策略與方案，並建立規則與標準。

(8) 企業政策乃是經過縝密思考與理智抉擇後的結果，以原則性指導為主，並不詳述細節。

(9) 企業政策能以文書敍述，且易為部屬或全體員工所了解。

(10)企業政策必須能評估並考核之。

(11)企業政策以穩定及永久性為原則，然而，亦可依內外在情勢變化或執行的回饋 (feedback)，適宜地修正。

了解上述政策之緣起與特性後，可知政策為文，將支配企業今後各項經營管理活動的方向，則在確立政策之過程，不可不慎重了！

---

❺　H. N. Broom, *op. cit.,* pp. 34-35.

第二節　企業政策確立的程序

一、政策確立的步驟

政策既爲計劃的特定類型，其確立的程序，當類同其他計劃的策劃過程。惟政策確立與策略制定，在要求上有顯著的不同，前者較重視長期性與一般性發展，後者則注重短期性與專業性的做法；政策確立與決策(decision making)更是截然不同，政策在確立行爲的準則，而決策則就若干可行方案中作合理的選擇。

因此，整個企業政策確立程序，依科學性的推繹，應按下列步驟進行❻：

(一)識別利益(advantage identification)

確認企業的前提利益，並識別特定利益的性質，以確定企業的基本使命，爲確立政策的第一步，也是企業存在價值的前提。管理者當依據該前提利益與基本使命，設計組織章程 (chart) 與信條。

(二)選定目標(choice of objectives)

企業當局將所欲達成基本使命的程度，轉換成組織目標，以提供企業行動的方向與追求的對象。並將組織目標轉換成各單位的次級目標，以提示各部門作業的範圍與規範。

(三)情況分析 (situation analysis)

企業使命能否實現，端視目標能否達成；欲達成目標，企業管理當局必須對現況、內外在環境變化及未來情況動向，進行檢討、研判及推

❻ 參閱 H. N. Broom, *Ibid.*, pp. 36-37; Alan L. Patz, "Notes: Business Policy and the Scientific Method," *California Management Review* (Spring 1975), Vol, XVII, No. 3, pp. 87-90.

斷，即情況分析。此步驟主要爲搜集各種事實資料，及應用各種科學方法或技術以評估內外在環境的變化及發展，包括下列活動項目：

1. 理論解釋 (theory contruction)：將企業所面臨現有或未來的問題或機會，特別是政治、經濟、社會或技術各方面的發展，以理論模式、想像力、創造力或實證研究 (empirical study) 的發現爲基礎，將現象、問題及機會賦予理論的關聯，以提供較合理的說明。

2. 假說建立 (hypothesis building)：對企業所面臨問題或機會的現象、觀測發現及未來推斷等說明，依假說要件，建立假說關係，以進行假說檢定，推研其一般性或差異性的內涵，奠定較正確及較合理性的判斷基礎。

3. 情況測度 (phenomena measurement)：有關企業問題或機會的說明及觀察結果，以各種測度方法蒐集所需的資料，並予減縮 (data reduction) 及彙總，建立數量化或統計的關係；對於非數量化的資料，亦予分類及彙編，俾提供推論所需。

4. 研判推論 (defensible conclusion)：將測度所蒐集到的資料，應用統計推論方法或其他科學技術，推定企業問題或機會與理論間的相互關係，並發現問題或機會的特性、可能的因果關係、時間因素及可能的限制等結論。

(四)擬定政策內容 (policy setting)

在經過情況分析階段的比較、研判及推論後，將可發現到許多解決或處理企業問題與機會的理論、原則或假說，及採取該措施的重點、注意事項及可能發展的途徑及依據等，彙總這些學理、原則、前例或習慣等，即可作爲確立企業今後行爲規範的參考。經過管理者不斷的研討及修正，必能獲得很多合理、具體及適宜的政策草案，最後再從許多可行

的政策草案中，確立最合理與適宜的政策內容。

(五) 敍述說明(interpretation and statement)

確定後的政策內容，必須以文字或數字敍述予以具體化，或編撰成「政策表」(policy manuel)，將企業的使命、信條、目標及未來經營管理活動準則等詳述書明，使企業的全體員工週知，並有所遵循。

上述程序的發展，可以圖 1-2 表示之。

圖 1-2　政策確立的邏輯步驟

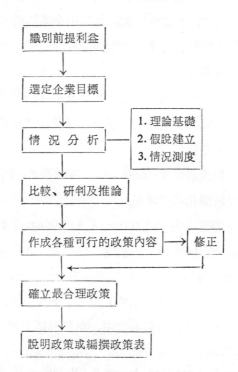

此外，卡士特 (Fremont E. Kast) 與羅森祖(James E. Rosenzweig) 兩教授則依據企業策劃的過程，對政策確立的程序提出下列步驟，極具

參考❼：

(一)首先，評估企業所處社會的政治、經濟、競爭或其他環境因素
的未來發展。

(二)推想在上述環境中，企業所預期扮演的角色。

(三)識別顧客的需求型態及發展趨勢。

(四)決定其他「利害團體」(interested parties)，如股東、員工、供
給者等的需求及變化特性。

(五)提供一個溝通及開放系統，使企業組織成員能參與決策過程。

(六)發展多目標的整體性計劃，以指引企業活動的整體性方向。

(七)根據研究發展、生產、分配與服務等基礎，將整體計劃轉變成
功能性計劃。

(八)在每一功能性計劃中，訂定更詳細的次級計劃及其預算。

(九)提供一個資訊交流及管理聯繫的系統，使組織內的多數成員均
能參與策劃活動。

(十)建立一個資訊回饋(feedback)及控制系統，以控制策劃的進展，
並依問題變化適宜修正。

最值得一提的是，史天納 (George A. Steinger) 教授以企業整體策
劃 (comprehensive planning) 的觀點，將企業所需的各種計劃類型與政
策，及其彼此間關係與所採取行動先後秩序的結構與邏輯過程，以圖 1-3
的整體策劃系統說明一個「有效率」與「有效果」的政策確立程序。

在圖 1-3 的企業整體策劃系統中，主要包括下列三項步驟❽：

❼ Fremont E. Kast and James E. Rosenzweig, *Organization and Management* (New York: McGraw-Hill), 2nd, ed., 1974, pp. 452-453.

❽ 參閱 George A. Steiner, "Approaches to Long-range Planning for Small Business", *California Management Review* (Fall, 1967), p. 5.

圖 1-3　企業整體策劃系統

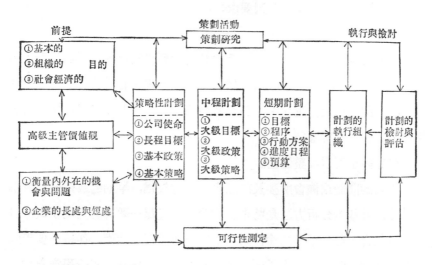

資料來源: 同❽。

(一)將企業的經營目的、高級主管的價值觀、企業內外在環境的問題或機會，及企業本身能力等因素，建立為企業各種計劃的前提基礎(premise basis)。

(二)依據策劃活動的要求，對企業策略性（長期性）計劃、中期計劃及短期計劃進行策劃研究 (planning　study) 及可行性測定 (feasibility testing)。

(三)依計劃內容建立執行的組織，執行計劃，並在執行後予以檢討、評估及回饋。

二、政策確立過程的要求

前述的步驟或結構，均足以說明政策確立的過程，惟依企業政策特性中的闡述，任何計劃內容均必須針對企業問題或機會的人、事、時、

地的特性，並配合各方面的需要。爲達到上述的要求，因此，企業政策
在確立過程中，必須滿足下列要求：

(一)對人而言，全面性。

政策的緣起，旣代表企業高級主管對問題或機會的看法、意向或態
度，及對未來發展的期望，用以指引企業內部經營管理活動的思想指導
原則，因此，在確立過程中，必須考慮到「全面性」的要求，使企業全
體員工了解並有所遵循。

(二)對事而言，整體性。

企業的問題或機會所涉及的因素常錯綜複雜，早期的政策研究較爲
機械性，其基本分析方法是將事、物分解，從每一要素的角度予以探討
後，再集合一起，期由此途徑對此事物有所了解，然而，從每一要素的
角度去窺伺，常無法深入了解事物的整體概況。從許多實證研究獲知，
社會現象是整體事物的運轉，很少事物的發生是獨立而不受其他因素影
響的，而且，經由各要素角度去探討事物，再集合一起，常缺乏調和；
因此，作爲企業全面行爲準則的政策，在確立過程中，必須符合「整體
性」的要求。

(三)對時間而言，適應性。

企業的問題或機會，部份是現時已發生，部份則將於未來發生。對
於現時的問題或機會，企業必須卽刻確立因應措施；有關未來的發展，
則依各時間長短階段的不同要求，釐訂短程、中程與長程政策予以配合。
此外，企業問題或機會的特性，皆具有前後的因果關係，如何調和時間
因素，使影響減至最小程度，在確立政策的過程中，「適應性」的要求
亦是十分顯明！

(四)對空間而言，開放性。

企業的經營管理須依據企業使命或目標，將內外在的控制因素及管

理資源相互結合，然而，企業的外在環境因素變化，常非企業所能掌握。因此，管理當局必須針對環境需要的性質，彈性地調整其功能，調配其資源，以達成企業的使命與目標。因此，指引經營管理活動的企業政策，在確立過程中，就必須重視「開放性」的要求！

　　爲使企業政策的確立，因人、事、時、地的特性，符合全面性、整體性、適應性與開放性，乃至於生態性、動態性等的要求，就必須依據許多理論與學理爲研擬的基礎，因此，使「政策科學」乙詞乃成爲研究政策的邏輯用語了！

第三節　企業政策的種類與內容

企業政策可依照不同的分類標準，而有下列各種歸類：

一、依重要性分

(一)主要政策 (primary policy)：有關企業經營的主要活動 (major activities)，如財務、生產、行銷、行政及研究發展等活動的方針。

(二)輔助政策 (auxiliary policy)：除主要活動外，各種次要經營活動 (minor activities)，如股利、採購、促銷、薪資及員工福利等活動的方針。

二、依確立過程分

(一)正式政策 (formal policy)：政策之確立，乃經過嚴謹的程序與縝密的思考、分析、比較、評估及研判，並獲得股東大會、董事會或企業高級主管會議通過，以正式書面表示的經營方針。

(二)非正式政策 (informal policy)：企業的經營方針並未經過正式
會議通過程序，係員工經過長時期經驗累積或習慣上認同，並
無書面說明。

三、依範圍分

(一)基本政策(basic policy)：有關企業經營的整體性目的，長期使
命及基本目標的說明。

(二)一般政策(general policy)：有關企業經營活動之一般性處理原
則。

(三)次級政策 (sub policy)：企業組織內各單位部門達成其部門目
標之行為準則。

四、依組織層次分

(一)全面政策 (corporate policy)：有關企業經營整體性活動方向，
或全面性達成長期使命及基本目標之經營方針，例舉見附錄。

(二)部門政策 (devision policy)：企業組織內各單位部門達成其次
級目標或部門目標的行為指導原則；部門政策的整體化效果，
乃是全面政策達成企業基本目標的基礎。

五、依決策方式分[9]

---

[9] 參閱 Robert L. Katz, "Skills of an Effective Administrator,"
Harvard Business Review (January 1955), pp. 33–42 及 H. Igor Ansoff,
Corporate Strategy (New York: McGraw-Hill), 1960, ch. 2. 惟 Parson
教授對「策略性政策」(strategic policy) 之決策方式稱之為「政策性」決策
("policy" decision)；「行政性政策」(administrative policy) 之決策方式
稱之為「分派性」決策 ("allocative" decision)；「作業性政策」(operating
policy) 決策方式稱之為「協調式」決策 ("coordination" decision)。 見

(一)策略性政策 (strategic policy)：企業高級主管決定企業經營特性，評估環境、機會及風險，調配資源，確定經營規模及產品品質等整體性活動所遵行之經營方針。

(二)行政性政策 (administrative policy)：中級主管對組織內資源的分派，各級主管的權責與授權、行政事務的協調與考核等活動所遵行的指導原則。

(三)作業性政策 (operating policy)：下級主管對企業日常生產日程、銷售、存貨、績效記錄與效率評估等技術活動所遵行的指導原則。

六、依企業功能 (business function) 分⑩

(一)財務政策 (financial policy)：有關企業籌募資金、資產投資與管理、預算設計、風險規避、股利發放等作業的經營方針。

(二)生產政策 (manufacturing policy)：有關企業採購、存貨控制、生產設計、生產程序、生產計劃、品質管制、設備更新、研究發展等作業的經營方針。

(三)行銷政策 (marketing policy)：有關企業對市場調查、產品發展、訂價、促銷、分配通路 (distribution channel) 及行銷評估等活動的經營方針。

(四)管理會計政策 (managerial accounting policy)：有關企業利潤計劃、預算、成本控制、稅捐處理、會計制度設計、審計等作

Talcott Parsons, "Suggestions for a Sociological Approach to the Theory of Organization", *Administrative Science Quarterly*, (June, 1956), Vol. 1.

⑩　H. N. Broom, *op. cit.*, pp. 40–41.

業的經營方針。

(五)一般管理政策 (general management policy)：有關企業經營目
的與目標、長期策劃、策略制定、組織設計、執行作業程序、
權責分派、高級主管聘僱及發展、領導型態、評估及考核制度
等作業的經營方針。

(六)人事政策(personnel policy)：有關企業員工的甄選、任用、訓
練及發展、薪資制度、獎工、福利制度、提陞、調離職、退休
制度、工作設計、產業關係及團體諮議等作業的經營方針。

七、依管理功能 (management function) 分[11]

(一)策劃政策 (planning policy)：指引企業策劃各階段計劃、內容
細節、必需程序及部屬參與之行為準則。

(二)組織政策 (organizing policy)：指引企業設計其組織特性及結
構、層次、領導系統、授權、分權 (decentralization)、管理幅
度及部門化的行為準則。

(三)用人政策 (staffing policy)：指引企業設計其人力發展、工作
安排、聘任、訓練、升遷、待遇、考核、職位分類、福利及退
休保障等行政作業之準則。

(四)績效政策 (actuating-working-performance policy)：指引企業
激勵員工、工作分派、作業研究、系統分析及研究發展等作業
的指導原則。

(五)控制政策 (controlling policy)：指引企業從事預算、生產進度
控制、品質管制、財務控制、存貨控制及企業診斷等作業的指
導原則。

[11] *Ibid.*

八、依時間分

(一)因應政策 (contingency policy)：　即企業對環境偶發的變化，其因應措施所必須遵循的原則。

(二)短程政策 (short-range policy)：企業對於短程目標的達成、業務需要、設備或投資的改變、組織的調整等活動所需遵循的原則。一般皆以不超過三年為限。

(三)中程政策(intermediate-range policy)：企業高級主管評估未來市場機會與社會經濟演變，所擬定的投資計劃、資金籌集、設備更新、研究發展等作業所遵循的原則。一般皆為三年到七年間屬之。

(四)長程政策(long-range policy)：多屬企業全面性或基本性政策，以一般性、長期性的目標選擇為重點，只要求分析與預測，不涉及細節。長程政策的時間具有高度彈性，可為十年，亦可長至三十年階段不等，然而，長程政策為確立中短程政策之根據，則不用贅述。

綜合上述，可知企業政策依照分類標準的不同，而有許多的類型，至於政策之內容說明及政策範疇間的差異比較，可以下列例舉佐述之。

民國六十三年八月，中華民國企業經理協進會曾舉辦「各企業衝破管理瓶頸，縮短管理差距之對策」座談會，該次座談會之大綱，若加以確定目標內容且敍述指導準則，即成為一極佳的企業全面政策的範例。茲說明如下：

「(一)選定衡量企業經營成效之指標

　　1. 企業之總目標：(內容確立)。

　　2. 部門之分目標：(內容確立)。

 3. 成效指標之選定及衡量: (內容確立)。

(二)經營管理現代化之進行

 1. 系統性及參與性之計劃與分析: (內容確立)。

 2. 科學性決策步驟: (內容確立)。

 3. 分權式組織結構及其統一與協調方式: (內容確立)。

 4. 健全人事制度之建立: (內容確立)。

 5. 激勵措施與人類慾望特性之配合: (內容確立)。

 6. 意見溝通方式民主化及科學化: (內容確立)。

 7. 各級主管人員領導術之養成: (內容確立)。

 8. 各級工作目標之建立、執行與追踪: (內容確立)。

 9. 現代化管理技術(工具)之應用: (內容確立)。

 10. 管理情報(資訊)系統之建立及回送: (內容確立)。

 11. 目標糾正及人員糾正行動之採取: (內容確立)。

(三)市場競爭壓力之減低

 1. 開發新產品: (內容確立)。

 2. 開發新市場: (內容確立)。

 3. 產品差異化與市場分隔化策略之混合運用: (內容確立)。

(四)整合作用之獲取

 1. 多角化經營: (內容確立)。

 2. 合併或合作經營: (內容確立)。

 3. 多國性企業經營: (內容確立)。

(五)高階層經營管理人員管理哲學現代化之進行: (內容確立)。

(六)高階層經營管理人員對人性態度合理化之進行: (內容確立)

(七)企業所有權社會化計劃: (內容確立)。

(八)現代化管理科學知識接受之進行: (內容確立)。

(九)總體經營系統之建立

1. 長、短期計劃：（內容確立）。

2. 預算控制：（內容確立）。

3. 會計與審計制度：（內容確立）。」

至於，有關政策間的差異比較，可以表 1-4 中所示，以決策方式爲例區別各種政策範疇間的差異，並予以說明。

表 1-4　決策性政策間差異比較

策略性政策	行政性政策	作業性政策
確立企業目標	編製預算	
組織設計	設計組織層次	決定人事任用
確立人事政策	製訂人事制度	執行作業
確立財務政策	製訂營運資金水準	控制信用擴張
確立行銷政策	製訂促銷方案	控制廣告預算分派
確立研究發展政策	決定研究專案	
選定新產品線	決定產品改進方案	
建立新部門	決定工廠內工作分派	生產程序進度控制
決定資本支出	決定資本支出	
	製訂作業控制決策規則	存貨控制水準
	測度、評估及改進管理績效	測度、評估及改進工作者效率

資料來源：Robert N. Anthony, *Planning & Control System: A Framework for Analysis* (Boston: Harvard Graduate School of Business), 1965, p. 19.

第四節　企業政策確立的原則及限制

一、政策確立的原則

企業政策的確立，必須要有冷靜的頭腦、清醒的理智爲前提，並根

據學理，判斷情勢、研析事理、辨明是非、詳察因由、推斷未來，因此誠非容易的工作，然而，至少也有些原則可循，為使確立的政策確實可行，下列原則可提供參考：

(一)實際性：確立政策應本客觀態度及實事求是的精神，廣泛蒐集資料、了解情勢，使政策切合實際需要。

(二)整體性：政策的內容應顧到企業整體的發展，以配合基本使命與次級任務的達成。

(三)一般性：政策的考慮，應以一般性發展為原則，避免過於偏陂而影響未來作業。

(四)普及性：政策應符合大眾利益，且為大眾所了解，內容正確合理與完整週密。

(五)具體性：政策內容要具體確實，目標可以數據表示，避免含糊籠統。

(六)簡潔性：政策內容及目標可以簡潔文字書寫說明，且為員工所了解，避免晦澀不明或專門術語。

(七)可行性：確立政策時，應考慮執行時能按照政策實施，並預判可能遭遇之限制，使政策順利可行。

(八)適應性：考慮政策之內容能彈性地適應環境，適時達成預期的目標；倘情況變化，亦足資應付。

(九)接受性：對目標達成的支出，應能為政府、社會、企業股東與員工所能忍受的程度。

(十)永續性：企業經營本以永續性為其原則，故政策的確立必須考慮其長時期與連續性的特性，尤其長程、中程及短程政策必須連貫配合，俾能延伸發展。

(十一)時間性：政策的時程、預定的進度，必須確切把握，同時注

意到時間與其他資源的相互關係⑫。

如何把握上述原則，使政策務實可行、簡潔扼要、配合時效而又貫徹到底，乃涉及到確立政策的企業高級主管是否能見識廣博、心智成熟、態度積極、意志堅定、處事精細、確立政策的技術熟練而定。然而，為使企業主管能有研擬參考之機會，本書今後數章即依據前述研擬政策之過程，並把握上述原則，循序漸進，深入探討之。

二、政策確立的限制

此外，企業主管在爾後實際研擬企業政策或執行政策的過程中，可能會遭遇不少不利因素的影響或衝擊，產生對政策確立的障礙、挫折或限制。在此，亦事先探討，以提供參考。

依據孔玆 (H. Koontz) 及歐杜涅 (C. O'Donnel) 歸納可能影響政策的限制有下列五種⑬：

一、程序與習慣的限制 (limits of procedures and customs'):

(一)企業組織由於業務繁雜，規模日趨龐大，層次日益分隔，內部
　　單位也告增多，人員之間溝通不易，事務必須經過許多部門的
　　會簽，抑制了行政效率。

(二)組織龐大，員工依法處理事務，依一致性與制度化的原則工作，
　　個人的創造性及工作潛能，不易得到發揮，日久天長乃成為機
　　械化的工作情況，工作效率降低。

---

⑫　參閱 Harold Koontz and Cyril O'Donnell, *Principles of Manage-ment: An Analysis of Managerial Function* (New York: McGraw Hill) 4th, ed., pp. 218–222, 及張潤書「行政學」（臺北市：三民書局），民國65年11月修訂初版，566–567頁。

⑬　H. Koontz, *Ibid.*, pp. 212–218.

(三)各組織為推展民主並防止專斷，常訂定許多法令規章，惟法規常失之呆板與硬性；法規的修正又費時費力，常無法配合社會的變遷與時代的需要，使企業作業不能作隨機應變及因事制宜的適應。

(四)企業主管能力有限，而且缺乏進修，其決策常失之偏陂或不夠週詳，對企業經營增加風險。

(五)作業分工，責任不確定，事權不專一，功則相爭，過則相諉，彼此相互傾軋，影響合作。

(六)作業強調援例守成，不求創新與革新，使組織功能僵化與硬化。

二、資本條件的限制 (capital inflexibilities)

(一)企業政策常確立有關企業財務結構 (financial structure)[14]，投資固定資產常發生較多的沉入成本(sunk cost)。而且，固定資產變現不易，積壓資金。

(二)企業對固定資產的投資，其返本年限 (payback period) 較長，影響資金調度；債息負擔亦是一項鉅大支出。

(三)對於新產品開發、促銷活動、人員訓練的成本與費用支出，其回償效果不易評估。

(四)我國資本市場與貨幣市場尚未健全，企業吸收或調度資金較為困難，影響發展。

三、未來情況的前提限制 (limit of premises stating future conditions)

(一)未來情況不定，而且企業發展動態複雜，缺乏正確的前提，使政策的確立日形困難。

---

[14] 企業財務結構指持有流動資產及固定資產之比例。

(二)技術發展日益精進，企業對其設備的投資常面臨過時或廢棄的威脅。

(三)市場競爭劇烈，經營風險增加，對於未來機會的評估與把握缺乏信心。

(四)未來偶發事故的發生很難控制，影響政策的完整性。

四、時間及費用的限制 (limits of time and expense)

(一)政策係對未來問題的執行方針，人受能力的限制，對未來事項的預測，常受時間的限制而缺乏正確性。

(二)政策的確立，乃費時費力的工作，無法把握正確的工作進度。倘若設定時限，可能會影響政策的內容；若未設定時限，則可能拖延而影響時效。

(三)策劃須有充分的經費支持，尤其，政策內容愈廣、時間愈長，耗資愈多；然而，一般企業常漠視政策或計劃，經費輒受制肘。

五、外在環境的限制 (external inflexibilities)

(一)政府各階段的施政措施，如獎勵投資、經濟發展、財政稅捐、關稅、公害防治等，對企業經營關係至鉅，尤其，政府機構亦是企業交易對象之一，因此，企業政策須配合當前政治環境。

(二)工會組織日趨發展，對資方有所制衡。

(三)經濟建設朝向資本與技術密集發展，對企業的財務能力與研究發展的要求，形成嚴重的挑戰。

(四)消費者的組織意識提高，以團體行動參與企業經營與分配，使企業必須重視消費意見。

(五)企業經營須配合社會公共利益的認識日漸普遍，企業社會責任

亦成政策內容。

上述外在環境或內在條件的限制，影響了政策的功能，使實際發展與策劃預期間產生了差距，即所謂「策劃差距」(planning gap)。爲彌補此一差距，企業主管或政策的策劃者必須採取經濟預測、市場分析、投資分析、敏感度分析(sensitive analysis)、判定差異分析 (discriminate analysis)……等方法，對於策劃每一階段的目標或採行方案，予以深入的評估，以視其在企業現有資源、能力及環境狀況下，是否能有效達成的「可行性測定」。

有關政策確立過程中，如何選定目標，評估內外在環境，及制定適宜策略內容，將分別於爾後數章中詳述。

第二章　企業的組織目標

　　企業政策的確立過程，常被認為只是選定企業目標或經營活動的方針而已！由此可見，企業目標的確定在政策研究中的重要性。而組織的性質與功能如何，亦可由其基本的組織目標上顯示出，例如，政府機構以服務民眾，從事「保民」與「養民」為目的，企業組織則以「營利」為目的，因此，對企業而言，未確定目標，即無存在的價值，而如何選定適宜的企業目標，並全力的達成，乃是企業管理者的第一要務！

第一節　企業組織目標的特性

一、企業目標的意義

　　目標一詞，有時常以使命(mission)、目的(goal)、意向(purpose)、標的(target)及時限(deadline)等不同詞彙出現於各種組織活動的說明。理論上認為，只要是組織行動的指引(guidance)或決策方向(direction)，或促進組織活動的內驅力(drive)，規整組織活動的標準(standard)，及

組織所欲達成的成就情況 (achieving condition)，或最終成效 (ultimate success)，均為組織目標❶。 對企業的經營與管理而言， 任何足以對企業組織生存或成長發生直接且重大影響的方針、標準、成效、結果或價值系統，均是企業目標的確定基礎。

由於，企業係由其股東與員工所構成人的整合體，這些成員經由組織功能的發揮，以達成他們所欲追求的目標。雖然，人們加入組織的動機不一，然而，透過企業目標的達成常亦達成個人的目標，因此，企業目標可認為是眾人的組織目標；當企業利益與公共利益相配合時， 則企業的組織目標更擴大成「社會目標」(goal of public interest)❷。因此，如何設定能夠滿足共同願望，甚至於配合公共利益的企業目標，乃成為管理者研究政策科學的重要前提。

二、企業目標的重要性

雖然，每個企業設立的條件不同，然而，其組織是否能存續並達成其設立宗旨的需求是相同的，其關鍵因素之一， 即在於組織本身是否合理與健全，而組織的健全條件又常決定於組織目標是否正確與可行？

企業組織能根據正確與可行的組織目標來分派工作，則各單位或成員皆有明確的工作方向與準繩，並依據目標標準考核工作績效，促成各單位的協調，並配合各成員的利益，尤其重要的，當所有的組織成員在同一目標下共同工作時,其團結力也必然加強,在合作意識與團隊精神激

---

❶ Harold Koontz and Cyril O'Donnel, *Principle of Management*, p. 108f; William F. Glueck, *Business Policy: Strategy Formation and Management Action*, p. 14.

❷ Richard M. Cyert and James G. March, "A Behavioral Theory of Organizational Objectives", *Modern Organization Theory*, M. Haire ed., (New York: Wiley, 1959), pp. 77–93.

勵下，組織更易達成。總統　蔣公在「組織的原理和功效」遺訓中曾闡
釋：「組織就是配合，是有計劃、有目的、有條理、有系統、有規律的，
很精密的聯繫組合，使能發揮高度的力量，以達成其共同一致的目的。」
卽說明目標的重要性，尤偉克(Lyndall F. Urwick)更將目標列爲組織十
大原則之首要❸。

　　因此，正確與可行的企業目標對經營管理實具有下列的利益❹：

(1) 是組織共同努力的方向。

(2) 是設定企業在社會環境中獲取利益的標準。

(3) 是促進組織合理化與健全的基礎。

(4) 是部屬自我引導的依據。

(5) 是策劃與控制作業的工具。

(6) 是考核工作績效的標準。

(7) 是說明企業活動特性的工具。

(8) 是評估決策健全性的依據。

(9) 是促進組織內部合作與協調的基礎。

(10)是激發組織成員參與及發揮團際精神的基礎。

(11)是預測企業未來發展的依據。

(12)是形成企業管理哲學的基礎。

　　克勞德・喬治 (Claude S. George, Jr.) 敎授更將目標的重要性及其
達成效果，對企業主管管理行動的影響，及對管理哲學的建立或管理環

---

❸　Lyndall F. Urwick, *Notes on the Theory of Organization* (New York: AMA, 1952), pp. 18.

❹　綜合下列文獻: Herbert A. Simon, "On the Concept of Organizational Goal," *Administrative Science Quarterly* (1964), Vol, 9, No. 1, pp. 1-22: William F. Glueck, *op. cit.*, pp. 114-120.

境變化的衝擊，以下式表示❺：

管理行動與成就 =〔(管理理論＋管理實務)

→(理論背景＋實務環境)〕f (組織目標、個人目標)

依上式假設，企業管理者可依據理論與經驗,掌握環境的有利條件，達成組織目標或個人目標;而目標達成的程度則爲考核管理績效的依據，

圖 2-1　目標與管理的關係

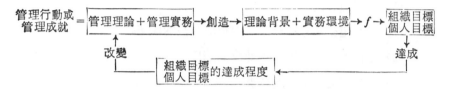

資料來源: Claude S. George, Jr., *The History of Management Thought*, p. 169.

---

❺　假設 M_g 爲管理行動，A_c 爲管理理論，A_p 爲管理實務，E_c 爲理論背景，E_p 爲實務環境，f 爲函數，O_g 爲組織目標，O_i 爲個人目標，w_i 爲權數，P 爲策劃功能，O 爲組織功能，D 爲督導功能，C 爲控制功能，M_gA 爲管理成就，P 爲達成目標的百分比，則:

假設　$M_g = 〔(A_c + A_p) \rightarrow (E_c + E_p)〕f(O_g, O_i)$　正式成立

因　　$(A_c + A_p) = w_1 P + w_2 O + w_3 D + w_4 C$，其中 $\sum_{i=1}^{4} w_i = 1$，且 $w_i > 0$

則　　$M_g = 〔(w_1 P + w_2 O + w_3 D + w_4 C) \rightarrow (E_c + E_p)〕f(O_g, O_i)$

若　　M_gA 可由目標達成的程度上表現，則　$M_gA = P(O_g + O_i)$

卽　　$M_gA = f(PO_g + PO_i)$

若 O_g 確立，而 O_i 又必須在 O_g 達成下才達成，則 $O_i = fO_g$，或 $O_g = fO_i$

因此，$M_g = f(PO_g + PO_i)$ 或 $f(O_g, O_i)$

因 $M_gA \rightarrow M_g$，而 $M_g \rightarrow 〔(A_c + A_p) \rightarrow E_c + E_p〕$，卽管理成就變化，可影響理論背景與實務環境，

則　　$(A_c + A_p) \rightarrow (E_c + E_p) = f(O_g, O_i)$，其結果如圖 2-1 所示。

參閱 Claude S. George, Jr., *The History of Management Thought* (Englewood, Cliff., N. J.: Prentice-Hall, Inc., 1968), pp. 168–70.

對管理者的下一次行動或決策有直接的影響，此一循環的演繹過程，可以圖 2-1 表示。 組織的經營管理是否有效， 端視其目標是否達成的假設，乃成爲「目標管理」(management by objectives) 的理論基礎!

三、企業目標的性質

企業需要目標如同人需要志向一般，其重要性已見前述，然而，對管理者而言，如何設定正確與可行的企業組織目標誠非易事。在決定如何選定正確與可行的企業目標前，必須先瞭解組織目標在企業經營管理上的性質，並依據這些性質去嘗試設定目標，則目標將更爲顯明與具體化。綜合一般認爲，企業組織目標的性質具有下列幾點特色❻：

(一)目標的整體性：企業的目標系統依組織層次設定，然而在各單位彼此訂定的次級目標間，必須協調一致，以達成組織的總目標或整體效果爲前提，因此，目標就整體觀點乃是由上而下的(top-down)。

(二)目標的多元性：企業經營，必須在各種需求與目標間取得均衡，爲此，須下判斷。企業決定單一目標，尋求不須判斷的公式。但用公式取代判斷，必定不合理，只是縮小考慮的範圍和可能的方案。鑒於企業經營環境的動態性和複雜性，必須根據各種事實和行動方案以評估其效果，這樣的做法就需有多目標的配合。

(三)目標的社會性：組織目標是股東和員工組成團體的目標，亦具有社會目標的性質。因此，組織目標並非僅滿足企業本身的需要，尚須顧及到社會的公共利益，並接受法律的規整。互助、互利是促成社會進步的動力，因此，現代企業不再以單純的追求利潤爲其目標，所謂「取

❻　參閱張潤書，「行政學」，第132-133頁；H. Koontz and C. O'Donnel, *op. cit.*, pp. 114-120; Russell F. Moore, ed., *AMA Management Handbook* (New York: AMA, 1970), pp. 31-33.

之於社會，用之於社會」的社會責任，乃是現代企業所應注意的經營原則。

(四)目標的層次性：目標系統具有層次性，就時間而言，有長程目標、中程目標與近程目標；就組織結構而言，有總目標、次級目標及個人目標。爲了針對未來企業環境變化的預測，管理者必須設定遠程目標及總目標，然而，徒有長程及總目標不足以完成所需達成的使命，這些目標的達成必須由近而遠，由下而上，層層漸進而呈功效。

(五)目標的差異性：企業的組織目標每因其經營性質與需要不同而異；此外，在總目標下，亦常因組織內部各單位性質與作業不同，所設定的次級目標亦有差異，所以很難建立一套爲各企業組織或各單位都適用的目標。

(六)目標的明確性：組織目標是組織內全體成員共同努力的方向，所以必須明確，否則成員將無所適從。因此，設定目標時，應明確地指出預定達成的使命、各單位應配合的關係，及目標的具體時限或內容。

(七)目標的可行性：組織目標旣然是組織全體成員共同努力的目標，則必確實可行。目標不可設定過高或過於理想，使成員無法達成而覺得氣餒；亦不可設定過低，而流之於形式。

(八)目標的參與性：目標是組織成員共同努力的方針，則每位成員都應瞭解目標，因此，實施目標管理的最佳方法，是由組織成員參與目標協商，即由下而上 (Bottom-up)，使所有成員在設定目標的過程中，認識各人在目標達成上所扮演的角色及其責任。因此目標的確立起自個人意願，並非由於命令或硬性之規定，藉此可爲上下意見溝通的機會，及建立良好之人際關係。

瞭解目標的性質，將有助於企業的管理者在選定企業目標時，更符合客觀與實際的要求。

第二節 企業組織目標的類型

企業的組織目標亦可依照不同的分類標準，而有下列各種歸類：

一、依組織層次分

(一)總體目標：卽企業組織整體的目標，包括：❼

1. 外在目標 (External objectives)：是指組織與外在環境的關係，由於外在環境對組織具有互涉作用 (interactive)，因此組織目標除考慮本身利益外，尚須考慮外在環境的影響與配合。環境的構成，主要來自文化、政治與經濟等因素，因此外在目標又可細分爲「文化層次」(cultural level)、「政治層次」(political level)及「經濟層次」(economic level) 等外在總體目標。

2. 內在目標 (Internal objectives)：是指組織內部的管理工作。管理是在協調 (coordination) 人力及其他管理資源，並考慮達成目標的組織設計、決策、員工工作滿意及工作技術要求。內在目標主要可分爲「策略層次」(strategic level)、「協調層次」(coordinative level)及「作業層次」(operating level) 等內在總體目標。

(二)次級目標：卽組織各分工單位的目標，以企業功能爲主，包括：

---

❼　參閱 Henry L. Sisk, *Management and Organization* (Ohio; South-Western Publishing Co.,) 1973, pp . 67–66; J. D. Thompson and W. J. McEwen, "Organizational Goals and Environment: Goal–Setting as an Interacting Process, *"American Sociological Review* (1958), Vol. 23, pp. 23-31; H. A. Simon, "The Birth of an Organization: The Economic Cooperation Administration", *Public Administration Review* (1953), Vol. 13, pp. 227-236; Talcott Parsons, *op. cit.*, 及龔平邦, 前揭書, 2-4頁。

1. **生產目標**: 從事生產的各單位所追求的目標，如生產量、時限、品質水準及設備使用等。

2. **財務目標**: 即財務單位的目標，如資金調度、成本控制、盈餘水準等。

3. **行銷目標**: 即銷售及行銷單位的目標，如銷售量（額）水準、市場佔有率、促銷效果、市場分配控制等。

4. **人事目標**: 即人事單位的目標，如人員穩定性、生產力、工作滿意水準、薪資水準等。

5. **行政目標**: 即行政單位的目標，如行政協調及溝通水準、資訊保管等。

(三)**個人目標**: 人們參加組織必然有其動機，加上組織內部工作系統、權力系統的配合，必然有其必須達成的個人目標，特別是企業股東及高級主管的個人目標，常被視為團體目標，組織必須滿足個人目標，組織目標才能圓滿達成[8] 。

二、依決策行為分[9]

---

[8] 有關個人目標的研究很多，較為管理界所接受的，主要有 A. H. Maslow 的需要層次理論 (hierarchy of needs)，包括滿足下列個人需要: ① 生理需要、②安全感、③社會附屬需要、④尊榮感及⑤自我成就感，見 A. H. Maslow, "A Theory of Human Motivation", *Psychological Review* (July 1943), pp. 370–396; 及 George W. England 所列舉個人目標，包括閒暇、尊嚴、成就感、錢財、工作滿足、聲譽、創造力、權力、安全感、影響力等，見 G. W. England, "Personal Value Systems of American Managers", *Academy of Management Journal* (March 1967), pp. 53–68 一文中引證多篇文獻。

[9] 見 Charles Perrow, "The Analysis of Goals in Complex Organizations", *American Sociological Review* (1961), Vol. 26, pp. 854–866 及 Alfred de Grazia, "Science and Value of Administration", *Administrative Science Quarterly* (Dec. 1966), Part 1, & (March 1967), Part 2.

(一)正式目標(official goal)：指組織目標係由企業組織以章程、年度報告及其他公開文書形式，經由高級主管正式宣佈欲達成的目標，如利潤目標、服務目標或生產目標等，又稱爲「實質目標」(substantive goal)。

(二)作業目標(operating goal)：企業內常有許多未經正式程序所設定的「未正式目標」(unofficial goals)，以具體的內容或數字，指引企業活動的特定範圍或提供決策方式，如利潤目標設定後，則達成該利潤水準的銷售量(額)目標卽是作業目標，又稱爲「從屬目標」(Instrumental goal)。

正式目標與作業目標形成主從關係，可以表 2-2 說明其轉變之特性：

表 2-2　目標之主從關係

正式目標	作業目標
企業生存	維持流動比率爲 2，負債比率 (佔總資產) 爲 0.5
獲利性	10％投資報酬率
企業成長	年成長率 8.5％
社會責任	捐贈 1 ％稅後利潤於社會福利
	產品之品質及性能改進
技術及市場領導	研究發展新產品若干件

三、依投入產出關係(Input-output relation)分[10]

(一)績效目標 (performance objectives)：組織目標考慮組織系統的投入與產出績效，包括下列諸項：

---

[10]　Bertram M. Gross, "What are Your Organization's Objectives", *Human Relation* (1965) Vol. 18, No. 3; and B. M. Gross, *The Managing of Organization* (New York: Free Press, 1964), p. 497.

1. 滿足不同利害關係組織與人員。

2. 生產足夠需求的產品與勞務。

3. 有效地運用投入資源。

4. 投資各種生產與技術系統。

5. 獲取各種所需的資源。

6. 正當地經營企業。

7. 合理地變化技術及行政作業。

(二)結構目標 (structural objectives)：組織目標以考慮構成組織的**各種要素**的功能及其變化，以提高未來績效。構成組織要素，包括人員、**非人力資源**、各種次級系統及彼此間相互關係、外在環境及公共關係、**各種系統**或個人價值、指引未來績效能量的方針等。

第三節　企業組織目標的內容

目前在企業界所盛行有關企業目標的討論，意見紛歧，主要可分為（一）企業追求利潤的「單一目標論」，及（二）企業經營以達成社會目標的「多目標論」等不同看法：

一、單一目標論

持此觀點的人，認為企業既然以「營利」為目的，則企業經營就是追求利潤 (making profit)。如何使企業經營的「利潤極大化」(profit maximization)，乃是企業最重要且唯一的目標。企業的利潤極大化才能使企業的「價值極大化」(enterprise value maximization)，因此，許多企業只強調追求利潤，增加資本價值，以提高企業價值；並根據利潤目標來考核企業主管的經營績效，因此，利潤目標乃成為維護管理安全

(maintenance of management security) 的唯一工具。

強調利潤目標的人，他們力陳企業追求利潤，並不是忽視企業所賴於生存的社會及公共利益 (public interest)，只是根據古典學派的經濟學家亞當·史密斯 (Adam Smith) 的觀點，在自由經濟制度下，個人基於他本身「利己心」(his own gain) 的驅使而追求「最大利益」(most advantage) 的動機，經由「一隻看不見的手」(an invisible hand)——完全競爭市場中價格制度的引導，價格機能會自動使各種生產因素獲得充分和適宜的配置，任何外在因素所引起的經濟波動，透過價格機能的調整會很快的消失，使生產與消費間的權利義務平衡，而社會亦在上述情況的促進下，獲得公共利益的全面最大利益❶。在此基礎下，企業只要達成其追求利潤的目標，亦可間接地達成社會公共利益的目標。因此，企業經營活動的精華乃是利潤，一般企業的資本主 或 經營主管亦堅持「企業就是企業，除了賺錢別無他途」乃是理所當然的，他們認為企業經營要存續下去 (on-going)，沒有利潤，就無法進行更換設備、改進生產技術、拓展市場、提高員工福利及增進股東權益等措施，更何況企業能獲取利潤，乃是經營人員克服環境、應用技術知識、發揮創造力的結果，所以企業以追求利潤的極大化為目標乃是無可厚非的。

對於企業以追求利潤為唯一目標的評議，主要來自社會各方面，這些人認為企業為社會的成員之一，並以社會大眾為市場對象，利潤是收益超過成本費用的餘額，是社會共同創造的價值，企業除取其合理部份外，其餘應還之於社會，因此，企業應以社會上的各種領域為其目標，尤應設定多目標，以建立較繁榮的社會，維持企業的生存與發展❷。

---

❶　參閱 Adam Smith, *The Wealth of Nations*, 1776, Chap. II.

❷　持此看法的學者論著甚多，參閱 William J. Baumol, *Business Behavior, Value and Growth* (New York: Harcourt Brace & World), 1966;

二、多目標論

企業經營，必須在各種需求與目標中取得均衡，爲此須下判斷。企業尋求單一目標，只是縮小考慮的範圍和可能的方案，而無法全面的判斷。爲健全企業經營的基礎，則須根據各種事實、各項行動的決策及正確的評估來判斷經營的績效，這樣做法就需有多數的目標須達成！倘企業只強調利潤目標，會導致經營者走錯方向而危害企業的生存，例如銷售時，不顧總成本，只追求短期利潤，就會損害到長期利潤；行銷時，只顧當前市場的促銷，則可能忽略其他的市場機會；而且經營時極少進行市場研究或銷售促進 (sales promotion)，造成市場消息不靈通，技術落後，組織不穩，結果走上了最惡劣的經營之路[13]。

何況，由於企業的性質及未來發展，下列的問題並非來自生產資源或技術，然而却常影響企業設定其目標[14]：

1. 企業在產業界所欲擔任的角色

(續[12]) Oliver Williamson, *The Economics of Discretionary Behavior* (N. J.: Prentice-Hall), 1963; John Pfiffner and Frank Sherwood, *Administrative Organization* (New York: Prentice-Hall), 1960, pp. 407-412; H. Igor Ansoff, *Corporate Strategy*, (New York: McGraw-Hill), 1965, pp. 139-171; Peter F. Drucker, "Business Objectives and Survival Needs", *Journal of Business*, (April 1958), Vol. 31, pp. 81-90; Andrew G. Frank, "Goal Ambiguity and Conflicting Standards: An Approach to the Study of Organization", *Human Organization* (Winter 1958-1959), Vol. 17, pp. 8-13 等及其他文獻。

[13] Peter F. Drucker, *The Practice of Management* (New York: Harper & Row, Publisher, Inc., 1954) chap 7, pp. 62-63.

[14] William H. Newman, "Basic Objectives Which Shape the Character of a Company", *Journal of Business* (Sept. 1953), Vol. 26, No. 4, pp. 211-223.

(1) 企業所欲執行的主要功能如何。

(2) 企業經營採專業化抑或多角化。

(3) 企業所生產產品的品質水準如何。

(4) 企業所預期的經營規模如何。

2. 企業對經營穩定性或動態性的看法。

(1) 企業如何追求設備、政策及技術的進步。

(2) 企業如何能發揮進取的精神。

(3) 企業承擔風險的意志如何。

(4) 企業擴展大衆資本的意向如何。

3. 企業所持的社會哲學

(1) 對社區關係如何。

(2) 對政府關係如何。

(3) 擔負的經濟責任如何。

(4) 對顧客的服務如何。

(5) 對供應商態度如何。

(6) 對股東關係如何。

(7) 對競爭者反應如何。

(8) 對員工的考慮如何。

4. 企業所持的管理哲學

(1) 企業決策採集權抑或分權。

(2) 企業高級主管的能力如何。

(3) 企業參與策劃的範圍如何。

(4) 企業督導的方式如何。

上述問題乍看起來，對於各種企業均有各種不同的解答，其間可能差異很大，然而，企業經營的具體內容則由這些問題解答中來決定，企

業應針對什麼方向來努力，並應達成那些目標，均由上述問題中得以明白指出，「凡是其結果會對企業繁榮及生存發生直接而重大影響的每一問題，企業都需設定目標」⑮。

　　有關企業設定多目標羣的範圍，有不同的看法，其犖犖大者而又為企業界所普遍接受的，有下列數種說法：

一、P. F. Drucker 之八大目標

　　彼得・杜拉克 (Peter F. Drucker) 教授認為企業經營係利用市場活動與創新兩種根本功能來創造顧客，為了有效達成上述工作，有八種重要領域(key area) 必須設定績效及成果的目標⑯：

　　1. 市場地位(Market standing)：此一領域的目標，包括①現有產品在目前市場中所佔的比率或金額，②現有產品在新市場應佔有的比率或金額，③應放棄的現有產品，④目前市場上所需的新產品，⑤新產品開拓新市場應佔有的比率與金額，⑥完成市場目標所分配組織及價格政策，⑦顧客服務的目標。

　　2. 創新 (Innovation)：此一領域的目標，包括 ①新產品發展或服務的方法，②產品改良，③新的生產程序之發現或現有生產程序的改善，④任何重要領域的創新與改進。

　　3. 生產力與貢獻價值 (Productivity and Contributed Value)：有關此一領域，依據①在現有方法下增加貢獻價值佔總收入的比率，即尋找採購原料或服務的最佳利用；②增加貢獻價值中保留利潤的比率，即改進自己資源的生產力以設定生產力的目標。

　　4. 物質資源與財源 (Physical and Financial　Resources)：此一領

---

⑮　P. F. Drucker, *op. cit.*, p. 62.

⑯　*Ibid.*, p. 63.

域的目標是以供應原料、物料或工廠、機器及辦公室所需財源來達成市場地位及革新而設定。

5. 獲利能力 (How much profitability)：企業的利潤目標以投資的需要報酬(Required return) 爲最低限度，且能①衡量企業績效的有效性與健全性，②提供「繼續經營的費用」，③供應未來革新與擴充所需資金。

6. 經理人的能力與發展(manager performance and development)：此一領域的目標設定，包括①決定經理人的職責，②決定企業組織的特性，③決定組織結構，④決定經理人力發展計劃。

7. 員工的能力與態度 (worker performance and attitude)：此一領域的目標設定，包括①設計適切的工作，使適才適所，②訂定績效基準並充分授權，③提供考核所需的資訊，④給予參與經營的機會。

8. 社會責任 (public responsibility)：此一目標要求企業個體利益能與社會公共利益結合，並要求企業積極領導社會，以期社會欣欣向榮。爲了社會的安全、調和與成長，倘若企業活動侵犯到社會安全時，則企業追求利潤及權力行使應受規整。

二、G. E. 的八大成果

有關整體經營績效的評價方式,美國通用電氣公司(General Electric Co.) 有其一套制度，以八個主要領域的績效衡量(8 key result areas)與目標對照，進而評價其績效[17]：

---

[17] 參閱 William T. Jorome, III, *Executive Control: The Catalyst* (New York: John Wiley & Sons, Inc., 1961), Chap. 14 及 R. W. Lewis, *Planning, Managing and Measuring the Business* (New York: Controllership Foundation, 1955), Part. 5.

1. 獲利能力(profitability)：以扣除含資本費用之一切成本所剩餘之淨利額爲指標。

2. 市場地位 (Market position)：以市場佔有率爲重要指標，檢討產品系列、顧客對ＧＥ公司的滿意水準、對競爭公司的滿意水準及顧客需求等現象的測定。

3. 生產力(productivity)：測定生產力採人工單位及資本等投入，對照以附加價值之銷貨額爲產出，比較其績效。

4. 產品的領導力 (product leadership)：對現有產品及新產品的定期性檢討，評價產品的品質及價值在技術、製造及市場上的領導程度。

5. 人力發展 (personal development)：對人力發展採系統計劃，以需要時能有適格的人才爲該領域成果的最佳指標，平時儲備人才 (inventory of manpower)，定期舉行陞遷人數與可能陞遷人數之比例。

6. 員工態度(employee attitude)：以員工的離職率、缺勤率、訴怨、遲到、安全記錄及有關改善工作之提案做爲指標，並直接與員工交談，以詢問測驗其態度。ＧＥ公司將此一項目視爲各領域中最重要的地位。

7. 社會責任(public responsibility)：以長期眼光，考慮員工福利、參與社區發展次數、謀職申請率及任用次數、公共捐贈、及競爭公司之社會措施爲指標。

8. 短程目標與長期目標之平衡 (Balance between short-range and long-range goals)：強調長期計劃與短程目標的程度、性質之配合，及長期計劃與目標是否具體、完善，以何種成本期待何種成果爲測定評價之對象。

三、Poul M. Stokes 的八大領域

史德克 (Poul M. Stokes) 教授對於經營評價亦提八個績效領域（8

Key performance areas) 以爲企業設定目標之根據:

(1) 財務情況 (Financial condition)

(2) 經營情況 (operations)

(3) 生產力 (productivity)

(4) 市場地位 (Market position)

(5) 服務或顧客關係 (Service or customers relation)

(6) 對公衆、顧客及政府關係 (public, customers and government relations)

(7) 員工關係及人力發展 (employee relations and development)

(8) 股東關係 (ownership and membership relations)

四、James K. Dent 的八大目標

鄧特 (James K. Dent) 敎授曾對美國 145 家企業進行實證研究，發現一般企業所強調的組織目標爲⑱:

(1) 獲利能力 (profitability)

(2) 公共服務 (public service)

(3) 良好產品的形式 (form of good products)

(4) 員工福利 (employee welfare)

(5) 企業成長 (growth)

(6) 組織效率 (efficiency)

(7) 應付競爭 (meeting competition)

(8) 組織作業 (operating organization)

---

⑱　Jame K. Dent, "Organizational Correlates of the Goals of Business Management", *Personnel Psychology* (1959), Vol. 12, No. 3, pp. 365–393.

五、George W. England 的八大目標

英格蘭(George W. England)教授曾對美國重要企業的 1072位經理人進行實證研究，發現其認為對企業較為重要的組織目標，依次為[19]：

(1) 組織效率 (organizational efficiency)

(2) 較高的生產力 (Higher productivity)

(3) 利潤極大化 (profit maximization)

(4) 組織成長 (organizational growth)

(5) 產業領導力 (Industrial leadership)

(6) 組織穩定力 (organizational stability)

(7) 員工福利 (Employee welfare)

(8) 社會福利 (social welfare)

有關我國企業之目標設定，迄今未有正式與實證研究足供引徵，然而，歷年來政府研究發展考核單位與學術機構亦有不少論著探討，綜合其報告及措施，可歸納如下[20]：

(1) 吸收管理新觀念：發展人性管理、激發工作潛能、加強員工意見交流、發展管理科學、企業診斷等。

---

[19] 參閱 George W. England, "Organizational Goals and Expected Behavior of American Managers", *Academy of Management Journal* (June 1967), pp. 107-177 一文中，並將八大目標，計分成：①極大化標準 (Maximization Criteria)，含組織效率、高生產力、利潤極大化；②組合性目標(Associative status goal)，含組織成長、產業領導、組織穩定；③伸展目標(Intended goal)：員工福利；④最低相關目標(Low relevance goal)：社會福利等四類。

[20] 參閱行政院研究發展考核委員會編印，「企業管理問題」第二冊（研究發展叢刊參—18），民國64年6月，1-27 頁及各單位相關研究、論著與研究報告。

(2) 拓展市場: 重視行銷觀念、強調市場研究、擴大市場範圍、鼓勵多角發展。

(3) 社會責任: 節約能源、防治公害、促進廢物利用、提高商業道德水準、加強對社會公益之認識與參與。

(4) 組織管理: 彈性調整組織結構、系統設計、推行授權、設立利潤中心、發展多角化經營、使用 EDP、重視主管人才培養、重視計劃與控制、推行目標管理、高階層採集體管理等。

(5) 財務管理: 實施財務計劃與財務控制、重視經濟與利潤分析、革新會計觀念、健全長期財務結構、財務診斷等。

(6) 研究發展: 採重點研究、加強技術交流、開發新產品、改進品質及生產技術、重視研究發展工作、獎勵及保障創造發明權益等。

(7) 人力資源開發與發展: 遠程預測、統籌策劃人力發展計劃、重視員工生活及福利、檢討有關人事法規、長期培植繼起人才、加強建教合作、加強企管訓練等。

(8) 物質資源控制: 重視經濟及商情預測、掌握資源供應來源、計劃採購、加強存貨控制、節約資源、避免浪費等。

上述八大目標係考慮我國國情，因應當前環境需要所擬定，提供企業界參考。

歸納多目標論的說法，企業的組織目標係以市場與產品間關係為經營中心，旨在創造顧客，拓展市場，產生利潤，滿足社會需求；以組織與員工間關係為管理重點，旨在運用革新技術，調配資源，提高生產力，促進組織穩定成長。

第四節　目標管理

一、目標管理的意義

　　企業組織目標的確立與達成， 常由於企業各部門 主管 作業的專業
化，組織層次的節制關係及各主管的經營態度或看法不同，使得彼此間
缺乏聯繫與協調，形成了意見上的分歧，這些現象使得人員與組織目標
間產生了摩擦、挫折和衝突。如何使企業建立一個團結的組織體，將個
人的努力結合成共同的努力，並將各組成份子的貢獻指向企業的組織目
標，產生無間隙、無摩擦、無重複的整體努力成果，而各部門、各階層
人員亦能瞭解他們在此組織目標的達成上，所負擔的責任程度而有所自
我控制 (self-control)，則必須實施所謂「目標管理」 (management by
objectives) [21]。

　　目標管理是一九五四年由彼得・杜拉克 (Peter F. Drucker) 教授首
先提出較具體的觀念與方法[22]，其意義乃是「藉組織內上下人員對共同
目標的瞭解，制訂各人的工作目標與主要職責，並以此目標作為指導業
務的方針與評價各人成果標準的一種程序」[23]。其主要的內涵， 可歸納

---

[21]　「目標管理」(Management by objectives) 一詞，有時又稱為「成果
管理」(Management by results or managing for results)，只要是管理
人員應用以達成組織所欲達成的目標，如無缺點 (zero defect) 作業、利潤的
程序，均可稱之。有時整體管理 (Management by integration)，參與管理
(Management by Participation)、激勵管理亦可視為目標管理的同義字。

[22]　Peter. F. Drucker, *op. cit.*, ch. 11; Drucker 於 1954 年首先提出後，
卽成為眾所周知的管理方法，麻省理工學院 (MIT) 教授 Douglas McGregor
及密西根大學教授 Rensis Likert，並使用該技術於近代行為科學研究上。

[23]　George S. Odiorne, *Management by objectives: A System of Man-
agerial Leadership* (New York: Pitman Publishing Co., 1971), 12th. ed,
pp. 55-56.

如下：

　(一)目標管理是以「人性」爲中心的管理方法，與傳統管理方法以「工作」爲中心不同。

　(二)目標管理以目標的設定、執行及自我控制來達成目標，與傳統管理以組織、規章等使人就範不同。

　(三)目標管理是將組織內的個人目標與團體目標結合而成的團隊做法 (team-center approach) 或整體管理㉔。

　(四)目標管理係利用上下諮商設定目標，使員工參與策劃及決策工作，以增進工作的挑戰性。

　(五)目標管理注重具體目標(量或進度)，以因應環境的實際需要，是前瞻的做法。

　(六)目標管理以激勵方式來增進員工對工作的滿足感。

　(七)目標管理對工作進度之檢核及目標達成之程度，係採權責下授、自我控制及自我檢討方式，以促進員工人格的成熟。

　目標管理可說是一種管理哲學，也是一種計劃與控制的技術。作爲管理哲學，目標管理就是參與管理，由組織內各級主管和員工，參與決定組織的目標系統，並授權各級主管及員工，以自我指導及自我控制和檢討方式，有效達成預定的目標。作爲計劃與控制的技術，目標管理是各級主管設定具體目標，並考核其達成的程度，特別是利用報告、程序和表格作自我控制的管理技術。

㉔　參閱 John B. Lasagna, "Make Your MBO Pragmatic", *Harvard Business Review* (Nov–Dec. 1971), pp. 64–68 及 Wendall L. French & Robert W. Hollmann, "MBO—The Team Approach", *California Management Review* (Spring 1975), Vol. XVII, No. 3, pp. 13–21.

二、目標管理的特性

目標管理所以產生的原因，主要是糾正傳統管理的下列缺點：

(一)傳統管理以組織、章則法規等使人就範，所有決策皆由上級決定，下屬只有奉令行事，各人未能認清組織目標，使個人與組織整體脫節。

(二)傳統管理以工作為中心，一切工作之技能與活動，皆以法規訂之。 對於作業執行， 着重手續辦理， 缺乏適應繁雜多變環境事務的彈性。

(三)傳統管理沒有充分授權，主管集權控制，部屬凡事皆須請示，個人潛能未能有效的獲得激勵。

(四)傳統管理注重組織層次，各級主管或人員僅能就職掌範圍處理例行業務，工作缺乏挑戰性。

(五)傳統管理強調現狀的延長，組織缺乏動態的應變，又因層次間缺乏溝通，使各級主管不能適時決策，而組織趨於僵化。

(六)傳統管理只考慮企業目的，並不重視個人願望，使員工感覺挫折，而個人與組織目標間遂產生摩擦與衝突。

(七)傳統管理對下級績效的評價，採取靜態、主觀與絕對的方法，缺乏合理、公平與客觀的基礎，尤其懲罰多於獎勵，使下級產生心理反感。

目標管理卽是針對上述缺點與問題，以諮商、參與、激勵及團隊精神提出較科學的方法，使組織管理有所改進與發展下去。

三、目標管理的實施程序

實施目標管理應按下列的基本程序進行。

(一)實施前的準備：實施目標管理前，有許多前提必須注意的：

(1) 管理者必須瞭解目標管理的意義、性質及做法。

(2) 獲得高級主管的認識與支持。

(3) 建立明確的聯繫系統，溝通上下意見。

(4) 培養組織內員工的團體合作精神及整體觀念。

(5) 結合個人利益與團體利益。

(6) 培養各級主管重視策劃及考核的重要性。

(7) 加強組織內個人潛在能力的發揮。

(8) 建立權責下授，分層負責的觀念。

(二)設定目標：目標管理是結合個人目標與組織目標爲一體的管理哲學與計劃控制的技術，因此對於目標系統的設定最爲重視。組織應先設定總目標，再由總目標設定次級目標，依組織層次順序設定下去，這樣由高階層的主要目標一直到達最基層的目標發展，乃形成完整的目標系統(Networks of objectives)，見圖 2-3 所示。組織的目標系統使所有的成員都瞭解本身的工作與組織的關係，以及個人利益與團體利益結合的情形，並以組織的整體目標爲重點，建立個人工作目標，進而以個人目標的達成，結合全體人員的努力達成組織的目標。

設定目標應先考慮下列因素：

(1) 政治因素：適應世界潮流及局勢變化，符合政府的基本國策及措施。

(2) 法律因素：符合有關企業創立、經營及管理的法令規定。

(3) 文化社會因素：符合社會變遷及需要，使企業本身具有特有的文化與風範。

(4) 經濟因素：運用有限資源，配合社會利益，發揮經濟效益。

(5) 技術因素：瞭解技術革新與發展，採用新的技術方法，維持企

圖 2-3　企業組織的目標系統

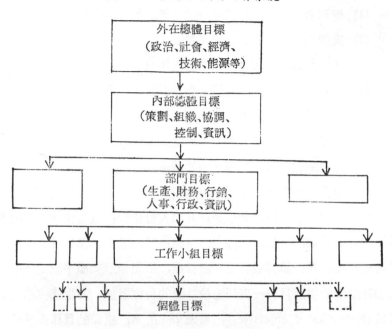

業經營的優勢地位。

其次，有關目標的設定，宜考慮下列原則[25]：

(1) 目標應按其重要性區分為各種不同的重要程度及優先等級。

(2) 各層級的目標均以支持共同的總目標(或整體目標)之達成。

(3) 有關長短程目標及各目標間應注意其平衡性。

(4) 目標項目不宜過多，或標準過多以致超過能力限度。

(5) 目標的範圍不宜太小或過大。

(6) 目標內容應力求具體，最好宜以數字表示。

(7) 目標內容應為工作的指導方針。

---

[25]　陳庚金，「目標管理概念與實務」(臺北市，行政院研究發展考核委員會)民國 61 年，第 38-39 頁。

(8) 目標應具有挑戰性，以免偏低而流於形式。

(9) 目標必須書面化。

(10)明確的組織層級劃分，以設定各層級目標。

(11)明確的意見交流制度，以激勵各層級人員參與設定目標。

(12)具有測定目標執行績效的具體標準。

(13)目標內容須具有提供工作人員自我控制及期中考查等報表編製的基礎。

(14)明確的目標執行進度表。

(15)目標的成果評價能提供回饋資料❷ 。

(三)目標的執行：在目標執行的過程中，各組織層級應賦予應有的權責，使他們在自我控制下，爲完成目標而努力。因此在目標管理下，各階層的管理者必須充分授權，並信任部屬有達成目標的能力，以加強各員工的責任或與創造力，發揮員工的潛力。

自我控制的管理除要求「權責下授」及「對目標測度其績效與成果」外，並要求各組織層級的工作人員利用報告、程序及報表作徹底的檢討，這樣將使每個人有足夠的活動能力和責任，同時給予組織成員共同努力的方向，使個人目標和組織目標一致的經營原則，乃是執行目標管理作業的重要條件。

在執行目標管理時，應注意避免下列問題的發生：

(1) 定量化的偏好：目標的執行及成果的測度，只要能以某種形式

---

❷　陳庚金，前揭書；第 41–57 頁； Harold Koontz, "Making MBO Effective", *California Management Review* (Fall, 1977), Vol. XX, No. 1, pp. 5–13; John M. Ivancevich, "The Theory and Practice of Management by Objectives", *Michigan Business Review* (March, 1969), Vol. XXI, pp. 13–16.

可以衡量即可，不必以絕對數字或百分比表示。

(2) 目標系統的形式化：目標系統的設定過程，要求上下會商、員工的自我控制及成果的達成，遠較系統表的編製更為重要。

(3) 新的本位主義之形成：個人為自我目標的達成而努力以赴，却往往忽略了整體的目標。

(4) 低水準的目標設定：由於成果之評價係按目標數值來衡量，一般的目標會愈訂愈低，因此必須考慮員工的努力程度、困難程度及複雜性來調整之。

(5) 短程目標的偏重：由於目標常以年度為準，於是會過份重視年度的短程目標之達成，而無視長期目標的發展。

(6) 缺乏彈性：目標的執行須持之有恒，然而當遭遇內外環境有顯著變化時，仍應配合需要有所調整之。

(7) 退而求次的做法：依據經濟學的概念，企業經營的最佳狀況是使其經營的邊際收益 (marginal revenue) 等於邊際成本 (marginal cost) 時，然而多目標的設定常遭遇「二者取一」(alternative) 或「機會成本」的限制，為達成多目標的要求，企業經營者常放棄「最佳化」(optimization) 的追求，退而求次 (suboptimization)，引起目標間的衝突，抵銷或降低全面的績效成果㉗。

(8) 指導方法錯誤：實施目標管理前的準備工作不夠充份，常造成

㉗　參閱 Edward H. Bowman & Robert B. Fetter, *Analysis for Production Management* (Homewood, Ill.: Richard D. Irwin, Inc.,) rev. ed, 1961, pp. 24 及 Roland McKean, "Suboptimization Criteria and Operation Research" The Report of The Rand Corporation (Santa Monica, Calif., 1953), p-386.

各級主管未能瞭解目標管理的哲學與特性,因此目標不夠明確,執行無法驗證,績效成果沒有適宜的標準考核,均使自我控制作業無法推展。因此, 有效的執行目標管理必須先設立明確的

圖 2-4　目標管理的整體流程圖

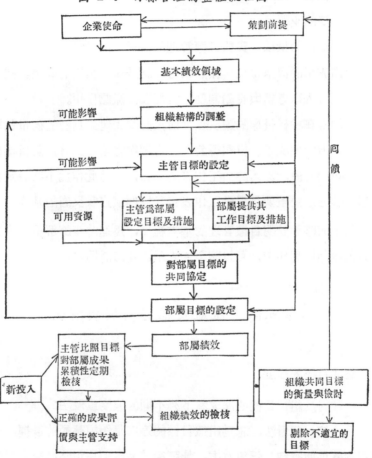

資料來源: 參閱 George S. Odiorne, *Management by Objectives*: *A System of Managerial Leadership* (New York: Pitman Publishing Co., 1971) 12th. ed., p. 78 及 Harold Koontz, "Making MBO Effective", *California Management Review* (Fall 1977), Vol. XX, No. 1, p. 9.

目標系統及良好的協調系統。

(9) 缺乏時間幅度 (Time span)：有些目標的達成，具有時間性，
必須在特定的期限內作為，故缺乏時間或進度控制常造成許多
偏失；此外，定期的追查工作成果更是實施目標管理所不可或
缺的步驟。

(四)目標的檢核：**實施目標管理的過程中，成果評價是極為重要的**
作業，由成果評價來檢核目標的執行，就是衡量預期的成果。這項成果
評價，配合人事考績與獎勵制度，常能發揮激勵作用。

管理者在檢核目標的達成程度前，必須先建立具體的衡量基準或計
算方法，方能使成果評價顯得公平、合理與客觀；此外，對目標檢核的
驗證 (verifying)，亦可評估工作者的潛力，並據此作為下次設定目標時
的重要參考，更重要是提供工作者自我控制或自我反省的基礎。

以上簡略地說明目標管理的基本程序，為進一步瞭解組織實施目標
管理的整體流程作業，可以圖 2-4 表示，藉助說明之。

第五節　組織目標的衝突與解決

一、達成目標的態度

一般對於組織目標的達成有下列不同的態度或做法：

(一)第一種看法，認為組織目標的達成是領導藝術的發揮，企業的
高級主管英明睿智，領導有方，能盱衡情勢，運用策略，糾合資源所產
生的結果。持此態度或贊成這種看法的，多半強調管理制度，重視策劃、
領導與控制技術，對於組織成員的個人情況、個人價值及意見態度較少
注意。

　　(二)第二種看法，認為組織目標的達成是企業組織內全體成員能共同認知組織目標，共同努力，並且共享組織成果。持此態度者，注重團體關係與組織系統，強調個人對組織目標的融合力 (Internalization of Organizational goal)、對組織的附聚力(cohesiveness)、交互行為、意見溝通及激勵作用等。

　　(三)第三種看法，則認為組織目標的達成，乃是組織內各級管理人員審慎地運用其權力系統 (power)，調和企業與工會間，股東與管理階層，及組織與其成員間的目標或利益之達成。因此，所謂組織目標的達成，事實上，只是管理人員調和各種不同程度的目標或利益，防止組織衝突行為發生，所產生的決策或解決問題的作為[28]。

　　上述三種對達成組織目標的不同看法，即形成對企業經營或管理的思想系統或參考架構。有關企業管理哲學的建立，容後詳述，惟組織衝突行為的發生，對目標執行與管理的影響至為深邃，管理人員不可不為注意。

二、目標衝突的發生

　　組織本來就是由於成員的交互行為 (interaction) 所構成的關係體，在交互行為中，由於人們的思想模式與價值觀念的不同，其在組織中所產生的需求亦有不同，馬斯洛(A. H. Maslow) 的「需要層次論」(hierarchy of needs)[29] 可作最佳的說明，個人為滿足其需求，就會去追求或

---

[28]　持此論調最力者，當推 Richard Cyert 及 James March，參閱其合著 *A Behavioral Theory of the Firm* (Englewood Cliffs, N. J.: Prentice-Hall, 1963), pp. 29–43. 及 R. Joseph Monson and Anthony Downs, "A Theory of Large Managerial Firm," *Journal of Political Economy* (1965), Vol. 73, No. 3, pp. 221–236.

[29]　參考本章註[7]，有關個人目標之討論。

達成滿足需求的目標，若中途遭遇到障礙，就產生目標衝突(Goal con-flict)，因此，衝突 (conflict) 行為乃是組織行為的必然現象。

衝突可以發生在個人與個人之間，個人與團體之間，及團體與團體彼此之間，其構成的要素有四項，即：

(1) 敵對者 (opponents)：不論個人或團體的衝突，均有相互的**敵對者**。

(2) 不同的目標或利益 (different goal or interest)：衝突即是由於彼此利益或目標無法一致或調和，產生敵對行為。

(3) 交互行為 (interaction)：必須由於人際間的接觸或來往，才產生協調與否與敵對。

(4) 競爭或爭鬥(competition or struggle)：衝突是種表現敵對的態度或行為，包括直接與公開的爭鬥，或間接與隱含等形式的競爭**⑳**。

組織衝突行為發生的原因，可以歸納如下**㉛**：

---

⑳ 參閱 Austin Ranney, *Governing*: *A Brief Introduction to Political Science*, (N. Y.; Hdt, Rinehart and Winston, 1971), p. 11; 龍冠海，「社會學」(臺北市：三民書局)，民國 56 年，第 322 頁及張潤書，前揭書，第253頁。

㉛ 組織衝突行為之原因，依 Herbert A. Simon 認為有三：① 建立王國 (Empire building)，②不同背景(difference in background)，及③不同團體意識 (different group identification)，見 Herbert A. Simon, Donald W. Smithburg and Victor A. Thompson, *Public Administration* (New York: Alfred A. Knopf, 1950), pp. 297–330; Fred Luthans 則認為有四：①層級間衝突 (hierarchical conflict)，②職能衝突 (functional conflict)，③直線與幕僚間衝突 (Line–staff conflict)，及 ④ 正式與非正式組織間衝突 (formal–informal conflict)，見 Fred, Luthans, *Organizational Behavior* (New York: McGraw-Hill, 1973), p. 472.

(1) 組織由於專業分工而造成不同的功能單位，由於這些單位均想擴充其職權，爭取更多資源，於是不同單位間便發生衝突。

(2) 組織由於權力分派形成上下層級結構(hierarchical structure)，不同的層級間溝通常有障礙，便常發生衝突。

(3) 組織內的成員由於背景不同，其價值觀念與對事物的看法亦不同，意見分歧最易發生衝突。

(4) 正式組織中有非正式組織 (Informal group) 存在，其對工作的分派與績效考核的標準，常有不同的意見，便發生衝突。

上述組織衝突行為又可區分為個人衝突與團體衝突：

(一)組織的個人衝突：組織內的成員，對其在組織內的行為，常代表一種有關社會行為的標準或個人期望，即所謂角色(Role)，當組織成員所扮演的角色不能符合其所期望或社會行為標準時，即產生角色衝突(Role conflict)[32]。

其次，個人目標追求的過程遭受障礙時，常表現其情緒於侵略(aggression)他人事物，情緒孤立或行為退化、刻板性反應，文飾其挫折或轉移其損傷的情緒或自尊、自信等的反應方式，即所謂個人目標衝突(personal goal conflict)[33]。

(二)組織的團體衝突：組織由於層次結構與功能劃分，形成各種分權化(decentralization)的階層與部門，即可能發生正式與非正式組織間，及作業與幕僚單位間的團體衝突，依席斯克教授 (Henry L. Sisk) 所提出「理論Z」(Theory Z) 觀點，影響組織目標達成的因素，有下列六項[34]：

---

[32]　龔平邦，前揭書，第一五六頁。

[33]　Fred Luthans, *op. cit.*, p. 463.

[34]　Henry L. Sisk, *op. cit.*, pp. 282–283.

(1) 組織規模(size of organization)：組織規模大，決策次數也多，組織結構形成正式(formal) 與複雜化，導致聯繫路線的伸長，延誤決策的可能性更大。

(2) 成員間交互影響的程度(degree of interaction)：組織成員間的互涉行為可影響其合作精神，當組織的某些決策涉及不同組織單位或不同層次時，成員間的來往關係即成為關鍵契機，交互影響愈小，衝突機會愈大。

(3) 成員個性(personality of members)：成員個性成熟與否，常影響其對組織目標認知的差異，亦決定其參與與自組織成果上獲得滿足的程度。成員個性差異顯著，衝突機會愈大。

(4) 目標的一致性 (congruence of goal)：組織各次級單位對其本單位利益與總目標間是否一致或調和，常影響總目標的達成，及與其他單位目標間的配合。目標未能一致，則衝突機會增加。

(5) 決策水準 (level of decision-making)：組織層級或部門的各個單位為了參與決策的需要而常起衝突，特別是各單位對資源的需要程度愈大，或各單位對參與決策時間配合的依賴性愈迫切時，其衝突可能性愈大㉟，若決策水準能超越團體對資源分配上，或參與決策的時間次序相互協調，則衝突較不易發生。

(6) 系統狀態 (states of the system)：組織發展特性及各種作業或經營績效內容對組織目標的衡量最為重要，一般而言，組織功能的發揮，有賴於其次級單位對整體目標所擔負的能量及能力的發揮，組織次系統間的開放與認同，協調與合作，有助於增強團體間對組織目標達成的認知與努力，並減少衝突的機會。

㉟ Herbert A. Simon & James G. March, *Organization* (New York: John Wiley & Sons, 1958), pp. 65-66.

　　組織中的團體衝突是難以避免的，爲降低各單位間的競爭，必須強調整體的組織利益與效率，增加單位團體間的溝通與交互活動，團體成員間輪調交換，避免造成單位間輸贏場合，均能使組織內團體衝突減少發生㊲。

三、目標衝突的解決

　　爲解決個人或團體間對組織目標的衝突，賽蒙教授 (Herbert A. Simon) 與馬奇教授 (James G. March) 認爲，組織必須經由四個程序來解決目標衝突㊲：

(1) 解決問題 (problem solving)：組織應蒐集可能衝突的資料，研究較佳的方案，以解決原有衝突性的問題，使組織成員認知組織目標及成果係由全體所共享。

(2) 說服 (persuasion)：當個人目標與組織目標發生衝突時，引用可超越個人目標的理由與說明，使個人放棄私見。

(3) 協商 (bargaining)：當個人目標與組織目標發生衝突而未能協調時，應與組織成員會商，以取得雙方均可同意接受的條件或內容。

(4) 政治 (politics)：當協商的條件超過原有目標的要求時，採取政治手段，以制度或法令等取得優勢。

　　此外，並提出下列五個基本途徑以增強組織成員對組織及目標的認知㊳：

㊱　Edgar H. Schein, *Organizational Psychology*, (Englewood cliffs, N. J.: Prentice–Hall, 1965), p. 67.

㊲　H. A. Simon & J. G. March, *op. cit.*, p. 129.

㊳　*Ibid.*, pp. 65–66.

(1) 對組織參與的權力愈多，個人認同於此組織的傾向愈強。

(2) 成員對組織目標共享的認知程度愈大，個人認同於此組織的傾向愈強。

(3) 成員間交互活動愈密，個人認同於此組織的傾向愈強。

(4) 成員的個人需求獲得滿足愈大，個人認同於此組織的傾向愈強。

(5) 成員間的競爭程度愈小，個人認同於此組織的傾向愈強。

綜合上述的說明，對於組織目標的達成，可依據工作制度的領導基礎，成員認知的人羣關係基礎，或系統整合基礎等不同方式㊴，該等基礎亦形成爲現代企業管理思想的根據。

㊴ 即所謂 3 D 理論 (3 Dimension Theory)，意指達成組織目標可依工作，人性或系統的基礎。

第三章 企業地位——
外在環境評估

在企業目標設定的前後，都必須對企業地位有所了解，包括對外在環境的評估及對內在能力的分析。

企業環境評估是對企業過去經營策略、方式及經營績效加以檢討，以科學的方法來分析企業外在環境情勢，蒐集所需的事實資料，預估今後企業發展與環境間彼此相互影響的範圍與程度，進而研擬對策。

「企業環境」(Business environment) 或「管理環境」(Management environment) 乃是企業所賴於生存與成長的空間，此環境的變化常非企業所能控制，因此企業的外在環境因素(external environment factor)又稱為「不可控制因素」(uncontrollable factor)。企業外在環境的變化常影響到企業的興衰存亡，必須由企業高級主管及其上級有關機構（如董事會、股東大會）來負責評估，因此，如何創造及掌握一種能使企業組織能有效率和有效果地達成目標的「績效環境」(performance environment)，乃是高級管理階層的重要職責之一❶。

---

❶ Harold Koontz and Cyril O'Donnel, *op. cit.*, p. 53.

第一節　企業的環境因素

一、環境因素模式

　　企業的外在環境對企業組織的影響常是全面性的，因此有關企業環境的整體性構成，必先有所了解，特別是近年來，企業組織所面臨環境的動態性與複雜性，超過了以往任何一個時期，因此探討影響管理功能之企業環境因素的研究報告，乃紛陳而出。范姆(R. N. Farmer)與李奇曼 (B. M. Richman)；以及紐甘廸 (A. R. Negandhi) 與艾斯達芬 (B. D. Estafen) 諸教授所發展出的兩種研究模式，較爲一般所援用，均希望鑑別構成企業環境的主要因素，用作管理分析的工具。

　　兩種研究模式均承認不同文化環境對管理程序之殊異影響的前提。本來，文化卽是人類社會爲適應環境，改善生存方式的行爲，包括知識、信仰、風俗習慣、倫理道德、藝術、法律及任何才能的累積，文化使社會組織具有創造與緜延的特性，因此任何社會組織的目標，卽爲文化的反映，不同的社會文化，對於組織當然會有不同的影響。企業所經營的業務，須要獲得社會的認可 (acceptance)，因此文化決定企業組織內有關的規章，使企業活動受到社會文化的規整，而企業組織及其成員的目標，就因爲社會文化功能的影響而獲得確定。

　　Farmer 與 Richman 模式，認爲企業組織的管理程序及其有效性，常受到：(1)教育變數(Educational variables)，(2)社會文化變數 (sociological-cultural variables)，(3) 政治與法律變數 (political and legal variables)，以及(4)經濟變數(Economic variables)等因素影響❷，Farm

---

　　❷ R. N. Farmer and B. M. Richman, *Comparative Management and Economic Progress* (Ill.: Richard D. Irwin, Inc., 1965), p. 35.

與 Richman 以 I 代表國際環境，含社會變數 (I_1)、法律與政治變數 (I_2)、經濟變數 (I_3)；以 C 代表國內環境，含教育變數 (C_1)、社會文化變數 (C_2)、法律與政治變數 (C_3)，及經濟變數 (C_4)；以 B 代表企業經營過程所必需的活動，包括策劃與創新 (B_1)、控制 (B_2)、組織 (B_3)、人事 (B_4)、指揮領導與激勵 (B_5)、市場 (B_6)、生產與採購 (B_7)、研究發展 (B_8)、財務 (B_9) 及社會關係 (B_{10})，而將環境對經營管理的影響，以 I─C─B 矩陣說明之，如圖 3-1 所示，企業惟有在外在環境限制最小的情況下，才能發揮其經營管理的效率，而經營管理的有效性，決定了企業組織的功能，各企業的組織功能又結合而成社會與國家功能，因此，這些環境因素乃構成企業經營的整體環境。

圖 3-1　范姆·李奇曼比較管理模式

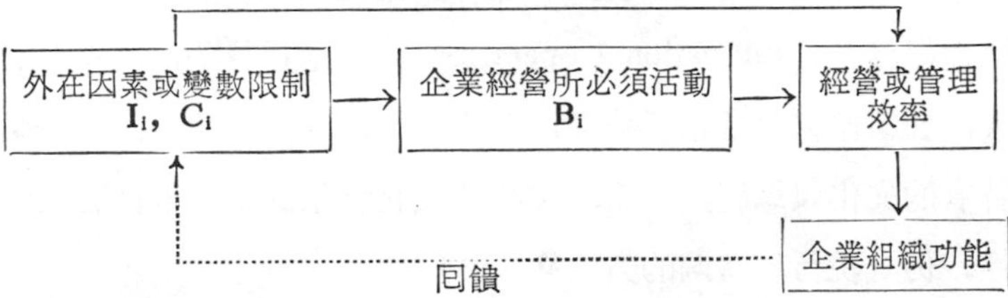

資料來源：參閱及改編自 R. N. Farm and B. M. Richman, *Comparative Management and Economic Progress* (Homewood, Ill.: Richmand D. Irwin, Inc., 1965), p. 35.

和 Farmer-Richman 模式有些不同，就是 Negandhi-Estafen 模式中，除考慮一些包括文化變數等主要因素之外，並考慮了一項足影響管理程序的獨立因素，即「管理哲學」(management philosophy)。而所謂管理哲學，就是企業組織對顧客、股東、供應商、經銷商、工會、社區與政府所表示的態度或關係❸。

二、環境因素內容

參考上述兩模式說明，吾人可發現影響企業經營的主要外在環境因素，約略如下所示：

(一)教育因素：教育爲立國之根本，而政治、社會、經濟及技術的發展均依賴人才的培養，管理的有效性即由管理教育的功能所決定，因此教育爲企業環境中最受重視的因素。教育因素可由國民教育水準、職業及專業訓練、高等教育、管理發展計劃、教育政策及建教合作的配合上，瞭解環境的發展與企業的需求。

(二)社會文化因素：社會文化對企業的影響，可由社會大衆對企業經理人、權責關係、生活方式、勞資合作、工作的成就感、個人發展、財富內容、科學發展、企業精神等的看法及態度上有所瞭解。事實上，不僅社會文化影響企業生存發展，每一企業組織，亦由於規模擴大而採「多國性經營」(Multinational operation)，交通運輸的便利及地區性合作發展，使組織成員常相互接觸，產生文化溶合的現象，而使企業本身具有特有的文化與風範。然而，從社會文化背景的影響來探討企業管理的特性，仍是現行較普遍的方法❹。

(三)政治與法律因素：近代企業組織受到各級政府的影響是多方面

---

❸ A. R. Negandhi and B. D. Estafen, "A Research Model to Determine the Applicability of American Management Know-how in Differing Cultures and/or Environments", *Academy of Management Journal* (December, 1965), Vol. 8, No. 4, pp. 309–318.

❹ 參閱 R. F. Gonzalez and C. McMillan, Jr., "The University of American Management Philosophy", *Journal of the Academy of Management*, Vol. 4, No. 1, pp. 33–41 及 W. Oberg, "Cross-Cultural Perspectives on Management Principles", *Academy of Management Journal*, Vol. 6, No. 2, pp. 129–143. 諸文中對管理原則在不同國度中實施結果之檢討。

的，政府基於內政、外交及國防的需要，制定各種法律與規章，影響到組織的建立（如公司法等）、經營活動（如票據法、商標法、專利法等）或業務管理（如食品衞生管理法、藥物藥商管理法等）。然而，合理的政治措施與法規，亦提供企業公平競爭機會、經營標準、公害防治、勞工福利及教育方法，而促進企業組織的發展，因此，政治穩定與法令合理一直是企業追求的理想環境。

(四)經濟因素：企業活動即是經濟活動，因此社會經濟活動對企業的影響最直接也最重大。經濟穩定與成長是企業發展的必要條件，而一個國家的經濟制度對資源的選擇與利用又發生密切關係，如何有效分配資源、產品有效需求、穩定價格制度、公平的市場競爭結構、健全資金來源與制定合理的經濟政策是企業對經濟環境最迫切的要求。隨着國際貿易的發展，企業組織又面臨各種不同國家、不同經濟行為與特性的衝擊，如何瞭解各國經濟環境乃形成另一重要課題！

除上述因素外，近年來有兩個問題，對企業均造成極大的衝擊，一是技術不斷革新與快速發展，使企業的產銷結構無法適應，二是世界能源危機，油價迭漲，造成世界經濟萎縮，直接損害到企業經營的績效環境。因此，技術革新與能源問題自然就成為影響企業經營的外在環境中的另二種重要因素了！

(五)技術因素：技術革新促進部門專業化及技術高度化與特殊化，常為企業創造良好的經營管理環境，並維持企業在市場的優勢地位，成為達致組織目標的最佳工具，是企業生存發展所不可或缺的條件。然而，技術革新對企業亦帶來許多變化，如縮短經營市場或產品的生命週期(Life cycle)，增加未來經營的不確定性，影響企業管理的動態性，造成員工對組織與工作的不安心理；同時，技術革新亦常迫使組織結構、作業項目、業務內容也須作重大的調整，因此，如何面對技術革新的挑

戰，並積極促進企業因應技術革新後的外在環境，一直是企業高級主管所應有的管理態度❺。

(六)能源因素：能源中的石油，自二次世界大戰後，由於廣大油田的相繼發現，且產油層淺，生產成本低，遂取代煤的地位，成為世界的主要能源。西元一九七三年的中東戰爭，阿拉伯國家以石油作為武器，對與以色列有外交或商務關係的國家實施禁運，並減少生產，大幅度提高石油供應價格，使油價上漲四倍有餘，於是低油價乃成歷史的陳跡，而對不產油的國家，更是嚴重的衝擊。其後，由於世界經濟萎縮減少石油消費，加上北海及阿拉斯加油田的發現，增加了世界上的石油產量，才使世界經濟逐漸復甦。然而，一九七八年的伊朗政變又引發第二次世界能源危機，至今仍是餘波盪漾，影響不已。經濟學家均認為，由於油價迭漲，八十年代的世界經濟將是高膨脹、低成長的年代，對各國的經濟發展造成嚴重的威脅。對於能源危機的問題，世界各國所採取的策略不外三途：(1)節約能源，(2)提高生產力，(3)研究代替能源，而「以價制量」與「強制限用」是各國政府所採用，而在短期內能收立竿見影效果的兩種節約能源的措施❻，其目的在降低能源使用量，並提高能源使用效率，是以凡屬能源使用效率低的舊有設備均將遭受淘汰。此外，為促進有效使用能源及廢熱，必須逐漸培養大型工業規模，上述事實均影響今後企業經營管理的環境，如何面臨衝擊，應付挑戰，企業高級主

❺ 參閱 Herbert A. Simon, "Technology and Environment", *Management Science* (June 1973), Vol. 19, No. 10, pp. 1111-1115; Leonard Silk, *The Research Revolution* (New York: McGraw-Hill, 1960), p. 230 及 Donald A. Schon, *Technology and Change* (New York: The Delacorte Press, 1967), p. 115 等諸文獻。

❻ 李達海，"當前我國的能源問題"，「環球經濟」，第一卷，第十一期，第六頁～第八頁。

管是任重而道遠了!

三、環境因素的區分

為有效分析外在環境的影響，上述諸因素常就研究範圍而區分為下列兩部份❼：

甲、產業總體環境因素 (Macro-environment Factors)：

1. 社會文化影響。

2. 政治法律限制。

3. 教育影響。

4. 技術影響。

5. 經濟影響。

6. 能源問題影響。

乙、企業個體環境因素 (Micro-environment Factors)：

1. 產品與市場地位。

2. 成本與訂價地位。

3. 生產技術地位。

4. 競爭地位。

孔茲 (H. Koontz) 及歐唐涅 (C. O'Donnel) 教授對研究範圍則有下列不同看法：

甲、產業總體環境因素 (General business environment factors)：

1. 政治穩定性。

2. 倫理標準。

3. 政府干預程度。

4. 財政政策。

---

❼　William F. Glueck, *op. cit.*, pp. 100–101.

5. 人口趨勢。

6. 就業、生產力與國民所得水準。

7. 價格水準。

8. 技術變化。

9. 能源問題。

乙、企業特定環境因素 (Premises external to the firm)：

1. 產品市場 (The product market)：對企業產品需求產生影響的任何條件或因素。

2. 因素市場(The factor market)：包括企業的土地、所在位置、勞力市場、物料及零件來源，可用資金來源等影響生產之因素❽。

近年來，人類探測外太空及海洋現象，亦發現到許多自然因素，如氣候、水文、地質乃至於星體運行，均影響到人類所賴以生存的空間，因之對總體環境有潛在的重要性，故稱之為「超環境」(Extra-environment)。此外在力量常為企業所忽略或不加注意，因它對多數企業的影響力幾乎無關，只是少數從事初級經濟活動之企業不可不加注意。

一般而言，總體環境因素對於企業之經營管理影響最深且廣，馬克斯 (Karl Marx) 認為「經濟」最重要，馬克路漢 (Marshall McLuhan) 則認為「技術」為主，范姆・李奇曼及紐甘廸・艾斯達芬等則自「文化」着眼，伊斯頓(David B. Eston) 則以「政治」為首，……彼等對總體環境因素之看法各異，因此在評估研究上也就產生不同的說法。而能源短缺，國際油價不斷上漲，造成世界經濟不景氣的事實，則超越各理論說法，成為當前最關鍵性的外在環境因素了！

---

❽ H. Koontz and C. O'Donnel, *op. cit.*, pp. 127-135.

第二節　總體環境的研究與發展

影響企業總體環境因素，包括社會、倫理、政治、法律、敎育、經濟、技術、能源等，其內容是包羅萬象，彼此間又互涉 (interaction) 關連，對企業的影響是全面性，因此總體環境的評估必須以科學方法爲基礎，將複雜的總體環境現象與事實作有組織的觀察、實驗、比較、分析及推斷，以獲得整體性的結論，作爲企業掌握經營機會及研擬對策的根據。隨着時代的變遷，研究評估企業總體環境的方法，也日新月異與更新。歷年來，有關研究的說明眞是汗牛充棟，不可勝計，從經驗法則到系統分析，依照其性質可將研究方法區劃爲下列兩種類型：

一、傳統研究方法的特性

早期對於總體環境的研究，着重於規範性 (nominative)、靜態性 (static)、間接性(indirect)與比較性 (comparative) 的探討，對複雜的總體環境現象，意圖建立法則以供企業決策時能夠援用。陳德勒(Alfred D. Chandler)敎授以歷史觀點 (historic perspective) 評估企業環境影響[9]；羅斯托 (W. W. Rostow) 敎授對經濟發展倡言五期成長階段 (The Five Stages-of-growth)[10]，都是在縱的時間方向作演變性的觀察；對於一般

---

[9]　美國企業歷史學家陳德勒研究環境變遷對美國大型企業發展的影響，發現美國大型企業均在十九世紀中美國興建鐵路運動後崛起，鐵路的發展促進人口集中，形成城市與市場，而電力、內燃機及其他技術發明的使用，促使企業作業機械化，產生近代企業經營與管理的科學化及現代化，參閱 Alfred D. Chandler, Jr., "The Beginnings of Big Business in American Industry", *Business History Review* (1959), Vol. 33, No. 1, pp. 1-31.

[10]　羅斯托敎授認爲經濟發展的層次，依順序爲：①傳統社會 (Traditional society)，②準備起飛 (The preconditions for take-off)，③ 起飛 (Take-

管理原則在不同國家的適用情形，則有許多比較性研究，特別是多國性公司 (multinational companies) 盛行後，有關子國企業環境的評估更受重視，將各國社會制度、文化背景、政治情況、法令規章、經濟水準、投資條件等資料彙總比較，以提供經營參考，這些研究都是就橫的空間作異同的探討⑩。

傳統的研究方法多從旣有的二手資料(secondary data) (如年報、月報、報導、研究論文報告或法令規章等) 中研究企業環境問題，很少直接投入所要研究的實際情況中，以獲得眞象與事實，單憑方法論去推斷整體環境變異，易陷於「瞎人摸象」或「閉門造車」的缺點，且不容易有創見性發現。此外，總體環境變化多端與莫測高深，在此一動態的時代中，以過去靜態的資料或不考慮各國不同的歷史背景、社會制度與價值觀念、 地理條件、 民族性格等生態與國情差異， 卽斷然地時空性比

(續⑩) off)，④成熟(The drive to maturity)，及⑤大量消費(The age of high mass-consumption) 等五個成長階段，供經濟研究參考，參閱 W. W. Rostow, *The Stages of Economic Growth: A Non-Communist Manifesto* (Cambridge University Press, New York, 1960), pp. 4-16.

⑪　探討管理原則在各國適用或研究各國管理異同之比較性論著甚多。R. N. Farmer 與 B. M. Richman, A. R. Negandhi 與 B. D. Estafen, R. F. Gonzalez 與 C. McMillian, Jr, W. Oberg 等教授論著，均爲比較管理的探討 (參閱前揭書)；此外，探討各國管理發展之論著，如 B. M. Richman, *Soviet Management* (Englewood Cliffs, N. J.: Prentice-Hall, Inc., 1965)；F. Brandenburg, *The Development of Latin American Private Enterprise* (Washington: National Planning Association, 1964)；T. Geiger and W. Armstrong, *The Development of African Private Enterprise* (National Planning Association, 1961)；H. Hartmann, *Authority and Organization in German Management* (Princeton, N. J.: Princeton University Press, 1959) 等。我國學者從事社會科學比較性研究較少，中華民國對外貿易協會曾於民國65年委託國內學者十人從事國際市場研究；中華徵信所公司則於民國66年開始從事一連串國際市場及產品研究的專册論著，均未進行比較性研究。

較，也容易發生「就古論今」、「以偏概全」或「見樹不見林」的「本位主義」色彩。於是，傳統的研究方法逐漸爲較現代、較科學的所取代。

二、現代研究方法的特性

新近對於總體環境的研究，則着重於開放性 (open)、實證性 (fact-finding)、動態性(dynamic)、生態性(ecological)、整合性(integrate) 與直接性(direct)的探討，其特點摘要說明於後：

(一)系統方法(system approach)：將企業與外在環境視同達成共同目標的整體，並將企業經營管理上的問題或現象，及產生問題或現象背後的過程，視爲一種系統 (system) ⑫，環境則爲企業的外在系統 (supra

----

⑫　自1951年生物學家 Ludwig Von Bertalanffy 提倡「一般系統理論」(General System Theory) 以來，不但爲科學知識奠下整合基礎，並且提供系統的普遍概念，使社會科學能加以廣泛應用。一般系統理論認爲若干原理及原則，適用於一般系統上，至於系統內外元素之性質及相互關係，則視其領域特性而定，依此研究社會系統之科學爲社會科學，研究自然系統之科學，便是自然科學，此等不同學科都涉及系統，各學科均朝向相同觀念演進，並提供形成一般系統共通之原則或原理，卽是系統原理 (system principles)，包括平衡原則、成長理論、累進因子分解、累進系統化、集中化、分散化等。現代科學各學科的基本問題，乃是科際間交往與整合，上述系統原理正用於解決此一問題。參閱 Ludwig Von Bertalanffy, "General Systems Theory: A New Approach to Unity of Science", *Human Biology* (Dec. 1951), pp. 302–361.

Kenneth F. Boulding 將所有系統，區分爲下列九種層次(level of systems)：① 基礎的靜態系統結構，②可預期的動態系統，③反饋及適應的調整系統，④開放系統，⑤植物的遺傳社會層次，⑥動物系統層次，⑦人類層次，⑧社會層次，⑨形而上系統，對系統研究提供良好的架構。參閱 K. F. Boulding, "General System Theory: The Skeleton of Science", *Management Science* (April 1956), Vol. II, No. 3, pp. 197–208.

根據一般系統理論的觀念，系統研究應不限圍於某一層次的研究，而將各層次整合，以獲得一般原則，應付各種現象。因此一般系統理論可提供企業經營者或管理者解決企業環境變異對企業經營管理所產生的影響。

system)[13]。 系統方法將政治、 法律、 經濟及技術等總體環境因素視爲影響企業經營管理的投入因素 (input)， 以掌握外在環境系統的特性，並分析其與企業間的相互關係，進而調整或改善外在環境系統， 使其特性朝企業所預期的方向進行變異，俾能產生提高企業經營效率與效果，或減少企業經營風險的產出(output)。

(二)開放系統 (Open system)：企業雖受外在環境影響，亦影響外在環境的變異，譬如說環境的改善(政治穩定、經濟發展、教育普及等)對企業經營極爲重要，然而企業却因經營活動產生公害而破壞環境，因此對公害防治卽是致力於環境的改善，使企業除須具有適應環境的能力外，並隨時須考慮到與環境間的互涉關係 (interaction)。換言之，對企業環境的評估， 應考慮企業與環境在投入產出 (input-output) 間，所產生的依存關係[14]。

(三)科技整合 (Inter-discipline)： 系統內外各組成份子之間除彼此具有密切的依存關係外，並各具有特定的功能，因此，必須相互協調、相互應用 (cross-fertilization)， 綜合所發現的事實眞象， 形成功能整體

---

[13] F. E. Kast & J. E. Rosenzweig, *Organization and Management* (New York: McGraw-Hill, 1974), 2nd ed., pp. 130–132.

[14] 所謂開放系統，卽系統與環境間產生投入產出關係，並相互依存與變異；倘一系統與外在環境間並無投入，亦無產出，其組成份子不因環境影響而有變異，卽是關閉系統 (closed system)。依 Daniel Katz 及 Robert L. Kahn 認爲開放系統的組成要素，包括下列九項：① 能量的重要性 (importance of energy)：環境的投入能量，如水、空氣、食物，②生產過程 (the throughput)，③產出 (the output)，④ 事件的循環 (cycles of events)，⑤ 系統新陳代謝 (negative entropy)， ⑥ 反饋 (feedback)，⑦ 持續演進 (dynamic homeostasis)，⑧差異性功能 (differentiation)，及⑨結果殊途同歸 (equifinality)：結果獲得雖有殊途，結局同歸。參閱 Daniel Katz and Robert L. Kahn, *The Social Psychology of Organization* (New York: John Wiley & Sons, Inc., 1966), pp. 19–26.

(functional whole)，以解決複雜環境各方面的問題[15]。

　　(四)動態研究(Dynamic approach)：企業總體環境因素各具有其特定的功能與情態 (aspect)，彼此間又有相互依存關係，因此評估環境必須考慮其連續演變的過程，使企業不僅能適應當前的外在壓力，並隨著環境與時代的變遷，不斷地調整其內部結構與作業方式。

　　(五)生態考慮(Ecological consideration)：企業所存在環境的地理條件、文化背景、歷史演進、社會結構、價值觀念與民族性等皆不相同。有特定的環境，就產生特定環境的問題，亦形成不同特質的現象，因此企業經營管理沒有絕對的制度、規章與行為規範，所謂企業經營管理國情化，便是重視生態考慮[16]，企業面臨多國性經營尤須考慮各國生態背

---

　　[15]　Talcott Parsons 是美國社會學大師，首先將社會系統 (social system) 視為結構、功能和過程的系統，認為所有社會文化、行為、模式及社會制度結構本身，皆具有其特定功能，彼此間又具相關。由於組成社會系統的份子，在系統內外的行為有重複，且在各種行為之間常有一定的規律或模式可供研究者沿循，而形成行為整合的基礎，研究社會行為即將組成社會系統份子的行為模式或社會制度結構間加以整合，相互應用，則可發現社會系統份子間的關係，並可加以預測，進而解釋社會現象。功能-結構分析乃是科技整合的基礎。參閱 Talcott Parsons, *Structure and Process in Modern Societies* (New York: The Free Press, 1960), pp. 60–65.

　　[16]　生態學(Ecology) 本是自然科學中研究生物與環境關係的一種科學，即在於發現生物成長的有利自然環境；社會科學應用生態觀念，首推 John M. Gaus 教授，以生態觀點研究公共行政現象，參閱 J. M. Gaus, L. D. White and M. E. Dimock (eds.), *The Frontiers of Public Administration,* (University of Chicago Press, 1936), pp. 26–44 及 J. M. Gaus, *Reflection on Public Administration* (Ala., University of Alabama Press, 1947).

　　在建立生態研究模式方面，則以 Fred W. Riggs 最有成就，其「鎔合-稜柱-繞射模式」(Fused-Prismatic-diffracted Model)中，視農業社會中的功能與結構鎔合現象，沒有太多分工；折射過程的稜柱(過渡)社會，容許不同制度、行為與觀念存在；折射完成的工業社會是高度分工。此一模式解釋各類型

景與影響。企業經營管理在面臨生態條件時，只有考慮各個特定環境中各因素的特性與功能，作綜合性及系統性的說明，建立研究模式及觀念基礎，比較其差異，再依照差異性質研擬對策，決定方針。

(六)直接研究 (direct approach)：對總體環境的評估，採取直接介入或實地處於所要研究問題的實際情況中，就發生問題或現象的環境，建立觀念分析基礎 (conceptual-analytical base)；並以觀察、實驗或調查技術蒐集所需的實證資料 (empirical data)，應用統計推論 (statisical inference) 或數量方法(Quantitative method)，對資料作客觀分析〔如相關分析、判別分析(discriminant analysis)或因子分析 (factorial analysis)等〕，以尋求事實眞象，並將事實發現 (fact-finding) 演繹爲解釋多方面問題的理論，提供決策時參考；此外，個案研究 (case study) 也是新近流行的研究方法，即就已發生的事實眞象，加以理論性研判，倘若以後發生類似情況，即可作爲相同經營管理方式的依據。

近二十年來，系統方法、開放研究與生態研究使企業對總體環境評估，有着顯著性進步，由早期的靜態分析到現行的環境整合研究，能夠更明顯的解釋總體環境的現象，加上企業對 EDP (electronic data processing) 日益重視，電腦作業能很迅速的分析資料，並提供高級主管

(續⑯)社會特性及其行政模式(即「農業型」(Agraria)、「過渡型」(Transitia)及「工業型」(Industia) 等)，亦可引申對企業環境因素的研究。

　參閱 Fred W. Riggs, *The Ecology of Public Administration*, (Asia Publishing House, 1961) 及 "Toward a Typology of Comparative Administration", in W. J. Siffins (ed.) *Toward The Comparative Study of Public Administration* (Indiana University, 1957) 等文獻。

　此外，Irwin Miller 亦認爲從文化生態學 (cultural ecology) 來研究企業活動，較從經濟學或其他社會科學觀點來看企業活動，更具意義。參閱 I. Miller, "Business Has a War to Win", *Harvard Business Review* (March, 1969), p. 4.

所需的數據與結果。此外，電腦模式(computer model)模擬總體環境現象的作業，均減輕企業主管對總體環境評估的負擔。事實上，總體環境的變異是錯誤複雜的，不是任何一種方法可獨立研究評估；而有關資源分配、環境保護、人口問題、工業技術等均為整個世界性的問題，亦不是任何一個企業可單獨勝任解決，現代的研究方法只是提供企業對總體環境評估能作較客觀且較完整的探討。

三、環境研究的環境限制

處於一個流轉不息，變化多端的時代，對總體環境變異的評估除須重視整合研究外，另一項認識便是心理的適應。傳統研究社會科學的人未曾描述有關急劇變化中社會行為的記錄，因此一般研究即沿襲着漸進性、連續性及可預測性的邏輯過程調整其對策。當1968年，彼得・杜拉克(P. F. Drucker)教授創造「不連續時代」(The Age of Discountinuity) ⑰，並警告世人，社會將面臨不連續性、加速性及不可預測性的變化時，許多人對此並不加以重視，尤其是管理專家以不插手於社會變化為理由而充耳不聞。接着一連串變化發生，通貨膨脹、景氣衰退、滙率變動、物價上漲、利率波動、能源危機、關稅壁壘、貿易限制、航運蕭條等問題與過去簡直無法比較，特別是1973-1975年的「停滯性膨脹」(stagflation) ⑱ 現象， 幾乎推翻了以往的經濟理論，此外，不連續時代對世界

---

⑰ Peter F. Drucker, *The Age of Discountinuity* (New York: Harper & Row, 1969).

⑱ 停滯性膨脹 (stagflation) 係指生產及就業的停滯與通貨膨眽同時發生 (stagnation accompanied by price inflation)。1968-1972年間，美國擴大干預越南戰爭，龐大的軍費支出，並未造成以往政府財政政策創造購買能力觀念的實現，反而拉高(pull)物價，形成通貨膨脹，增加失業率，1973年石油禁運(oil boycott)，油價上漲，影響生產成本提高 (cost-push)，減弱市場競爭

各國所衍生的共同衝激，造成社會結構變化、環境污染、政府規整要求提高、消費需求複雜、能源危機對企業活動均產生很高的費用，而費用的上昇却不能漠然地轉嫁到消費者，唯恐引起需求驟降與景氣衰退、造成社會的動搖。企業處於上述的情況中，面臨着發展迅速、環境變遷，生態破壞、能源匱乏、倫理搖盪、經濟理論存疑、現實利益與旣成體制崩潰等危機，傳統研究方法着重說明與預測環境發展的技術已逐漸喪失意義，取代以往習慣的新認識，乃是在大連續時代裏，企業對總體環境評估不再是預測，而是要適應 (adaptation)，以不斷地適應來存續企業，因此研究方法須增加動態與生態考慮之要求。卡米博士 (Dr. Michael J. Kami) 認爲在不連續時代中從事策劃，必須掌握機會的適應性，其要點如下⑲：

(1) 策劃期間要縮短、要頻繁。

(2) 策劃要富有彈性、有適應力。

(3) 政策、策略與行動方案要密切配合。

(4) 決策過程要快。

並以不斷地革新、局部措施、短期績效、彈性應變、組織行爲多元化與回饋系統 (feedback system) 的建立，來確實及適時地評估總體環境中的各項偶發事件，並調整企業的適應能力。

(續⑱)　能力，生產停滯，工業化國家所受打擊最爲嚴重，傳統經濟理論一時均無法適應，世界經濟陷入二次世界大戰後的大蕭條期，迄 1975年一連串政府政策規整後，方見好轉，我國在此期間，經濟亦受衝激，惟因政府政策得宜，影響較小。

⑲　Michael J. Kami, "Planning and Planners in the Age of Discountinuity", *The Proceeding of the 4th International Conference on Planning* (1976).

四、未來學的影響

對於未來企業總體環境的發展方向，舉世聞名的羅馬俱樂部 (Club of Rome) 等研究機構[20] 則從事「未來學」(futurology) 之研究，國人所熟悉的未來學家杜佛勒(Alvin Toffler)在「未來的衝擊」(Future shock)書中指出，在過短時間內引發較大變化，使人感應出誤導，並受到無常 (Transience)、新奇 (novelty) 及多樣 (Diversity) 的壓力[21]，相同地，企業面臨在技術創新、生活方式與價值觀念的急速改變下，發展多國性經營與多角化經營已成為共同的看法[22]，然而，對企業總體環境的評估，可能再也沒有一套完整的理論可供沿循了。

無論如何，有項前提不可忽略，即任何從事總體環境評估或策劃者，必須具有務實篤行的態度與坦白陳述真諦的精神，不可為了迎合企業高級主管的意思，而修改事實，或做模稜兩可的結論，造成決策判斷的錯誤與偏差。從傳統到現代研究企業總體環境的評估，代表着人類追求真理的精神，未來是否有更新與週詳的方法以評估環境，迄今均尚未成熟，惟此演進正提供企業經營管理者瞭解求新求變的意義與方向。

---

[20]　此外，美國尚有 Hudson 研究院(紐約州)，未來研究院(The Institute for the Future，座於康湼克廸克州)，世界未來協會 (The World Future Society) 等。我國淡江文理學院亦從事未來學研究，開授相關課程，並出版「明日世界」月刊。

[21]　Alvin Toffler, *Future Shock* (New York: Bantam Books, 1970).

[22]　Herman Kahn and Anthony J. Wiener, "The Future of the Corporation and the Environment for Management. 1975-1985", *The Year 2000: A Framework for Speculation* (New York: Macmillan Company, 1967).

第三節　個體環境的研究與發展

一、個體環境研究的重視

企業對環境評估的目的，消極地說是認識環境特性，使企業適應變化，積極地說則是掌握市場機會，創造經營績效，因此企業個體環境的評估，主要是以其產品和市場的關係為研究範圍。由於個體環境評估和市場研究(market research)或行銷研究(marketing research)非常類似⑳，此項工作常列入企業行銷部門的職掌；近年來，許多企業的高級主管則另設有「環境幕僚」(business environment staff) 或設置「企業環境部門」(business environment section) 從事環境管理。

企業對個體環境的重視，主要來自下列理由：

(1) 行銷觀念由生產者導向 (producer's orientation) 變為消費者導向 (consumer's orientation)，控制市場的主權亦由賣者市場 (seller's market) 轉為買者市場 (buyer's market)，企業經營必須重視消費者的需求與慾望，才能掌握市場動向。

(2) 行銷理論普遍應用，行銷成本上升，商場競爭日烈，利潤減少，使企業當局必須審慎地行銷決策。

(3) 技術創新一日千里，投資成本日鉅，對於投資報酬 (return on

---

⑳　一般謂市場研究係指對特定產品在市場上需求狀況及消費情形之資料蒐集作業而言；行銷研究則是系統性蒐集、記錄和分析有關產品或勞務的行銷活動資料，參閱 American Marketing Association, *Report of the Definitions Committee*, (AMA, Chicago), 1961 Philip Kotler 則認為應加上，「以增進產品及勞務的行銷決策與控制」，說明行銷研究的目的，參閱 P. Kotler, *Marketing Management: Analysis, Planning and Control* (New York: Prentice-Hill Inc., 1967), p. 309n.

investment)與機會成本的考慮日益重視。

(4) 消費行為多元化，產品生命週期(cycle of product's life)縮短，新產品發展愈形重要。

(5) 分配路線(channel of distribution)功能顯著，企業遠離消費者，必須仰賴有效的環境研究提供資訊 (information)。

(6) 測定或衡量市場反應的技術不斷改進，行銷活動的回饋資料品質益精，數量日增。

(7) 管理科學 (management science)❷❹ 發展愈見成熟，應用日廣。

(8) 資訊系統 (information system) 與電腦作業出現，增加應用新技術的可能性。

二、個體環境研究的進行

企業為瞭解個體環境的情況與特性，必須先瞭解下列事實:

(1) 市場所在、市場佔有率(share of market)、交易方式、市場趨勢(market trend)。

(2) 顧客消費利益 (經濟、品質或用途)。

(3) 產品的性能、用途、優點與缺點、發展潛力。

(4) 顧客消費反應。

---

❷❹ 管理科學的意義，依 Daniel Teichrow 在 *An Introduction to Management Science—Deterministic Models* (John Wiley & Sons, Inc., 1964) 乙書中解釋，係以數學研究管理問題，近年來其廣義的解釋，乃是對於有益於企業組織內外所發生的問題，特別是各項資源的運用與調配的決策問題，以分析技術，或數學邏輯提供可計量資料，協助決策者作最合理的解決之管理知識的研究、發展與整合。其內容主要包括組織設計、工作設計、管理經濟、管理會計、作業研究等，近又增加 EDP； 主要研究及應用對象有: 競賽理論、線型規劃、存貨控制、計劃評核術／要徑法、投入產出分析、系統模擬、系統分析、等候原理、分派問題、銷售預測等方法。

(5) 競爭商品的優點與缺點。

(6) 競爭企業的行銷策略（產品發展、訂價、促銷、分配）。

(7) 潛在顧客的慾求、利益與可能的促銷方式。

(8) 企業本身的行銷策略與可用經費。

(9) 產業的市場成長、發展趨勢、產品的生命週期階段。

(10) 企業的技術、行銷資訊 (marketing information)。

為蒐集上述事實真象的資料，艾克略 (Francis J. Aguilar) 教授認為可透過下列方式獲得：

(1) 自由觀察 (undirected viewing)：無目的亦無意義的觀察，如自由瀏覽櫥窗陳列。

(2) 條件觀察 (conditioned viewing)：有計劃但非系統地，就特定對象蒐集所需資料，並評估其重要性，如觀賞展示會演出。

(3) 非正式調查 (informal search)：認真但有限度地為特定目的而蒐集特定資料，如對二手資料作初步情況分析。

(4) 正式調查 (formal search)：有計劃且有系統地蒐集特定資料，並獲致特定結論，如一般市場研究即是。

依艾氏認為，此四種方式可形成循序漸進的研究程序，而獲得的資料則可區分為：(1) 市場態勢 (market tiding)：市場現行活動與競爭狀況。 (2) 技術態勢 (technical tiding)：工藝技術發展。 (3) 一般動態 (broad issues)：社會、政治、經濟消息。(4) 擴展要聞：企業合併、合資 (joint-ventures) 或取得資產消息，及 (5) 其他資料等五類，並依其特性建立所需的資訊系統㉕。

㉕ 參閱 Francis J. Aguilar, "Scanning the Business Environment", *Studies of the Modern Corporation*, (New York: Macmillan Company, 1967), Aguilar 認為分析 (scanning) 環境一字，即在蒐集企業外在環境所發生事件及其關係的資訊，以協助高階層研擬未來的行動方案，見該書pp. 60–61 及 pp. 96–98.

三、個體環境研究的內容

　　從市場狀況資料蒐集到分析研討，而掌握市場動向的過程，亦卽是對企業個體環境的評估，依甘農 (J. Thomas Cannon) 教授認爲，宜按下列步驟研究之：

　　(一)界定市場特性 (Define the market)：其主要工作乃是瞭解下列事實：

(1) 消費者的消費利益、目的。

(2) 產品性能、規格、品質、商標、包裝等範圍。

(3) 市場規模、成長率、成熟階段、需求狀況等。

(4) 有關經營法規、行銷預算、銷售人力、分配路線、促銷活動等條件的準備。

(5) 競爭者行銷策略。

(6) 企業對策。

　　(二)決定各要素的績效差別性 (Determine performance differentials)：　主要工作是評估或決定：①產業與企業間績效差別性，②產品、用途、地理及分配路線的差別性，③顧客間差別性，玆分述於後：

甲、特地產業與企業間績效評估基準的差別，可從其基本特性與評估基準的差別來比較。

(1) 產業方面：績效特性以銷售量(額)、各企業銷售比重、經營等級、利潤、投資報酬率、週轉率、費用比重爲對象。其差異的評估基準，則以銷售趨勢及經營等級變化、利潤率與費用比率的差異、多角化經營績效來比較各企業間的經營成效。

(2) 企業方面：績效特性以各公司產品與市場範圍、主要市場所在、市場特性及公司商譽爲對象。其差異的評估基準，則以市場的

競爭等級、投入經營的人力比重、創新程度、產品線持有程度、專利程度、多角經營要求與新資源的競爭潛力，來衡量本身的績效能力。

(乙)特定產品、用途、地理及特定分配路線間績效評估基準的差別，亦從其基本特性及評估基準的差別來比較。

(1) 產品方面：評估特性以產品型式、產品線組合、產品政策、導入市場階段、廢棄因素、產品發展等為對象。其差異的評估基準則以創新程度、產品優劣點、市場機會、各別或整體經營、消費反應、市場佔有的變化及產品發展商品化的比率來衡量產品管理的績效。

(2) 應用(Application)：評估特性以產品用途、消費利益、導入階段、消費教育、專利及擴展產品用途為對象。其差異的評估基準則以研究發展能力、產品可用性、產品可靠性、消費教育反應、市場消費頻度的變化等現象來評估產品應用的成效。

(3) 地理：評估特性以市場範圍、主要市場所在地及集中程度為對象。其差異的評估基準則以市場範圍變化、市場飽和狀態、廠址、地理資源條件等來評估市場地理條件。

(4) 分配路線：評估特性以分配路線型式、分配強度、市場範圍、中間商種類、服務方式等為對象。其差異的評估基準則以市場等級、銷售等級、分配強度等級、顧客服務水準等來權衡各種分配路線的成效。

(丙)特定顧客間績效評估基準的差別，亦從其評估特效及基準差別來比較。顧客可依購買內容、批次、地理位置、購買頻度及新舊等特性而區分成不同種類。評估基準則可依其購買組合內容、購買批次、數量、金額、頻次、付款方式、銷售費用等的

變化來評估顧客的異別。

(三)決定競爭方案的差別性 (Determine difference in competitive programs)： 主要工作乃是識別並評估各公司間行銷策略、 產品發展策略、財務策略及行政策略的異同。

(四)彙總競爭者的策略 (profile the strategies of competitors)： 主要工作乃在彙總各競爭者背景資料及策略內容，並比較敵我策略的優劣。

(五)決定策略性策劃結構(Determine strategic planning structure)： 主要工作乃在建立策劃單位及設計各主要或次級層次單元， 分派工作並評估考核績效。

(六)決定個體環境的評估等級 (Rank on competitive environment)[26] 。

玆將企業環境整體性評估的內容及過程，以圖 3-2 示之。

四、行銷資訊系統

一般行銷研究的綜合性、主動性及經常性發展，即是配合電腦功能而建立所謂「行銷資訊系統」(Marketing Information System)。依卡克斯(D. F. Cox) 及古德(R. E. Good) 教授認為，行銷資訊系統乃是「經常有計劃的蒐集、分析和提供行銷決策所需資訊的系統程序和方法。」一個完善的行銷資訊系統應包括下列四種作業系統[27]：

(一)內部會計系統(Internal Accounting System)： 提供當期行銷活動的會計資訊， 如訂貨、銷售量(額)、成本、存貨、現金流動、應收應付款項等，並按特性劃分以提供經營決策需要。

---

[26]　J. Thomas Cannon, "External Appraisal", *Business Strategy and Policy*, (New York: Harcourt, Brace & World, 1968), pp. 119–124.

[27]　philip kotler, *op. cit.*, p. 295.

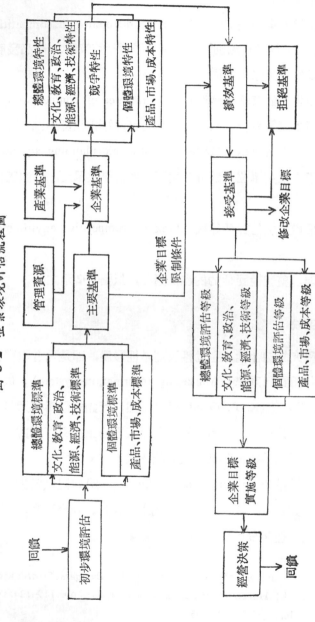

圖 3-2　企業環境評估流程圖

資料來源: 參閱 H. Igor Ansoff, "The Appraisal", in William F. Glueck ed. *Business Policy: Strategy Formation and Management Action* (New York: McGraw-Hill Book Company, 1972), p. 169.

(二)行銷諜報系統(Marketing Intelligence System)：蒐集與提供企業環境所發生各樣事件的因果及關係資料，以提醒企業避免犯相同錯誤。

(三)行銷研究系統(Marketing Research System)：蒐集、分析及提供爲瞭解或解決某些特定行銷問題所需的特定行銷資訊。

(四)行銷管理科學系統(Marketing Management Science System)：應用各種管理科學技術，以解決較複雜的行銷問題。

美國行銷學大師柯特勒 (Philip Kotler) 將行銷資訊系統與企業環境及行銷主管的管理作業間的作用關係，以圖 3-2 表示。此一系統性說明亦提供企業對環境管理，可仿照行銷資訊系統建立「環境資訊系統」(Environment Information System)，分別建立「產品市場系統」(product-market System)、「環境諜報系統」(Environment Intelligence

圖 3-3　行銷資訊系統的構成

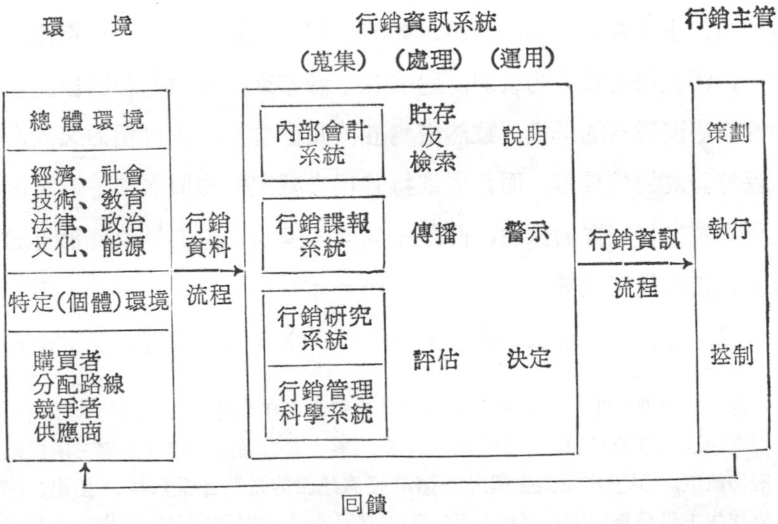

資料來源: Philip Kotler, *Marketing Management: Analysis, Planning and Control* (New York: Prentice-Hill, Inc., 1967), 2nd. ed., p. 295.

System)、「環境研究系統」(Environment Research System) 及「環境管理科學系統」(Environment Management Science System) 分別執行其特定功能，以系統地掌握企業環境之動向，並因勢利導，選擇最有效之經營管理策略，達成目標，對日益動態與複雜化的企業環境而言，乃是接受挑戰的最有效對策。

歐美企業對企業環境管理十分重視，並紛紛設立「企業環境部門」(Department of Environment)，與生產、財務、行銷、人事行政及 R & D 等同列為企業主要功能之一，在不久將來，深信亦將對我國企業界產生相當的影響。

第四節　我國企業環境的探討

臺灣光復初期，由於受到戰時的嚴重損害，使得到處呈現一片殘破的現象，土地荒廢，工商停頓，經濟蕭條，交通癱瘓，民生疾苦。但是迄今，情況已有很大的改變，過去三十餘年來，臺灣的經濟發展是開發中國家經濟發展的楷模，雖然臺灣經濟資源有限，人口壓力又大，却一直保持着高的成長率，而且也維持着相當穩定的物價水準，這雙重成就提供企業良好發展的條件，而此一成就的獲致，主要是由於我國採取正確而適當的經濟政策。

我國的經濟政策依李國鼎先生認為，主要為下列四項重要政策[28]：

---

[28]　李國鼎先生於民國五十四年六月及五十五年六月先後在國防大學及三軍聯合參謀大學演講詞，李先生時任經濟部長，其言論可代表我國官方所採取的經濟政策。另王作榮先生撰文「臺灣經濟建設的長期目標」中，提出：㈠建立民生主義經濟制度，其中包括：①保障私人企業與限制財富集中；②公營與民營事業的劃分；③平均所得分配與福利設施；④外資政策。㈡促進經濟現代化，其中包括：①經濟結構的改變；②生產設備與組織現代化；③技術知識的

一、建立民生主義經濟制度

其中包括：(一)公營事業與民營事業並存；(二)從事經濟與社會的公共建設，推廣社會福利設施。

二、促進經濟的現代化

其內容主要爲：(一)改變經濟結構；(二)改善投資環境；(三)灌輸新的企業觀念，包括技術、組織與市場推銷；(四)吸引外來資金與技術；(五)協助現代化工業的創設、擴充與改良。

三、充份利用國內資源

其中包括：(一)農業資源的利用，主要的內容爲推動土地重劃及共同利用，放棄自給自足觀念而栽種適宜作物，統一規劃利用水力資源，發展漁業；(二)人力資源的利用，其內容爲大量投資創造新的就業機會，加速勞力的流動性與適應性；(三)資本的累積。

四、建立良好的對外經濟關係

其內容主要爲：(一)適宜的貿易政策；(二)強調技術合作的利用外資態度；(三)對外援助。

依據上述政策內容的描述，使企業對我國經濟環境有着明確的認識，我國憲法明白規定我們以三民主義立國[28]，建立民生主義經濟制度當然

(續[28])　成長與傳播。㈢維持穩定與快速的成長，其中包括：①長期經濟穩定的維持；②經濟資源的充分開發與利用；③經濟成長的加速。㈣提高生活水準，其中包括：①經濟發展的最終目標；②生活水準與國防負擔；③生活水準與加速經濟發展等內容，亦可供參考，參閱李國鼎，「我國經濟政策」及王作榮，「臺灣經濟建設的長期目標」兩文於宗先、陸民仁主編，「臺灣經濟發展總論」(臺北市：聯經出版事業公司)，民國六十四年，第一章及第二章。

是我們最重要的經濟目標，也是經濟決策的最高依據，因此評估我國的企業環境必先從此方向着眼。民生主義經濟制度具有下列幾項特性與要點：

一、計劃性自由經濟制度，兼顧經濟成長與物價穩定的目標。

民生主義的經濟制度是結合經濟計劃與經濟自由的「混合性經濟制度」(mixed economic system)⑳，政府爲了整個社會的經濟利益，必須介入經濟活動，而經營若干生產事業，凡有全國性和獨佔性，以及人民不易舉辦的事業，均由公營；此外一切事業均由私人經營，倘私人經營事業資金不足，政府當予補助或合資經營㉛。政府介入經濟活動，本質上即是應用某些公共設施或公營事業提供公共財貨或勞務㉜，制定法令限制惡性競爭、反獨佔及防治公害，建立財稅制度計算社會成本與經營

㉙ 中華民國憲法第一條：「中華民國基於三民主義，爲民有民治民享之民主共和國」。

㉚ 混合經濟制度早見 國父孫中山先生「民生主義第二講」所提出節制私人資本，發達國家實業之思想，民國三十三年十二月，國防最高委員會訂定「第一期經濟建設原則」，指出「我國經濟建設事業之經營，必須遵照 總理遺教，爲有計劃實施，以有計劃的自由經濟發展，逐漸達到三民主義經濟制度之完成」。民國64年3月24日，經濟會議上，行政院長蔣經國先生說明我國經濟制度爲「計劃性自由經濟制度」。

㉛ 總統 蔣公首於民國三十四年國慶日文告中，對第一期經濟建設原則之說明。中華民國憲法依此原則，並明訂於第142條、143條、144條及第145條等條文中。

㉜ 公營事業依其目的，可分爲：①基於社會政策，如公共汽車、公立醫院；②基於財政政策，如煙酒公賣；③基於經濟政策，如大鋼鐵廠；④基於軍事政策的公營事業，如兵工廠及退除役官兵輔導會所辦的企業。依現行公營事業隸屬關係統計，總統府所屬有中央銀行、中央造幣廠及印刷廠；國防部所屬兵工廠；交通部所屬有郵政、電信事業及招商局輪船公司；經濟部所屬有臺灣電力公司、中國石油公司、臺灣肥料公司、臺灣糖業、中華工程公司、臺灣機械公

的合理利潤等，這些「看得見的手」(visible hands) 的輔導，使整個社會的經濟資源獲得最佳的調配。在民生主義經濟制度下，私人企業的特徵──追求利潤──將可保全，而私人企業的弱點──財富集中──將可避免，使出產與分配問題一舉解決。

　　在計劃性自由經濟制度下的另一特點是經濟成長與物價穩定的兼顧。由於民生主義經濟制度的精神承認私有財產制度，而私有財產制度是資本主義的基礎，私人企業獲得保護與扶植，企業經營自由獲得尊重，經濟活動必然成長與發展；同時，由於政府介入經濟活動，必須審慎的提出經濟策略與行動方案，防止企業壟斷或操縱物價，使社會人民享有一定水準的生活，而物價的穩定又確保了經濟繼續成長的基石，在歐美資本主義的自由經濟制度下，經濟成長與物價穩定是無法得兼的❸。

─────────────

（續㉜）　司、臺灣金屬公司、中國鋼鐵公司、中國造船公司、中國石化公司、中臺化工公司、中國磷業公司、臺灣碱業公司、臺灣鋁業公司；財政部所屬有公營銀行、中央信託局及製鹽總廠；省政府所屬有臺灣省菸酒公賣局、鐵路局、公賣局、農林公司、中興紙業公司、臺灣航業公司、臺灣銀行、臺灣自來水公司等；各縣市政府所屬多爲公共汽車、公立醫院、瓦斯公司、以及退除役官兵輔導會所屬各生產事業等重要事業，尚有部份公私合資經營企業則未計。

❸　根據凱恩斯(John Maynard Keynes) 認爲，在承平時期，政府可經由其赤字財政政策，從事公共建設投資，促進充分就業(full employment)的達成。然而，在充分就業的情況下，倘全國消費、投資及政府支出總和超過實際財貨 (goods) 或勞務供給時，即產生「需求拉曳」的通貨膨脹 (demand-pull inflation)或稱「需要者」通貨膨脹 (demander's inflation)；近年來，由於工會對調整工資的積極運動，與政府對勞動者工資水準的規定，迫使企業必須上升其產品價格，則在追求充分就業情況下，又產生「成本推高」的通貨膨脹 (cost-push inflation) 或稱銷售者通貨膨脹 (seller's inflation)。前倫敦經濟學院及澳大利亞國家大學教授 A. W. Phillips 依此現象，將就業水準與工資──物價水準間的變化，形成償付關係 (trade-off relationship)，即菲立浦曲線 (phillips curve)。依此觀念，一國倘若追求經濟成長，降低失業水準，必引起物價上漲，反之亦然，使經濟成長與物價穩定無法同時兼顧。

二、「均」與「富」的所得分配及社會福利措施。

　　根據歐美、日本等工業先進國家的經驗，在資本主義的自由經濟制度下，當經濟加速成長後，諸項社會問題隨之發生，沖淡經濟發展的成果，因此認為經濟的「求均」與「求富」是無法兼顧的，便往往主張「先求富後求均」，然而富有的資本家常為其經濟利益，操縱輿論與議會，控制物價或經濟政策，使其更有利於資本的累積，最後更擴大社會所得分配中貧富懸殊的距離。反之，在一些社會主義國家中，往往主張先求均後求富，集中控制經濟資源，壓低儲蓄能力，進而影響資本的形成；此外，先求均易造成假平等，使生產者缺乏激勵因素，其結果常形成經濟的惡性循環，使國家經濟無法獲得加速的成長。

　　民生主義經濟制度是主張「均中求富,富中求均」的「均富」目標，其意義是認為凡具有不同生產力者，應得其應有的報酬，並須付應付的租稅；政府根據理性基礎，制訂土地改革措施（耕者有其田及都市平均地權）與財稅制度，平均國民所得分配，這樣方不致影響生產者的激勵因素，使資源得以趨於最佳的調配，並確保經濟效率，加速經濟的成長，而均富的目標亦在相輔相成中同時達成。

　　配合經濟成長，政府必須從事社會的公共建設，並推廣社會福利設施，使一般人民均能享受現代化的物質建設，包括住宅、交通、衛生、教育及康樂等，以改善人民的生活，並提供下一代有足夠的體力、知識、品格、技能及事業發展的平等機會。

三、和平與循序漸進的經濟發展策略

　　民生主義經濟制度主張農業與工業兼顧，而且輕重工業兼顧，並考慮我國的環境與條件，其手段是基於理性且採取和平的方法[34]，使我國

的工業化與社會化同時達成。臺灣的自然條件並不理想，可耕土地不多，雨量分佈亦不均勻，人口壓力又大，爲達到經濟穩定與快速成長，必須動員其人力，並妥善地調配運用其可資利用的經濟資源，因此在實施步驟上，受主客觀條件的影響，係按農業、輕工業、重工業階段，循序漸進地發展其經濟。玆按發展的內容與重點，分段說明如下：

(一)土地改革時期：自民國三十八年至四十二年，實施「三七五減租」、「公地放領」及「耕者有其田」等政策，改善農民生活水準。

(二)農業培植工業政策時期：自民國四十二年至五十七年，實施四個「四年經濟建設計劃」[35]，增加農業投入，提高產出及輸出能力，換取工業設備，改善投資環境以奠定工業化基礎。

(三)工業發展農業政策時期：自民國五十八年至六十五年，實施二個「四年經濟建設計劃」[36]，發展農業機械化，改善運銷制度，改善產品結構，加速農村建設[37]，以配合工商業迅速發展；並改善經濟結構，

---

[34]　參閱民生主義第二講及第三講，依　國父孫中山先生認爲，我國欲解決經濟問題，要用和平的方法才可以完全解決，其方法爲①社會與工業之改良，②運輸與交通收歸公有，③直接徵稅，及④**分配之社會化**。

[35]　各期四年計劃期間爲：第一期民國四十二年至四十五年，第二期民國四十六年至四十九年，第三期民國五十年至五十三年，第四期民國五十四年至五十七年。其工業發展策略，係爲發展非耐久性消費財及簡單中間產品工業，以替代進口，即所謂「第一次進口代替成長階段」，期間自民國三十九年至四十八年；自四十九年至六十一年，以勞力密集工業品代替農產品出口，產生所謂「第一次出口代替成長階段」。

[36]　第五期「四年經濟建設計劃爲民國五十八年至六十一年，第六期爲民國六十二年至六十六年；民國六十二年以後相繼發生石油危機、糧食危機及世界性通貨膨脹與經濟萎縮，我國經濟亦陷入困境，原訂第六期「四年經濟建設計劃」不能適用，且十大建設積極進行，重大建設計劃自策劃至執行完成所需時間較長，非四年所能涵蓋，遂於民國六十四年中止，自六十五年至七十年，實施六年經濟建設計劃。

從事基本工業建設。

(四)經濟現代化建設時期：自民國六十五年起，預計至七十年止，實施「六年經濟建設計劃」❸，在前期致力於十項建設❸如期完成，後期則策劃十二項建設❹之進行，使國家經濟邁向已開發的現代化國家之

❸ 民國六十二年元月，推行「加速農村建設重要措施」，其重點爲廢除肥料換穀、取消田賦附徵教育捐、放寬農貸條件、改革農產運銷、加強農村公共投資、加速綜合技術栽培、倡設農業生產專業區、加強試驗研究推廣工作及鼓勵農村地區設立工廠等。

❸ 六年經建計劃之目的，在改善經濟結構，加強各部門之配合，促進經濟現代化，積極開發經濟資源，厚植發展潛力，加強經濟應變能力，促進經濟與社會之平衡發展，逐步建立安和樂利之均富社會；計劃目標爲平均年成長率，包括經濟成長 7.5%，平均每人所得 5.8%，農業 2.5%，工業 9.0%，運輸通信 8.9%，其他服務 7.1%，參閱行政院經濟設計委員會編印，「中華民國臺灣經濟建設六年計劃概要」，中華民國六十五年十月，第 7-8 頁。民國六十七年十一月，行政院經濟建設委員會宣佈六年計劃後三年，經濟成長修改爲8.5%。

❸ 民國六十二年十一月十二日，時任行政院長蔣經國先生宣佈在今後五年內完成南北高速公路、臺中港第一期工程、中國造船廠、桃園國際機場、石油化學工業上中下游計劃、一貫作業大煉鋼廠第一期第一階段工程、蘇澳港、鐵路電氣化、北迴鐵路等九項重大經濟建設，加上當時已在進行的電力發展計劃，特別是核能一廠的興建，共爲十項重要建設，將使國家克服經濟發展的瓶頸，減輕對外依存程度。

❹ 民國六十六年九月，時任行政院長蔣經國先生向立法院施政報告中，又提出十二項建設，卽完成臺灣環島鐵路網（拓寬東線鐵路，興建南迴鐵路）；新建東西橫貫公路（北部自烏來至宜蘭、中部自嘉義至玉里、南部自屏東至知本）；延長高速公路自鳳山至屏東；擴建中鋼公司第二期工程（續建第一期第二階段建廠）；續建核能發電二、三廠；完成臺中港二、三期工程；開放新市鎭（林口、南崁、臺中港、大坪頂、澄清湖）；廣建國民住宅、加強改善重要農田排水系統；修建臺灣西部海堤工程及全島重要河堤工程；拓建屏東至鵝鑾鼻公路爲四線高級公路工程；設置農業機械化基金，促進農業全面機械化；各縣市建立文化中心等，以使國家經濟目標與政治目標配合，縮短貧富距離，提高國民生活水準，平衡城市與鄉村發展，促進國家的經濟、社會與文化的現代化。

坦途。

我國自民國四十二年起，連續執行六個「四年經濟建設計劃」，由於全民勤奮努力，政策措施配合得宜，經濟發展遂獲致顯著成就，而六年經濟計劃之實施更為建立一個現代化的經濟架構完成奠基工作。一個國家要達到現代化，必須先具有下列條件：

(1) 安定的政治環境：是經濟發展的前提。

(2) 持續的經濟發展。

(3) 人民的積極工作情緒。

並配合適宜的人力、充裕的財力及科技、機械、原料等經濟資源的合理調配。綜言之，過去三十餘年來，我國企業實處於下列有利狀況下，故具有良好發展條件❹：

(1) 民族勤奮的傳統美德，人民努力工作。

(2) 上一代樸實生活與節儉風尚的影響，社會經濟活動中消費傾向低，儲蓄傾向高，投資率亦隨之提高。

(3) 各級教育迅速擴張且普及，知識水準提高，同時也增進國民學習新技術的能力，促進生產力的提高。

(4) 在勞動生產力上升之際，生產力增進速度高於工資提高速度，使工資成本相對低廉，更有利於投資意願的促進和產業規模的擴張。

(5) 農村尚有註多隱藏的勞動力可以移出，充裕供應工業發展所需。

(6) 政治社會長期安定。

---

❹　柴松林，"經濟建設和社會建設的成果──國民經濟及社會生活的變遷"，「當代中國問題講座」（臺北市：自由青年社），中華民國六十七年四月初版，第142頁及葉萬安，"臺灣經濟發展階段性的回顧"，「臺灣經濟發展方向及策略研討會」（臺北：中央研究所），民國六十五年八月，第三九～四○頁。

(7) 臺灣經濟循序發展的過程，適逢國際經濟長期繁榮，國外市場擴大，國內企業及時運用較具「相對利益」(relative advantage) 的資源或產品，拓展市場。

然而，近年來，特別是外交拂逆，與石油禁運後能源危機未消，國際經濟情勢劇變，對我國經濟的穩定與成長，構成嚴重的威脅，使我國經濟面臨若干新的困難與問題，其犖犖大者可列舉如下：

(1) 停滯性通貨膨脹發生後，國際市場動盪不安，影響國內經濟穩定。

(2) 能源供應價格迭漲，進口成本增加。

(3) 國際市場競爭益形劇烈，各國貿易實施保護主義，產品出口更加困難。

(4) 國內基本設施能量漸感不足，造成經濟發展的瓶頸。

(5) 工業結構落後，應變能力較低[42]。

(6) 基層勞力不足與工資大幅上升，導致對外競爭能力降低。

(7) 多數企業規模較小，缺乏品質管制與研究發展能力，且能源使用效率較低。

(8) 農業發展落後，農業生產力降低，農產品價格相對上漲。

(9) 部份工業升級後，形成大型企業壟斷現象。

(10)生態環境嚴重受到公害污染。

(11)社會福利與保護消費者的要求日益升高。

----

[42] 臺灣經濟產業結構比率，民國 60 年，農業爲 15.26%，工業 36.59%，服務業爲 48.15%，民國 66 年，農業爲 13.39%，工業爲 38.75%，服務業爲 47.86%；工業結構中，非耐久消費財產值佔 48%，主要爲食品及紡織業；中間財佔31%，主要爲化學、石油及煤製品；資本財及耐久性消費財爲22%，主要爲電機、電氣器材及電料，就整個工業結構而言，勞力密集性之輕工業所佔比重仍高，且出口亦過份集中於此類產品，缺乏應變彈性。

企業在面臨上述外在環境的挑戰下，其經營之道必須改弦易轍，並朝往下列方向邁進，方能掌握有利條件[43]：

(1) 擴大企業規模，強化工業結構。

(2) 朝向「市場導向」(market-oriented) 的經營哲學。

(3) 由品質改進朝往加強研究發展。

(4) 提高生產力的成長，由生產機械化 (mechanization) 走向自動化(automation)。

(5) 重視技術發展與器材國產化運動。

(6) 累積資本，從事技術密集與知識密集的投資工作[44]。

(7) 重視節約能源，提高能源使用效率。

(8) 重視管理科學，使經營管理更現代化與合理化。

(9) 培養第二代經理人，重視中層幹部人才的培植。

(10)重視公害防治。

依據陳定國敎授於民國六十年所從事的臺灣企業管理者對其總體環境之評估的研究，如表 3-1 所示，多數仍認爲優良，因此我國企業的外在環境對經營管理而言，仍構成「可有爲」的條件。

---

[43]　參閱李國鼎先生於民國六十七年六月二十九日，在中華民國工商協進會專題演講：「改變工業結構應努力之方向」，及同年八月二十四日，在亞洲生產力組織榮譽會士授獎茶會專題演講：「全面推動第二次生產力運動」。

[44]　我國經濟發展，自民國六十二年起推動「第二次進口代替成長階段」，朝往技術密集與資本密集方向發展，減少對外機械、資本及科技之進口依賴，依李國鼎先生認爲可投資於：①技能密集型(skill intensive) 工業，如機械、電機工業；②技術密集型(technology intensive) 工業，如電子、電腦及精密儀器工業；③知識密集(knowledge intensive) 工業，如工程顧問、資訊工業等。將來我國產品出口，亦以資本密集與技術密集爲主，產生所謂「第二次出口代替成長階段」。

表 3-1 臺灣現行總體環境對企業發展之評估

(單位: 百分比)

總體環境因素	極端有利	有利	普通	不利
1. 國民購買水準對企業發展	4	59	26	11
2. 國外市場開發	11	52	27	10
3. 特定產品之市場容量	5	59	27	14
4. 政府經濟性及社會性投資水準	4	51	37	8
6. 經營及技術人才教育及供給	7	57	15	21
7. 企業研究發展情況	0	41	35	24
8. 稅捐結構	0	18	30	52
9. 有關法規	0	5	27	68
10. 行政效率	3	14	34	49
11. 政治穩定	28	49	23	0

資料來源: 陳定國, 「臺灣區巨型企業經營管理之比較研究」(臺北市: 經濟部金屬工業研究所), 民國六十一年六月三十日, 第三章。

第四章　企業地位──
內在能力評估

企業對外在環境的評估，乃欲分析環境的特性及變化的影響，並發掘市場機會；而對內在能力的評估，乃在了解企業本身的優劣，並衡量達成目標及克服外在環境衝擊的能力，以為研擬經營管理策略的基礎，亦即兵法所云：「知彼知已，百戰不殆」的道理。

企業的內在能力乃是維持並發揮經營管理活動成效的原動力，為企業存續所不可或缺的要素，因此又稱為「管理資源」(management resources)。企業為獲得管理資源，必須籌募足夠的財力，故企業內在能力的評估，常以具體的金額或數據表示，內在資源乃因而稱為「可控制因素」(controllable factor)。企業的高階管理者必須充分的掌握其內在能力，故評估企業內在資源亦成為其重要職責之一。

第一節　企業的內在能力要素

影響企業經營管理活動的「管理資源要素」(Elements of management resource)，紛陳不一，在早期有所謂五M，即人力 (manpower)、

財力 (money)、機械 (machine)、方法 (method) 及物料 (material)。企業的經營觀念由生產導向 (production orientation) 轉爲市場導向 (market orientation) 後,又加上二個M,即市場 (market) 及士氣 (morale),而成爲七M。近年來,管理資訊 (management information) 與管理哲學 (management philosophy) 對經營管理活動的影響至爲重大,故管理資源要素增加爲九M,加上「管理環境」共爲十M❶。除外在的管理環境外,其餘的管理資源可歸類成人力、財力、物力、科技資訊、組織及市場地位等企業能力 (corporate competence),茲分述如下:

一、人力要素

「徒法不足以自行」,企業的一切理想抱負與良法美意,必須有人去推行,因此人力乃是任何組織中最重要的資源。企業活動的工作,無論是技術(生產)、商務(購買、銷售與交易)、財務(資金的募集與運用)、安全(資產與人員的保障)、會計(包括統計)及管理(策劃、組織、指揮、協調及控制)等❷,在在需要各種合格人員來擔任,一個企業要不斷吸收和培養優秀的人才,加以任用,使人人各得其所,各展所長,充分發揮潛能,並且和衷共濟,合作無間,企業的目標才能

---

❶ 有關管理資源的要素內容,象家紛陳,我國學者爲便於敍述及記憶,皆以英文字母M開頭,尋求相關字彙配合。參閱 Russell F. Moore, edited, *AMA Management Handbook* (New York: AMA, Inc., 1970), Sec. 1, pp. 53–54; William H. Newman, *Business Policies and Central Management* (Columbia University Press, 1966), part. 4; Max D. Richards and Paul S. Greenlaw, *Management Decisions and Behavior* (Homewood, Ill.: Richard D. Irwin, Inc., 1972), Rev. ed., ch. 15 及王德馨,「現代工商管理」(臺北市:三民書局)民國六十六年,十六版,第一章,第二至三頁等文獻。

❷ Henri Fayol, *General and Industrial Administration* (London: Sir Isaac Pitman & Sons, Ltd., 1949), p. 3.

有效達成，因此，人力在組織中的重要性沒有其他管理資源可與之相提並論❸，所謂：「企業止於人」，便是指此一道理。

西元一九六〇年代後期，管理學者提出所謂「人力資源會計」(Human Resource Accounting)，將人力資源的投資及相對的價值，以損益表或人才資產表 (Human inventory) 等報表予以正確地評估與表達，以提供管理決策參考，使企業更加重視人力資源的價值❹。

二、財力要素

財務資源或資金，無論其爲外部資金（舉債、發行股票）或內部資金（營業利潤，折舊準備或資產處理），均爲獲得人力、物料、機械及科技方法等生產要素之鑰，企業必須獲得上述生產要素的投入，產出所預期的產品與勞務，推動經營活動，並將產品與勞務銷售，獲得營業利潤，轉換成企業經營管理活動存續及發展所需的資金。

因此，企業必須依據其性質與規模，預估所需資金的金額，參酌金融市場的情勢，對資金的來源、募集、運用及分配等問題妥愼的策劃，以配合企業的經營管理活動。

三、物力要素

---

❸　參閱嚴家淦先生於民國六十七年十二月十日在中華民國管理科學學會六十七年年會專題演講：「結合羣力，達致目標」內容。

❹　近代，將人力資源財務處理化，首見於 Roger H. Hemanson 在其 "Accounting for Human Assets"(Michigan State University, Occasional Paper No. 14, 1964) 乙文中；1966年，美國 R. G. Barry 公司，乃創立「人力資源會計系統」，1967年 Rensis Likert 在 *The Human Organization: Its Management and Value*(New York：McGraw-Hill Book Co., 1967) 乙書中，專章說明人力資源會計，該系統乃告完善。

物力，不論是機具設備、土地廠房、事務機械與運儲工具，或是原料、零件、組件與物料，都與企業從事生產或實物運儲直接有關，是企業必須獲得的資源，在早期的管理觀念中，物力和人力、財力共稱爲生產的三項基本要素。

物力資源主要分爲生產製造、運儲分配與事務三部份，然而對於物力的獲得、安置、能量限度、運用、維護及重置等問題，企業均需依據市場的需求與目標，將物力資源投入之時間、種類、數量等加以策劃與調配，並嚴格控制生產或分配的流程，以達成預期的產銷目標。

四、科技資訊

企業的經營管理活動，沒有不需要科技資訊的，從市場機會、生產方法、產品規格、專利權及有關法令，乃至於管理科學等一切知識、資料與創新消息，均與企業存續或發展息息相關，故企業與資訊❺所形成的良好環境或關係，爲達成組織目標的先決條件。

特別是今日科技創新所引起的生產機具設備與方法的改進，對企業的經營管理活動有莫大的衝擊，甚至於也影響到整個社會的變動，促使政府的組織、公共措施、法律及人文價值觀念亦需因應而有所改變，故企業必須接受環境變化與科技創新的事實，以便採取適應的對策與行動。

企業對科技資訊的掌握，可從最簡單的資料檔案保管而至最複雜的電子資料處理系統 (EDP)，將資料有效的輸入、儲存、控制、分析、輸

---

❺ 資訊 (information) 或譯情報，爲將資料 (data) 經系統性處理後所獲得之產出。我國中央研究所設有資訊科學研究所，行政院國家科學委員會設有科學技術資料中心均配合各機構，從事研究、整理，提供有關資訊，惟民間企業尙在起步階段，有待推動與重視。

出及運用，並針對企業目標與長期需要，建立管理資訊系統（Management information system；MIS），以協助經營管理活動的策劃與控制。

五、組織要素

企業組織是一個結合人力、財力、物質資源與科技知識的系統，並將各種資源投入於生產與分配的程序之中，藉組織成員的工作（即經營管理活動）整合，以達成或滿足成員共同需要的機體。

企業的成效，可從組織的存在與發展上發現，而其關鍵，乃在市場活動與創新兩項基本職能的不斷發揮[6]，因此，創造解決問題的開放性氣氛，依據資訊決策及回饋，促進組織成員的參與與認同，充分運用互助合作的努力，發展組織成員的創造力，加強組織成員的自我指導與自我控制能力，及建立組織目標爲全體成員所共有等認識的組織精神，係爲任何熟悉經營管理活動的企業主或高級主管所期確定及掌握的有力資源。

此外，組織是一個相互關連的完全系統，它與外在環境互涉，社會的文化、政治法律、經濟及技術變化均影響着組織，而組織亦經由市場經營、分配、聯繫、競爭、技術創新等活動，以維持企業的適應及目標的達成，故組織要素要比其他要素更爲複雜。

六、市場地位

企業的市場地位是經營管理的結果，最足以反映企業的消長，而市場佔有率與商譽（goodwill），乃是顯示企業市場地位的兩項指標。

從長期觀點而言，企業所生產的產品或勞務爲社會所接受，否則，企業將註定失敗。因此，企業市場地位的衡量，均針對當前市場的消費

---

[6]　P. F. Drucker, *The Practice of Management* (New York: Harper & Row, Publisher, Inc., 1954), ch. 5, p. 51.

特性，分析現有產品與現有市場在直接及間接競爭下的績效，並發現潛在市場規模、經濟發展趨勢及創新的內容，以開發新產品與新市場，唯有最佳品質的產品與最佳的勞務，最容易滿足顧客需要，並建立顧客的忠誠性，是故，精明的企業經營管理者會定期的、系統的及客觀的評估顧客的反應與市場績效的消長，以掌握或創造企業經營管理的有利條件。

第二節　企業內在能力的評估

一、企業能力的評估方式

有關企業能力的評估，多半藉由財務報表或其他經營統計資料，予以系統性的調查、分析、比較、判斷，以診斷企業體質的健康與否，經營能力的優劣與得失，並進一步協調及追踪經營管理活動之變化，以發掘問題的所在，並提供具體的改善建議。惟衡量的標準或指標，常因研究的角度不同，其方法亦有迥異，較具代表性者，在國外有 AIM 式，國內則有所謂「五力判斷法」。茲說明如下：

(一) AIM 評估法：此法係為美國管理協會(The American Institute of Management) 於一九五三年提出，以企業所發揮的經濟功能，企業組織結構診斷，營收的穩定力，對股東的服務水準，研究發展的績效，董事會的處事能力，財政政策的檢討，生產效率，銷售成長力及經營管理者的評估能力等標準，對企業進行組織診斷、經營診斷、財務診斷、生產診斷、創新診斷及一般行政診斷等綜合性或特定性檢討，並提供改善方法的評估技術❼。

---

❼　參閱 The American Institute of Management, *The Management Audit Series*, (New York：AIM, 1953) 有關企業能力十項指標之報告。

(二)五力判斷法: 我國經濟部國營事業委員會提出經營五力之診斷方法,係搜集企業過去幾個年度的決算資料及同業機構的財務資料,作收益力、安定力、活動力、成長力及生產力等經營五力之比較、分析與判斷,並提出改善方法之評估技術。

二、五力判斷法的內容

有關收益力、安定力、活動力、成長力及生產力等經營五力及其評估之指標,如下所述:

1. 收益力: 謀求利益為企業經營的主要目的之一,故收益力為五力之首,觀察收益力,可了解企業的獲利能力及發展的潛力。收益力的評估,可利用不同的算式,從不同的角度觀察之,其比率之構成,均由損益表各項目計算而成,主要比率如下:

(1) 總資本營業利益率 = (營業利益 / 平均總資本) × 100%

(2) 營業利益率 = (營業利益 / 營業收入) × 100%

(3) 銷貨毛利率 = (銷貨毛利 / 銷貨收入) × 100%

(4) 淨值純益率 = (稅前純益 / 平均淨值) × 100%

(5) 邊際收益率 = (邊際收益 / 銷貨收入) × 100%

一般而言,企業的收益比率愈高愈好,最低限度亦應高於向銀行舉債的利率,以提高股東的權益。

2. 安定力: 安定力係表示企業基礎的穩固力量,財務力量堅強穩固,表示支撐的力量雄厚,雖遇蕭條亦不至於使經營惡化,其比率之構成,均由資產負債表各項目計算而成,主要比率如下:

(1) 自有資本比率 = (淨值 / 總資本) × 100%

(2) 內部保留率 = 〔(各項準備本期增加額 + 各項公積本期增加額 + 本期未分配盈餘) / 稅前純益〕× 100%

(3) 淨值與固定資產比率＝（淨值／固定資產）×100%

(4) 長期償債能力＝（稅前純益／本期償還長期負債額）×倍

(5) 企業血壓＝〔（流動資產－速動資產）／流動負債〕×100%

安定力中的各項比率，除企業血壓外，均表示支撐資本的雄厚，對企業基礎的穩固影響至鉅，尤其對蕭條時期的抗力，及經濟環境特殊時，均仍有其伸縮的應變能力，以自有資本比率而言，最低不少於20%，否則未免過於脆弱，其餘比率或倍數，均愈高愈好，亦其安定力愈強。至於企業血壓則表示外借短期資金的壓力，比率太高，所受外借短期資金壓力太重，對財務調度及資金週轉不利；比率過低，則影響活動力，惟仍以偏低有利。

3. 活動力：活動力係以各種週轉率，亦即週轉次數來表示事業的活力。週轉率高或次數多，活動力強；週轉率低或次數少，活動力弱。一般而言，週轉率高卽投資報酬率高，反之則投資報酬率低。再之，週轉率與資金流動性亦有關，週轉率高卽流動性強，反之則流動性低，其主要比率如下：

(1) 總資本週轉率＝（營業收入／平均總資本）×（次）

(2) 淨值週轉率＝（營業收入／平均淨值）×（次）

(3) 固定資產週轉率＝（營業收入／平均固定資產）×（次）

(4) 存貨週轉率＝（營業成本／平均存貨）×（次）

活動力中的各項週轉率，表示各項資產或資本的運用程度，週轉率高，則運用程度高，亦卽經營活動愈旺盛，企業生機活躍。

4. 成長力：成長力係指企業適應經濟環境之發展，技術之創新，增加生產量，降低成本及售價，以造福消費者並拓展新市場。其比率之構成，由前後期報表之相關項目比較計算而成，其主要比率如下：

(1) 營業成長率＝〔（本期營業收入－上期營業收入）／上期營業收

入〕×100%

(2) 附加價值成長率＝〔（本期附加價值－上期附加價值）／上期附加價值〕×100%

(3) 純益增加率＝〔（本期稅前純益－上期稅前純益）／上期稅前純益〕×100%

(4) 固定資產增加率＝〔（本期固定資產－上期固定資產）／上期固定資產〕×100%

(5) 淨值增加率＝〔（本期淨值－上期淨值）／上期淨值〕×100%

成長力比率中，除固定資產增加率須配合企業政策及市場供需，而以獲利爲前提外，一般比率愈大，卽表示其經營績效的顯著及企業實力的增長。

5. 生產力：企業經營，冀求獲利，端賴其生產力的提高，惟有生產力的增加，其獲利能力方能增強。主要比率如下：

(1) 附加價值率＝（附加價值／營業收入）×100%

(2) 資本分配率＝〔（總資本使用費＋稅後純益）／附加價值）×100%

(3) 每人附加價值＝（附加價值／從業人數）×（萬元）

(4) 設備投資效率＝〔附加價值／（固定資產－未完工程－非營業固定資產）〕×100%

(5) 每人營業額＝（營業收入／從業人數）×（萬元）

(6) 每人邊際收益＝〔邊際收益×（總收入－總變動費用）／從業總人數〕×（萬元）

生產力比率的增加，均表示對企業的貢獻愈大，負擔費用支出的能力愈強，亦卽獲利能力愈大。

以上述五力判斷企業的內在能力，尙可由於企業所處的時間與事物

性質之迴異，而有下列不同程度之分析，程度愈大，對企業的內在能力
分析亦愈深入。

1. 收益力

第一程度：(1) 營業利益率；(2) 邊際收益率；(3) 經營資本營業
利益率。

第二程度：(1) 總資本營業利益率；(2) 總資本純益率；(3) 股本
或淨值純益率；(4) 股利率。

第三程度：(1) 總資本銷貨毛利率；(2) 資本還原率或利潤還原率；
(3) 營業成本率；(4) 商品效率。

2. 安定力

第一程度：(1) 自有資本比率；(2) 淨值與固定資產比率；(3) 淨
利益負擔率或長期償債能力。

第二程度：(1) 速動比率；(2) 流動比率；(3) 企業血壓或短期償
債能力；(4) 內部保留率；(5) 負債比率。

第三程度：(1) 現金比率；(2) 呆帳比率；(3) 存貨比率；(4) 股
東權益構成比。

3. 活動力

第一程度：(1) 總資本週轉率；(2) 固定資產週轉率；(3) 淨值週
轉率。

第二程度：(1) 產品週轉率；(2) 流動資產週轉率；(3) 營運資金
週轉率。

第三程度：(1) 存貨週轉率；(2) 應收帳款週轉率；(3) 存貨與應
付款項比率。

4. 成長力

第一程度：(1) 營業成長率；(2) 附加價值成長率；(3) 純益增加

率。

第二程度: (1) 總資本成長率; (2) 經營資本成長率; (3) 固定資
產增加率; (4) 淨值增加率。

第三程度: (1) 產品別銷貨成長率; (2) 用人費增加率; (3) 每人
純益成長率。

5. 生產力

第一程度: (1) 使用人力生產力; (2) 使用資本生產力; (3) 經營
固定資產生產力。

第二程度: (1) 附加價值率; (2) 資本分配率; (3) 設備投資效率。

第三程度: (1) 營業成本率; (2) 每人營業額; (3) 每人附加價值;
(4) 每人邊際收益; (5) 每人純益。

三、企業能力評估的內容

有關企業能力的評估內容, 乃就當前所發生的問題, 檢討過去, 考
核現在及評估將來企業本身生存與發展的優劣條件, 以推定經營成敗的
機會及可能性, 其內容可就各企業功能的角度說明之❽:

(一)產品線與競爭地位:

(1) 過去: 就企業發展演進而言, 其生產的產品 (或勞務) 的設計
特性、 品質可靠性、 價格、 專利及佔有市場地位之優劣點如
何?

(2) 現在: 當前企業的市場佔有率如何? 其集中及變化特性如何?
在產品生命週期各階段中, 企業所採取的訂價對策如何? 現有
顧客及潛在顧客對現有產品的反應如何? 不同產品線間所需配

---

❽ Robert B. Buchele, "How to Evaluate a Firm", *California Management Review*, (Fall, 1962), pp. 5–17.

合的工程、製造及行銷程度如何？各產品線單獨經營的能力如何？

(3) 將來：將來市場的擴充或萎縮的程度如何？企業將面臨的競爭者來自何處？競爭者的數目、技術、行銷及訂價能力如何？經濟循環中，企業所受影響的程度如何？企業經營管理者是否有能力整合市場研究、R & D，及市場管理以開發新產品？

(二)研究發展與作業情況：

(1) 研究發展與工程：企業研究發展能力的程度如何？企業工程技術的優劣點如何？企業的創造力、品質可靠性及簡化能力如何？新產品發展中，研究發展依存市場研究的程度如何？研究發展活動是否詳加策劃、督導與考核？開發新產品所投資的研究發展支出，其報酬率是否滿意？新產品的生產是否順利進行？

(2) 行銷：企業的行銷能力如何？分配路線的型態如何？行銷活動的範圍如何？對企業現有產品線的行銷配合如何？開發新產品與拓展新市場的能力如何？市場研究是否能確實反映或掌握消費特性？企業經營管理者是否有能力處理企業成長或多角化經營的發展。

(3) 製造：企業生產製造程序的特性如何？企業現有設備及技能是否能應付當前的競爭？企業對將來競爭的應變能力如何？企業生產管理中對作業規劃、成本控制及品質控制的程度如何？企業的工業工程能力是否能改進產品、生產方法或開發新產品？

(三)財務分析與管理：

(1) 財務分析：企業有關財務比率及資本化結構的特性如何？企業未來的財務發展趨勢如何？企業的獲利能力與穩定性的程度如何？

(2) 財務管理: 企業財務管理的重點如何? 擴充投資計劃如何? 長期發展與資本籌集的方法如何? 資本預算與現金預算的效率與效果如何? 固定設備投資與流動資產更置是否詳加規劃? 對稅捐處理是否有充分認識? 管理當局是否能充分配合企業需要,發揮理財功能?

(四)高階管理與一般行政:

(1) 高級人力: 企業管理高階層的組成如何? 當前企業高級主管是否能對經營績效負責? 企業高級主管的策劃、領導、督導及考核能力是否足以發揮功效? 企業高級主管對環境的應變及決策能力如何?

(2) 人力發展: 當前企業管理高階層的主要任務如何? 能力是否能勝任將來的發展需要? 企業高級主管人才的培育與來源如何? 企業高級人力的流動情況及其對策如何?

(3) 一般行政: 企業的政策與長期計劃是否制定? 企業管理與行政事務如何協調進行? 組織及部門設計是否能配合經營管理的需要與發展? 對經營管理績效是否合理?

以上各項問題的檢討、分析、評估及判斷,對企業了解本身的優劣,有相當的助益,尤其對企業研擬經營管理的策略,更有直接的影響。

四、企業能力評估的程序

有關企業能力的評估,依安惹夫 (H. Igor Ansoff) 教授認為,宜按下列步驟研究之[9]:

(一)草擬試驗性目標: 企業從事策略性分析,以訂定目標為首要,

---

[9] H. Igor Ansoff, *Corporate Strategy* (New York: McGraw-Hill, 1965), Section on "Synergy and Structure".

並依據目標進行各項活動，以達成目標爲目的。惟目標的訂定必須明確與合理，企業若未具備良好的策劃能力，只能由過去經驗草擬試驗性目標(tentative objectives)，使經營管理活動有所依循。

(二)績效預測：企業對於需優先執行的目標，必須進行預測，根據預測的結果，估算所需投入的管理資源，並根據預測的結果，發展企業的長期計劃內容。

(三)差距分析與修正目標：比較試驗性目標與績效預測的結果間，必然發現有些差距，譬如試驗性目標超過預期水準，則目標標準須修正降低，反之亦然；倘差距的發生，乃由於企業能力所限，則目標必須有所取捨或調整。

(四)企業優劣與產業潛力分析：依據修正目標，企業必須評估本身對達成目標所具備的優劣條件，以研擬產品及市場策略；此外，並對產業發展的潛力進行評估，以訂定企業未來發展的方向。

(五)修正預測：企業完成本身優劣及產業潛力的評估後，必然發現未來經營管理上，可能遭遇許多限制因素，則原先企業經營績效的預測，必須有所修正。

(六)估算投入的管理資源：企業依據修正後的績效預測，編訂生產、財務及銷售計劃，並估算所需投入的管理資源。

(七)建立資源管理系統：企業依預算，決定各種管理資源的獲得方式及途徑，及未來擴充或發展時企業所需的管理資源要素，建立整體資源組合(resource mix)或資源管理系統 (resource management system)[10]，使各種資源之取得、分配、使用、保管及處理作業能達整體管理的要求，俾便與企業發展密切配合，發揮企業功能。

(八)外在環境的配合與策略研擬：企業能力的評估，隨時受外在環境因素的影響，可能發生變化，因此，必須與企業外在環境的評估，同

時進行，至少亦應配合進行，使企業能力獲得客觀與合理的評估，以爲
經營管理策略的研擬基礎。

　　茲將企業能力的評估過程，以圖 4-1 表示之。

圖 **4-1**　企業能力評估流程圖

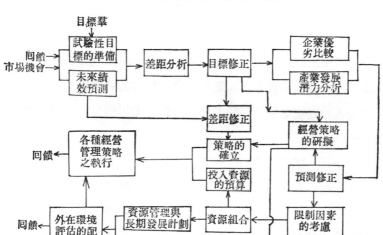

　　資料來源: 參閱 H. Igor Ansoff, *Corporate Strategy* (New York:
McGraw–Hill, 1965), Section on "Synergy and Structure".

第三節　企業成長與組織

一、企業成長循環之現象

　　企業由於經營活動效率的提高及市場範圍的擴大，將不斷地成長與
發展，是所謂「組織成長」(organizational growth)，是任何有機體的
「生命循環」(life-cycle)的必然現象。企業在面臨「組織成長循環」的
各階段中，其組織結構、策略與作法均必須有所調整，並作適當的配
合，才能發揮各種功能，否則將發生各種管理危機 (managerial crises)

與「無功能」(disfunction) 現象，進而浪費了資源，癱瘓了組織，故在歐美先進國家，將組織成長視爲企業的中長期計劃而策劃之，務使企業在歷經各成長階段過程中，卽能適時調整或採行對策，以配合其企業發展需要，並爲企業內在能力的最大發揮。

依據「企業組織成長循環」的特性而言，任何企業均將歷經下列幾個階段[⑩]：

(一)草創階段：企業的初期是由一些具有膽識、創造力與抱負的人，做事業上的賭注，承擔各種風險而創立。經營的目標係以打入市場爲要旨，經營人員間聯繫密切，組織不具形式，尤以獨資、合夥及家族企業最具此一特色。

此一階段的關鍵，在於經營者的領導哲學，必須配合由於企業逐漸穩住於市場後所衍生的需要，此時若不加強組織革新，建立健全制度，很可能踏上「人亡政息」的末途，是故，管理革新乃勢所必然。

(二)制度管理階段：爲持續第一階段的企業活動，企業開始重視科學管理，強調企業功能活動的組織結構，事業分工，建立會計制度與作業標準，職務階層分明，聯繫係以文書進行，重視高階層的「管理幅度」(Span of Management)[⑪]。

[⑩] Gondon Lippitt and Warren Schmidt, "Crises in a Developing Organization", *Harvard Business Review* (1961), Vol. 45, No. 6, pp. 102–112.

[⑪] 管理幅度又稱管理跨距 (span of supervision)，或控制幅度 (span of control)，此概念源於心理學之「注意幅度」(span of attention)，乃指一個主管對於其直接指揮監督人員之數目多少而言。傳統學說認爲高階層的管理幅度以 4–6 人，基層單位以 8–12 人爲限度。1933年 A. V. Graicunas 提出管理幅度之交互關係理論，更具完備。參閱 A. V. Graicunas, "Relationship in Organization", *Papers on the Science of Administration*, ed. L. Gulick and L. Urwick (New York: Columbia University, 1947), pp. 183–187.

此一階段的問題，乃由於企業高級主管多半歷經草創階段，對市場特性及經營作業經驗豐富，故控制了大半的組織指揮權，基層幹部受制於上階層的集權而無法發揮職能，於是作業效率受到外力影響，更重要的，基層幹部期圖由工作促進個人成長的理想受到挫折，衍生了離職的意念，於是企業又面臨另一次的「管理危機」。

(三)委讓管理階段：為掌握有用的人力資源，以適應日益龐大的市場與業務範圍，而且企業高級主管個人的時間與精力均有限，故必須分權，對獨當一面的部門或單位充分授權，實施分層負責，重視單位的團隊精神，建立部門責任中心，實施目標管理，加強部門間協調與考核，以激勵士氣及重視人性為管理要點。

此一階段裏，由於高階層委讓，基層管理者獲得授權，行動積極，有助於企業發展。惟隨之而來的問題，乃獲得授權的基層管理者，由於部門經營或作業功能的要求，強調部門效率與效果，無形中忽視了企業整體目標而產生了本位主義的弊失，使企業高級主管面臨再一次的「管理危機」。

(四)整體管理階段：為調整組織按功能分工或部門化所產生缺乏協調的流弊，以整體系統為管理手段乃不可避免，首先，企業高級主管必須成立幕僚或策劃單位，負責全企業的策劃考核，設定整體性目標，訂定全面政策，並按各部門系統制定作業性的次級計劃，政策集權處理，決策分權實施，強調資本預算、系統分析與整體性考核，一切以企業的整體性利益為前提。

上述的調整有助於企業資源的有效運用，更重要的，在整體目標與政策的確立下，各部門及單位主管既能對其作業採取主動，亦須考慮企業的整體利益，使組織的功能獲得充分的發揮。然而，由於企業政策或計劃均由幕僚或策劃單位負責制訂，幕僚與作業人員間的協調可能產生

對立或衝突，致計劃的內容缺乏客觀與彈性，孕育了形式主義的危機，整體經營或系統管理發生缺乏靈活或成效時，企業又面臨另一次的「管理危機」了！

(五)因應管理階段：解決組織系統形式化的問題，有賴組織單位間與成員間協調活動的加強，任何企業活動亦必須強調團隊精神，幕僚或策劃單位須主動採取諮詢，或吸收各作業人員組成，以充實計劃內容的完整性與考核的客觀性，並鼓勵員工參與，組織因應環境變化的需要，適時調整，不再堅持各部門形態，實施工作豐富化(Job enrichment)❷，特別地，為解決企業問題，經常召開高階層會議，採取因應措施，而高階層不再以個體作業出現，係以團隊或委員會配合組織成長，對員工的獎勵亦以整個部門為對象，俾使整個企業組織能具備應變的彈性與全面性發展

上述現象說明一項事實，即企業組織形態、目標、策略方式、作業內容均不是一定不變的，而是必須隨着企業成長循環的各階段適宜有所調整。

二、企業成長的組織類型

---

❷ 工作豐富化的工作設計，在使組織成員參與更多的策劃與控制工作，亦即重視激勵因素，提供員工自我成長與成熟機會的工作設計。參閱 Richard C. Grote, "Implementing Job Enrichment", *California Management Review* (Fall 1972), Vol. XV, No. 1, pp. 69–72; Robert N. Ford, "Job Enrichment Lessons from AT&T", *Harvard Business Review* (Jan.-Feb. 1973), pp. 106–108.; Scott M. Myers, "Every Employee a Manager", *California Management Review* (Spring 1968), pp. 9–20.; Richard J. Hackman and Purdy Kenneth, "A New Strategy for Job Enrichment", *California Management Review* (Summer 1975), Vol. XVII, No. 4, pp. 59–72.

企業成長循環現象對企業經營管理的最大衝擊，便是組織類型的變化，依成長循環各階段的特性，組織類型受下列因素的影響必須有所調整：

(1) 銷售、支出、毛利及投資額的增加。

(2) 員工人數的增加。

(3) 管理資源需求的增加。

(4) 組織活動與功能的規模、範圍與次數的增加。

(5) 作業與管理問題的範圍、複雜性與風險的增加。

(6) 作業與管理專業化的增加。

(7) 產品線的擴大。

(8) 組織內部單位部門數與其作業專業化的增加。

然而，組織類型雖多，其所適用的時機或條件却有不同，在實際上，很少有純粹的規範可作為制訂組織類型的依據，一般皆視內外環境的需要或面臨管理危機的壓力時，才有所改變，茲分述如下：

(一)草創階段：企業草創階段業務性質單純，規模亦小，資源調配均由企業主或高級主管一手包辦，故組織類型多半採直線式組織 (Line Organization)⑬，自高階至最基層人員以單一命令指揮系統連結而成，每一工作人員只對企業主或一個主管負責並接受其監督，其優點為：(1) 組織系統簡單明瞭，(2) 上下權責分明，(3) 組織關係穩定，(4) 作業及應變迅速，(5) 紀律易於維持。至於缺點則為：(1) 主管責任過重，(2) 組織呆板而無彈性，(3) 缺乏專業分工之效，(4) 缺乏橫面聯繫，(5) 無法發揮集思廣益的成效。

企業若採此組織類型，則員工之績效多半視作業效率，解決作業問

---

⑬　直線式組織又稱為分級式或軍隊式組織，早見於十八世紀歐洲德法軍隊建制。

題的能力，個人標準或與企業主的交情爲依據，評估亦顯主觀或專斷。管理控制雖有會計制度惟都簡陋或只具雛形，僅作簿記登帳而已；員工的報酬或獎勵，均視企業主之意願，並無系統或一定的標準。

(二)制度管理階段：企業必須強調功能活動與專業分工時，組織類型必須改變爲以橫向分工及專業化爲特性的功能式組織 (Function organization) ⑭，工作人員依企業功能分爲生產、行銷、財務、人事、會計及研究發展等工作範圍，建立組織單位⑮，分別接受專門功能主管之指揮監督與考核，其優點爲：(1) 合乎邏輯的工作安排，(2) 符合專業分工的原則，(3) 人員無需高度技術較爲經濟，(4) 同一功能的工作協調較易，(5) 事權劃一，職責明確，(6) 專司一職，精益求精。其缺點爲：(1) 令出多門，莫知所從，(2) 功能單位分割過多，易導致協調困難，(3) 有功相爭，有過互諉，權責不易劃分，(4) 功能人才培養易，通才經理培養困難。

通常，企業組織探功能式類型時，每以生產、銷售(或行銷)與財務等三項爲基本功能，該三項基本功能亦稱有機功能(organic function)，爲企業經營存在所必須。而員工的績效亦以所擔負的工作量、職能間關係與企業成長程度爲依據，評估則以會計制度所處理的結果爲基礎；員

---

⑭　功能式組織又稱爲分職式或幕僚式組織，爲泰勒氏所創，參閱 Frederick W. Taylor, *Scientific Management* (New York: Harper & Brothers, 1947), pp. 98–99

⑮　組織內部建立單位，即是組織分化 (organization differentiation)。通常，組織分化表現爲水平的分化，以建立組織各部門，可稱之爲分部化或部門化 (departmentation)，包括按功能分部化，按生產程序或設備分部化，按產品分部化或按地區分部化，爲古立克(L. H. Gulick)及尤偉克(L. Urwick)首創，乃藉分工以求取更大的組織利益和工作效率；另一組織分化表現爲垂直的分化，以建立組織的層級節制和階梯的關係系統，又稱爲層級化(hierarchy)。二者組合，即成組織的正式結構(formal organization structure)。

工的報酬係按薪資制度規定給付，獎勵則依產出的效率來決定其內容，一切組織行為均依制度或規章標準辦理。

　　(三)委讓及整體管理階段：當企業組織的部門化日益龐大與複雜時，原有功能性的劃分，已漸無法應付市場或業務的沉重負擔，而高級主管亦須將權力移轉給部屬，以推展分層負責，故企業多半採直線及幕僚式組織 (Line-staff organization) [16]，將企業活動加以分化，以求專業分工而共赴事功，有些單位負責執行達成組織目標的直接功能，如生產、銷售，即直線單位或作業單位；有些單位則負責協助直線單位工作推行而執行間接功能，如財務、會計、人事、採購、工廠維護、運輸等，即幕僚單位[17]，取直線之長，並輔以幕僚，使組織的成效更為顯著，此外，管理系統完整，隸屬關係分明，亦是其優點；惟執行部門與幕僚部門間權責難免混雜，過份強調劃分，幕僚工作(如策劃、控制等)又易流於形式而不切實際，並由於各直線單位均設置幕僚，發生重複浪費的缺點。

　　企業採直線及幕僚組織，可提供建立事業部門化 (divisionalization) 的基礎，乃在企業總目標或方針範圍內，依特定之產品別或市場別，形成獨立分權的管理組織系統，自行計算支出費用，即成本中心 (cost center) 或費用中心 (expense center)；以不自行降低售價之前提下，不增加支出而努力使銷貨收入極大化的營收中心 (Revenue center)；以自

---

　　[16]　直線幕僚式組織又稱為職級綜合式組織，西元一八六〇年德國即採行。費堯 (Henri Fayol) 極力推薦此一組織類型。

　　[17]　參閱 L. A. Allen, *Improving Line and Staff Relationship*, Studies in Personnel Policy, No. 153, (New York: National Industrial Conference Board, Inc., 1956), pp. 12-20; L. A. Appley, "Staff and Line", *Management News* (May 1956), Vol. 29, No. 5, p. 1; R. C. Sampson, *The Staff Role in Management* (New York: Harper & Row, Publisher, Inc., 1955), pp. 42-44.

行負責營業成本與收入之最佳結合的利潤中心 (Profit center)；部門主管為增加未來營業利潤，對現在的投資可自行有所取捨，自成獨立之產品或市場投資責任的投資中心 (Investment center)，上述事業部門化或責任中心制 (responsibility center) [18] 的組織型態可激發單位部門的責任感，自我控制，創造力並培養優秀幹部與適才的經營管理之經理人才。

當企業進入強調整體經營階段時，為考慮整體利益並消除部門本位主義色彩，通常會將組織結構有所調整，而把各部門的幕僚人員集中，另成一集權或隸屬高階層的幕僚單位 [19]，即總管理處、計算機中心或研究發展考核委員會等，以避免各部門重複的策劃或考核作業，並減少人力、物力及財力的浪費支出

（四）因應管理階段：企業進入因應管理階段，多半因市場經營動態且複雜，且外在環境變化多端，傳統組織類型窮於應變，此時，為達成組織目標，適時調整組織型態，除仍繼續發揮事業分部化的組織外，並採行矩陣式組織 (Matrix organization) [20]，混合功能式組織與產品別（專案別）部門劃分組織的特性，建立暫時性組織。企業組織內平時以

---

[18] 事業部門化由通用汽車公司 (General Motor Co.,) 之總經理 Alfred P. Sloan, Jr. 所創，並獲得各大企業所採用。參閱通用汽車公司的公司資料，*GM and Its People*; *P. F.* Drucker 稱為聯邦分權化組織 (Federal Decentralization)，參閱 P. F. Drucker, *Concept of the Corporation* (New York: The John Day Company, Inc., 1946) 及 W. M. Collins, *The Organization of General Motor Corporation* (Detroit: GM Co., 1966).

[19] 參閱 Donaldson Brown, *Centralized Control With Decentralized Responsibilities* Annual Convention Series, No. 57, (New York: AMA, 1927).

[20] 矩陣式組織又稱為欄柵式組織，其詳細內容參閱 Harold Koontz and Cyrill O'Donnell, *Principles of Management: An Analysis of Managerial Function* (New York: McGraw-Hill, 1972), 5th. ed., pp. 264–265.

功能劃分部門，另針對各明確任務之經營管理專案或產品，指派一位專案經理或產品經理（product manager）從各功能部門調派完成該專案或產品經營所需的專業人才參加工作，由專案經理或產品經理負責指揮管理等工作，俟專案完成或產品經營告一段落後，仍歸建至原功能單位。

　　矩陣式組織可確保專案完成所需的「專精」與「協調」之獲得，以激發參與專案員工的成就感與工作滿足，同時並維持功能式部門所產生「專業化」與「分工」的經濟效能。此類型組織設計可彌補傳統功能式組織，對遭遇偶發之非常情況或複雜專案時，產生延誤不決，功過不明，權責不分，或因需求不同部門而需無數次協調，所導致之遲緩與完工時間加長，成本增加之缺點。

　　矩陣式組織的應用，亦有其缺點：(1) 功能單位的設備不可能由某一專案所佔用，(2) 人員變動大，易造成組織動盪，(3) 功能部門主管與專案主管協調困難，易形成雙重指揮和權責不分之現象。故如何充分供應設備、穩定人員安排促進部門間協調及明確劃分功能與專案部門間之權責，乃是當前矩陣式組織應用所應注意的事項。

　　上述各階段的組織類型，可以圖 4-2 表示之。

圖 4-2　企業成長循環各階段之組織類型

(a)　草創階段——直線式組織

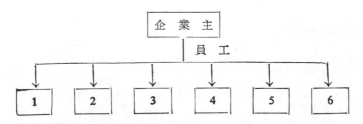

(b) 制度管理階段——功能式組織

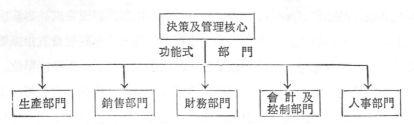

(c) 委讓及整體經營階段——事業部門化或直線及幕僚組織

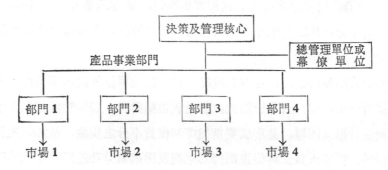

(d) 因應管理階段——矩陣式組織

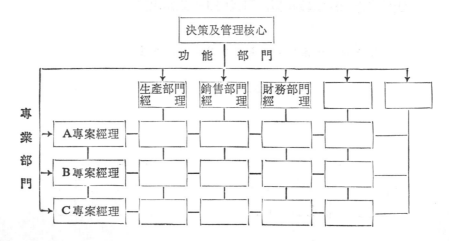

三、企業成長之障礙

企業成長現象對企業產生極大的衝擊，對經營管理者更是絕對的挑戰，然而，由於，內外環境及主客觀條件的限制或困難，特別是國民經濟計劃、財政政策、商業法規、賦稅措施的變化或修改，加上經營管理者本身的能力或個性限制，常使企業在面臨成長循環的關鍵時刻，未能及時應變，改絃易轍，以至於產生許多問題，茲將企業成長循環階段間，企業可能遭遇的困難或問題歸納如下：

(一)企業成長之障礙：

1. 內部障礙

甲、草創階段至制度管理階段

(1) 缺乏擴大營業的野心。

(2) 經營管理者的個人理由，安於現狀，不願有所改變。

(3) 缺乏營運效率。

(4) 缺乏合格及足夠數目的經營人才。

(5) 缺乏擴充所需的廠房設備，銷售人員及舉償能力。

(6) 產品缺陷或瑕疵。

(7) 缺乏長遠計劃眼光或組織能力。

乙、制度管理階段至委讓管理階段

(1) 部屬缺乏承擔風險的意志。

(2) 組織內部陞遷重視年資，對管理制度革新產生反對態度。

(3) 經營管理者安於現狀，無意變更。

(4) 對分權之事業部門，缺乏有效的評估或考核制度。

(5) 缺乏預算及審計能力。

(6) 組織僵化，缺乏彈性。

(7) 不重視人力培養，致事業部門缺乏經營管理人才。

(8) 流動率過大，缺乏得力的年青幹部。

(9) 對狀況變化，缺乏應變及採取對策的能力或經驗。

(10)主管拒絕授權，致下屬時受制肘，無法作為。

　2. 外部障碍

甲、草創階段至制度管理階段

(1) 社會經濟不景氣，經營困難。

(2) 市場拓展不易。

(3) 銀根緊縮，融資不易，缺乏擴充所需資金。

(4) 勞工缺乏，且水準低落。

(5) 生產技術落伍，產品行銷瀕臨廢棄。

乙、制度管理階段至委讓管理階段

(1) 社會政治、經濟及技術情況欠佳，發展趨勢並不樂觀。

(2) 對財務或管理資源缺乏評估，無從掌握或研判其價值。

(3) 國內市場狹小，缺乏擴大營業所需的購買力。

(4) 金融機構、律師、會計師等作風保守，影響事業部門經營所需
　　的外來支持。

(5) 社會環境保守，對企業內部又設立事業部門無法接受。

(二)企業成長之問題

　1. 提前改革

甲、草創階段至制度管理階段

(1) 工作按專業分工，主管控制不易。

(2) 權責不易劃分，功過不清，協調欠佳。

(3) 擴大營業致管理費用或營業費用暴增，收入不敷支出。

(4) 組織依功能建立單位，增加廠房、設備及人力投資。

(5) 籌備期間過短，致人力、財力及設備不足，經營遭遇困難。

乙、制度管理階段至委讓管理階段

(1) 組織內部存在着功能單位與事業部門，產生對立。

(2) 事業部門經營管理主管尙未養成，能力及經驗不足。

(3) 各部門費用支出暴增，產生浪費。

(4) 各部門獨立生產，技術尙未熟鍊，產品品質下降。

(5) 部門間缺乏有效的協調系統。

(6) 資源不足，又分散各部門，減弱企業的競爭能力。

(7) 無法享有專業分工之效率。

(8) 各部門未能掌握發展方向，提高經營風險。

(9) 高階層對部門表現欠佳，易產生灰心和氣餒。

 2. 延後改革

甲、草創階段至制度管理階段

(1) 事無鉅細，主管一手承擔，負荷過重。

(2) 安於現狀的心理，喪失成長擴充機會。

(3) 組織缺乏制度，作業雜亂無章。

(4) 專業人才無法發揮專長。

(5) 工作及權力過於集中，無法擴大營業。

乙、制度管理階段至委讓管理階段

(1) 單位主管陞遷不易，心灰意冷。

(2) 各功能單位主管專斷或缺乏支持其他單位之熱忱，使生產效率受影響。

(3) 無法開發優良產品。

(4) 喪失管理發展機會。

(5) 缺乏事業部門經營管理所擁有的效果，如目標管理、責任中心

等[21]。

一般而言，企業在面臨草創階段至制度管理階段，或制度管理階段
至委讓管理階段間，最容易遭遇障碍或限制，並產生瓶頸與危機，至於
整體管理階段以後的企業，由於規模龐大，人力、物力及財力均充足，
已有能力應變並接受挑戰，除非，不可控制的環境因素發生遽變，否
則，對企業內部能力的影響較小。

四、組織發展

企業為強化其組織功能,並克服上述各成長階段可能的限制或障碍,
常應用有關組織行為的理論或技術作業，經由內部調整或外部介入的活
動，促使組織內的各工作單位或成員，了解或體驗更多的組織管理行
為，如適應、互涉、規整、信仰、調整或調和等，俾於組織變化時，減
少其衝擊並提高對組織問題的解決能力，此促使組織再生的努力或作業
程序，即稱為「組織發展」(organizational development)[22]，簡稱 OD。

(一)組織發展的目標: 由於組織所面臨的問題或衝擊相當複雜，針
對問題特性的不同訴求，組織發展的目標可歸納如下[23]:

(1) 創造開放與有機性的組織系統，使人力、物力、財力及科技資
訊作有效的配合。

(2) 提高組織單位或成員對組織變化所衍生衝擊的因應能力。

[21]　Donald H. Thain, "Stages of Corporate Development", *Business Quarterly* (Winter, 1969), pp. 33–45.

[22]　Wendell French and Cecil H. Bell, Jr., *Organizational Development: Behavioral Science Interventions for Organization Improvement* (Englewood Cliff, N. J.: Prentice–Hall, Inc., 1973), p. 15.

[23]　Wendell French, *The Personnel Management Process* (Boston, Mass.: Houghton Mifflin Co., 1974), 3rd. ed., p. 665.

(3) 提高組織成員對組織目標的信仰與支持程度。

(4) 增加組織成員面對問題及克服問題的決心與信心。

(5) 增加組織成員間的管理溝通或人際關係的頻次。

(6) 增加組織成員對策劃與執行時的自我責任與團隊意識。

(7) 減少組織內部衝突的發生。

(8) 發揮團隊精神與協力效用，解決問題。

(9) 根據專業與技術要求，確立組織成員的權責。

(10) 促進組織成員的工作滿足與人格成熟。

(11) 為人事管理奠定良好的組織環境與發展基礎。

(二)組織發展的方法：為促進組織順利達成上述目標，企業常須採行許多不同的研究模式或作業技術，以進行組織發展的努力，一般較為熟悉的方法，有下列幾種[24]：

(1) 組織診斷 (organizational diagnosis)：經由面詢、問卷調查或集會討論方式搜集組織成員對問題、制度或未來發展的看法、態度及意見，並加以分析。

(2) 成立工作小組 (team-building)：針對問題特性與工作需要，由有關部門指派專人編組工作小組，確立權限，調配資源，分派工作，使成員藉小組內的溝通或領導，熟悉組織特性，並設法解決問題或達成工作目標。

(3) 團隊作業 (intergroup activities)：加強組織內各功能作業單位的協調與配合，儘量減少單獨作業，使各單位在整體性目標的要求下，發揮協力作用，共同達成目標。

(4) 技術結構分析 (techno-structure analysis)：分析技術變化或組織變化時，技術與組織結構間的影響，及對組織內各單位或成

---

[24] French and Bell, *op. cit.*, pp. 102–105.

員的衝擊。

(5) 管理柵方案 (the managerial grid program)：又稱管理方陣，依據組織的技術要求，人性訴求與領導型態區分成五種基本的管理類型，如圖 4-3 所示：

(1.1.) 管理——無為而治型，對工作未作要求，得過且過。

(9.1.) 管理——績效中心型，對工作要求很高，對員工需求則很少注意。

(1.9.) 管理——工業民主型，注意員工的需求與舒適的工作環境。

(5.5.) 管理——平衡型，對績效及員工需求同等注意。

(9.9.) 管理——理想型，經由員工的共同努力，完成工作目標。

此訓練方案分成六階段，前二階段着重管理者的才能與領導領力訓練，次二階段為團隊建立與團隊關係的訓練，後二階段則為整體性策劃與策略研擬的訓練❷。

圖 4-3　管理柵

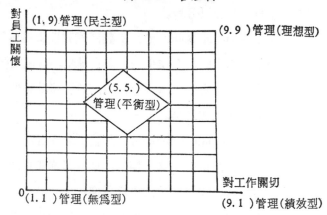

❷ Robert R. Blake and Jane S. Mouton, *Building a Dynamic Corporation Through Organization Development*, (Mass.: Addison-Wesley, Pub. Co., 1969).

(6) 諮詢顧問制度 (consultation and counseling)：企業聘請顧問或建立諮詢小組，協助組織成員對目標的認識，作業指導，熟悉環境，心理輔導或組織內部系統的了解等。

(7) 仲裁或調停制度 (third-party peacemaking)：由組織內部的不管單位或外部第三者成立仲裁或調停小組，訓練組織內各單位間或成員間，在發生衝突時，如何消除對立，促進和諧[26]。

(8) 目標管理 (MBO)：鼓勵成員參與設定目標，並經由自我控制與自我責任的激發，熟悉組織與環境的調和，策劃及解決問題的各種程序與要求。

(9) 生活及志向分析 (life and career-planning)：協助組織成員對其生活及未來志向作深入探討，討論有關目標的看法，並藉以評估其潛力或才能，及是否能有成就，作爲養成訓練的參考。

(三)組織發展的作業條件：組織發展是項長期性努力，有賴企業不斷地實施有關的作業或方法，使組織能確實糾合有關人力、物力、財力及科技資訊等要素，因應環境需要，作適宜地調整，以達成目標。在從事組織發展時，下列條件必須列入考慮[27]：

(1) 組織內外的變化，造成改進組織的訴求，或高階層主管在了解狀況後，決定進行組織革新。

(2) 邀請熟悉組織行爲理論的學者專家協助，並對組織問題進行診斷。

(3) 高階層主管對組織發展的各項作業必須贊成和支持。

(4) 組織內各單位成員須與顧問們合作，共同解決問題。

---

[26]　R. W. Walton, *Interpersonal Peacemaking: Confrontation and Third-Party Consultation* (Mass.: Addison-Wesley Pub. Co., 1969), p. 1.

[27]　W. French, *op. cit.*, pp. 680-683.

(5) 組織內各單位主管或成員必須了解組織發展的意義與內容。

(6) 針對問題或工作需要建立工作小組。

(7) 組織內有足夠編制，協助組織發展作業蒐集所需資料，連繫有關單位，並策劃有關技術方法。

(8) 組織發展必須長期性、連續性與整體性實施，並定期地檢討與追踪考核。

(9) 從事組織發展的作業人員與組織成員間必須維持良好的人際關係。

(10) 當組織發展作業推展後，有關工作分派，薪工制度及其他人事系統亦必須調整配合，方能發揮功效。

第四節　人力資源與發展

一、人力資源的特性

在企業的內在能力要素中，一般皆受到機械定律的支配而無法超越其能量的限制，唯有人力是項獨特的資源，具有擴大作用，能調和環境，統合資源，累積學識與經驗，並憑想像力及創造力去達成其目標或工作要求；只是，人力不能像產品製造，且人際關係常是雙向溝通(two-way communication)，只能培養，使人工作乃意味培養他，因此，只要改變人的工作情況，提高其工作效率，即是促進或改善績效的最大機會，企業的經營管理者必須考慮人的最大與最小的能力，並將工作組成最適合人力資源的特質，俾提高生產力；此外，對企業而言，掌握今日的人力資源，培養明日的人力資源，不僅是對企業負責，對員工個人負責，亦是對社會負責[28]。

---

[28] 參閱 Peter F. Drucker, *the Practice of Management* (New York: Harper and Brothers, 1954), ch. 10, ch. 15 and ch. 20.

彼得‧杜拉克 (Peter F. Drucker) 教授將企業的人力資源區分成經營管理者 (manager)、專門人員 (the professional employee)、督導人員 (supervisor) 及作業員 (work) 等四類[29]，國內一般企業則依工作性質將人力資源細分成高層管理人員、專門性及技術性人員、中層管理人員、低層管理人員、佐理人員、買賣或銷售人員、技術工及普通工等[30]。茲將企業的重要的人力特性，分述於下：

（一）經營者：或稱高階層管理人員 (top management)，係指企業內負責經營，或管理中低層管理人員 (line management) 及員工與其工作的人[31]，包括總經理、經理等，在企業人力資源中，該等人員的價值，常是企業最重要的資產。對外，企業的經營者須依照市場上顧客的需求，提供所需的產品或勞務，並維持或發展社會所寄託各項資源的經濟生產力，務求提高企業經營的經濟績效，促進社會的繁榮；對內，企業的經營者須管理各項資源，發展人力，促使組織發揮前述功能。綜言之，企業經營者的工作，主要包括下列各項[32]：

(1) 設定企業經營與管理所欲達成的目標。

(2) 分析經營管理活動所需的工作，組成有關組織單位，並選派、調動或配置適當人力，執行工作。

(3) 對各工作職位上的部屬維持經常聯繫，並激勵之。

(4) 運用內外資訊，分析市場機會或組織動態，並從事合理的決策。

(5) 依據預定的標準，分析並考核組織或員工的實際績效。

---

[29]　*Ibid.,* ch. 25–ch. 27.

[30]　參閱行政院前國際經濟合作發展委員會人力發展小組，"臺灣地區民營大型企業組織與人力運用調查研究報告"，「人力發展叢書」第五十三輯。

[31]　P. Drucker, *op. cit.,* ch. 2.

[32]　*Ibid.,* ch. 27.

(6) 正確地引導部屬，使人盡其才，發揮所長，並積極培養企業明日的人力，維持企業的存續發展。

上述的工作，必須在經營者經驗配合下，方能顯現有生氣、具體及有意義的效果。爲促使經營者確實發揮其功能，企業必須具備下列六項要求❸：

(1) 能使每個經營者把注意力集中於企業全體的共同目標，並使其意志及努力指向該目標的達成，即目標管理與自我控制的實施環境。

(2) 適宜地策劃經營者的職務，並儘量賦予權限和責任，促使其發揮能力，以推行其職務。

(3) 企業應建立並維持正確的精神 (esprit de corps)，以利經營階層的健全成長。

(4) 必須設置最高的統治機體，如董事會或最高執行機構，俾能做最後的評估、決策與考核，並領導進行全體經營活動。

(5) 爲企業的生存與成長，必需努力培養未來的整個經營階層，俾爲明日的經營者作準備。

(6) 爲配合有效的企業經營，應建立健全的組織結構，俾提高績效，促進協調，並能培養與考驗明日的經營者。

除上述要求外，彼得・杜拉克教授並認爲企業對其經營者的培養應符合下列原則❹：

(1) 經營者的培養應以全部的經營階層都能成長，並自我培養爲目標，俾熟悉所需的人際關係、決策技術及組織管理能力，且使每位員工均有晉陞經營者的機會。

---

❸ *Ibid.*, ch. 10.
❹ *Ibid.*, ch. 15.

(2) 以培養明日的經營者爲原則，其實際意義是發展今日的全部經營階層，使其成爲更成熟與更優秀的經營者。

(3) 着重明日需要，培養方法須是動態與重實質的內容，而不是以機械地工作輪調爲根據的靜態職務接替。

(4) 經營者的培養，必須着重表現而非着重期望，因此,實際經驗、技巧與才幹爲不可或缺。

於是，根據明日的組織目標、職務、資格、所需技能與知識能力的要求，來培養今日的全部經營階層，遂有「人力發展計劃」(manpower development plan) 或「管理發展方案」(management development program) 等作業，皆在避免忽略或浪費企業經營者的潛在能力。

(二) 專門人員: 係指企業組織內，具有專業知識，爲企業從事工程研究、創新發明或提供經營者瞭解市場狀況與組織管理所需資訊的人力，如心理學家、生理學家、會計人員、法務人員或律師、經濟學家、統計學家、工程師與科學家等㉟。一般而言，企業的專門人員並不單獨工作，而是常組成工作小組，此外，他們尚具有下列的特徵㊱:

(1) 專業知識、技能與訓練超過一般常人。

(2) 個性較爲確定與顯著，不夠圓滑，爲追求其個人的眞理與理想，看法常與企業目標有所衝突。

(3) 重視技術訓練、足夠設備與良好工作環境。

㉟　參閱美國 Office of the Federal Register, *Code of Federal Regulation, Title 29–Labor*, Jan. 1, 1968, p. 104。GE 公司稱爲個別專門貢獻者 (individual professional contributor)。

㊱　參閱 P. Drucker, *op. cit.*, ch. 26; David G. Moore and Richard Renck, "The Professional Employee in Industry", *Journal of Business* (Jan. 1955), pp. 28–62; Douglas Willas, "Attracting Topflight Scientist & Engineers", *Personnel* (May–June, 1958), pp. 78–81.

(4) 期望工作有較大的自由，能與外界討論，且不受組織內行政監督或過份干預。

(5) 對工作要求安定，且能有繼續正式深造的機會。

(6) 成就感高，期望受到企業內外的尊重。

企業的經營者對其專門人員的管理，不能如同一般行政人員的管理，而必須考慮上述特徵後，採取一些較為激勵與開放的措施，形成了「雙面管理」(dual management)[37]，該措施的內容如下[38]：

(1) 使專門人員致力於企業專門性的工作目標。

(2) 促使專門人員成為專家，且對企業要有貢獻。

(3) 專門人員的職務像專家職務，行政監督的限制較少。惟有較高的工作目標與嚴格的績效標準。

(4) 如同一般行政人員，有相等的晉陞機會。

(5) 較競爭性的薪資待遇。

(6) 對企業績效的改進或重大貢獻，可獲金錢獎勵。

(7) 獲得企業內外的尊重與賞識。

企業對專門人員的態度，常是綜合了技術、管理與人力三方面，作整合性的考慮！

（三）督導人員：或稱中下層管理人員 (line management)，為企業內直接管理生產或銷售的第一線管理人員，包括課長、股長、組長或領班等。由於督導人員直接管理作業員工，他必須注意使員工有工作裝

---

[37] Stephen B. Miles, Jr., and Thomas E. Vail, "Thinking Ahead: Dual Management", *Harvard Business Review* (Jan.–Feb, 1960), pp. 27–30; Louis Barnes, *Organizational System and Engineers Group* (Boston; Harvard University, 1960), p. 24.

[38] P. Drucker, *op. cit.*, p. 401; and, Douglas Willas, *op. cit.*, pp. 78–81.

備，良好的工作環境，和諧的工作同伴；並且要負責使員工願意工作且有工作能力；在以整個企業目標爲中心下，他必須爲其督導的工作小組設定目標，並發展每個員工的績效目標。因此，督導人員的策劃、組織、協調、分派、訓練與領導工作的能力，不僅影響員工的工作能力，並決定其工作績效。企業在培養其督導人員時，必須符合下列要求[39]：

(1) 設定責任相稱的職務，以達到工作目標。

(2) 設定明顯的績效標準，以考核其工作績效，並作爲獎勵與晉陞的基礎。

(3) 適度與合理的晉陞機會或制度，以激勵基層員工向上進取的意願。

(4) 在企業組織內需要具有管理者的地位，以發揮其督導的功能。

(5) 訓練督導人員有實際經營管理與指揮員工的能力。

(6) 訓練督導人員成爲工作教導者，以控制爲盡責任所需的各項活動，並分派員工去執行那些活動。

督導人員是企業的基層幹部，缺乏熟練與有能力的督導人員，勢必增加經營者在例行工作上的負擔，並降低企業的經營績效。因此，督導人員對企業的重要性，不言可知。

二、人力發展計劃

對企業人力資源最有效的管理，卽是編擬人力發展計劃。人力發展計劃可視爲對人力的預算分配，反映企業對明日的人力需求，及其求才、育才、用才與留才的一般措施，並依據科學方法與人性管理的觀點，妥

---

[39] P. Drucker, *op. cit.*, ch. 25; Edwin A. Fleishman, Edwin F. Harris, and Harold E. Burtt, *Leadership and Supervision in Industry*, (Columbus, Ohio: Ohio State Univ., 1955), ch. 6.

爲運用⑩。

企業的人力發展計劃常按下列步驟進行⑪：

(1) 首先，預測未來技術創新、經濟發展、人力市場結構變化的情形，及法令對人力運用規定的可能影響。

(2) 確立未來數年內企業的發展目標，及可能採行的組織發展計劃。

(3) 分析現有人力庫藏與運用情形，及各經營管理階層等年齡結構的人力統計。

(4) 比較現有部門職位情形，及未來部門擴充時所需設置的職位與資格條件，並以工作規範爲研究基礎，切勿因人設事。

(5) 根據上述分析結果，預先策劃短期內組織內部的人力調整，如訓練或晉陞；或對外甄募新人手，並按甄用、教育、訓練、分派、運用、激勵、安定等項目進行人力發展。

(6) 就人力發展的執行績效，從事評核及回饋。

上述程序，包括蒐集資料、分析、預測、處理、解釋、確立計劃等，其工作過程可以圖 4-3 說明之。由於人力發展所考慮到是企業未來五至十年的長期計劃，因此，必須考慮到企業的長期目標，組織結構擴充與經營管理階層的年齡結構等問題，並據以評核企業對員工培養的努力，是否足夠。

嚴格地說，縝密的人力發展計劃應包括人力預估、人力分析、人力羅致、以力培訓及人力運用五大項目所構成，並與企業內其他各種組織

---

⑩　Brayfield, Arthur H., "Human Resources Development", *American Psychologist* (July, 1968), pp. 479–482.

⑪　參閱 Eric W. Vetter, *Manpower Planning for High Talent Personnel* (Ann Arbor: University of Michigan, 1967), p. 64; Frank H. Cassell, "Corporate Manpower Planning", *Bulletin,* (Stanford Graduate School of Business, 1965), pp. 2–5.

圖 4-3　人力發展計劃的整體程序

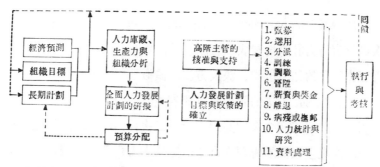

資料來源: Eric W. Vetter, *Manpower Planning for High Talent Personnel* (Ann Arbor; University of Michigan, 1967), p. 64.

功能相互配合，其中包括經濟、科技與市場預測，研究與發展計劃，及人事制度的設計等，然後，就企業的未來發展、組織擴充、人力庫藏及所需的職位規範 (Job or position specification) 以決定人力的需求，運用及發展。只是，企業在從事人力發展計劃時，必須與政府的人力計劃或教育政策配合，並受到政府法令規章、工會態度及其他外在環境的影響或限制，甚難單獨進行。此外，企業高階層主管的支持與長期推展亦是重要的關鍵因素；因此，在民間企業上，較缺乏整體性的人力發展計劃，而只偏重於專業性的「管理發展」計劃。惟我國於民國五十三年由政府從事臺灣地區人力發展計劃工作㉒，尤重視教育的推展，不僅培養了大量國家建設所需的人才，且有效運用該人力資源，使臺灣縱然缺乏物質資源，惟仍能因人民勤奮與人力素質提高，而突破各種限制，達成經濟的發展。

————————————

㉒　民國五十三年，由原行政院國際經濟合作發展委員會的人力資源小組正式從事人力發展計劃工作，民國六十二年，經合會改組為經濟設計委員會，乃併入綜合計劃處工作項目迄今。

三、管理發展方案

管理發展（management development）乃是企業對其未來的經營管理人員所實施有計劃地養成教育或訓練，旨在使前述人員獲得擔任經營管理工作所需的知識技能、決策方法、領導地位與人際關係等。

自本世紀初，正式的管理教育在歐美崛起，採建教合作方式的管理發展訓練卽獲得工商企業的熱烈支持，二次世界戰後，更爲蓬勃發展。近年來，企業主與高階管理人員多已認識人力資源及經營者對企業的重要性，因此，策劃人力發展或管理發展等作業乃責無旁貸，尤其，對管理發展的推行，更蔚成風氣㊽。

管理發展的訓練方式甚多，在工作上，可採用在職訓練(on-the-job training)、主管輔導、工作輪調、出席業務有關會議、見習或代理主管工作、派任專案工作、參加管理委員會工作等方式；在工作外，則可採用建教合作教育、參加短期管理訓練或講習、自行研讀管理參考資料、參觀訪問管理優越的企業機構、參加學術社團等方式㊾。在訓練技術上，則採專題演講、專題研討、個案研討、專題訪問、工作小組與角色扮演(role-playing)、管理競賽、展覽、電視或電影教學、示範操作、參閱指定教材，及實驗室訓練(laboratory training) 等㊿，其中以管理競賽及實驗室訓練對管理發展最具挑戰。尤其，實驗室訓練依據受訓人員的人格成長、組織程序及人際關係、溝通聯繫等要求，設計「訓練團體」（T-

---

㊽ 參閱 Robert J. House, *Management Development* (Ann Arbor: University of Michigan, 1967), pp. 5-9.

㊾ 參閱註㊿，"臺灣地區民營大型企業育才現況調查"，乙文中有關人員訓練。

㊿ 參閱 Malcdm W. Warren, *Training for Results* (Reading, Mass,: Addison-Wesley Publishing Company, 1969), pp. 71-87.

Group)⓼ 或「感性訓練」(sensitive training) 的內容，可促進受訓人員對其個人的態度、認知及價值觀念的成熟，並對團體或組織的目標、職掌、溝通、協調、領導及適應或發展，有所瞭解。一般而言，企業外部的教育或訓練機構所提供的管理發展方案，較爲廣泛且偏向於理論性，如組織理論、人性管理、財務或會計原理、經濟分析、資訊處理、社會心理及工程科技介紹等課程或內容；企業內部的在職訓練或訓練會議，則較爲偏重於組織歷史、人羣關係、工作簡化、工作評價與督導方法、操作技術與程序、成本控制、品質管制、溝通聯繫等專業性內容。近年來，由於實際需要及經營者人力的迫切養成，有關組織發展及企業政策等整合性課題，亦常列入訓練方案之中，其與組織發展間的關係特性可以圖 4-4 說明之。

　　管理發展方案提供一適當的環境與機會，使各級管理人員透過各種技術的傳授、灌輸、吸收或演練，獲得有關知識、技術或增進組織瞭解的培養。以往，國內企業對管理發展訓練經常忽略，或因企業缺乏認識，一旦人才或職位出缺，只好高薪向外挖角； 或因管理人員本身工作繁忙，未能抽空接受訓練；且因管理知識甚爲廣泛，訓練教材難於編訂，致管理人員的發展，多憑嘗試與經驗累積而成，這種方式係爲浪費且不切合明日經營管理的需要。近年來，國內有關管理研究或學術機構設立

⓼　訓練團體 (T-Group) 源於西元 1946 年，美國 Leland P. Bradford, Ronald Lippitt, Kenneth D. Benne 等教授爲提供團體人羣關係所設計的實驗室訓練方法，1949 年由國家訓練實驗室 (National Training Laboratory) 所發展的「基本技藝訓練團體」(Basic Skill Training Group)，簡稱 T-Group，乃成爲實驗室訓練方法的代表。參閱 Kenneth D. Benne, "History of the T-Group in the Laboratory Setting", in Leland P. Bradford, Jack R. Gibb and Kenneth D. Benne, eds., *T-Group Theory and Laboratory Method* (New York: John Wiley & Sons, 1964), pp. 80-135.

日多，而管理顧問公司更如雨後春筍，且因教育水準提高，及企業主與
高階管理人員的認識，有關管理發展訓練方案已在多數企業中推展。

圖 4-4　個人與組織發展程序

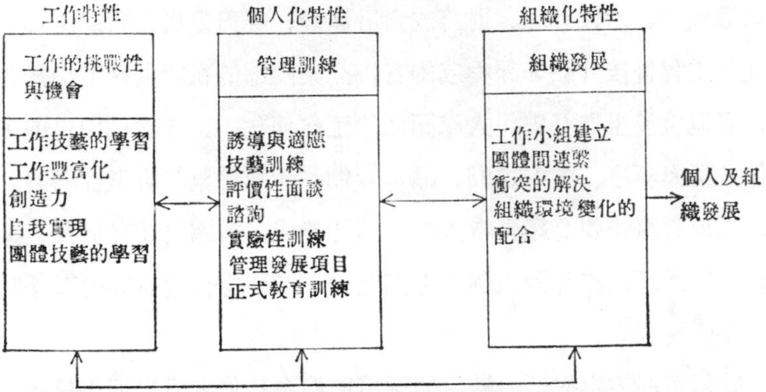

工作特性	個人化特性	組織化特性
工作的挑戰性 與機會	管理訓練	組織發展
工作技藝的學習 工作豐富化 創造力 自我實現 團體技藝的學習	誘導與適應 技藝訓練 評價性面談 諮詢 實驗性訓練 管理發展項目 正式教育訓練	工作小組建立 團體間連繫 衝突的解決 組織環境變化的 配合

個人及組
織發展

資料來源：French, Wedell, *The Personnel Management Process*：
Human Resources Administration, p. 358.

第五章 企業的管理哲學

　　企業是具有「法人」特性的組織，因此它自然地也具有類似人的個性和思想，這種個性或思想常影響或決定了企業經營或管理活動的性質與內容，諸如在企業的組織型態、工作設計、用人方式 (staffing)、領導型態及行銷觀念上均有顯著的意義；此外，一個組織的行為，亦必須要能適應其所生存環境的變化，並和不斷變化中的環境維持一種均衡，才能夠生存和發展。因此，對於必須確立政策內容，設定目標系統，評估環境發展及擬訂策略方案的企業經營管理者而言，若欲掌握企業活動的特性或預測未來活動的意向與動向前，必須先了解指導該企業一切策劃、執行與控制活動的管理哲學的過去、現在及未來演進。

第一節　管理哲學的意義與建立

一、管理哲學的意義

　　企業的管理哲學 (Management philosophy) 亦即企業在經營管理上所依據的觀念導向 (conceptual orientation)。它是一系列相關的知識，

提供有效的思想系統與邏輯，以解決管理或經營上的特定問題❹，如私有財產制度、自由市場、行銷理論、利潤觀念、領導技術與組織理論；它亦是對經營或管理事務所表現的一種感情程度、研究過程或追求特定目標的方法，在比較管理(comparative management) 的研究裏，則將管理哲學認爲是企業組織或其經營管理者對於它的內外環境或團體關係所表示的看法、觀點、態度或立場❷，如企業對其顧客、股東、供應商、經銷商、工會、員工、社區或政府的態度或立場，乃是企業經營或管理的思想參考架構(frame of reference)❸，此外，管理者對於企業的經營或管理問題不僅需要思考，也須要決策，更需要及時採取行動，因此又是其行爲的準則❹。管理哲學是企業經營與管理的思想系統及行爲準則，有助於企業對其週遭事物的瞭解，並對事物價值的評估，更是解決企業經營或管理問題的理論基礎或共同原則，企業亦依據該基礎或原則以激發團體的努力，而達成組織目標。所以，企業倘若建立有效及健全的管理哲學，並能適宜的運用，將能降低經營或管理上試行錯誤的風險，增加成功的可能性，而獲致更大的成果。

二、管理哲學的建立

企業管理哲學的建立，主要是來自企業的高階層，包括所有權者及

---

❶ Ralph C. Davis, "A Philosophy of Management", *Journal of the Academy of Management* (December 1958), Vol. 1, No. 3, pp. 37–40.

❷ A. R. Negandhi & B. D. Estafen, "A Research Model to Determine the Applicability of American Management Know-how in Differing Culture and/or Environment", *Academy of Management Journal* (December 1965), Vol. VIII, No. 4, pp. 308–318.

❸ 同註❶。

❹ 同註❷。

高級主管。企業的高級主管具有足夠的權力與地位，能成爲其他成員的有效支持者，而且高級主管承擔着所有組織活動的最後責任，因此表明他們的思想系統與中心哲學，將用以保證目標的達成，並影響整個組織對實施目標的工作成果，如果組織成員未能獲致滿意的成果時，高級主管並可依據組織的權力系統，行使認可或不予同意的作爲或不作爲，因此高級主管的目標、價值系統、認知、個人哲理、管理實務的經驗累積及從正規教育所獲得的理論、原則及科學方法等，均將會影響到所領導的組織，所以要瞭解組織的特性與個性，就須從研究高級主管的思想系統與中心哲學着手❺。

其次，管理哲學係爲支持達成組織目標所需要決策及採取適宜行動的基礎，因此有關發揮團體活動功能的某些管理作業，如策劃(planning)、組織(organizing)、資源組合(assembling resources)、激勵(motivating)、控制(controlling)，甚至建立制度、組織層次系統、作業系統及決策方法等的一些共同原則，亦逐漸成爲企業高級主管在管理實務上所不可或缺的觀念，而人類學、心理學、社會學、數學、統計學及一般哲學等應用於經營或管理上的研究蔚成風氣，形成爲近代管理哲學的原則與理論基礎，企業組織的管理者可依據上述基礎使經營與管理工作實施得更具創造性與熟練性，因此管理哲學乃是「行爲的知識」(behavioral knowledge)❻，結合了科學與藝術的發展❼。

---

❺　參閱 A. R. Negandhi & S. B. Prasad, *Management Philosophy and Management Practices* (New York：Appleton-Century-Croft, Inc., 1968), ch 2, pp. 21-27.

❻　語見 Chester I. Barnard, *The Functions of the Executive* (Cambridge, Mass.: Harvard University Press, 1938), pp. 290-291.

❼　同註❻，依 Barnard 教授解釋：「藝術的功能乃在達成具體結果或產生情態，倘若沒有審慎地努力，將無法實現，因此，藝術必須以熟練或應用各

　　管理哲學形成的另項因素，就是企業高級主管除必須達成教育與經驗的平衡結合，並具備組織資源管理所需的技術知識外，同時，也必須瞭解企業存在的環境，與適合環境需要的管理方法，因為管理者的職責之一，卽是創造及維持一種能使企業組織能有效率和有效果地達成目標的績效環境，因此促進組織成員能一致了解企業的管理哲學，將能維持團體活動的協調，減少組織內許多因欠缺協調所發生的問題。本來，組織的目的卽在於解決四個基本的主要問題：(1) 適應問題 (Adaptation)，(2) 目標達成問題 (Goal achievement)，(3) 整合問題 (Integration)，及 (4) 形態維護問題 (Pattern maintenance or latency)❸，但是如何解決，則有賴於高級管理階層對於組織內外系統地運用，包括確立政策、設定目標、釐訂策略、協調作業等，以理性的原則及開放的觀點來分析、研判與決策，掌握組織的活動以達成目標，解決各種問題。因此平衡組織內高級管理階層與環境實際需求的結合與發展，亦是形成組織思想系統或管理哲學的主要來源，實際上，許多企業管理哲學的建立，常由於個人或團體的需要而發生。一些和企業環境有關的科學，如政治學、經濟學、歷史等，亦成為建立管理哲學的理論基礎。企業的管理哲學的觀念性基礎，可以圖 5-1 表示之。

　　由管理哲學的觀念性基礎看來，企業經營或管理思想系統的產生，應該是從學理、經驗及其他方面而來，和其他邏輯或思想設計一樣，是一個演進的程序，其發展的過程可以分為四個步驟：(一)觀念的形成，(二)由觀念整理而成為原則，(三)由有關原則結合成為理論，(四)由理

　　(續❼)　種已知的途徑來進行未來的工作；而科學的功能乃在解釋過去所發生的現象、事件或情態，因此必須應用各種知識來達成解釋的工作」，管理工作不僅在識別問題，並需解決問題、達成目標，因此乃是結合科學與藝術的發展。

　　❸　Talcott Parsons, *Structure and Process in Modern Society* (Glencoe, Ill.: Free Press, 1960), pp. 16–96.

圖 5-1 企業管理哲學的觀念性基礎

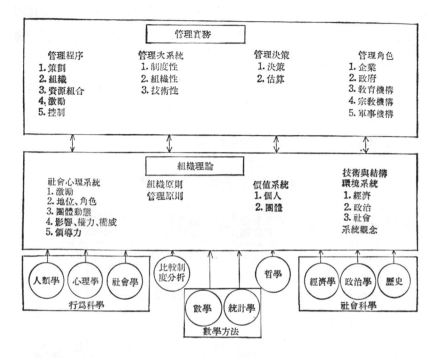

資料來源: F. E. Kast & J. E. Rosenzweig, *Organization and Management: A System Approach* (New York: McGraw-Hill, Inc., 1974), 2nd. Ed., p. 11.

論結合而成為組織決策運用的知識或思想的參考架構。

　　企業的經營管理者依據上述過程所發展的思想系統按照下列三個層次實施之:

　　第一個層次在本質上是組織內部的,即企業應儘力發展內部的資源,特別是人力資源,企業對員工福利的責任應超過其短期的利潤目標, 應創造更多的工作機會, 使人人都能充份發揮其潛能,對他們的工作表現應予承認和尊重,以創造最大的工作滿足。

第二個層次是關於企業及其顧客、競爭者、供應商和中間商之間的關係，亦卽企業和其特定環境的關係。企業的經營管理者應儘力使其企業組織與其特定環境維持動態的均衡外，重視其顧客的意向及需要的滿足，並創造所需的利潤。

第三個層次是關於企業和整個社會的關係，亦卽企業與一般環境的關係。在企業的社會責任下，企業應儘力去確認並實現眞正人類需要❾。

上述關係的發展，可以圖 5-2 表示之。

圖 5-2 管理哲學發展步驟

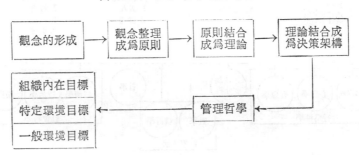

第二節 管理思想的發展

本世紀以來，企業的經營與管理思想逐漸形成爲系統性瞭解、說明、預測或控制企業經營或管理各種現象的觀念架構 (conceptional frame-work)， 其中尤以對於企業行政或組織管理的研究，最爲顯著。只是，由於時代背景不同、現象性質不同以及學者所強調重點的不同，各種理論便隨之出現，亦分成許多學派❿， 雖然聚訟紛紜，學派林立，我們必

---

❾ L. Dawson, "The Human Concept: New Philosophy for Business", *Business Horizons*, (December 1969), pp. 29–38.

須明瞭，沒有那一種理論絕對優於其他理論，也不可能完全取代其他理論，而必須認清各種理論所發生的背景、特性及對企業目標達成的態度。

　　管理理論的學派雖多，但似乎都可被涵蓋在三種主要的理論基礎之下。這三種主要理論就是強調組織結構的傳統理論 (The Traditional Theory)、強調人羣關係與組織行為的行為科學理論 (The Behavioral Science Theory) 及強調組織與外在環境整合的系統理論 (The System Approach) ❶。茲分述於後：

---

❿　管理理論依 Koontz 與 O'Donnel 認為共分成：①作業學派 (operational school)，②實證學派 (Empirical School)，③行為科學學派 (Human Behavior School)，④社會學派 (The Social School)，⑤決策理論學派 (Decision Theory School)，⑥數學學派 (Mathematical School)，⑦系統學派 (The Management–System School) 等七學派。參閱 H. Koontz and C. O'Donnell, *Principles of Management: An Analysis of Managerial Functions* (New York: McGraw–Hill), 4th ed. pp. 20–33; Richards 與 Greenlaw 則認為共分成：①官僚思想 (Bureaucracy)，②科學管理 (Scientific Management)，③功能或程序思想 (Functional or Process)，④人羣關係 (Human Relation)，⑤行為科學 (Behavioral Science)，⑥作業研究 (Operations Research) 及⑦系統與管理科學 (The Systems Approach and The Management Sciences) 等七學派，參閱 Max D. Richards and Paul S. Greenlaw, *Management Decisions and Behavior* (Homewood, Ill.; Richard D. Irwin, Inc., 1972), Revised ed., pp. 14–22. 近年來，所謂因應理論 (The Contingency Theory) 盛行，參閱 Fred Luthans, "The Contingency Theory of Management", *Business Horizons* (June, 1973), Vol. XVI, pp. 67–72; Fremont E. Kast and James E. Rosenzweig, *Contingency Views of Organization and Management* (Palo Alto, Calif.: Science Research Association, 1973) 及 Jay W. Lorsch and Paul R. Lawrence, *Studies in Organization Design* (Homewood, Ill.; Irwin and Dorsey Press, 1970) 等文獻，故加上因應理論學派、管理學派應有八派。

❶　F. E. Kast and J. E. Rosenzweig, *Organization and Management: A System Approach* (New York: McGraw–Hill, 1974), 2nd. ed., pp. 52–126.

一、傳統理論階段(1900-1930s)

傳統理論興起於本世紀初葉， 亦就是大家所熟知的科學管理運動 (Scientific Management Movement)。這運動主要是由韋伯(Max Weber, 1864-1920) 的理想型官僚組織 (Ideal type of Bureaucracy) ⑫； 泰勒 (Frederick Winslow Taylor, 1865-1915)⑬、甘特(Henry Gantt)⑭、吉 爾伯斯夫婦(Frank & Lillian Gilbreth)⑮、愛默生(Harrington Emerson)

⑫ Max Weber 認爲理想的組織系統應具有下列特性：①組織成員有正式 職掌 (formal responsibility)，②組織結構爲層級節制 (hierarchical struc- tures)，③對事不對人的工作關係 (Impersonal relationship)，④專業及分 工(Expertise and devision of Labors)，⑤工作報酬依地位與年資(Position & Seniority) 及⑥專職工作(full-time work) 等，凡具有上述特性皆可稱爲 Bureaucracy 組織，參閱 Max Weber, *The Theory of Social and Economic Organization*, trans. by A.M. Henderson and Talcott Parsons, (London: Oxford University Press, 1947)。

⑬ 泰勒將「科學管理」觀念介紹給世人，而被推崇爲「科學管理之父」。 其重要著作有 1895 年發表之「計件工資制」(A Piece Rate System), 1903 年發表「工場管理」(Shop Management)，1911年出版「科學管理之原理」 (*Principles and Methods of Scientific Management*, New York: Harper & Bros., 1911)，以此書最重要，說明科學管理的四大原則爲：①發展一套科 學，指導工人的工作要項，取代老式的經驗方法，②工人以科學方法選擇，並 施予訓練，③工作人員與各單位必須密切合作，④管理者與工作者間要適當分 工。

⑭ Henry L. Gantt 採行科學管理觀念，尤對工作進度之掌握，計劃控制 及獎工研究最具心得，在第一次世界大戰末期，甘特推行科學管理運動不遺餘 力，對美國工業界造成重大影響。參閱 A.W. Rathe (ed.), *Gantt on Man- agement* (New York: Pitman Publishing Co., 1961), pp. 60-66, 211-236.

⑮ Frank Gilberth 極爲贊成泰勒的科學管理運動，並進行動作研究、微 動作研究、時間研究及工時研究均具心得，夫人 Lillian Gilberth 協助其夫 進行工時研究，推動科學管理，並出版第一本工業心理論著，參閱 *The Psyc- hology of Management* (New York: The Macmillan Company, 1914)。

⓰ 等人爲代表的科學管理學派，以及費堯(Henry Fayol, 1841-1925)⓱、古立克(L. Gulick)及尤偉克 (Lyndall Urwick) ⓲ 等人爲代表的行政管理理論 (Administrative Management Theory) 所構成，然而韋伯的理論未能充分發揮其影響力，泰勒的科學管理運動却形成一股洪流。

　　傳統理論比較偏重組織或行政管理的靜態研究，以經濟及技術 (economic-technical) 觀點來觀察或控制組織與行政現象，並且爲組織與行政建立各種管理原則 (Management principles)，認爲在這些原則下，組織與行政將可正常且有效的運作。傳統理論所共同強調的管理原則是：(1) 組織必須層級節制，決策權集中於上層人員；(2) 明確建立指揮系統；(3) 注重專業技能；(4) 嚴格的分工；(5) 一切遵循法令規章與制度；(6) 明確劃分作業與幕僚業務；(7) 注重工作效率；(8) 強調工作與技術爲達成組織目標的基礎；(9) 採行有限的管理或控制幅度 (span

---

　　⓰　愛默生推展工時研究，極具成效，1904 年在聖大菲鐵路 (Santa fe Railroad) 發展管理，提出12原則：①高尚目的，②豐富常識，③合格諮詢，④嚴格紀律，⑤公正交易，⑥可靠紀錄，⑦計劃與推進，⑧計劃與日程，⑨標準環境，⑩標準工作，⑪書面標準指導，⑫效率獎勵。上述原則對近代生產管理制度之建立，極富價值。參閱 George Filipetti, Industrial Management in Transition (Chicago: Richard, D, Irwin), 1946, pp. 51-116.

　　⓱　費堯根據在 S. A. Commentry-Fourchambault of Decazeville 擔任總經理之經驗，致力管理革新，並於1916年出版「工業與一般行政」(Administration Industrielle et Generale)，創造了管理的十四點原則：①分工，②權威與責任，③紀律，④命令統一，⑤目標統一，⑥公象利益先於個人利益，⑦合理員工待遇，⑧集權與分權之配合，⑨人與物的良好秩序，⑩員工任期安定，⑪組織階層之嚴整，⑫培養團體精神，⑬鼓勵員工創造力，⑭灌輸員工公正觀念。

　　⓲　古立克與尤偉克，對近代行政及組織管理理論之介紹及傳播極爲成功，1936年並協助英國建立近代文官制度，參閱 L. Gulick 及 L. Urwick 於 1937 年彙編 *Papers on the Science of Administration* (New York: Institute of Public Administration, Columbia University), 1937 乙書。

of management or control)，以五至七人爲度。

一般說來，就一九三〇年代以前的政府及工商業界而言，當時的社會環境變動性小，技藝發展有限，市場經營單純，因此對於傳統理論所主張的功能式組織 (functional organization)、精細分工、權威性管理與強調工作效率的思想，確實趨之若鶩，競相採行，而且也發揮效果，貢獻不小，故傳統理論曾經主宰組織與管理理論界一段時間。

然而，當工會運動 (union movement) 崛起❿，員工人力的運用與發展逐漸成爲組織中的一項問題，管理理論的學者開始談論資本、管理與員工人力的整合關係；而當時政治、社會與文化上的變動，亦引起人們尋求適當方法以處理組織內人際行爲的傾向，人們亦注意到優秀領導人才的重要，於是爲了應付變化萬千的環境與日趨複雜的市場，並掌握內部資源的穩定運作，傳統理論所認爲組織與行政管理一經確定原則，卽可永久有效的機械模式與觀念，面臨嚴重的考驗，亦逐漸失去其影響力。

二、行爲科學理論階段(1930s-1960s)

行爲科學理論的科學性研究濫觴於「霍桑試驗」(Hawthorne studies)❷，而對傳統理論正式挑戰的，則是巴納德(Chester Barnard) 所提出的

❿　有組織的工會在19世紀初，已散見美國各州的商業工會(Trade Union)團體，20世紀初美國聯邦勞工組織 (American Federation of Labor) 由少數技術團體組成，迄 1935 年美國國家勞工關係法案 (The National Labor Relations Act 又稱 Wagner Act) 頒佈，方獲正式立法確認。

❷　霍桑試驗係指哈佛大學教授 Elton Mayo, F. J. Roethlisberger 及 T. N. Whitehead 於1927 年至 1932 年間應美國西方電氣公司 (Western Electric Company) 邀聘，在其公司芝加哥霍桑工廠 (Hawthorne Plant) 從事人之行爲與生產力關係之研究，發現工作環境與物質條件改善對生產力並無直接的影響，乃轉而研究員工之心理反應，發現人格尊重、參與情緒、非正式組織、社會平衡或士氣對生產力有相當重要性之結論。依據霍桑試驗基礎而有

新組織與管理理論[21]，經羅斯力斯柏格 (F. J. Roethlisberger) 及狄克遜 (William J. Dickson) 的實證支持[22]，二次世界大戰後，行爲科學乙詞獲得確定[23]，此一理論方由萌芽、茁壯、成長而盛行。除強調非正式組織、人際互動平衡及上行溝通的巴納德及羅狄二氏外，行爲科學理論的代表性學者，尚有強調人性需要層次的馬斯洛(A. H. Maslow)[24]、人性

(續[20]) 下列著作:

1. E. Mayo, *The Human Problems of An Industrial Worker* (New York: Macmillan Co., 1933).

2. T. N. Whitehead, *The Industrial Worker* (Cambridge, Mass.; Harvard University Press., 1938).

3. F. J. Roethlisberger and W. J. Dickson, *Management and Worker* (Harvard Univ. Press., 1939).

[21] Chester I. Barnard 於 1938 年出版 *The Functions of Executive* (Cambridge, Mass.; Harvard University Press) 乙書，提出組織互涉系統 (System of Interaction)，非正式組織 (Informal Organization)，工作滿足，權威由部屬授予，上行溝通，統合組織成員的智力之領導責任等論點。

[22] Roethlisberger & Dickson 合著 *Management and Worker* 乙書爲第一本有關生產力與社會平衡 (或士氣) 的實證報告，多數爲霍桑試驗之結論，包括工人裁減研究、非正式組織之角色、人性領導之研究，及經由諮商制度對工人心理操縱之研究等。

[23] 1949年福特基金會 (Ford Fundation) 資助芝加哥大學教授從事「個人行爲與人羣關係」(Individual Behavior and Human Relations)研究計劃，簡稱「行爲科學」，此後此一名稱仍告流行於世。現時，謂行爲科學係指人類學、心理學、社會學、社會地理學、政治學、經濟學中直接和人類行爲有關之研究，和社會科學並不相同。

[24] A. H. Maslow 認爲人類的基本需求卽: ①生理需要，②安全感，③相屬及相愛，④自尊及尊重，⑤成就感，由低而高，循序漸進的滿足，組織必須滿足人們的需求,方能發揮工作效率，參閱 Maslow, "A Theory of Human Motivation", *Psychological Review* (July 1943), pp. 370-390 及 Maslow, *Motivation and Personality* (New York: Harpers and Rows, 1954).

本善的麥克葛來格(Douglas McGregor)㉕、激勵功能的赫玆伯(Frederick Herzberg)㉖，及組織適應與穩定的班尼斯 (Warren Bennis)㉗ 等。

行為科學理論係以動態的觀點來建立組織與管理理論，認為組織是人為合作性的結合，不是工作或機械性的組合，因此不能單以「經濟與技術」的基礎來經營或管理，而是以「心理與社會」(Psycho-social) 的觀點來處理，以實證的研究方法來探討人性行為對於組織的影響及彼此的關係。

行為科學理論興起之初，卽注重良好領導的特性，因此將領導方式分成以「員工為中心的領導」(Employee-centered leadership) 及以「工

㉕ Douglas McGregor 認為人性可激發個人與組織目標融合的管理方式，卽所謂Y理論 (Theory Y)，其假說：①工作對心力之耗費如同休閒嬉戲，②人會自治自律達成組織目標，③自我滿足與自我實現是達成組織目標所努力之結果，④人會接受並尋求職責，⑤人會應用想像力和創造力，以解決問題，⑥目前,人的潛力並未充份利用。以別於傳統制度的管理方式,卽X理論(Theory X)，其假說：①人生性厭惡工作，設法逃避，②管理者必須強施威壓、恐嚇及懲罰，使員工達成組織目標，③人樂於為人所領導，規避職責，缺乏上進心，並追求安全感。以上論說參閱 D. McGregor, *The Human Side of Enterprise* (New York: McGraw-Hill, 1960) 乙書。

㉖ Herzberg 與及助手於60年代，對美國匹玆堡地區之工程師及會計師研究，發現激勵員工的因素有：①成就感，②讚賞，③工作本身 (work itself)，④責任感，及⑤上進心 (Advancement)。 維持員工情緒的因素有：①組織的政策與制度，②督導，③薪資，④人際關係，及⑤工作環境與條件。管理人員之職責卽在加強激勵因素的運用，改善維持因素的存在，卽所謂「激勵──維持因素理論」(Motivation-Hygiene Theory)，參閱 Frederick Herzberg, *Work and the Nature of Man* (Cleveland: the World Publishing Co., 1966), pp. 72-74.

㉗ Warren Bennis 認為變動不居的情勢，組織應是暫時性 (Temporary Organization)，其特性是暫時性的工作團體，暫時性指揮、領導、工作分配，而且權力下授等，參閱 Warren G. Bennis, *Changing Organizations* (New York: McGraw-Hill, 1966).

作爲中心的領導」(Work-centered leadership)，而對前者之研究投入較多注意，經其發現，在工作性質不確定或非例行性狀況下，工作專精及簡化的三 S [28] 技術並不適用，尤其工作例行化，專制領導，工作專精化，集權決策及忽略組織內互涉行爲的平衡，不僅影響員工的士氣與忠誠，亦不利於整體組織對目標之達成。情勢發展至此，強調社會心理、士氣、人性、開放、自治、創造、民主與人機配合 (Man-machine system) 的行爲論，在二次世界大戰前後確實風靡一時，歷久不衰。

行爲科學理論以動態的觀點，重視事實眞相的研究，追求資料的蒐集，特別是過份偏重組織內成員行爲之研究，根本否定組織結構及典章法令或制度的重要性，亦未能涉及外在環境對組織成員的影響，事實上，不僅組織內成員間存在着互涉行爲的關係，與外在環境間也有互動的關係，因此行爲科學研究雖撿拾不少事實，但是一味追求客觀性，避免提供解決問題或價值判斷的結果，使行爲科學的論著對經營管理就顯得游辭無根或一偏之見，因此行爲科學只能作爲對科學管理的補充，不能完全取代，否則就訛謬百出。總之，行爲科學理論是管理理論發展過程的一個革命，只是藉由對人類行爲研究所獲致的結論，期以建立應用至組織或經營管理的通用模式，這種努力尚未獲得普遍的理論架構，使得行爲科學理論有所缺失，至一九五〇年代中期後，就顯得有氣無力。

三、系統理論階段(1960s-　　　　)

西元一九五一年，生物學家白特蘭菲 (Ludwig Von Bertalanffy) 倡導「一般系統理論」(General System Theory) [29]，爲科學知識與研究覓

---

[28]　「三S」係指標準化 (standardization)、簡單化 (simplification)、專業化 (specialization)，是工作合理化的基本原則，也是行政處理合理化的基礎。

[29]　參閱第三章，註[11]。

下整合 (Integration) 的基礎，並且提供系統的普遍概念。因此，在一九六〇年前後，許多學者對於傳統理論與行為科學理論兩者皆有所偏，主張採取兩者之長，注意企業組織與管理為適應外在環境的需要，所必須的作為或調整。他們認為，研究組織或管理不能單純由靜態觀點來研究一些原則或規整方式，亦不能只從動態或精神上來分析活動現象，而是必須綜合兩者加以研究，尤其要注意到企業與環境間的互動關係，亦即將企業組織視為一「開放性」(open)，重視知識或訊息(Information)的綜合(Synthesis)、調和(Reconciliation)及整合(Integration)，以求將事實發現化為能應用於多方面的理論或行為模式，此即系統的分析與研究。

除白特蘭菲氏外，此一階段的代表性學者，尚有強調環境系統的卡斯特 (F. E. Kast) 與羅森祖(J. E. Rosenzweig)❸⓪，社會系統的柏森斯 (Talcott parsons) ❸①，生態影響的李格斯 (Fred W. Riggs)❸②，開放性研究的卡茲(Daniel Katz)及卡漢(Robert L. Kahn)❸③，衝突與動態平衡的謝茲尼克(Philip Selznick)❸④，決策系統的賽蒙 (Herbert A. Simon)❸⑤，理論 Z 的席斯克(Henry Sisk)❸⑥，管理系統的李克特(Rensis Likert)❸⑦，組織氣候的李特文 (George L. Litwin) 與史春格 (Robert A. Stringer,

---

❸⓪　F. E. Kast & J. E. Rosenzweig, *op. cit.*, p. 130.

❸①　參閱第三章，註⓮。

❸②　參閱第三章，註⓯。

❸③　參閱第三章，註⓭。

❸④　Philip Selznick, "Foundations of The Theory of Organization", *American Sociolgical Review*, (Feb. 1948), pp. 25–35.

❸⑤　Herbert A. Simon, *Administrative Behavior: A Study of Decision-making Process in Administrative Organization* (New York: Macmillan, 1947).

❸⑥　參閱第二章，註❸④。

❸⑦　Rensis Likert 以①領導過程，②激勵力，③溝通過程，④互涉影響過

Jr)❸，因應管理的勞倫斯(Paul R. Lawrence)與洛希(Jay W. Lorsch)❸，
及資訊整合的威廼(Norbert Wiener)❹ 等。

　　在目前各種管理思想學派中，強調系統方法、開放系統、科技整合、
動態研究、生態影響及因應環境需要，重視投入(input)、程序(process)、
產出 (output) 及回饋 (feedback)，以提供分析、設計及控制各項組織與
管理活動的系統理論，確實已居上風，因為有許多政府機構及私人企業
的經營與行政處理方式，已紛紛接受系統理論的觀念，採納系統分析
(System Analysis)的做法。系統理論者強調系統分析能建立各項活動的
相互關係，並經由回饋而控制活動，使經營或行政處理能有效的進行。
新近流行的因應理論 (The Contingency Theory)❹，亦是採取系統分析

(續❸)　程，⑤決策過程，⑥目標設立，及⑦控制過程等組織變數設計問卷，
依組織氣候反應分組織分為，系統一(system 1)的專制型(autocratic)管理，
系統二(system 2)的父導型(paternalistic)管理，系統三(system 3)的商議型
(consultative)管理及系統四(system 4)的團體參與型(group participation)
管理，其中系統四運用支援關係原則 (principles of supportive relations-
hips)、團體決策及設立高績效目標為最好的組織，參閱 *The Human Organiz-
ation* (N. Y.: McGraw-Hill, 1967) 及 *New Pattern of Management*
(New York: McGraw-Hill, 1961) 兩書。

　❸　George L. Litwin & Robert A. Stringer, Jr. 則以①組織結構，②
責任感，③工作獎酬，④工作風險，⑤組織融洽，⑥同仁或上級支持程度，⑦
績效標準，⑧衝突程度及⑨團體認同程度等變數，測度組織氣候反應程度，見
Litwin & Stringer 二氏所著 *Motivation and Organizational Climate*
(Division of Research, Graduate School of Business Administration,
Harvard University, Boston, 1968), chap. 5, pp. 66-92.

　❸　Paul R. Lawrence and Jay W. Lorsch, *Studies in Organization
Design* (Homewood, Ill.,: Irwin and Dorsey Press, 1970).

　❹　Norbert Wiener, *The Human Use of Human Beings* (Garden City,
N. Y.: Doubleday & Company, Inc, 1954).

　❹　Contingency Theory 譯因應理論，或有理論，權變理論，或情境理論。

的觀念，將各種組織與管理理論的特點，予以聚合，而拋棄傳統理論過份強調規範性，或行為科學理論過份強調描述性以追求最佳方法或原則的論點，主張並無放之四海而皆準的管理原則，而是以審度組織的內外環境，因人、因事、因時、因地制宜，適人、適事、適時、適地的調整修正組織結構或管理方式，才能有效的應用，此觀念現已影響到其他的論題，諸如領導、決策、督導、激勵與溝通等管理行為上。

近半世紀來，有系統性的管理思想層出不窮，而影響政府機構及企業的組織、經營或行政活動亦相當遠大，其演進與發展，可以圖 5-3 表示之。

圖 5-3 管理思想演進史

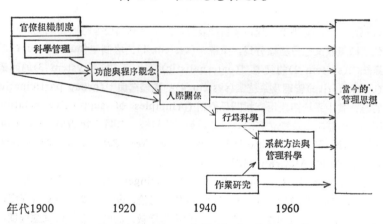

資料來源：Max D. Richards and Paul S. Greenlaw, *Management*：*Decisions and Behavior* (Homewood, Ill.; Richard D. Irwin, Inc., 1972), Revised ed., p. 23.

第三節 個人價值觀念

一、個人價值觀念的特性

個人的價值觀念，或以較哲學的語氣稱之——個人價值系統（personal value system），乃是影響一個人行為特性的一種較永久性的思想架構。一般人常以「處世態度」乙詞，來表示個人價值觀念或價值系統，事實上，價值觀念所表現，乃是較為穩定與永久性的行為特性，並且也較處世態度更為普遍性，沒有如同態度一般僅限圍在特定的目標上，而通常說「態度」則均指定對某特定人或事物的看法或發現，因此，態度也可說是價值觀念的一種表現。

在前節的敍述中，本文曾談到企業主或高級主管的個人價值觀念或價值系統，對管理哲學的建立，有相當深遠的影響，事實上，個人價值系統即是構成管理哲學的內涵要素之一，因此，有人說，要瞭解企業組織的特性或個性，就從企業主或高級主管的思想系統或中心哲學——亦即其個人價值觀念着手，主要的理由，乃是由於價值觀念具有下列特性[42]：

1. 個人價值觀念，影響企業主或經理人對環境的認知及對問題的看法。

2. 個人價值觀念，影響企業主或經理人對問題解決的態度及決策方式。

3. 個人價值觀念，影響企業主或經理人對其他人或團體的看法，進而影響人際關係的建立。

---

[42]　參閱 George W. England, "Personal Value Systems of American Managers", *Academy of Management Journal* (March 1967), pp. 53-68; E. P. Learned, A. R. Dooley and R. L. Katz, "Personal Value and Business Decision", *Harvard Business Review* (March-April, 1959), pp. 110-120 及 W. D. Guth and R. Taguiri, "Personal Values and Corporate Strategies", *Harvard Business Review* (Sept-Oct, 1965), pp. 123-132.

4. 個人價值觀念，影響企業主或經理人的行為，使其在決策時受到倫理性的約束。

5. 個人價值觀念，影響經理人及組織成員對組織目標及團體紀律的抗拒或接受。

6. 個人價值觀念，影響個人對組織的認知，並激勵其達成組織目標。

依據上述特性說明的瞭解，個人價值觀念影響企業主及經理人的行為，特別是對企業策略的選擇或解決問題的決策，換言之，對企業政策及目標的研訂，有關鍵性的影響。此外，依據近年來許多實證研究的報告證明，個人價值觀念尚有下列性質[43]：

1. 個人價值觀念雖然複雜，所關連的因素亦多，然而仍可以科學方法測度及分析之，亦即行為研究。

2. 一般人的價值觀念雖然大略相同，然而彼此間仍有差異。

3. 個人價值觀念不僅影響企業目標的設定與策略的選擇，亦影響到日常的例行決策。

4. 個人價值觀念與組織意識間，相互影響着。

5. 個人與個人，及個人與團體間的衝突，可從價值觀念的差異上解釋，因此，如何促進經理人或組織成員價值觀念的相近，對企業甚為重要。

6. 企業主或經理人必須認識個人價值觀念的重要性，並且瞭解組織成員履行各種不同的功能，因此，如何促使組織成員瞭解其意願或中心思想，或加強相互瞭解及意見交流，對經營管理均

---

[43] 同註[42]，並參閱 W. F. Bernthal, "Value Perspectives in Management", *Academy of Management Journal* (1962), Vol. V, No. 3, pp. 190–196.

有極大的助益。

二、個人價值觀念的內容

依據上述，舉凡影響企業主或經理人對目標選擇、環境認知、問題態度、決策方式、及對其他人或團體的看法等行為歷程的思想架構之要素，皆是價值觀念的內容，則其內容眞是不勝枚舉，無法一一陳述。一般有關企業管理哲學之個人價值觀念的內容，皆從下列角度說明：

(一)依理論模式分類：心理學家們為便利解釋價值系統的異別，常依理論角度對行為歷程的思想架構有所剖析，因此，將價值系統區分為作業價值(operating value)及立意價值 (intended value)。前者係指企業主或經理人對解決問題產生交替方案、分析、判斷乃至於決策的中心思想，此作業價值對行為的影響是直接的，而且，較為主動與強烈，一般而言，企業主或經理人所建立的組織目標及個人目標，都是屬於此一價值類型，其成效較為顯著。後者係指企業主或經理人對環境或任何消息的反應、選擇、研討及解釋等認知歷程的思想架構，立意價值僅限於觀念的建立，對行為的影響是間接，而且較為溫和，一般企業主或經理人對人或事物的看法，是屬於此一類型，成效雖不顯著但影響亦頗為深遠。此二價值系統的支配，加上環境的影響及限制，即形成經理人的經營管理行為❹。

(二)依測度基準分類：英格蘭 (George W. England) 教授於一九六六年為實證研究美國經理人的價值觀念內容，將價值系統按測度基準區分成下列五類，並例舉其主要的因素：❺

---

❹ Charles Summer, Jr., "The Managerial Mind", *Harvard Business Review* (Jan.–Mar. 1959), Vol. 37, pp. 69–78.

❺ George W. England, *op. cit.*, 在此價值系統分類表中，僅例舉供實證研究之要素，而非指系統的全部內容。

1. 企業組織目標 (Goal of business organization)：包括

   (1) 較高的生產力。

   (2) 產業的領導地位。

   (3) 員工福利。

   (4) 組織穩定性。

   (5) 利潤極大化。

   (6) 組織效率。

   (7) 社會福利及責任。

   (8) 組織成長。

2. 個人目標 (Personal goals of individual)：包括

   (1) 尊嚴；(2) 成就；(3) 工作滿意；(4) 影響力；(5) 錢財；
   (6) 安全感；(7) 權力；(8) 創造力；(9) 成功；(10)聲譽；
   (11)自主；(12)個人的個性；(13)閒暇。

3. 團體成員 (Group of people)：包括

   (1) 公司；(2) 員工；(3) 上司；(4) 部屬；(5) 技術員；
   (6) 勞工；(7) 企業主；(8) 股東；(9) 工會；(10)政府；
   (11)同僚；(12)自我。

4. 與人相處的意念 (Ideas associated with people)：包括

   (1) 進取心；(2) 才能；(3) 服從感；(4) 信任感；(5) 忠誠
   性；(6) 主觀性；(7) 技能；(8) 合作；(9) 容忍；(10)同情
   心；(11)一致性；(12)榮譽感；(13)侵犯性。

5. 對一般事物的意念 (Ideas about general topics)：包括

   (1) 權威性；(2) 謹慎；(3) 變化；(4) 競爭；(5) 妥協；
   (6) 衝突；(7) 保守；(8) 激動；(9) 平衡；(10)強迫；(11)
   開放；(12)財產；(13)理性；(14)宗教信仰；(15)風險。

　　企業經理人或高級主管的個人價值觀念常隨着時代的變遷，其內容亦有所改變。 依據研究報告的說明，一九二〇年代， 普斯羅 (James Prothro) 教授發現當時的個人價值觀念係以穩定社會， 發揮個人才能，促進經濟發展及領導企業為內容❻； 一九四〇年代， 賽頓 (Francis X. Sutton) 教授的發現， 則以服務精神， 成就感， 企業革新及市場地位為主❼； 一九六〇年代， 馬斯洛(A. H. Maslow)教授的「需要層次理論」(The hierarchy of needs) 及赫玆伯 (Frederick Herzberg) 教授的「兩因素理論」(The Duality Theory) 最足以代表當時企業對個人價值觀念的內容， 亦與英格蘭教授所列舉的基準相互輝映， 上述價值觀念內容的變化， 說明了一項事實， 個人價值觀念， 乃至於企業管理哲學均有其時代性， 企業主或經理人的中心思想不斷從環境裏接受衝擊， 亦不斷地影響環境， 對歐美企業的經理人而言， 其作業價值觀念要強烈過於其立意價值觀念。

第四節　臺灣企業的管理哲學

　　我國自民國四十二年在臺灣地區實施經濟計劃以來,近三十餘年間,經濟發展有顯著的成效， 國民所得增加， 而國民教育的普及和知識水準的提高， 對社會有相當的衝擊， 最明顯的事實是家庭結構的改變， 與農業社會生活方式的逐漸消失， 雖然， 在這段期間中， 國際政治形勢及經濟環境亦有重大變動（如退出聯合國、中美斷交、世界經濟蕭條、能源

---

❻　參閱 James Prothro, *The Dollar Decade* (Baton Rouge: Louisiana State University Press, 1954).

❼　參閱 Francis X. Sutton, et al., *The American Business Creed* (Cambridge: Harvard University Press, 1956).

危機……等)，然而，我國社會仍循着工業化的發展方向，朝向現代化的目標邁進，臺灣的企業在面對着國內外各種政治、經濟與社會文化環境的劇烈變動下，其經營管理的哲學或思想，亦不斷地在演進發展。

回顧過去數十年來，臺灣企業經營管理哲學變動的軌跡，主要可依二個角度來探討，一是企業的經營哲學，另一是企業管理者的管理哲學。

一、臺灣企業的經營哲學

臺灣企業經營觀念的變動依其演進的過程，大致可劃分成下列三個階段[48]：

(1) 民國五十年前的生產導向階段。

(2) 民國五十年到民國六十年間的銷售導向階段。

(3) 民國六十年後迄今的行銷導向階段。

由於經營哲學的演變是漸進的，不同階段間，事實上是不可能截然劃分的。因此，上述的分界只是一般概略性的劃分。今天，仍有許多企業的經營哲學仍然停留在生產導向或銷售導向的階段，當然，也有些企業早在民國六十年以前已經採用行銷觀念。

(一)生產導向階段：在臺灣光復初期，百廢待舉；政府遷臺後，着手各項建設，因此民間和政府對各類產品的需求量很大。然而，在供給方面，因受資本短缺、技術落後、公共設施不足及國內資源貧乏的限制，大部份民生必須的非耐久性消費品，均端賴進口供應，以致國際收支有鉅額入超。在此情況下要建設經濟，惟有發展生產規模不大、需要資本不多、技術不高，而只要半熟練勞工即可的非耐久性消費品及簡單

<hr>

[48] 黃俊英，"臺灣企業的管理哲學——企業導向的過去、現在與未來"，「臺北市銀月刊」(臺北市銀行經濟研究室編印)，第八卷，第六期，第九頁至第十二頁。

的中間產品工業，以替代進口❹，供應國內需要，減少外滙消耗平衡國際收支，同時創造就業機會。因此，企業當局只要注意生產管理工作，重視新機器設備的運用，生產效率與產品品質的提高，擴大生產量等，使生產成本降低，減低售價，無須為產品的銷路擔心，在此一期間，一切以生產為主，可稱為「生產導向階段」。而企業亦以食品加工、紡織、成衣、皮革加工、塑膠製品、橡膠製品、紙製品、水泥、玻璃及家用簡單電器產品等工業的成長，最為迅速。

　　(二)銷售導向階段：當生產導向階段進口替代工業發展至民國四十九年時，非耐久性消費品及簡單中間產品的大量生產，使市場的需求逐漸達到飽和狀態。為維持企業的生存和持續成長，管理當局必須突破國內需求的增加，不得不重視銷售工作，利用各種推銷方法，積極地提高國內市場對其現有產品的需求，並開拓國外市場，由於，政府適時提供各種出口獎勵措施❺，對外貿易急劇增加，在經濟發展上是為「出口擴張」階段❺，對企業管理當局則為「銷售導向」階段。

　　在此階段中，企業最重視銷售工作，然而，並未依據顧客的需求角

---

❹　自民國三十八年至四十一年間，政府集中力量從事農工生產設施的復舊，自四十二年起，開始執行第一期四年經建計劃，決定以電力、肥料、紡織為發展重點，電力為一切工業發展基礎，紡織為民生必需，肥料為農產必需，當時紡織、肥料皆大量進口，發展紡織、肥料及簡單加工商品，可代替進口，惟因基礎工業未立，只算是中間產品工業。

❺　自民國四十七年四月起，政府實施外滙貿易改革措施，其內容主要有：①滙率的簡化，採行單一滙率，②放寬進口限制，改由貿易商自由隨時申請，③加強鼓勵輸出辦法，簡化出口退稅手續，修正「輸入原料加工外銷輔導」辦法，採行出口減免稅、豁免出口港工捐及印花稅等。

❺　此階段固以擴張非耐久性消費品及簡單中間商品外銷為主，另一層面，亦在促進生產設備、耐久性消費品等產品之引申需要，使需求提高至足以發展上述產品的經濟規模，以建立生產設備、耐久性消費品之工業，故又稱第二階段的進口替代。參閱葉萬安撰「臺灣經濟發展階段性的回顧」。

度來擬定市場拓展的策略，因此，企業對市場的經營與管理，常顯得雜亂而浪費，而市場地位的維持，常因顧客消費習性未能掌握，呈現吃力與不定的現象，使企業瞭解一項事實，如果未能重現市場的需要，則產品的品質優良或價格低廉，亦無法確定獲得消費者的喜好，因此，必須先研究市場特性，瞭解消費偏好與購買習性，並據以制訂市場拓展的策略，才能確保市場，擴大銷路，基於此種認識，企業的經營哲學乃從銷售導向而進入行銷導向的階段。

(三)行銷導向階段：民國五十年以前，行銷觀念已被介紹到臺灣，民國五十一年，政府指定國立政治大學與美國密西根大學合作，設立公共行政與企業管理教育中心後，現代化的行銷觀念方有系統地傳播，然而，這一新觀念被企業界普遍接受，則是民國六十年以後的事。

在行銷導向的經營管理哲學下，臺灣的有些企業逐漸重視市場研究和分析，瞭解消費者的需求和慾望，並按照市場的某些特性，將「市場區隔化」(market segmentation) 成比較同性質的小市場，然後依據企業本身的條件，考慮競爭情形，選擇目標市場，並針對目標市場的特定需要，擬定最有效的行銷策略，進行行銷活動的有效配合與運用，而獲得成功，其實例不勝枚舉[52]。

然而，亦有些廠商因對市場分析不夠深入，甚至忽略市場研究，以致選錯目標市場，制訂不當的行銷策略，而導致失敗；此外，現代行銷制度下的一些弊病，如不實及誇張的廣告到處泛濫，不良產品充斥市場亦在臺灣出現，然而，臺灣的企業迄今並未遭遇到所謂「消費者主義」(consumerism) 的抨擊[53]，民國六十二年，臺北成立「臺北市國民消費協

---

[52] 參閱洪良浩，「產與銷：臺灣行銷實例」(臺北市：哈佛企業管理顧問公司)，民國六十三年。

[53] 消費者主義係為社會消費者及政府擴大消費者權力以保障權益的組織性

會」，限於人力和財力，未能發揮有效力量來保護消費者利益。因此，由於消費者大衆尚未普遍覺醒，政府有關法規亦尚未齊全與完備，目前臺灣企業並未遭遇到強大的社會責任壓力，然而，社會開放性演進的必然趨勢，企業的經營管理者宜高瞻遠矚，未雨綢繆，肩負起對社會的責任。

二、臺灣企業管理者之管理哲學

(一)社會及個人背景：要瞭解目前臺灣企業主管的處世哲學或人生觀，必須先分析其社會及個人背景，而「克紹箕裘」可以概括地說明當前的實際狀況。

在臺灣經濟發展過程中，民營企業所扮演的角色甚爲重要，遠在日據時代，日本人經營臺灣，民營企業卽已積極參與，且有良好表現，如日月潭發電廠卽爲官民合營的「臺灣電力株式會社」所有，只是，由於日本人殖民地經濟政策的實施，稍具現代化規模的企業，其資金、人才及技術均來自日本，並由日人經營，臺灣民營企業之發展僅限囿於農產加工業，故傑出的企業經營者不多，從事工商管理的專業人才亦少。政府遷臺後，爲推展土地改革政策，乃將握有的茶葉、鳳梨、造紙及水泥等四大日產企業股權，作爲徵收地主土地所需補償之財源，使部份地主轉農爲工商經營，擴大民營企業之規模，且由於家世影響，促成其子弟繼承家業或參與經營，形成當前臺灣企業經營管理者其個人背景，有一

(續㊿)　運動，包括不買，期望安全產品，獲得確實品質之產品，了解產品有關資料、制裁劣品及提高生活品質等權利，源起於1900年代初期美國，其後1920年代中期及1960年代初期均有該運動之興起，因而制定許多保護消費者之法律，參閱 Philip Kotler, "What Consumerism Means for Marketer", *Harvard Business Review*, (May–June, 1972), pp. 48–57.

牛以上來自上述家庭❺。近年來，歐美先進技術之引進，亦促成部份專家學者及青年創業成功，或積極參與工商業之經營，雖然在規模上所佔地位仍小，惟對產業的影響力則日漸增大。

其次，就當前臺灣企業主管所受正規教育水準而言，上一代企業經營管理者多半偏低，只憑藉在社會日常工作中吸取經驗，觀察他人行徑及自修方式，奮鬥成功；然而，對其下一代的栽培，則不遺餘力，使目前企業的第二代接棒人均具有專科以上程度。此外，近三十年來，臺灣教育發展迅速，亦提高企業各階層幹部的教育水準，對於逐漸進入世界經濟系統的臺灣企業而言，朝向全球性及多角化經營所不可或缺的外語能力及較廣的知識，乃是今後企業經營管理者所必須具備的條件。

綜言之，自臺灣光復迄今，民營企業經營管理者的個人背景，二代之間有着顯著的差別，上一代多半刻苦創業，慘澹經營，其奮鬥成功之經過，深值得年青一代的借鏡與自勉。而今後，由於科技發展的日新月異，經營環境的複雜及動態，企業如何固本保元，並思謀突破進展，對年青一代臺灣企業的主管亦是一項嚴重的挑戰！

(二)處世態度：臺灣企業的主管在處世態度上，主要可就經營觀念與人生目標兩方面來探討，依據陳定國博士於民國六十年所進行的動機研究，以決策的參考基礎或前提 (decision premises)，對經營管理科學性的看法 (the scientific nature of management)，重視經驗或瞻望將來 (past experience or future expedience)，保持穩定或求變 (keeping stability or change)，行動快緩的偏好，對資源使用看法 (uese of

---

❺　根據陳定國博士於民國六十年所進行調查發現，約有58％的臺灣企業主管其上一代職業爲工商業，26％爲農人，8％爲學者，7％爲政府或公務員，1％爲軍人，參閱陳定國，「臺灣區巨型企業經營管理之比較研究」(臺北市：經濟部金屬工業研究所)，中華民國六十一年六月三十日，第三八頁。

resources)，及對產銷地位的認定 (position of production and marketing) 等七項因素來衡量經營管理之態度；並以領導力 (leadership)、財富 (wealth)、獨立性(independence)、成效(effectiveness)、自我實現(self-realization)、專家地位(expert)、服務 (service)、穩定性 (security)、責任感(responsibility)及物質享受(material enjoyment) 等十個目標來衡量人生目標。調查發現下列事實🟤：

1. 就經營態度而言。

(1) 有一半以上的企業主管對於解決問題或發展方案，認爲其決策宜按系統化及合理步驟🟤，並儘可能依客觀數據所顯示的特性爲前提，此現代化的決策觀念，對企業冀求生存與發展，有莫大助益。

　　然而，可能尚有一半的主管未能接受此一觀念，其決策仍依據主觀的個人價值判斷，或保守的決策方式，使企業經營管理的風險未能顯著降低。

(2) 絕對多數的企業主管對於經營管理均已有科學性的看法，亦即接受經營管理應按有計劃、有組織、有領導及有控制的原則進行，方能發揮成效，此看法促進近年來的管理教育，呈現蓬勃發展，亦提高企業幹部能力，對今後我國經濟發展，至爲重要。

　　然而，仍有少部份主管懷有保守的看法，認爲企業的經營成功與否，端賴企業主的個性與能力，抑制了幹部的心智成熟，並限囿其能力之發展。

🟤　前揭書，第四一頁至第五〇頁。

🟤　科學性決策係按下列步驟：①識別問題特性；②研擬可行方案；③詳列各方案內外的限制因素；④建立可用的研究模式；⑤評估利弊或可行性分析；⑥選擇最佳方案；⑦執行；⑧回饋。

(3) 有一半以上的企業主管，已瞭解到企業的機會稍縱卽逝，必須及時掌握；在面臨變動時，亦須當機立斷，爭取主動。此一觀念在目前企業環境甚爲動態及複雜狀況中，可採以動制動，以變應變，適宜因應環境變化的需要，才不會處處吃虧，或畏縮不前並落人後。

　　然而，亦有一半以上的企業主管，爲了減少作業上的風險，在經營管理活動上偏愛保持穩定及少變化的作風；卽在面臨變更之前，多觀察或保持穩定局面，期以「不變」來應「萬變」。

　　此外，絕大部份的企業主管在着手進行決策時，常依循過去的經驗教訓作爲標準，少有冒險進取，相信系統分析或商情預測來作爲決策標準的。

　　上述矛盾的現象，正是當前臺灣企業主管的心理寫照，在身受科學化管理教育訓練後，又處於經濟變革的過渡階段中，他們了解管理現代化的重要性，然而，在作法上仍背負着傳統的行爲準則，此一現象在環境變化緩慢的時代，尚可應付，但在競爭劇烈與環境變化的時代，卽感覺心窮力拙了！

(4) 有一半以上的企業主管對於企業資源的使用，仍重視廠房、土地、機器及設備等實物資產的獲取，並極力珍惜；然而，對於加速折舊更新設備以提高品質水準和生產效率，或引進技術創新以求突破發展觀念的接受，仍維持着相當保守的程度。

　　上述現象，主要牽涉到下列因素： (1) 傳統理財觀念的影響； (2) 農業社會守舊，看法的相左； (3) 做法上的保守； (4) 對開放性態度的疑竇，與 (5) 臺灣企業環境尚未健全與成熟，如何破除上述阻礙經濟進步的因素，則有待政府與企業雙方配合改進之。

(5) 有一牛以上的企業主管已逐漸體認到，在生產技術普遍化及競爭劇烈的時代裏，了解買者市場 (Buyer's market) 特性及行銷活動觀念的重要性。尤其，今後社會有關法規逐漸齊全與完備，消費者大衆的普遍覺醒，對企業產銷地位將產生極大的衝擊與挑戰！

　　2. 就人生目標而言：臺灣企業主管的人生目標，依調查發現，其重要次序如下所示：

(1) 事業的成效性。

(2) 實現自我願望。

(3) 服務大衆。

(4) 事業的領導力。

(5) 事業的獨立性。

(6) 專家地位。

(7) 獲取財富。

(8) 責任感。

(9) 事業的穩定性。

(10) 求取物質享受。

　　上述人生目標的排列，顯示我國企業主管的個人價值觀念，其立意價值與作業價值呈勻稱狀態，然而，隨着工業化的演進，作業價值將逐漸增強，企業主管對成效性與自我實現的重視，卽是明顯的說明。

　　一般而言，我國企業管理思想的形成，不若歐美，有着顯著地時代性區分，而其發展的步驟亦無明確的理論特性或決策架構，只能從散見於歷代或當前所沿循流傳的行爲準則上去拾遺，或吸收揣摩各派學說的內涵，此一現象足以反映我國傳統的道德觀念及儒家中庸思想，仍深植人心，並影響我國企業的經營管理方式，以較保守或較不科學的行爲模

式，處於較動態或複雜化的時代裏，就顯得缺乏效率與效果。只是，民族勤奮克儉的特性，亦使我們的企業發揮許多潛能，展現較大靭性，克服了企業所面臨環境的許多障礙與限制，這是值得年青一輩企業主管所應深思熟慮，再三揣摩的！

對於今後由觀念或管理哲學確定企業政策，企業主管必須先要袪除一些一廂情願的想法，減少個人常識性的判斷，健全對成本收益、效率、社會成本及長期利益的看法，以釐訂最佳的企業政策。

第六章　企業的策略

　　企業在確立政策方針並設定目標後，必須盱衡環境的變化，掌握問題的特性，適宜地調派管理資源，並安排有關的活動及時間進度等，創造與運用有利的狀況，俾能爭取達成企業目標的態勢，獲得最大的成效。

　　本來，管理卽是運用科學原則與方法，有效地利用人力、財力、機具、技術及士氣等管理資源要素，並經策劃、組織、協調、指導與控制等活動，以最小的投入獲得較大的產出，而達到企業預定的目標。然而，為爭取有利的狀況並創造有利的態勢，企業經營管理者基於正確的管理思想與訓練，適應環境需要，可能轉化實際知識而使用一切工具，運用各種方法，研擬出各種可行的策略 (strategies)，並從事最合理的決策 (decision-making)，以達成企業設定的目標，兵法所謂：「上兵伐謀，其次伐兵，其下攻城」，能不戰而屈人之兵，是策略的高度發揮，策劃為文，行動為式，在商場如戰場的情況下，企業的經營管理者如何使其思維能有最佳的表現，則是管理藝術的昇華！

第一節　企業策略的意義與特性

一、策略的意義

　　所謂「策略」，乃在特定環境中，企業為達成其組織目標，依據整體策劃過程，所擬定可能採行的一連串行動方案。策略一如策劃活動的一般結果，亦是策劃及指導企業的經營管理，而將策略付諸於行動時，乃在引導企業的機能與作業，以達成或實現企業的組織目標。為爭取或達成企業組織目標，俾能獲取最大的功效，企業策略必需適宜地糾合與運用可用的管理資源，以創造或促成有利的企業環境，因此可能使用一切工具或設法去實際應用，故策略亦是「科學」，並超過了科學，而為實際知識轉化的「行動藝術」❶。

　　起初，一般人將「政策」與「策略」有着顯著迥異的看法，認為政策係指政府機構所決定的措施，故政府決定政策；而策略係指企業組織所採行的措施，代表資源的調配方式，故企業決定策略❷。然而，近年來由於企業積極參與政治、經濟及社會事務，並配合國家各種公共行政政策的執行，因此「企業政策」乙詞較「企業策略」乙詞更為企業界所共同認用。事實上，政策與策略均是企業整體策劃系統的一環，反映出

---

　　❶　有關策略的定義，參閱 J. Thomas Cannon, *Business Strategy and Policy* (New York: Harcourt, Brace & World, 1968), chap. 1; Edmund P. Learned, ed al., *Business Policy: Text and Cases* (Homewood, Ill.: Irwin, 1968), chap. 1 and pp. 175–176; H. Igor Ansoff, *Corporate Strategy* (New York: McGraw-Hill, 1965), pp. 103–122; Alfred D. Chandler, Jr., *Strategy and Structure* (Cambridge: MIT, 1962), p. 13 等。

　　❷　參閱 Henry Mintzberg, "Strategy-making in Three Modes", *California Management Review* (Winter 1973), Vol. XVI, No. 2, p. 44.

企業經營管理者的「意向」與「動向」，惟政策依據先存的利益與選定的目標，確立經營管理的思想指導原則或方針，在此原則或方針指引下，對未來行動設定行為範疇，乃制定執行的策略或行動方案，則政策與策略雖均為經營管理人員所遵循以達成組織目標及決策範圍的行動準則，惟策略依據政策的確立而訂定其範疇，故在大同中有小異，就程序、功能及範圍上而言，政策與策略確有差別。

此外，策略性計劃(strategic plan) 與策略亦不可混淆，前者係指企業就經營特性，評估環境、機會及風險後，所確立的經營的目標及政策而言[3]，策略性策劃結果是政策的主要內容，與以指導經營活動為主的策略方案，在本質上即大相逕庭。而且，策略性計劃係對企業未來經營方向提供較長期性的思想引導；策略則重視目前或短期未來企業經營管理活動的執行方式與步驟，為因應環境變化並掌握時機，策略常有一連串方案提供選擇，因此，在作法與功能上，策略性策劃與策略截然不同。

俗云:「商場如戰場」，就概念作法而言，企業策略與軍事戰略的原則是一樣的[4]，二者可相互運用，在企業的經營管理中，分配產品及勞務的路徑即是企業的「補給線」，要注意它的安全並爭取它的優勢，戰略上補給線垂直對我有利，若是平行易於暴露則為不利，亦即企業的分配路徑太多太長則耗費人力、物力及財力，倘分配路徑過少過短，則業務發展易受限制。企業對於市場的行銷，除重視市場的特性、趨勢與動

[3] H. N. Broom, *Business Policy and Strategic Action* (New Jersey: Prentice-Hall, Inc, 1969) pp. 44–46.

[4] 參閱 Henry Eccles, *Military Concepts and Philosophy* (New Jersey: Rutgers, 1965) 及 B. H. Lindell Hart, *Strategy* (New York: Praeger, 1954) 等書。

向外，並應注意政治情況、經濟發展與社會變遷對產品分配的影響，亦即注意經營管理的「側翼」因素與現象。企業所經營的產品與分配路徑，倘具有質或量的優勢時，戰略上卽處於「內線地位」，則在作法上卽可利用「內線利益」以期「中央突破」，乘市場上的競爭者未佔優勢之際，而予以擊敗，以穩住市場；倘產品的生命週期已屆成熟階段，或分配遭遇劇烈的競爭時，則企業的經營管理必須努力轉變內線爲外線，戰略上的「外線作戰」卽是使用包圍形式，其一是先予佈置，其二是各路同時併進，分進合擊，迅速集中，其三要有優勢的兵力，而企業運用上述概念，卽協調有關的機能部門分工合作，配合以達成目標，除加強產品的品質及市場的分配路徑外，務求突破競爭的壓力，並進行各種促銷活動 (promotional activities)，建立商譽，「以迂爲直」俾爭取外線的有利地位。上述敍述，說明策略與戰略的關係，戰略對於軍事指揮官如同策略對於企業高級主管，今日許多將領在學習企業的管理技術 (management technique)，但很少的企業經營管理者學習軍事戰略，則是企業管理學界當前必須注意與研究的課題❺！

二、策略的特性

企業的整體策略旣是旰衡環境變化，掌握問題特性後，爲創造與運用有利狀況,俾爭取達成企業目標的態勢所產生的行動方案。在策劃上，卽可能以企業各種機能的形態出現，如行銷策略、財務策略、生產策略、行政策略及人事策略等等，而其採行的時機亦必須是下列各種現象出現之際：

(1) 有利行銷機會：產品開發、訂價優勢、銷售潛力及銷售促進的

---

❺ 雷穎，"戰略與管理"，「企業經理月刊」（民國六十三年十月十五日）第七十三期，第三頁。

有利地位。

(2) 可用的分配路徑及較經濟的分配方法。

(3) 企業經營的規模經濟。

(4) 較進步的生產程序。

(5) 有效的研究與創新成果。

(6) 良好的組織設計。

(7) 可爭取的財務資源。

(8) 企業成長面臨革新階段。

(9) 新的管理技術出現。

(10)經濟情況與商業循環有新的發展。

上述情況的發生，使企業得以計利乘勢採行適當策略，執行企業政策內容以達成目標。惟為創造有效的企業策略，企業的經營管理者乃需具備經濟理論、管理原則及行政實務，並熟練會計、統計及財務作業，且瞭解商業循環、政府規章、競爭情況及國際事務等；為掌握上述有利狀況，企業經營管理者在作法上，可能採取攻勢或守勢策略，並在盱衡競爭者的策略及作法後，修正企業本身的策略。倘若上述情況未能如意料發生，則企業亦可能採取主要策略及輔助策略的配合，使某些經營管理的問題，暫時不予解決並承受競爭壓力，俟環境轉變有利後，再行處理。因此，在概念與作法上，策略具有下列特性：

(1) 策略是依據企業利益、目標及政策所研擬出的活動方案。

(2) 策略是引導企業經營管理的行為範疇。

(3) 策略是達成企業目標的手段。

(4) 策略是依據企業的意向，創造有利的競爭環境。

(5) 策略是動態性，不斷地制定、轉變或捨棄，以爭取時效。

(6) 策略可能是預先策劃，亦可能當機立斷，即時發展。

(7) 策略不僅應付目前的競爭環境，並爲開創未來發展而部署。

(8) 策略是盱衡整體環境中各項因素後，所研擬出的可行途徑。

(9) 策略爲達成企業目標，其作法常因應環境有所不同。

(10)策略超越了科學，是實際知識的轉化。

(11)策略是企業經營管理者在適應環境變化下思想訓練所表現的成果。

(12)策略是企業在面臨有利或困難情況下的行動藝術。

(13)策略是研擬作業方式的標準。

(14)策略提供決策的基礎。

第二節　企業策略的策劃

一、策略的策劃模式

企業策略既然是實際知識的轉化，卽可依據理論架構或模式推演或研擬之。目前，較爲一般所接受的策略策劃模式，主要有「企業主式」(entrepreneurial mode)、「策劃者式」(planner mode)、「適應式」(adaptive mode)及「整合式」(integrative mode)等四種，部份研究企業策略的學者，並將「企業主式」與「策劃者式」，及「適應式」與「整合式」歸類，而區分爲二種類型❻。茲分述各種策略模式的特性如下：

(一)企業主式策略：此一形態策略的策劃可稱爲「企業主導向」(entrepreneur-oriented)，又因企業可能由高級主管負責經營管理，又稱爲「經理人導向」(manager-oriented)。企業主草創企業時，胝手胼足地

---

❻　Henry Mintzberg, "The Science of Strategy Making", *Industrial Management Review* (1967), Vol. VIII, pp. 71-81.

糾合有限的資源，克服環境的限囿並掌握時機，使企業得於生存下去，故企業多半由企業主本身集權領導，對於經營管理的策略，以尋求較新或有利的經營機會爲主，對管理問題較不重視；而策略的策劃，主要依據企業主的知識與經驗累積，憑個人的心智或意向，當機立斷，常有創新的策略發生，而其內容亦有顯著的變異，惟策劃的過程並未按照科學原則或方法，亦無程序可言，故未能集思廣益或深入剖析，策略的內容就顯得簡陋，而決策亦顯現草率❼。

(二) 策劃者式策略：　此一形態策略的策劃可稱 爲「策 劃 導 向」(planning-oriented)，　策略的研擬是由企業主身旁的策劃幕僚 或分析員負責，他們基於瞭解企業的社會經濟目的、企業主或高級主管的價值觀念，並評估企業內外環境機會與企業優劣點等前提，以系統分析的概念，應用管理科學或策略分析技術，如成本效益分析、策劃預算 (PPBS) 及市場研究等方法，整合各種經營管理上的問題及其影響的因素，策劃出企業可行的途徑與方案，提供企業主或高級主管決策。此策略的策劃，主要依據知識的基礎與系統的概念，策略策劃的過程亦較爲審愼並合乎邏輯，因此其內容相對地就較爲廣泛、深入與複雜，採行事先策劃爲主的企業策略，除需借重幕僚們的愼謀外，尙賴企業主或高級主管能斷，才能發揮成效❽。

---

❼　參閱 P. F. Drucker, "Entrepreneurship in the Business Enterprise", *Journal of Business Policy* (Jan. 1970), p. 10; O. Collins and D. G. Moore, *The Organization Makers* (New York: Appleton, Century, Crofts, 1970), p. 45.; S. Klaw, "The Entrepreneurial Ego", *Fortune* (August 1956), p. 143 及 Henry Mintzberg, *op. cit.*, pp. 44–46.

❽　參閱 R. L. Ackoff, *A Concept of Corporate Planning* (New York: Wiley Interscience, 1970), pp. 2–5; G. A. Steiner, *Top Management Planning* (New York: Macmillan, 1969) p. 20; R. N. Anthony, *Planning*

(三)適應式策略：此一形態策略的策劃，可以「浪漫」或「不按牌理發牌」等字眼來形容，以「適應」或「因應」的字眼形容，則是較為嚴肅的說明❾。在研擬適應式策略前，企業並無明確的經營管理目標，高級主管獲取決策權力後，在其職權授限範圍內，可因應內外環境變化與實際需要，對現有的問題或未來的機會，因應制宜。與企業主式策略相同，適應式策略亦有許多創新的內容，只是由於企業環境的複雜性與動態性，一般高級主管均有所顧忌，而不敢輕舉妄動，並且重視回饋(feedback)的資訊，逐步地與循序地調整其策略內容，然而，有時前後的策略間並無銜連承接的因果關係。適應式策略的研擬及策略內容的充實，端視企業高級主管的學識、經驗及能力而定，故其成效對企業主管而言，乃是一項嚴重的挑戰❿。

(四)整合式策略：在實際作業中，很少組織僅用上述任何單一策略即可達成目標。面臨內外環境的錯綜複雜與競爭者策略的虛實莫測，企業的高級主管不僅需考慮組織的生存，並需策劃組織的發展，則在策略

(續❽) *and Control System*: *A Framework for Analysis* (Boston: School of Business, Harvard University, 1965), pp. 46–47 及 Henry Mintzberg *op. cit.*, pp. 47–48.

❾ 參閱 C. E. Lindblom, "The Science of Muddling Through", *Public Administration Review* (1959), No. 19, pp. 79–88 乙文中稱此策略為 "Muddling Through" 或 "Disjointed" incrementalism, 意指漫無標準，相同名詞見 C. E. Lindblom and David Braybrooke, *A Strategy of Decision* (New York: Free Press, 1963)；C. E. Lindblom, *The Intelligency of Democracy* (New York: Free Press, 1965)；C. E. Lindblom, *The Policy-Making Process* (N. J.: Prentice-Hall, 1968) 等文獻中。

❿ C. E. Lindblom, *Ibid.*, (1968), p. 25 及 R. M. Cyert and J. G. March, *A Behavioral Theory of the Firm* (Englewood Cliffs, N. J.: Prentice-Hall, 1963), p. 118.

的研擬與使用上，就可能將上述策略依其特性或功能整合，視情況需要而交互配合或前後使用，以發揮所謂「協力效果」(synergy)，此經整合或混合使用的策略形態，即是整合式策略。

二、策略模式的決定

　　企業如何選擇適當的策略策劃模式呢？主要需先考慮企業組織的特性，如組織規模、發展階段及領導方式；與環境的特性，如競爭程度，銷售穩定性及市場發展等因素而決定，所謂「計出萬全」即是這個道理！

　　一般而言，企業主式策略多半於企業草創之際，組織規模較小，業務單純，環境穩定，且企業主能控制整個組織時，較易採行；當環境轉變成較複雜與動態性，組織逐漸擴大，業務必須專業分工，企業目標必須合作協調才能達成，此時需要各單位主管集思廣益，才能應付外界的挑戰，在決策上仍以機動彈性為原則，則因應式策略最為適宜；當企業的規模擴大至制度齊備、部門齊全，有能力負擔正式分析作業，而且重視對環境的全面預測與評估，強調策劃功能以指導經營管理活動時，則企業多半採行策劃式策略，尤有進者，更採行整合式策略，以掌握或創造有利的企業環境，達成目標。有關策略間的特性差異及適用的時機，茲彙編如表 6-1 所示，以供參考。

　　策略模式的決定，是企業高級主管的重大決策之一，此乃由於企業值此瞬息萬變之際，處於內外壓力之中，必須應付得當，倘運用有方，則可折衝抗衡，逐得危而復安，或握機乘勢，縱橫商場，即所謂「決勝廟堂」之現象。反之，倘置若罔聞或坐失良機，雖巨富大業，有時亦不免於敗亡。因此，先總統　蔣公常說：「戰略（策略）的運用，乃為智慧機警和判斷力的領域。」即是此道理，故企業高級主管「身雖在千萬人之上，心必須在千萬人之下」，謹慎從事，使企業立於不敗之地。

表 6-1　策略策劃模式之特性及情況

特　　性	企業主式策略	因應式策略	策劃式策略
決策動機	創造	反應	創造與反應
組織目標	成長	合混不清	成長與效率
方案評估	決定	決定	分析
決策主體	企業主	洽商	管理單位
決策水平	長期	短期	長期
優先環境	未定	確定	風險
決策配合	個人意志	漫無標準	整合原則
模式彈性	彈性	因應性	限制性
轉化特性	大膽轉變	漸進轉變	總體發展
指導方式	一般問題	無	特定問題
使用條件	當機立斷	協調配合	管理決策
權力來源	企業主	分工	管理單位
目標層次	作業性	非作業性	作業性
組織環境	穩定性	複雜與動態	可預期性
組織規模	草創或集權	制度建立	大型

資料來源: Henry Mintzberg, "Strategy–Making in Three Modes", *California Management Review* (Winter 1973), **Vol. XVI**, No. 2, p. 49.

三、策略的策劃程序

　　一般人對策略策劃的印象是只要奇正分合相生，而且無所不用其極即可，其實，正式與正常的企業策略仍有其邏輯性的策劃程序，此科學性的原則，對企業主或高級主管亦是良好的思維訓練基礎。完整的策略策劃程序應包括下列步驟: (1)目標的選定 (formulation of goals)；(2)環境的分析 (analysis of the environment)；(3) 部門內個別策略的訂定 (the microprocess of strategy)；(4) 部門間策略的差距分析 (gap analysis)；(5) 整體策略的研擬 (strategic search)；(6) 策略組羣的選擇 (selecting

the portfolio of strategic alternatives)；(7) 策略方案的執行 (imple-
mentation of the strategic program)；(8) 衡量、控制與回饋❶。茲分
述如下：

(一)目標選定：企業目標乃是指引組織行動及決策的方針，並促進
組織活動的內驅力與規整活動的標準，且爲組織所欲達成的最終成效，
故目標的選定係爲一切作爲的基始。

(二)環境分析：企業與環境均爲社會系統內的單元，彼此互涉且相
互影響，故必須瞭解環境的特性及變遷的情況，適時掌握並創造有利於
企業經營與管理的條件，即兵法所謂「知己知彼」。

(三)部門策略的研擬：企業組織內，各部門對環境的應變條件不同，
而且所欲達成目標的策略內容或方式亦有差異，是故，良好的整體策略
宜由基層開始研擬，較易接近實際需要，而且由於各部研擬過程中，蒐
集許多直接資料，更提供高級主管能全面瞭解環境變遷及敵我態勢。

(四)部門策略間之差距分析：各部門所研擬出的次級策略或作業策
略，無論在性質、功能、時間及作法上，均有不同。則企業的高級主管
應就整體利益與整體活動的前提，整合各部門間的策略差距，務使各部
門的步調一致，避免內部錯亂扭曲，才能克敵制勝。

(五)整體策略的研擬：企業的整體策略必須是基於企業全面性(cor-
porate level) 的考慮，特別是有關組織目標的執行、控制與修正，資源

---

❶　參閱 Kalman J. Cohen and Richard M. Cyert, "Strategy: For-
mulation, Implementation, and Monitoring", *The Journal of Business*
(1972), pp. 349–365。又總統　蔣公在中華民國五十八年十一月二十八及至十
二月二十日，演講「革命幹部的工作方法——科學的精神與方法以及對情報的
觀念與責任感之重要性」乙文中，對戰略研究之條件，則認爲：①虛心與客觀，
②戰史與戰術修養，③對問題焦點之認識，④思考程序與有關因素輕重之判
定，⑤決心與實踐等。深足參考。

的調配，部門間的協調及組織發展過程中問題的克服等問題，均須由企業高階層吁衡當前情勢，展望未來發展後，殫精竭慮地研擬出指導企業整體活動的行動準則，卽所謂「校之以計，而索其情」。

(六)策略組羣的選擇：策略的發展，依其研擬對象與處理方式可有許多形態的產生及組合，以企業機能及管理機能，卽可形成無數經營管理活動的矩陣(Matrix)爲例，則企業在面臨環境的順逆，競爭的虛實，作法的正反，功能的主輔及時間的長短上，其策略的運用，縱橫捭闔，因此必須有一些策略組合以供企業經營管理活動的連續使用，所謂：「計利以聽，乃爲之勢，佐其外勢，因利而制權也。」尤其在其欺敵、乘敵及攻敵之運用上，策略之選擇更必須有所變化。

(七)策略的執行：企業的策略是整體性與全面性，在執行時，必須取得組織內各層次與各部門的合作無間與活動配合，方能相得益彰，發揮「協力效果」，圓滿地達成目標。

(八)衡量、控制與回饋：策略的執行結果如何，必須要衡量，並與原訂的標準比較與考核，以發現實際與策劃間差異的原因，提供下次研擬策略時的參考。

孫子兵法在「軍形篇」中則以「度」、「量」、「數」、「稱」、「勝」等說明策略策劃的程序。度是判斷，量是部署，數是人力、物力等數量資料蒐集，稱是比較計算，勝是戰勝敵人，依「度生量」、「量生數」、「數生稱」至於「稱生勝」的步驟，建立完整的策劃程序，足以說明上述的邏輯架構。

綜合上述，策略策劃的整體過程，可以圖6-2表示之。總統　蔣公曾昭示：「戰略（策略）的研究，是要以智力的磨練——靈活的思考力，豐富的聯想力——由廣博而進於精神，由粗通而進於純熟，由理論而進於實踐。語其目的，在於取精用宏，語其方法，則取譬甚淺而近。」此

圖 6-2　策略策劃程序圖

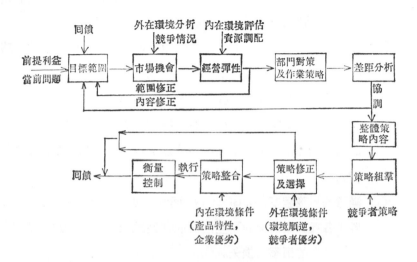

一訓詞，可提供策劃企業策略者之研究參考。

第三節　企業策略的型態

一、企業策略的標準

　　策略的運用之妙，本是存乎一心，因此策略的內容可以「森羅萬象」形容，較為一般人所熟悉的，如「中央突破」、「兩翼夾擊」、「外線迂廻」、「裏應外合」，乃至於「空間換取時間」、「時間爭取空間」等等，不知凡幾，尤以「孫子兵法」，或「三國演義」、「水滸傳」等章回小說中對策略的形態及內容敍述最為詳盡，所謂「計出無窮」便是此一道理。對企業經營管理而言，既已確立目標，並投入許多資源，就必須計出萬全，且所有的成效均不出所料；而不是計無所出，且後果均

出乎意料。因此，良好的企業策略必須具備下列的標準⑫：

(1) 內部的一致性 (internal consistency)：企業內部各別策略必須
整合，一致地以達成組織的整體利益爲目標。

(2) 環境的配合性 (consistency with the environment)：企業策略
必須配合環境的變遷，適時調整而制宜之。

(3) 資源的可調配性 (appropriate in the light of available resour-
ces)：企業策略須能調撥資源，特別對資金、經營管理能力及
設備等關鍵性要素的掌握，均要達成策略目標與資源運用的平
衡。

(4) 滿意的風險程度 (satisfactory degree of risk)：企業策略必須
考慮各種風險情況的發生，而能彈性應變，以減少風險情況對
經營管理的衝擊或損失。

(5) 適切的時間性 (appropriate time horizon)：企業策略必須將達
成目標的時間、期限或進度列入策略內容內，方能及時制宜或
佔有優勢。

(6) 可用性 (workability)：企業策略的價值貴在於達成目標，而策
略的優劣卽從其可用性的程度。

自古以來，有關策略的精神與內容的奧秘，一向是略而不詳，因此，
上述標準可提供研擬的依據與學習的基礎，只要歸而求之，便可深造自
得。

二、整體策略的主要類型

企業策略的內容，層出不窮，惟涉及整體利益時，却只有四種類型

⑫ Seymour Tilles, "How to Evaluate Corporate Strategy", *Harvard
Business Review* (Sept. 1963), Vol. 41, No. 4, pp. 111-121.

可依循，卽成長策略(growth strategy)、穩定策略 (stability strategy)、退讓策略(Retrenchment strategy)及組合策略 (combination)等❸，茲分述如下：

(一)成長策略：企業經營到相當時機，往往需要將資產規模，產品線及業務範圍加以擴充，此作法卽所謂「成長策略」，亦卽兵法上「勝兵，先勝求戰」的道理。企業的成長策略多半適用於企業依經濟學上報酬遞增及大量生產的原理，趁資本報酬未達飽和前，擴充其經營範圍，以期減低製造、銷售及管理成本；或因生產技術改良，社會需求增加及新興企業崛起，原企業爲維持其在市場上之地位及競爭力，而擴充其設備、改進生產技術、開發新產品與拓展新市場；或商業循環由復甦而漸趨繁榮時期，一般企業均擴充，以企求厚利；或企業爲推行本身之產銷計劃，以控制原料來源及產品分配；或合併有關企業，藉以控制市場；或企業主個人的權力、名利等慾望，藉擴充企業可滿足之。上述的現象或時機，均爲企業擴充或成長的主要動力❹，此爲兵法所云「勝兵先勝」的道理。

企業所採的成長策略，主要形態或方式可分爲內部成長 (internal growth) 與外部成長(external growth)；垂直成長(vertical growth) 與水平成長 (horizontal growth) 等兩類型。內部成長係指企業籌集財源，以擴充原有資產規模；外部成長係指企業採合併方式❺，以擴充其營業範

❸ William F. Gluck, *Business Policy*: *Strategy Formation and Management Action* (New York: McGraw-Hill Book Co., 1972), ch. 4, p. 184.

❹ Peter M. Gutmann, "Strategies for Growth". *California Management Review* (Sept. 1964), Vol. VI, No. 4, pp. 31-36.

❺ 企業合併的方式，計分新設合併(Consolidation)、存續合併(Merger)、收購資產、租賃資產、信託契約 (Deed of trust) 之委託經營，股權公司

圍；垂直成長係指企業擴充或合併不同生產或分配階段之設備或企業，以完成產銷系統；水平成長係指企業擴大其產品線或市場，或同業結合，以控制市場之經營管理方式。

（二）穩定策略：當企業的經營管理情形良好，而環境又沒有重大變遷時，一般企業均以「維持現狀」作為策略。先求企業的穩定後，再就環境的需要，輕微的調整或修正，以求企業的生存與發展。

實際上，企業探穩定策略僅適用於短期作法上，由於企業經營或行政管理均隨着環境的變化與發展，不斷地面臨革新與應變的壓力，在時代的巨輪下，企業亦有「不進則退」的挑戰。

（三）退讓策略：企業在面臨艱困的經營局面，或拂逆與不利的環境時，常縮小業務範圍或出讓資產，以渡過難關，此作法即是退讓策略，亦即兵法上：「敗兵，先戰求勝」的道理。企業探退讓的經營方式，多半於企業主年邁或有意結束營業；或企業所有的資源不足，又無能力改善；或市場競爭劇烈，企業角逐不易；或因外在環境變遷，如財經政策改變，市場需求變化等，企業無法適應；或商業循環轉趨蕭條，銷路銳減，使企業無法維持等現象或理由，企業均可能以縮小或出讓為經營手段。惟亦有少數例外者，如企業面臨強大競爭，市場已屆飽和或衰退，內部設備陳舊，人員老化或能力不足時，企業探取退讓方式，以達成規避競爭、汰舊換新或整飭人事的目的，此時退讓只是一種權宜或是緩兵之計，所謂「以退為進」與「避實擊虛」的道理了！

企業所採的退讓策略，主要的型態或方式，為縮減 (cut back)、退

（續⑮） (Holding companies) 等，並將經營範圍由國內擴展至多國性企業 (Multinational Business) 的程度，參閱 Robert A. Howell, "Plan to Integrate Your Acquistions", *Harvard Business Review* (Nov.–Dec. 1970), pp. 66–76.

出 (withdraw)、附庸 (captive) 及出讓 (sell out) 等。

(四)組合策略：企業在實際的需要上，自始至終，很少會只採行一種策略類型的機會，爲達成目標，可能會將各類型的策略，交相使用，即成爲組合策略。依邏輯上的組合概率，應包括下列組合特性：

(1) 先退讓，再求穩定。

(2) 先退讓，再求成長。

(3) 先穩定，再求退讓。

(4) 先穩定，再求成長。

(5) 先成長，再求退讓。

(6) 先成長，再求穩定。

在上述的組合策略中，有些類型如「先穩定，再求退讓」或「先成長，再求退讓」，在實際上發生的機會很小，其次，企業採出讓方式，亦不可能再企求穩定或發展了！因此，眞正的組合策略型態，必須是配合實際情況需要且可行的。

在作法上，組合策略運用較多，此乃由於組合策略的型態或內容能因應企業的需要與環境的變化，而研擬出各種適宜的對策，當不可勝時，守也，藏於九地之下，以求自保；可勝時，攻也，動於九天之上，以求全勝，故孫子兵法「兵勢篇」中說：「凡戰者以正合，以奇勝，故善出奇者，無窮如天地，不竭如江河」，即是組合策略運用的寫照。

三、企業成長循環與策略內容

在本書第四章中，曾提及企業經營的成長循環現象，故企業所採行的策略內容也常因成長階段不同，而有所迥異。在草創階段，企業所面臨的最大挑戰是如何生存，其策略的內容着眼在如何減少風險，應付競爭，以求保存之道。在制度管理階段，業已獲有生存空間，惟企業所面

臨的問題是如何穩住，則策略內容着眼在發展組織並建立商譽，以求固本之道。在委讓管理階段及爾後的各成長階段中，企業必須思謀發展之途，因此，需有較多具有創造力的幹部；組織需擴大營業，故事業部門制之建立在所難免，則資源的統一調配及整體經營策略乃應求而生，並爲創造或維護更好的經營環境，本着企業家的道德勇氣，盡其社會責任，造福社會，其策略內容又着眼於公共印象的建立。

　　總之，誠如前文所述，隨着時間的演進及環境的變遷，企業的經營管理策略內容亦須依據問題的背景與特質，考慮環境、人性、時機、資源與組織的狀況，加以適當的調整修正，以求有效的制宜，依李皮特 (Gordon Lippitt) 及史密特 (Warren Schmidt) 兩敎授綜合研究，認爲企業策略可因企業成長循環階段不同，而採取表 6-3 中所示的各種行動方案與內容。

表 6-3　企業成長各階段中主要策略內容

組　織　需　求	主要之企業問題	所需之行動方案
1. 創造新的社會技術系統 (To Create a new sociotechnical system)	1. 產品或勞務行銷的可行性 2. 熟悉財政程序及資本籌募 3. 熟悉生產技術程序 4. 展開必須的政治及法律上接觸 5. 組織領導力	1. 評估市場機會及風險 2. 創立企業 3. 彈性經營及迅速推展業務 4. 運用內外意見採取各種變通的策略及方案拓展市場 5. 及時地將產品或勞務導入市場
2. 求生存 (To survive)	1. 強調產銷作業 2. 建立會計及登帳程序 3. 瞭解競爭方式 4. 建立合理的人事甄選	1. 應付競爭 2. 遴聘高級經營管理人才 3. 適時獲得財務支持

		及訓練程序	4. 建立授權
			5. 執行較長遠性的基本政策
3. 穩定化 (To stabilize)	1. 建立長期性計劃	1. 對市場採取較積極的行動
	2. 對新介入的競爭，採取適宜的對策	2. 建立目標系統及系統性策劃未來發展
	3. 深入研究技術知識，促進技術升級	3. 嘗試控制市場
	4. 建立合理的獎工及陞遷制度	4. 着手適宜的研究發展作業
	5. 推展基本的公共關係政策	5. 實施幹部養成，以備未來發展
		6. 進行企業內外部商譽之建立
4. 建立良好商譽 (To earn good reputation)	1. 提高產品或勞務品質水準	1. 配合特殊顧客及供應商需求
	2. 培養高階層人力及領導力訓練	2. 確立現代化的政策及經營管理哲學
	3. 擴大公共關係，升級至社區服務	3. 加強內外印象的建立
		4. 確定完整財務情況
		5. 造福社區需求
5. 達成企業的獨特性 (To achieve uniqueness)	1. 重視資源運用的內部審計作業	1. 促銷特定產品或產品線
	2. 發展作業的均衡	2. 增加授權範圍
		3. 提供往上交通，鼓勵參與
		4. 加強廣告活動，建立企業全面印象
		5. 考慮最佳經營規模
6. 建立公評與公譽 (To earn respect and appreciation)	1. 進行長程研究發展方案	1. 對社會提供較深入服務
	2. 決定企業人力發展計劃	2. 高級主管致力於全國性公益

3. 造福社區，服務社會貢獻國家	3. 運用公意，掌握輿論
	4. 對基礎性研究發展工作提供支持
	5. 強調長程發展方向
	6. 擴大組織內部平等，允許成員較大權限
	7. 評估內部條件，配合環境發展

資料來源: Gordon Lippitt and Warren Schmidt, "Crises in a Developing Organization", *Harvard Business Review*, Vol. 45, No. 6, 1961, pp. 102–112.

第四節　企業的經營發展策略

企業在因應經營管理的機會或風險上，所採取的生存與發展之道，主要有結合、多角化、多國性企業之經營，其做法有投資羣決策、租賃設備、信用調查、外滙期貨買賣、採購套做、銷售預測及其他各種防護性的保險制度等方式，茲將其中較為重要的發展策略分述於後[16]:

一、企業結合 (combination)

企業在外部成長時，所採取的擴充方式，即是「結合」。企業結合可因結合性質不同而分為合併、兼併、收購資產、租賃資產、信託契約及股權公司等方式，茲說明之:

　　(1) 合併 (Consolidation): 係指兩個以上之企業，相互結合後，另

[16]　本節多數內容均取自陳光華指導，國立成功大學工業管理研究所研究生王世坤碩士學位論文，「企業經營風險與其因應策略之研究」(未出版論文)，民國68年5月，"企業風險管理之策略"，乙章。

設新企業，而原有各企業均予解散，又稱爲「新設合併」。

(2) 兼併(Merger)：係指兩個以上之企業結合，其中一家仍存在，其餘各企業均予解散而歸併於該存續之企業，又稱爲「存續合併」，多半發生於兩個企業相差懸殊之情況中。

(3) 收購資產 (Purchase of assets)：係指擴充之企業收購另一企業合部或部份資產，被收購資產之企業因而解散或仍存續。

(4) 租賃資產 (Lease of assets)：係指擬擴充之企業，以長期租賃契約方式租用另一企業的資產。出租資產之企業雖仍維持其名義之存在，惟已不再營業，僅按期收取租金。亦有在租賃契約中規定，由租賃資產之企業按規定數額按期直接支付出租資產企業股東之股息，其償權人之利息及繳付稅捐等，並由該租賃資產之企業予以保證。租賃資產契約雖有期限，但租賃資產之企業有權於期滿時按原契約條件續約，故事實上即爲長期之租賃或結合。

(5) 信託契約 (Deed of trust)：由被結合企業之所有權人，簽訂信託契約，將股票集中交由控制企業的負責人所組成之投票信託人 (Voting trustees)，而由信託人發給信託證 (Certificates of trust)。原企業之所有權人雖仍保留其分派股息、紅利等權利，但投票權則委託信託人代爲行使，信託人因而獲得各被結合企業之控制權，即俗稱「托拉斯」結合，常爲各國法令所禁止。

(6) 握股公司(Holding companies)：一般國家均規定，准許一般企業可持有他企業之股票。故企業若欲控制他企業，只需購入他企業股票達百分之五十以上時，即可達到類似合併之效果。一企業持有他企業一半以上之股票時，即稱爲「握股公司」，或稱爲「母公司」(the parent company)，而被握股權之企業即

成爲「子公司」(the subsidiary company)，其經營管理之決策
或執行均受制於母公司。

企業結合又因結合的目標與功能不同，而分爲水平結合、垂直結合、
圓形結合及混合式結合等型態，玆說明於下：

(1) 水平結合(Horizontal combination)：係指兩個或兩個以上之同
類企業，互相結合以謀擴大其原有產品之生產及銷售，並謀消
除或防止同業競爭，故又稱同業結合或卡特爾 (Cartel)。

(2) 垂直結合 (Vertical combination)： 爲不同生產或分配階段之
企業，結合於一個權力或管理機構之下，或以信託契約交付管
轄，以完成產銷之一貫系統，亦即托拉斯之型態，常爲法令所
禁止。

(3) 圓形結合 (Circular combination)：係將不同類或不相連續之企
業，利用同一銷售或促銷系統以擴大營業，達到銷售成本減低
之結合。

(4) 混合式結合 (Mixed types of combination)：許多企業之結合
方式甚爲複雜，常兼有水平、垂直或圓形的特性，而無法嚴格
區分時，即可稱之爲混合式結合，臺灣現有之集團企業最常發
生。

企業的結合可促成經營節約，重複設備可裁減，共同採購，共同促
銷，產生協力作用， 或稱乘數作用 (Synergy) (即整體大於個別部份的
總和)，此亦財務管理上所謂「2＋2＝5」(two-plus-two equals five) 的
哲學。此外，企業結合尚可延攬到較多人才，提高舉債能力，分散經營
風險，擴展經營範圍，而且，獲利企業與虧損企業合併則可藉「營業虧
損」於稅法上能延後納稅 (tax carry-forward)， 我國於民國 66 年 5 月
修正公佈之獎勵投資條例中，並規定企業因合併可享有稅捐減免之優惠

待遇❼。該年底，華隆、國華、聯合耐隆、鑫新、寶成等五家合纖業合併，即爲一例。

二、多角化經營 (Diversification)

企業對其所生產的物品與勞務，就原料來源、產品開發、生產技術或行銷通路間，彼此的相關性極低的經營方式，即是多角化經營。

企業常有來自內部的壓力，希望在經營上保持彈性，以適應環境的變化，因此必須不斷地求新求變；並且，爲避免經營規模的不當，必須向經濟活動的較早階段或較後階段尋求結合，前者在獲取原料、技術，後者在接近市場，使企業經營的成本與報酬間的分歧，得到彌補或縮小，因此，實施多角化乃是所得採取的最佳策略。

此外，來自外部的壓力，則多半由於國內市場的經濟規模較小，企業成長後必須轉投資另謀出路，或是由於建立市場擴張基礎；稅法獎勵；生產技術本質上的分枝，導引許多不同產品；資本市場的社會大衆化，造成企業所有權主身份的錯綜複雜，上述因素均可能促使企業經營轉向多角化型態。

一般而言，多角化經營主要可分爲產品多角化、市場多角化、垂直多角化、水平多角化等方式❽，茲說明如下：

(1) 產品多角化：即在原有市場增加產品項目，倘增加有關聯性的產品，謂之「同心發展」(concentric growth)；增加無關聯性產品，謂之「多角發展」(diversification growth)。

❼ 參閱民國六十六年五月修正「獎勵投資條例」第三十三及三十四條。
❽ 參閱 H. Igor Ansoff, "Strategies for Diversification", *Harvard Business Review*, (Sept.–Oct., 1957), pp. 113–24 及 Philip Kotler, *Marketing Management–Analysis, Planning, and Control* (New Jersey: Pentice–Hall, Inc., 7. 3rd. ed. pp. 48–49.

(2) 市場多角化: 即將既有產品或新產品推廣至不同區域或消費羣中，包括市場滲透 (market penetration) 與市場發展 (market development)，新市場拓展乃是企業創新活動之一。

(3) 垂直多角化: 即向企業經濟活動的前後階段推展，企業爲確保原料及科技的來源，並解決規模不當的問題，乃向上游結合，謂之「後向成長」(Backward growth)；反之，企業爲接近市場，並掌握分配通路或解決規模不當時，乃向下游結合，則謂之「前向成長」(Forward growth)。

(4) 水平多角化: 企業間爲達成共同經營成長目標，加強競爭地位，拓展產品市場，增加融資地位或財務運轉能力，並推展研究發展，以提高企業間經營效果，常合併經營，如集團企業 (group enterprises)[19]。倘合併有關聯性的企業，謂之「同 心 合 併」(concentric merger)；合併無關聯性的企業，則謂之「多角合併」(conglomerate merger) 或「複合」(conglomeration)。

亦有將上述多角化經營方式區分爲「多元產品」(multi-product)、「多元市場」(multi-market) 或「多元產業」(multi-industry) 等三種。

多角化經營，常由於合併無關聯性的企業，使經營風險降低，減少機會成本支出，因此，其預期收入，就合計數來說，相對地將較專業廠商的銷貨或利潤爲穩定，甚至於較高；此外，由於財政措施優惠及稅捐減免獎勵，使企業在理財上，可以較低的資本成本 (cost of capital) 籌

---

[19] 一般常將「關係企業」(related enterprises) 與「集團企業」(Group enterprises) 混用，其實兩者有別。關係企業泛指任何兩個以上具有生產、行銷、採購、財務、人事、技術等作業有交易關係或所有權有投資關係之法人地位的企業結合體，均可謂之，惟實際上，多數均指所有權有投資關係的企業結合體，包括第一類的握股公司與附屬公司，第二類的母公司與子公司，及第三類的集團企業。

募資金，並因避免「賭徒孤注一擲」(Gambler's Ruin) 式的內部擴充，使企業有較大的經營空間與較長的存續時間,達成企業經營的規模經濟；在管理上，其經濟結構的可獨立性，使企業可就多角單位建立事業部門式組織，實施「利潤責任中心」或「目標管理」，因此能有效地調配人才、資產設備到更有效的管理上。

只是，企業的複雜程度愈大，決策上愈容易發生錯誤，而且複雜的企業雖具經營彈性，但在競爭上反比另一高度集中於單一市場或專業技術的企業更脆弱,由於經營管理者無法全面且深入的瞭解其業務,並保持密切接觸，則所謂「墨氏定律」(Murphy's Law) 或「杜氏定律」(Drucker's Law)[20] 的現象，即層出不窮地出現在多角化與複雜化的經營結果上。

因此，企業於原有業務基礎尙未鞏固前，切勿急於多角化經營，以免分散資源運作，動搖根基，惟有在原有業務穩固後方可圖多角化之經營。而且，推行多角化的企業在其業務、技術、產品線及促銷活動上，皆須建立於生產技術、產品市場經營的統一性上，方有成功的希望。

三、投資羣理論 (Portfolio Theory)

投資羣理論乃是應用多角化原理，從事投資組合的理論說明，或稱囊括原理，源於馬可維玆(Harry Markowitz)在 1952 年以「平均值──變異數最大公理」(Mean-Variance Maxim) 提出投資羣選擇 (Portfolio selection) 乙文[21]。

---

[20] 墨氏定律 (Murphy's Law)：如有什麼事會發生錯誤，就會發生；杜氏定律 (Drucker's Law)：如果一件事會發生錯誤，其他事情也會發生錯誤，且同時發生。參閱 Authur Blick, *Murphy's Law* (New York: Price/stern/slorn publishing Co.,), 1979.

　　此理論，一般均假設下列二前提：①投資者之財富效用函數(Utility
function)⑳ 呈現出風險規避(Risk Aversion)，②各個別證券未來投資報
酬率之機率分配爲一常態分配。因此，投資者在有限資金下均期望獲致
最大收益而承擔最小風險，然而，風險與收益有如影之隨形，尤以未來
是不確定情況，變化更莫測，則穩健的投資者乃實施多角化經營，冲銷
偶然變動，俾使在特定報酬率的前提下，其經營風險減至最低；或在特
定風險水準下，達到最佳的報酬率。

　　茲以圖 6-4、6-5、6-6 說明之。

圖 6-4　風險規避者之報酬率、風險與效用圖

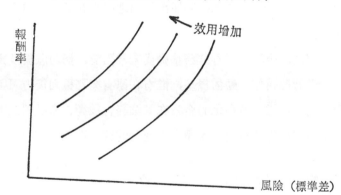

　　圖 6-4 中之曲線爲報酬與風險間之無異曲線 (Indifference curve)，
無異曲線的斜率越大，該投資者愈趨向規避風險，而曲線向左上移動時，
就表示更高期望之效用值。

　　㉑　Henry M. Markowitz, "Portfolio Selection", *The Journal of Financial* (March 1952), Vol. 7, No. 1, pp. 71-91.

　　㉒　效用函數乃投資者追求「預期效用極大」目標下，對投資對象所可能獲得報酬之心理滿足之測度，以 Util 效用單位來衡量。

　　圖 6-5 所示是根據各投資方案之期望報酬、風險與方間相關性所決定之機會集合 (Opportunity set)，或稱囊括的可達集合 (Attainable set) ❷，其中，*BE* 曲線爲有效組合線，或稱「有效前緣」(efficient frontier)，如組合 *X* 點在 *C*，雖冒較小風險，但收益相同，*X* 點在 *D*，則風險相同，但收益較高。此外，*AB* 與 *EH* 線上各點雖同在 *BE* 曲線上，惟受 *BE* 所瞰制永不採用。

---

❷　投資羣集合之模型推演：

A. 二元投資羣組合

　　1. 投資羣之期望報酬率：

$$E(X) = E(W_1 X_1 + W_2 X_2) = W_1 E(X_1) + W_2 E(X_2)$$

　　2. 投資羣之期望變異數：

$$\sigma_p^2 = E(\sigma^2) = E(W_1 X_1 + W_2 X_2)^2$$
$$= W_1^2 E(X_1)^2 + W_2^2 E(X_2)^2 + 2W_1 W_2 \text{Cov}(X_1 X_2)$$
$$= W_1^2 \sigma_1^2 + W_2^2 \sigma_2^2 + 2W_1 W_2 \rho_{12} \sigma_1 \sigma_2$$

　　3. 標準差：

$$\sigma_p = \sqrt{W_1^2 \sigma_1^2 + W_2^2 \sigma_2^2 + 2W_1 W_2 \rho_{12} \sigma_1 \sigma_2}$$

　　4. 組合之比例：

$$Min \ \sigma_p^2 = W_1^2 \sigma_1^2 + W_2^2 \sigma_2^2 + 2W_1 W_2 \rho_{12} \sigma_1 \sigma_2 \ \text{其中} \ W_1 + W_2 = 1$$

並令導式爲 0 ，得

$$W_1 = \sigma_2 (\sigma_2 - \rho_{12} \sigma_1) / (\sigma_1^2 + \sigma_2^2 - 2\rho_{12} \sigma_1 \sigma_2)$$

B. 多元投資羣組合

　　1. 期望報酬率：

$$E(X) = \sum_{i=1}^{n} W_i E(X_i)$$

　　2. 期望變異數：

$$\sigma_p^2 = E(\sigma^2) = \sum_{i=1}^{n} W_i^2 \sigma_i^2 + 2\sum_{i<j}\sum W_i W_j \rho_{ij} \sigma_i \sigma_j$$

$$= \sum_{i=1}^{n} \sum_{j=1}^{n} W_i W_j \rho_{ij} \sigma_i \sigma_j$$

圖 6-5 投資者的機會集合

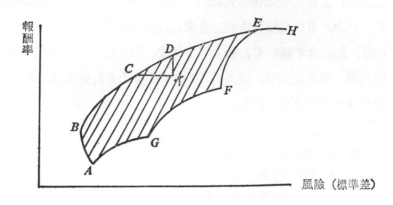

圖 6-6 所示是由有效前緣中，具有最大效用值的投資組羣乃是機會
集合與最高效用的無異曲線相切的一點，亦卽圖 6-6 中的 X 點。

圖 6-6 最佳投資組羣之選擇

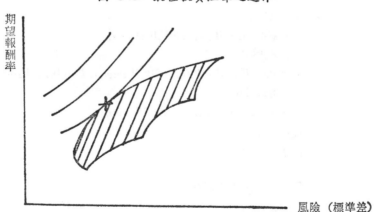

根據投資羣理論的內涵顯示，倘投資組羣中各方案間彼此相關性爲
負時， 則組合後的期望變異值或風險有減低的現象， 產生「 投資羣效
用」(portfolio effect)，使多角化經營之效果更爲顯著。

四、租賃設備

租賃(Lease) 原以不動產 (Real Property) 為對象[24]，其歷史可追溯至早期之土地租賃，古羅馬帝國時代並加上船隻及建築物之租賃，現代租賃之意義則包含動產借貸在內。租賃生財機具設備是企業減少風險計劃中，「最少投資」的最佳策略。

當企業草創之初，租用廠房和機器設備，可減少固定資產投資，緩輕財務壓力，並增加生產能量；至企業成長穩定後，常由於技術進步迅速，為減少新購設備過早陳廢之風險，或為配合發展，擴大營運規模，則租賃廠房設備，除具有百分之百的融資與加速折舊效果，使營運資金運用至更具生產性之途徑，並保留金融的信用額度，免受債權的限制，且不影響股東的所有權，故有「彈性的金融」之稱。今日，許多專業化設備的製造廠為控制市場分配，形成專賣，亦常採行租賃方式行銷其商品。

美國哈佛大學范希爾教授(Richard F. Vancil) 依租約特性與租賃功能，將租賃分為「融資租賃」(Financing Lease)與「營業租賃」(Operating Lease or Service Lease)兩種[25]。

(一)融資租賃：此種租賃，常為較長期方式，其租約除極少可能發生的意外情形下，皆不可撤銷，承租人以法人為對象，除租金外，並負擔各項費用，如保險費、稅捐、維護費及租賃資產之攤銷費等，在租約期滿時並有優先廉價承購或續租的權利。財務租賃 (Financial Lease) 與售後租回(Sales and Leaseback) 即為其經營方式。

---

[24]　民法第421條規定：「稱租賃者，謂當事人約定一方以物租與他方使用，收益他方支付租金之契約。」

[25]　Richard F. Vancil, "Lease or Borrow: New Method of Analysis", *Harvard Business Review*, 39 (Sept.–Oct., 1961), pp. 238–259.

(二)營業租賃：此種租賃方式較爲短期，承租人以法人或自然人均可，一般只負擔租金，並不負擔其他灘銷費用，由於無法反映其實際成本，故出租人常提高其租金水準，並爲保留其利益，常要求持有可隨時撤銷的權利。

我國金融業自民國六十一年起即開辦租賃業務❷，舉凡生產、工程、商業、事務、營建、科技、運輸、醫療、家用等機器設備，乃至於電腦程式等軟體(Software) 亦在租賃項目之列，惟因租賃業規模有限，業務量不大，加上租賃成本較高，標的物無抵押性或融通性，又缺乏所有權之滿足感，在一般企業經營或理財上，尚未蔚成風氣！

五、採購套做 (Hedging)

原料自採購到生產，商品自生產到消費，其間供需調節，實物轉移，爲時甚久，爲防止此過程中儲存及運輸之損失，除可保險防範外，有關價格的風險，可採套做方式，以中和風險。

採購套做大多進行期貨買賣，即賣方承諾在固定的遠期，交出實值的貨物，而買方則允諾在彼時接受此期貨，爲促成上述交易，雙方常簽訂遠期交易合同或期貨合同。理論上，期貨合同屆滿時，買賣雙方必須收交實貨，但當時效未屆時，若因期貨價格跌落，賣方可以選擇時機買進對沖賣出的期貨；反之，期貨價格高漲，買方亦可選擇時機賣出對沖買進。此種對沖作用使買賣雙方在期貨價格漲落的差距中發生關係，而

---

❷ 民國六十一年十一月，中聯，第一，中國，國泰、華僑等五家信託投資公司，首創我國近代租賃業務；翌年一月，財政部通過「信託投資公司辦理機器及設備租賃業務辦法」；民國六十三年，國泰租賃公司成立，爲我國首家專業租賃業，六十四年中央國際租賃公司，六十六年，中國租賃公司相繼成立。現達二十餘家。

不必牽涉到實際貨品之移轉。除暫時性的價格差異外，原則上期貨價格和現貨價格在整個價格波動過程都呈平行現象，即現貨漲，期貨亦漲；現貨跌，期貨亦跌，在買賣雙方下注方式下，將期貨的價格水準風險分散，而將價格漲落之差異轉嫁到願負擔風險的投機者上。

我國過去由於對原料及商品之期貨交易認識不夠，加上外滙管制，須透過銀行保證與融資手續，方得對外採購。目前，爲充分掌握大宗物資貨源以穩定國內原料成本，臺灣區進口黃豆業聯合工作委員會乃首先委託中華貿易開發公司向芝加哥國際商品期貨市場進行交易，繼之由國貿局推動計劃採購作業，已將原僅黃豆業之期貨交易，擴大到小麥、玉米等農產品。

六、保　險

保險乃是企業經營中，最直接且簡便以分散風險之策略，除一般所熟悉對管理資源進行投保之產物險或人險外，隨着企業環境的動態與複雜，社會法規的周全及消費者主義的遍及，下述的保險方式將成爲今後企業經營所不可或缺的整體策略。

(一)產品責任保險：產品責任保險乃投保企業所產銷之商品，因瑕疵發生意外事故，致造成第三人遭受體傷、死亡或財產損害時之賠償責任。此保險積極意義是促使工商企業隨時注意產品的品質與信譽；消極方面，使投保之廠商藉此保險而獲得適當補償，以保障企業經營安全，促進經濟發展。

民國六十八年元月，臺灣地區二十三家瓦斯熱水器廠商聯合投保公共意外責任險，即屬產品責任保險，彼等體認其社會責任，有助於商品之行銷。

(二)海外投資保險：參加經濟合作暨開發組織(OECD)所屬開發協

助委員會（DAC）的若干國家，早已鼓勵其本國民間資金流入開發中國家之投資，尤其多國性經營盛行後，更方興未艾，爲便利推展該作業，除進行海外投資前之協助、財務性鼓勵（如稅捐優待、加速折舊等）外，並成立公共投資公司實施直接融資辦法，及設立海外投資保險制度，承擔海外投資所發生之非商業性風險❷。美國於1948年，首先成立海外私人投資公司(Overseas Private Investment Corporation)，簡稱 OPIC，並率先實施海外投資保險，承擔下列風險：

(1) 海外投資被資本輸入國政府徵用、充公或國有化。

(2) 資本輸入國發生戰禍、革命、叛亂及內亂。

(3) 資本移轉發生困難，即海外投資資金與所獲得利潤要滙回資本輸出國遭遇阻碍或延擱。

從開發中國家立場言，該投資保險亦屬有利，可減低外人在本國投資所擔心之風險。民國六十八年初，中美斷交後，美海外私人投資公司即宣佈繼續負責保證美商在臺灣之融資及政治風險，並且所有合同繼續生效，如此減少我國因外交挫折後的風險。今後我國由於多國性企業的日益發展，宜早日實施海外投資保險制度以保障我國企業從事海外投資之權益。

(三)滙率變動保險：滙率變動保險係對於出口商因國際滙率波動所可能蒙受之損失給予保障，西德、法國、日本等三國業已實施。西德係由政府負責但由民間之「赫梅斯信用保險公司」(Hermes Kreditversicherungs) 代理執行，限於信用兩年以上之合同，出口商因簽約至實際收到款項期間，凡因馬克貶值所損失幅度超過百分之三時，即予賠償。反

---

❷ 彭傑士譯，"已開發國家之海外投資保險制度"，「國際經濟資料月刊」，第26卷第二期，第九頁至第一五頁。

之，其利益由赫梅斯承受；法國由公民營之「法國保險與外貿公司」
(Compagine Francise d'Assurance Pour Le Commerce Exterieur)，簡稱
COFACE，以督導執行，倘滙率變動所致損失，每年達百分之 2.25 以
上時即全額補償，反之則歸 COFACE 所有；日本則由通產省負責，期
限爲二年以上十五年以下之合同，若因滙率變動損失在百分之三至二十
間，即予補償，變動損失超過百分之二十，視爲國際經濟重大變動拒予
償付。上述三國所承保之滙率僅限美元、英鎊、西德馬克、法國法郎及
瑞士法郎，與日圓間。

　　我國有關滙率變動保險，原欲由輸出入銀行辦理，惟該行於民國六
十八年元月成立後，却暫未辦理此項業務，以我國對外貿易依賴程度甚
高，宜早日推行。

　　(四)通貨膨脹損失保險：通貨膨脹損失保險係對出口製造商在資本
財生產期間，因本國通貨膨脹而導致成本增高之損失，給予補償。法國
COFACE 規定，每筆四十六萬美元之合約即可投保，在投保期間生產
成本每年漲幅在百分之 6.5 以上，即予補償；英國「外銷融資保證部」
(ECGD) 對生產成本漲幅在百分之七至二十五間補償九成；義大利「國
家保險局」(INA) 對生產成本漲幅在百分之五至十五間即予補償。惟漲
幅超過所能承受之上限時，視爲國內外經濟之重大變動而不予補償。

　　我國目前尚未實施通貨膨脹損失保險，惟一般工商企業在採購或運
輸之詢價，若遇滙率或通貨劇烈變動，即附加「通貨調整率」(Currency
Adjustment Factor)，簡稱 CAF；爲促進我國經濟發展，分散通貨膨脹
對生產成本提高之保險制度亦宜早日實施。

　　上述各種方法均可避免、減少或消除企業經營之風險，惟有關經營
發展之策略，不勝枚舉，無論採購管理、行銷組合、科學化組織與工
作設計、目標管理、責任中心乃至於管理資訊系統 (MIS) ……等，皆

是良好之企業策略，惟策略之為功，端賴企業經營管理制度之完善與實施，方能顯現生機，立於不敗之地，且有所成長與發展。

第五節 多國性經營的發展策略

一、多國性企業的定義

多國性企業 (Multinational business, multinational enterprise, multinational corporation) 乃是二次世界大戰後的一大社會創新，目前普遍地存在於世界各國，而以美國居領導地位[28]，其並不侷限於大型企業或製造業，可說是包括各行各業均致力於多國性經營[29]，方式從原先國際貿易的進出口、代工製造、裝配加工等轉變成授權製造 (licensing)、技術移轉、合資 (Joint-venture)，乃至於直接投資產銷[30]，多國性經營對企業而言，是一種策略性的結構變化，對經營管理技術更是顯著性的突破。

有關多國性企業的定義，由於標準及看法不一，迄今尚未有共同接受的說明，惟一般以其所有權、經營及管理特性而區分成下列三種標準[31]：

---

[28] 據美國 Fortune 調查世界前五十名大企業，近一半皆為美國籍，皆為全球性經營。事實上，從 1945 年後，已有 1 萬家以上美國公司從事海外投資，資本額超過 1 兆 5 千億美元以上。參閱 Fortune 各年有關世界前五十名企業統計。

[29] 參閱許士軍譯，「管理：工作、責任、實務」（臺北市：地球書局），第865-868 頁。

[30] 參閱 Miracle, Gordon E. and Gerald S. Albaum, *International Marketing Management* (Homewood, Ill.: Richard D. Irwin, Inc., 1970) chs. 14-16.

[31] 陳定國，「多國性企業經營」（臺北市：聯經出版社公司），民國64年，第 11 頁。

（一）依「結構性標準」(structural criterion) 定義，多國性企業係在兩個以上的國家擁有企業並經營業務，或其所有權 (ownership) 須爲一個以上的國家所擁有，且直接投資在百分之十以上[32]，或其高級主管之國籍須爲一個以上。

（二）依「業績性尺度」(performance yardsticks) 定義，多國性企業的年銷售額須超過一億美元以上，且至少在六個國家以上從事業務活動，而其海外附屬事業或子國公司的資產必須佔總企業的百分之二十以上[33]。

（三）依「行爲特性」(Behavioral characteristics) 的定義，多國性企業內最高主管的思想及決策行爲必須關切所有經營地區，而非偏愛其母國公司。

上述定義或有不同，惟多國性經營的特性却已明顯地描述。

二、多國性經營的緣起與利盆

經營多國性企業乃在其所得的經濟利盆必然超過國際上的政治、法律、財務與社會文化等的各種風險與限制，其緣起的動機，主要可歸納爲下列二大類[34]：

（一）非利潤性動機

---

[32] Weston, J. Fred and Eugene F. Brigham, *Managerial Finance* (Hinsdale, Ill.: The Dryden Press, 1978), 6th. ed, p. 920 f.

[33] 依 Theodor Kohers 認爲，美國的多國性企業的公司銷售量、盈餘、生產及從業員等，至少有 25% 以上來自國外。參閱氏撰，"A Risk-return comparison: U. S. Multinational and U. S. Domestic Corporation", *Michigan Business Review* (March, 1976), Vol. XXVIII, No. 2, p. 25.

[34] Miracle, Gordon E. ets., *op. cit.*, ch. 16; Rolfe, Sidney E. and Walter Damm, eds., *The Multinational Corporation in the World Economy* (New York: Praeger Co., 1970), chs. 3-4.

1. 促進區域性經濟合作與發展: 如歐洲共同市場 (EEC 或 European Economic Community), 早期卽從商務、關稅、技術合作及人力交流的同盟, 發展成區域性經濟結合體, 共同開發與運用各種有效資源, 且共同拓展商務貿易等。

2. 實施技術移轉, 協助子國發展經濟: 我國在經濟發展過程中, 早期設置加工出口區, 近年來設置科學工業園區, 吸引外人及華僑在華投資, 卽是此一例證。

3. 訓練子國經營管理人員, 提高產銷績效: 多國性經營強調管理, 對管理知識與技術的鼓吹, 增加各國經營管理人力的發展。

4. 避免各國民族主義 (nationalism) 的干預: 爲降低被視爲經濟侵略的可能, 依當地法令成立子國企業, 可減少沒收或充公的風險。

(二) 利潤性動機

1. 保護原有的國際市場: 由於原有的國外市場的國家採行保護主義 (如提高關稅、降低進口配額、管制進口等措施), 使原有市場有面臨失去的危機, 故必須向外直接投資。

2. 拓展或爭取新市場: 由於國內市場潛力不足或已屆飽和, 而國外市場潛力充足, 投資環境良好 (如政治穩定、行政效率高、幣值穩定、有獎勵及優惠措施等), 有利可圖, 值得前往投資。

3. 確保原料來源及供應: 爲掌握特定或重要原料來源及供應穩定, 避免受制而遭匱乏及營運停頓之慮, 在原料供應地之子國設立企業, 限制較少, 亦可運用間接貿易方式供應母國公司所需, 我國與各國就森林、油源及各種礦產等成立開發公司或合作計劃, 卽爲此動機。

4. 利用廉價勞力, 享用相對利益: 勞力密集企業在經濟發達的國

家甚爲難求，且勞力成本高，無利可圖，故設廠於國外勞力充
足且價廉地區，有利於經營。

5. 因國內反獨佔法令或公害防治管制嚴格，轉向國外限制較鬆地
　 區，順利產銷。

　　企業走向多國性經營，最大利益即是具有整合功效 (integration
effect)，即在母國公司的共同策略 (common strategy) 下，常能發揮下
列效果㉟：

　　(一)行銷整合作用(marketing integration effect)：多國性企業所
屬各子國企業可在產品生產後，委託母國公司或其他子國公司代爲行銷，
因此，利用同一銷售人員、配銷通路網、促銷活動及儲運設施等，即可
達成多國行銷目標，可節省各子國公司分設行銷系統的成本。

　　(二)生產整合作用 (production integration effect)：多國性企業
所屬各子國企業可在各地接受本身尚未生產的訂單，而要求母國公司或
其他子國公司代工生產供應，不須自行設廠或投資生產。

　　(三)財務整合作用 (financial integration effect)：多國性企業常
設立財務調度中心 (financial pooling center) 或海外總管理處以統一調
度各子國公司的借放款、保證、買賣、外匯支付、內部轉價及審計等，
以達到資金迅速融通、降低費用、減少稅捐，並確保財務安全。

　　(四)採購整合作用 (purchasing integration effect)：多國性企業
所屬子國企業所需原料配件等，可透過統一物料管理制度或大量採購，
俾獲較佳的採購條件，且子國公司間彼此亦可相互供應，以維持穩定。

　　(五)高級人才整合作用(Key personnel integration effect)：多國
性企業所屬各子國欲成立新公司時，可由母國公司或其他子國公司調派

㉟　陳定國，前揭書，第 3 頁。

高級人才，以節省訓練及發展費用，且忠誠性亦較高。

（六）研究與發展整合作用 (R & D integration effect)：多國性企業對於各子國企業新設工廠，或新產品開發等工程技術，可直接由母國公司或其他子國公司引進，或共同研究與發展，俾降低成本，並爭取時效。

上述整合的性質常配合企業的需要，而使子國企業成爲殖民地型、資源爲主型、公用事業型、生產事業型及服務業（如分配、融資、轉運等）型等類型[36]，惟在母國公司的共同策略前提下，將各子國公司作業整合，其所產生的總力量將大於任何未使用共同策略前所有單獨力量的總和，此即爲「協力作用」的最佳說明。

三、多國性企業的管理方式與限制

多國性企業所採行的經營管理型態，主要有下列三種[37]：

（一）本族中心型(Ethnocentrism)：此係傳統的管理方式，一切以母公司爲主的「集權式計劃與控制」。在此管理方式下，子國公司的決策權操之於母公司，且一切管理制度都遵從母公司，故又稱「單向集中型」。由於過份重視母公司，易造成子國公司社會人士的不滿，遭受干擾甚被收購或沒收。

（二）多元中心型 (Polycentrism)：此認爲各子國公司當地情況互異，故不應以母公司情況來決定，應採「分權式計劃與控制」，使各子國公司有充份自主權力，因此在政治社會方面所引起的困難最少，但此

---

[36]　徐偉中譯，「多國公司與經濟成長」，經濟日報，民國 67 年 4 月 1 日至 4 月 4 日；Rolfe, Sidney E., ets., *op. cit.*, ch. 5.

[37]　Fouraker, L. and J. Stopford, "Organizational Structure and the Multinational Strategy", *Administrative Science Quarterly* (July, 1968), pp. 31–33.

種管理方式易使母公司難以發揮「整合」作用，從經濟觀點而言，此種管理方式易遭遇當地劇烈競爭而削弱未來全面生存發展的可能。

　　(三) 全球中心型 (Geocentrism)：　由於爲平衡「整合」作用並安撫各子國公司人士情緒要求，另受目標管理及利潤中心等學說的影響，使多國性企業採行「分權計劃與集權控制」管理方式，其以全球各地最佳情況制訂指導準則，並由子國公司依準則自訂經營計劃，故其沒有任何國家色彩，重視產銷效率，提高各地競爭能力及投資報酬等，又稱爲「地理導向型」管理。

　　上述各型管理方式雖各具有優點，惟先驗上即存有許多不可避免的缺點存在[38]：

　　(一) 文化差異 (Cultural break)：　子國各地的社會文化習慣總有不同，因此由母公司調派之高級職員難以適應，在業務處理上亦有許多顧忌與阻碍。

　　(二) 國籍差異 (Nationality break)：母國公司派往子國公司之高級職員，常因國籍不同在子國社會受到差別待遇與限制。

　　(三) 社會環境差異 (Local environment break)：母國公司派往子國公司的高級職員對於子國當地的社會結構、政治結構、以及政治或社會關係都較當地人陌生，故在業務拓展上無法像在母國那樣順利。

　　(四) 時間差異 (time break)：由於母國與子國地理間隔，因此母公司與子公司欲相互連繫，常因兩地時差不同，而耽擱意見交流之時效。

　　(五) 資訊差異 (information break)：由於時間差異，及母公司與子公司最高主管間常間隔數個幕僚或主管層次，增加資訊傳遞的困難。

---

　　[38]　參閱 Voupel, James W. and Joan P. Curhan, *The Making of Multi-national Enterprise* (Boston, Mass.: Harvard Business School, 1969), ch. 3.

（六）心理動機差異 (motivation break)：由於母公司職員對於環境陌生的子國常存有風險威脅感，尤不願前往經濟落後國家，致業績受到影響。

四、多國性經營風險預期與對策

多國性經營不論規模大小、性質差異，其特性在基本上即存在着許多風險，若未能對風險作事先的評估，可能導致許多錯誤的決策。一般言之，多國性企業常預期的風險內容如下：

（一）地主國沒收行動的預期：由於各地主國政府對於私有財產制、私有企業制、外國投資的態度與政策不同，為研判海外投資的安全性，必須從下列方向分析地主國政府與社會的態度：

1. 評估地主國政治穩定性或政府的友善程度。

2. 調查地主國一般的經濟地位（如國際收支平衡狀況、市場需求狀況、國民所得高低等），及軍事安全局勢，來評估意外發生或沒收的可能性[39]。

3. 評估地主國政府依賴外國投資的經濟、軍事及政治支持程度。

4. 估算子國公司本身的相對影響力量，以決定投資強度與安全性。

（二）物價膨脹的預測：由於各子國經濟環境互異，狀況不同，商業循環或通貨膨脹均影響物價的穩定，因此，須就影響地主國一般物價水準的關鍵變數（如就業水準、國際收支、貨幣供給量……等）來分析及預測未來物價的變動。物價膨脹不僅傷害投資報酬，並常造成幣值貶值等現象。

---

[39] 導致地主國沒收行動的原因，歸納為：(1)競爭不平等；(2)國際收支失衡；(3)外國投資者壟斷地主國經濟；(4)外國投資者不理會當地企業狀況，傾銷產品；(5)國際政治衝突等。參閱 Miracle, Gordon E. ets., *op. cit.*, ch. 15.

（三）外滙管制：外滙管制限制子國公司將利潤滙回（profit repatriation）的機會，並嚴重影響海外投資的有利條件。

（四）地主國社會不良反應：多國性企業的子國公司人事組合常包含多國籍，本國人員與當地人員的薪酬甚難平衡合理，易造成差別待遇，產生士氣不振或仇外心理；此外，許多多國性企業的子國投資，造成公害污染更爲當地社區所反對。

企業在經營多國性時，爲避免或減低上述風險的可能發生，常採行下列措施[40]：

（一）減少地主國沒收行動或不良反應：

1.　積極行動

(1) 採取較開放作風，使當地社會瞭解其有益於該國，以避免引起當地反感或敵對。

(2) 發展與當地工商企業的合作機會，協助當地發展技術或拓銷。

(3) 提供或出售子公司部份所有權給當地的私人或機構。

(4) 提供當地就業機會，增加僱用當地人員於技術或管理職位，並將當地夥友考慮舉薦入母公司董事會，以鼓勵子國人民情緒。

(5) 設法發展或採購當地原料及零配件，共同發展當地企業。

(6) 儘量將生產的產品或勞務出口，以促進當地經濟發展，提高所得。

(7) 主動或設法參與當地社區發展計劃，或從事公害防治、慈善

[40] Hackett, John T., "New Financial Strategies for the Multinational Corporation", *Business Horizons* (April, 1975), No. 15, pp. 13–20; Weston, J. Fred, and Bart W. Sorge, *International Managerial Finance* (Home-Wood, Ill.: Irwin Publishing Company, 1972), pp. 388–340.

事業等，與當地建立良好關係。

2. 消極措施

(1) 從事研究與發展活動，保持技術領先於當地企業或其他外國競爭廠商。

(2) 將各子國公司納入全球性的生產、分配、行銷系統，促進經營效率的提高，以面對競爭。

(3) 尋求契約或保證，使地主國對外國投資者不利的可能性減至極小❹，或採取投資保險制度來保護。

(4) 勿過份接受當地政府的優惠措施，以避免民族主義份子的攻擊口實。

(二) 物價膨脹或貶值的適應與消除

1. 生產附加價值較高的產品，維持單位銷貨收入的增加。

2. 投資那些預期未來成本與再銷售價值會隨時間或物價上漲而增加的供應品或存貨。

3. 重估固定資產，增加折舊費用，減少稅捐，降低成本。

4. 採取技術或設備投資方式，減少資金積壓。

5. 保持最低水準的流動資金，並利用較多的當地債務或資金來融通財務需要，減少外國債務。

6. 鼓勵現金銷售，採現金折扣等措施以減少應收帳款，或將應收帳款向財務公司請求貼現。

7. 儘可能延長子公司的付款期間。

8. 採強勢貨幣(hard currency) 交易，或將當地貨幣兌換成強勢貨

---

❹　1966年10月，國際成立「國際投資爭執調處中心」並簽訂「國家與他國人民投資爭執處理公約」來調解或仲裁投資爭執。

幣持有，或洽商外滙期票購買 (exchange repurchase)㊷。

9. 加速對母公司債務或股利的償付。

10. 加速外國債務的清償，以避免幣值變動使成本增加。

11. 設法使各子國公司的生產、行銷及融資策略能適應各地環境變化，如採提前或延後策略 (lead & lag strategy)，因應物價上漲或幣值變化。

12. 對必須依賴進口的原料、設備應及早籌劃採購，或放棄必須依賴大量進口的產品製造。

(三) 因應外滙管制措施

1. 提供子國公司財務作業支援，使其能在外滙管制措施下，合理移轉並經營成功。

2. 建立資金滙回基礎，儘量減少資金於子公司內，使可能損失成本最小。對無法滙回的資金，考慮內部轉投資或投資於當地的證券、房地產，及貸給當地安全且獲利穩定的企業，以待外滙管制解除後的價值提高。

3. 提高母公司或其他子國公司對當地子公司售給商品的轉移價格 (transfer price)，降低當地子公司售後利得㊸。

4. 考慮增加當地融資，以取代自母公司取得資金或動用到欲滙回的資金。

5. 購買地主國發行的國際公債或美元公債 (dollar bonds)，以便到期還本付息時取得外滙㊹。

㊷ Denis, Jack Jr., "How to Hedge Foreign Currency Risk", *Journal of Financial Analysis* (Jan.–Feb., 1976), No. 32, pp. 50–54.

㊸ Petty, J. William and Ernest W. Walker, "Optimal Transfer Pricing for the Multinational Firm", *Financial Management* (Summer, 1974), pp. 24–32.

㊹ Denis, Jack. Jr., *op. cit.*

6. 各子國公司間平行貸款 (parallel loan)； 或將過剩資金貸給其他母公司設於當地的子公司並取得妥協，由其母公司以母國貨幣交付該貸款子公司的母公司。

7. 改變稅務會計，如重估固定資產或加速資產折舊，便於較大股利滙囘。

我國在面臨技術創新、能源與資源匱乏、各國保護主義盛行、外交挑逆的限制及國際市場競爭劇烈的情況下，爲拓展市場、引進技術、掌握原料來源、突破外交或政治限制，及應付國際市場競爭，國內企業採行多國性經營是今後可行的發展策略。

第七章　企業的決策

　　無論經營管理者做什麼，均必須經由決策此一過程，而決策的正確與否，常關鍵性影響企業未來的生存與發展，因此，經營管理的作業基礎即建立在企業主管的決策，而決策亦成為經營管理的核心。而有關決策的特性、類型、原則、方法、模式……等即為本文所欲詳加探討。

第一節　企業決策的意義與特性

一、決策的意義

　　企業的高級主管，無論處於何時、何地，面對何人、何事，只要出現了一項企業應完成的目標，及達成此一目標的策略方法，即表示做了一項決策 (decision-making)。企業凡是選擇所要追求的目標，及選擇達成此項目標的策略方法，都要做決策，除極少的例外，企業高級主管從策劃、組織、執行、控制及協調，至於人事、財務、生產、行銷、及研究發展等的活動，幾乎都處於決策的環境與過程中，因此賽蒙 (Herbert

A. Simon) 教授將決策與管理視爲一體，認爲管理即是決策❶。由此可見，決策對管理人員的重要性！

　　當企業作了一項決策，即表示經營管理人員將受一項行動的約束。由於企業的規模日大，投入的資源愈多，而市場的形態複雜，經營的風險增加，決策更形重要，且牽涉到約束的永久性，換言之，一個企業不能常常改變其重大決策，否則，易產生組織內部的混亂；另一方面，由於企業環境的動態，很少的決策可說是最後決定性的，爲了因應環境的需要，企業的高級主管必須因勢利導，彈性的調整決策的內容，因此，如何平衡決策的合理性❷，對企業的管理人員而言，乃是一項嚴重的挑戰！

二、合理決策的特性

　　理論上，一般管理人員在決策時，似乎會選擇最佳的結果(optimum decision)，然而，在實際上，由於時間、成本、資訊不足及人類無法預見能力的限制，因此，多數的決策均在主觀與可行的情況下進行，而其選擇亦以許多夠好而非最好的結果，產生了所謂「理性束縛」(bounded rationality)❸ 的現象，例如，企業在尋求一項新產品時，多數行銷人員很少(也無法)能先列舉一切可能的新產品以便選擇最佳的一項，而是先決定所欲達成的新產品，再選擇可能滿足此目標的新產品內容。因此，所謂「合理的決策」，乃是有效且適宜的選擇各種策略方案，以達成組

---

❶　Herbert A. Simon, *The New Science of Management Decision* (New York: Harper & Bros., 1960), p. 1.

❷　M. Alexis and C. Wilson, *Organizational Decision Making* (Englewood cliffs, N. J.: Prentice-Hall, Inc., 1967), p. 160.

❸　Herbert A. Simon, *Administrative Behavior* (New York: The Macmillan Co., 1957), 2nd. ed., p. 52.

織目標爲目的。而合理決策依賽蒙教授認爲❹，倘一項決策，按照衡量結果的某項原則，在特定環境中，可增加某方面的價值，則稱爲「客觀的」合理決策；一項決策，倘可擴大某特定問題實際知識的獲得，則稱爲「主觀的」合理決策；決策形成的程序，是按立定主意、考慮估算、判斷及決定的意識過程，則稱爲「有意識的」合理決策；一項決策，倘指向組織目標，則是「組織的」合理決策；一項決策，倘可達成個己的目標，則是「個人的」合理決策。從上述的描述中，可發現一項合理決策，必須對特定目標的適應，且滿足人類的利益，並伸長到整個問題解決的範圍，從發現問題，探討解決問題的方法，分析各種解決問題方法，乃至於選擇解決問題方法的連貫過程。

企業決策的過程顯現一些重要的特性，對決策人員而言，具有相當密切關係，必須有所體認：

(一)決策的形成是一貫性的：合理的決策，從發現問題、探討、分析、評估、判斷、至於選擇，有一完整的連貫過程，開放性的決策系統，還包括囘饋與修正。

(二)決策的形成是一致性的：企業的決策，大部份都在環境的發展，及主管人員所尋求的某些判斷與意見趨向一致時，從研討中產生。

(三)決策的形成是整體性的：企業低階管理人員所做的許多決策也許不太複雜，但高階層的決策，其複雜性便逐漸增加，而牽連的影響範圍，則包括社會的、道德的、法律的、經濟的、乃至於政治的領域，因此，決策形成的過程，在專業人員、工作責任、思考歷程、意見交流及資訊系統，與管理可行性及道德倫理規範之間，形成錯綜複雜的相互關係。

---

❹ *op. cit.*, pp. 52-54.

(四)決策的形成是流動性的：各個企業的決策形成過程常處於變動之中，並視團體的大小、管理資訊系統建立的方法、決策性質、管理人員的領導方式及決策形成的階段而有不同。

(五)決策涉及個人的價值觀念：所有的企業管理決策都牽涉到判斷，雖然為決策準備所作的分析或評估均符合科學的精神，但是管理人員最後判斷或選擇所注入的價值觀念，則不易以文辭說明清楚的。

(六)決策是在特定組織結構中形成：任何具有組織目標與策劃步驟的企業，均有完整的組織結構與作業的功能，因此，決策可按一項合乎邏輯的方式進行。在此組織系統中，有進行決策所需的指引、約束及激勵標準，及決策形成的步驟、作業方法、組織成員的意見與資訊系統，形成決策所需的組織特性。

三、決策之原則

在了解決策之特性後，依賽蒙教授認為，對企業風險水準之正確衡量，必須基於某些原則，方可增加決策之價值，則稱為合理決策。此項原則之前提為：

「以最低成本獲得最大安全效用之策略，並使損失減至最低程度或使收益達到最高程度。」

因此各種類型之企業策略，按下列原則選擇或配合，即可獲得最佳的決策結果[5]：

(一)避免(Avoidance)：決策的前提在規避風險原則時，係指風險所造成的損失不能與冒成風險所可能獲得之收益抵銷，應直接設法避免，此為最簡易之決策原則。譬如企業不從事某項具有風險性之經營活動，

---

[5]　參閱Mark S. Dorfman, *Introduction to Insurance* (New Jersey: Prentice Hall, Inc.,) 1978, pp. 54-61.

或排除具有風險性之標的，均可達到避免之目的。

惟避免之方法，一方面僅在風險可避免下方可實施，另方面經營活動所面臨之風險有許多是無法避免，且企業亦不可事事僅消極地避免，進而阻礙企業之發展，故避免並非一種極佳的決策原則。

(二)預防與抑制 (Loss Prevention and Loss Reduction)：決策的前提在預防與抑制風險原則時，係指企業事先即採取各種有效的手段，以消除或減輕導致不幸事件的因素，使風險發生之頻率因而減少，例如銷售預測、工作研究、統計推論、品質管制、作業研究、電腦模擬及系統分析等技術方法，事先預防，事中抑制風險之發生。

預防與抑制在經濟效益上遠勝於其他原則，惟此原則囿於各種條件之限制，尤其在技術上與經濟上仍存有若干困難無法突破，目前尚無法完成或充分達到預防與抑制之要求。

(三)保留或承擔(Retention or Assumption)：企業既無法避免風險，又不能完全加以預防或抑制，或因冒險可蒙厚利時，則決策的前提需以保留或承擔風險為原則。

(四)中和(Neutralization)：風險之中和，僅適用於投機性決策前提下，其將風險的損失機會與獲益機會予以平均分擔，如前述之採購套做(Hedge)策略。此項原則，風險並未消除，乃藉移轉於他人而本身因利害抵銷，而減少損失，因而難適用於一般決策原則上，常列入風險移轉項下。

(五)移轉或轉嫁 (Transfer)：風險之移轉乃是最普遍的決策原則，分為直接移轉與間接移轉。

(1) 直接移轉：即將與風險有關的資產或業務本身，直接移轉於他人，包括：

(a) 出售：出售具風險性之資產而移轉風險，如出售應收帳款

(Factoring) 等。

　(b) 分包 (Subcontract)：將生產或工作契約，依其內容分別轉與小包商代工，藉以平衡能量或移轉因漲價而致全面損失。

(2) 間接移轉：即將與資產或業務有關之風險移轉，而資產或業務本身並不移轉。包括：

　(a) 租賃：企業爲恐機器設備陳舊風險，乃租賃使用，即僅負擔其租賃費用之支出。

　(b) 保證：即以保證允諾債務到期履行，而將對債務索償之風險移轉於保證人。

　(c) 免責契約：企業與他人簽訂契約前，即言明條件可將部份風險移轉於他人。

　(d) 保險：由要保人或被保險人付出保險費，而由承保人承擔在約定風險發生時，賠償損失。如前述各項保險策略等。

　(六)聯營或結合 (Pooling or Combination)：決策的前提在分散風險原則時，最常採行聯營或結合方式，即將具有相同性質之風險的企業單位結合，直接分擔所遭受的損失，使各單位所承受的風險程度減少，前述的結合、多角化經營、投資羣分析、多國性經營等策略，皆是藉增多單位以圖分攤或消納所遭遇的風險。

　企業決策乃基於上述原則，而獲得各種最佳之結果。

第二節　企業決策的類型

　企業決策有許多不同的分類，某一類型的決策方法對另一分類不一定有用，或者，某一類型的決策方式對另一類型可能完全不同，因此，瞭解與認識各種決策類型極爲重要。

企業決策可因各種前提，而有下列的分類與類型：

一、依決策內容的層面分❻

1. 策略性決策 (strategic decision)：策略性決策乃是企業為謀求組織與外在環境間達成動態均衡的決策，其內容包括企業目標的確立，經營管理系統的設定，環境變化的因應措施，組織系統變更調整的決策，長期發展計劃及多角化經營的決定等。

2. 行政性決策 (administrative decision)：行政性決策乃是企業為執行策略性決策所需各種管理資源之籌備及調配改變的決策，其內容包括組織結構的設計與變更，各種資源系統的建立，組織內部協調與控制的決定等。

3. 作業性決策 (operating decision)：作業性決策乃是企業基於一定的組織系統，依據管理計劃，為提高平日作業效率的例行決策，其內容包括例行或日常的人事、財務、生產、存貨及行銷等作業措施之決定。

二、決策的進行方式分

1. 程式化決策 (programmed decision)：程式化決策又稱為定型化決策，係指例行之決定事項，其解決方式已成為定型化或程式化。程式化決策都是在一定明確的結構條件下發生，傳統上係以習慣基礎，標準作業程序來實施。近年來，電腦程式的應用，使定型的決策技術有長足的進步。

---

❻ Talcott Parsons, "Suggestions for a Sociological Approach to the Theory of Organization", *Adminizative Science Quarterly* (June, 1956), Vol. 1.

2. 非程式化決策(non-programmed decision)：非程式化決策又稱非定型化決策，係指關於非尋常性、未結構化而且例外的問題決策。非程式化決策並無明確的結構可依循，在傳統上係依賴決策者的直覺、經驗、創意或判斷力進行決策。近年來，自發性問題解決法與電腦模擬的應用，亦使非定型的決策技術有所改進。

三、依決策的行為分

1. 組織決策：當組織成員依職權正式履行其職責而進行決策時，即為組織決策，此類決策通常均由高級主管執行，或由高階層授權低階層進行決策。

2. 個人決策：當組織成員依個人身份進行決策，即為個人決策，此類決策通常不能授權，倘若同時需進行次一步驟的決策，以實行原定的決策，亦由同一個人來進行決策。惟在企業高階層，有時組織決策與個人決策常混淆不分，在多數決策中可發現兼有組織與個人的要素。

四、依決策的結構分❼

1. 敍述性決策 (descriptive decision)：敍述性決策的內容，係以說明管理者決策行為的動機、決策過程及環境對決策的影響程度為主，其重點在描述決策全部過程的事實真象及來龍去脈。企業採敍述方式進行決策，即為敍述性決策法 (descriptive ap-

---

❼ Max D. Richards and Paul S. Greenlaw, *Management: Decision and Behavior* (Homewood, Ill.: Richard D. Irwin, Inc., 1972), Rev. ed., pp. 68-70.

proach to decision making)。

2. 類比性決策(analgue decision)：類比性決策的內容，係以類比圖形來說明決策的狀況，尤其，當決策的狀況較爲複雜與變化時，以流程圖或特定圖形常可表示出決策的特性。企業探類比圖形表示決策，卽爲類比性決策法 (analgue mode of decision making)。

3. 符號性決策 (symbolic decision)：符號性決策的內容，係以特定符號來表示影響決策的變數狀況，在實際決策作業中，影響決策的變數(variables) 甚多，而其變化的程度亦甚複雜，有時以數學模式或符號邏輯較類比圖形更能表示出決策的特性，並藉數學的運算卽可獲得決策的結果。企業探符號運算方式進行決策，卽爲符號性決策法 (symbolic approach to decision making)。

五、依決策的解決問題分

1. 議程決策 (procedure decision)：此類決策係以乃有關認識問題、選擇問題，檢討問題及在各項問題間分配優先順序爲首的決策。

2. 探求問題 (exploratory decision)：此類決策係以選擇或發現有關解決問題程序、投入資源、費用及時間的決策。

3. 分配決策 (allocation decision)：此類決策係將資源用於已選擇之經營管理活動或行動途徑，以解決管理資源運用問題的有關決策。

4. 實行決策 (implementation decision)：此類決策係決定有關實行經營管理活動的時間、地點、人物、職掌及如何進行等 6WIH

的決策。

5. 評價決策 (evaluation decision)：此類決策係關切評估績效對預定目標及標準的比較，同時也包括回饋、修正目標或標準，創新觀念的發展及新決策程序的產生等有關決策。

六、依決策的資訊狀況分

1. 確定性決策 (certainty decision)：有些決策其有關的投入 (input) 及產出 (output)，實際上已有完備的資料，因此在面臨決策時，已知各種確定的情況存在，例如購買政府公債等，即謂之確定性決策。

2. 風險性決策 (risky decision)：有些決策，其結果的情況雖非完全的確定性，但結果的可能情況仍有一定範圍或可以機率 (probability) 表示其結果發生的情況，則在此類情況下的決策，即是風險性決策。

3. 未定性決策 (uncertainty decision)：有些決策，其結果的情況完全無法掌握，或結果的可能性並沒有一定的範圍，亦無法以機率表示其結果發生的可能情況，則在此類情況下的決策，即是未定或不確定性決策。

上述的決策分類，顯示一些共同特性，即決策在形成的過程中，常包含許多的創意與想像力，同時並具有品質與數量兩方面特性的問題，決策即在人性知識的深切瞭解下，循一定的順序完成的。其間，可能由於問題變化程度及決策瞭解程度的差別，或有各種不同的決策分類，然而，其結果皆殊途同歸，旨在解決問題或達成目標。因此，若按研究角度或立場類推，決策還可依時間、對象、功能及反應等繼續分類下去。

第三節　決策的技術與方法

依據管理哲學一章中敍述的瞭解，雖然目前關於企業組織與管理思想，對於企業的經營管理實務並未能建立普遍接受的理論，然而，依管理哲學的發展演進顯示，由於專家學者及企業經理人對於組織與管理理論的研究興趣，已曾發展出各種廣泛的知識，並且有很多方法可用來協助企業家或管理者進行更合理的決策，並按其所選擇最重要的處世態度與價值觀念，以經營或管理其企業。

下列的技術或方法，即是近年來企業決策主要的分類表，足資提供參考:

一、非數量方法

1. 創造性的心理: 例如創意、經驗、判斷力、直覺、腦力激盪 (brain-storming) 等。

2. 試誤法則 (trial and error)。

3. 經驗法則 (rule of thumb)。

4. 解決問題的簡易法: 即何時 (when)、何地 (where)、何人 (who)、為誰 (whom)、什麼 (what)、為何 (why) 及如何 (How) 等 6H1W。

5. 決策所在環境的一般知識: 例如政治、法律、經濟、文化及技術資訊等。

6. 因素評斷法: 對企業內外在環境因素或發生現象的各種關鍵及限制因素予以分析、評估及決定其影響程度的決策，如自由詢問法(open question method)、因素排列法、因素比較法(factor

comparison method) 等。

7. 組織設計 (Organization Design)：主要的內容包括組織結構、組織規模、管理分權 (Management decentralization)、管理幅度 (Span of management)、組織階層化、部門設計 (Divisionalization or Departmentation)、組織發展階段與組織型態 (Organization pattern) 等。

8. 工作設計 (Job Design)：主要的內容包括人力預估、工作分析 (Job analysis)、工作評價 (Job evaluation)、工作分類 (Job classification)、工作說明 (Job description) 與工作規範 (Job specification)、工作輪調 (Job rotation)、訓練進修、薪資與獎工、人力發展階段等。

9. 政策及目標：包括目標系統的建立、長期計劃等。

二、一般系統方法

1. 一般問題解決法 (General problem solver 簡稱 G. P. S.)：其進行步驟包括目標設定、現況與目標間差距分析，依經驗找尋解決方案，分解問題爲次元問題，次元問題之逐漸解決及達成整個目標等過程。

2. 工作研究或方法工程 (Method engineering, 簡稱 M. E.)：

    (1) 工作簡化 (Work simplification)

    (2) 工作標準化 (Work standardization)

    (3) 動作研究 (Motion study) 或動素研究 (Therblig study) ❽

---

❽ 動作研究始自吉爾伯斯夫婦 (Mr. & Mrs. Frank B. Gilbreth)，尋求標準動作之研究，其具體技術包括動作因素分析，微細動作研究，動作經濟原則等，並將各種動作歸納爲十七種動素 (motion elements)，後經美國工程師

(4) 時間研究 (Time study)

(5) 動作經濟原理 (The principles of motion economy)

(6) 工作抽樣 (Work sampling)

(7) 複合作業分析圖 (Multiple activity chart)：包括人機配合表等。

(8) 預定時間標準法 (Predetermined Time Standard, 簡稱 P. T. S.)：例如方法時間衡量 (Methods-Time Measurement, 簡稱 M. T. M.)、工作要素法 (Work-Factor System, 簡稱 W. F.)、工時分析 (Motion-Time Analysis, 簡稱 M. T. A.) 等。

3. 系統佈置策劃 (Systematic Layout Planning 簡稱 S. L. P.)：包括最佳廠址，基本廠房佈置，細部佈置及建設實施等程序。

4. 價值分析 (Value analysis) 及價值工程 (Value engineering)。

5. 非數量的模擬模式：例如簡易分段邏輯分析、適應性研究、工作流程圖設計等。

6. 會計系統及模式：例如資產負債表及損益表的編製、現金流動分析、收支平衡分析、財務比率分析 (Financial ratio analysis) 及成本分析等。

7. 資訊系統：包括各發展階段的內容

學會增列一種，合計十八種，並將動素以 Therblig 表示，以紀念吉爾伯斯夫婦。動素內容爲尋找 (Search; Sh)；發現 (Find; F)；選擇 (Select; S)；握取 (Grasp; G)；運送 (Transport Load; TL)；放置 (Position; P)；裝配 (Assemble; A)；應用 (Use; U)；拆卸 (Disassemble; D)；檢驗 (Inspect; I)；預放 (Pre-position; Pp)；放手 (Release Load; RL)；運空 (Transport Empty; TE)；休息 (Rest; R)；遲延 (Unavoidable Delay; UD)；故延 (Avoidable Delay; AD)；計劃 (Plan; Pn)；持住 (Hold; H) 等。

(1) 初期的資料減縮系統 (data reduction)：分類、歸類、索碼 (code and index)、製表 (Tabulation)。

(2) 檔案系統 (Filing system)。

(3) 電腦化資訊系統 (Computerized information system)：包括輸入 (input)、儲存 (storage)、演算 (processing)、控制 (control) 及輸出 (output) 等作業組成。

三、傳統的數量方法

1. 邊際分析 (Marginal analysis)：包括邊際成本效益分析、邊際效用分析等。

2. 投資決策分析：例如平均報酬率法 (Average rate of return)、返本年限法 (Payback period method)、現值法 (Present value method)、內涵投資報酬率法 (Internal rate of return)、獲利指數法 (Profitability index) 或成本效益分析 (Costbenefit analysis)、MAPI 法、重置價值法 (Realize value method) 等。

3. 數量預測：例如趨勢分析 (Trend analysis)、指數分析、相關分析、個體經濟分析 (Micro-economic analysis) 及總體經濟分析 (Macro-economic analysis) 等。

四、傳統的控制方法

1. 工作進度或時間控制法：

(1) 甘特圖 (Gantt chart)：包括負荷圖 (load chart)、紀錄圖 (record chart)、方案進度圖 (program progress chart)。

(2) 里碑圖 (Milestone chart)。

(3) 網路圖 (Network method)：例如箭型網路圖 (arrow me-

thod) 及圈型網路圖 (circle chart)。

(4) 計劃評核術 (Program Evaluation and Review Technique, 簡稱 P. E. R. T.)。

(5) 要徑法 (Critical Path Method, 簡稱 C. P. M.)。

(6) 平衡線圖 (Line of balance chart)。

(7) 督催系統 (Come-up or Tickler System)。

2. 品質管制：

(1) 管制圖法 (Quality control chart)：包括平均值管制圖 ($\bar{x}$-chart)、全距管制圖 (R-chart)、標準差管制圖 (Q-chart)、不良率管制圖 (P-chart)、不良個數管制圖 (Pa-chart)、缺點數管制圖 (C-chart) 等。

(2) 檢驗法：例如抽樣檢驗法 (Sampling inspection)、百分之百檢驗法 (100% inspection) 等。

(3) 實驗設計 (Experiment design)：例如簡易實驗設計、相對實驗設計、拉丁方區實驗法 (Latin square experiment method) 及 櫺式方區實驗法 (Lattice square experiment method) 等。

(4) 巴累多分析 (Pareto's analysis)。

(5) 品管圈 (Quality Control Circle 簡稱 Q. C. C.)。

(6) 全面品管系統 (Total Quality Control 簡稱 T. Q. C.)。

(7) 無缺點計劃 (Zero Defect Program 簡稱 Z. D.)。

3. 生產管制：包括命令控制 (order control)、流程控制 (flow control)、分區控制 (block control)，其程序可分爲排列製造途程 (routing)、排定製造日程 (scheduling)、分派製造工作 (dispatching)、追踪製造績效 (follow-up)。

4. 存貨控制 (Inventory control)。

5. 預算控制 (Budgetary control)。

五、近代的數量方法

1. 作業研究 (Operation research)：例如線性規劃 (Linear progr-amming)、競賽理論 (Game theory)、等候原理 (Queuing the-ory)、調配模式 (Allocation model)、更換模式 (Replacement model) 等。

2. 作業網路分析 (Network analysis of PERT/Time and PERT/Cost)。

3. 機率模式：例如機率存貨控制、統計品質管理、貝氏決策模式 (The Bayesian model)、決策樹法(Decision tree method)及蒙地卡羅法(Monte carlo method) 等。

4. 投入產出分析 (Input-output Analysis)：例如資源動員與調配分析、產業均衡分析、價格均衡分析等。

5. 電腦模擬模式。

六、近代的綜合決策方法

1. 問題與決策分析法 (The K-T Process)❾：

(1) 問題分析法 (Problem analysis 簡稱 P. A.)：其分析步驟包括認識問題、分隔問題、研定優先順序、說明偏差、列舉差別、找尋變化的可能原因、核對可能原因等程序。

(2) 決策分析法 (Decision analysis 簡稱 D. A.)：其分析步驟

---

❾ 參閱 Charles Kepner and Benjamin Tregoe, *The Rational Manager* (New York：McGraw-Hill Book Co., 1965), chaps, 3-8.

包括確立目標、區分目標、產生可行方案、評估方案、選擇決策方案、管制決策效果等程序。

(3) 潛在問題分析法 (Potential problem analysis 簡稱 P.P. A)：其分析步驟包括預測潛在問題、評估可能的變異性、研擬預防措施、準備對策、提供資訊等程序。

2. 系統分析 (System analysis)：依據目標、交替方案、費用、系統模型及產出標準等因素，尋求各因素的關係，從而制定完成目標的決策程序。

3. 經驗啓發法 (Heuristic method)。

4. 社會科學的整合研究。

5. 動態規劃 (Dynamic planning)。

6. 資源分配及多項計劃安排法 (Resource Allocation and Multi-project Scheduling, 簡稱 R. A. M. P. S.)。

7. 計劃及設計預算 (PPBS)。

8. 多角化經營。

上述分類表所列的決策技術方法並不十分完備，而且所列的許多方法間並非互斥的，字義間或許和分類發生衝突，然而新舊方法間的差別通常不太明顯，例如模擬技術，可列入幾種不同的分類中，而新舊模擬技術的不同，尚在爭辯之中。雖然，上述分類表的缺點仍然存在，然而，不可否認的，它們却有下列的優點：

(1) 確實提供決策人員瞭解，有許多技術方法，其中許多具有很大的力量，可供利用，使決策更為容易，而且使決策更為合理。

(2) 各種技術方法，從非數量技術到近代綜合方法，均為許多專家學者所嘔心的結果，均有其存在的價值。

(3) 各種技術方法的分類表，對決策人員提供一個整體觀察和討論

的範圍。

第四節 決策問題的研究

一、正當問題的識別

即使有普遍接受的決策技術與方法，對企業的經營管理人員而言，選擇需解決的正當問題，仍是獲得高度合理化的關鍵，換言之，對企業家最迫切的問題，並不是如何把事情做得正確，而是去發現要做的正當的事情！

企業的經營管理人員忽略了決策的問題，比忽略了合理的解決辦法更爲嚴重。倘若解決了錯誤的問題，不論其解決的辦法如何理想，仍舊是於事無補的，「而在管理決策中，最普遍的錯誤來源亦是將注意重心放在尋求正確的答案，而不是尋求正當的問題。」因此，發現正當問題並界定此項問題的範圍，亦成爲管理人員的基本職責。

要發現一個正當問題通常不是一件簡易的工作，大多數企業的經營管理的問題，以及所有眞正重要的問題，均是一些相互關連的問題。例如一個企業面臨產品市場的銷路衰退，這問題的癥結可能由於競爭、促銷不力、分配路線不足、產品劣質或經營能力不夠所致。因此，當進一步探討時，可能形成更複雜的問題，並造成組織內部的意見隔閡。是故，在確定並形成一項問題之前，先瞭解要識別問題可能遭遇的困難，並排除這些困難的障礙，乃是合理決策的第一步。一般而言，影響正當問題發現的理由，主要有下列：

1. 知識不足：許多企業家或管理人員從來沒有爲求達到完全合理所必須的完備的知識。因此，在實際生活中，管理人員僅能就

決策週圍的一切情況，蒐集一些零星的知識，並未具有完備的知識準備，同時除了在決策時可預見的有限知識外，對於後果亦沒有很多的理解。

也許要獲得決策週圍一切環境的完備知識，是不太可能的，而且獲得知識的代價是昂貴的，然而，在面臨當前決策環境的動態與複雜，企業家或管理人員必須能識別問題的特性時，「知識才是力量」！

2. 環境未能配合：企業決策的時機和無法控制的環境力量，可能將一項可接受的解決方案轉變成一場損害，許多方案未能成功，均由於環境條件的改變，因此，盱衡環境的態勢，成為掌握正當問題的契機。

3. 時間不夠：許多決策人員常面臨缺乏足夠的時間進行合理決策，由於必須在短暫的時限前決策，則無法準備充分的決策資料，決策就顯得較不合理。

4. 意見未能一致：參與決策的組織成員，常由於立場、賣弄才能、組織層次的隔閡、部門間對立及個人價值觀念的不同，阻礙意見交流，造成對問題的偏陂或選擇不當。

5. 其他因素：例如習慣的力量、不完全的記憶、對別人動機及價值的錯誤判斷、未定情況和風險的錯誤估計等因素，對於合理決策的產生限制。

依李查特(Max D. Richards) 與格陵勞 (Paul S. Greenlaw) 兩教授認為，決策問題的選擇，可從經營管理績效是否達成既定目標，及企業目標是否適宜❿着眼，茲分述如下：

---

❿　同註❼ p. 40.

(1) 績效不佳：企業的問題產生，通常是由於經營管理的效率過低，無法達成既定的目標；其次，效率未見偏低，然而經營管理人員未能引導至既定目標，造成缺乏效果，結果還是白忙一場。因此，如何提高效率、產生效果，是對問題識別的要務。

(2) 目標不當：企業設定目標發生問題，基本上是目標過於偏高或理想化，員工無法達成，必然產生決策問題；其次，企業的內外環境發生變化，對經營管理活動產生不利情況，問題隨之發生，則原定達成的企業目標，必須有所調整。

上述兩大問題的前提，已足夠提供決策人員對選擇正當決策問題的參考。此外，依據目標系統的內容，企業所面臨的問題更為複雜，而各種目標領域對決策人員均是挑戰。因此，成功的決策人員都會尋求並樂於接受各種減輕負擔或協助決策的方法，則消除意見交流的障礙，改變個人的專斷觀念，協調同僚的工作方式，掌握環境的態勢，以及不斷的充實自己，都是促進選擇正當問題及決策合理化的基本態度。

二、決策問題的型態

賽蒙 (Herbert A. Simon) 教授將管理認為是決策與解決問題，則決策的問題即可依決策技術、組織結構、領導型態、策劃方法及控制程序予以不同的分類。為便利區別不同分類的問題，一般皆以複雜性 (complexity) 與確定性 (certainty) 為經緯，其中，有關複雜性係以形成問題的變數多寡為度，而確定性則以環境變遷影響決策時，決策資料的明確程度、長時間內衝擊的回饋程度及變數間的關係為標準來權衡[11]，將問題區隔成四個問題型態，即：

---

⑪　前揭書，p. 591.

(1) 決定性——問題的變數少，各項變數間存有已知或決定性的關係。

(2) 可能性——問題的變數較多，各項變數間關係的可能性可以推算。

(3) 穩定，但非決定性的——問題的變數少，各項變數間關係雖非決定性，但其可能性仍有相當信心加以評估。

(4) 不穩定，亦非決定性的——問題的變數較多，各項變數間關係複雜，且受各種不確定性的因素所牽制。

上述問題型態的分類，可以圖 7-1 表示之。

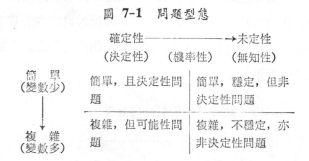

圖 7-1　問題型態

資料來源: 參閱 Max. D. Richards and Paul S. Greenlaw, *Tentative Recommendations for the Undergraduate Mathematics Program of Students in the Biological, Management and Social Science* (Berkeley, Calif: Committee on the Undergraduate Program in Mathematics, 1964), p. 12.

依據上述分類，則企業的管理問題，亦可依組織結構、策劃特性、控制程序、領導型態，乃至於管理思想予以下列的分類:

(一)組織的問題型態: 組織可依其規模及分化整合的程度，將組織結構問題區隔成四種組織類型，分別為直線式、功能式、直線幕僚式及矩陣式(或專案式)等，而其分化與整合程度亦各有不同❸，如圖 7-2 所示。

圖 7-2 組織的問題型態

	確定 ─────────────────→未定	
簡單	1. 簡單直線式組織 2. 很少分化 3. 極少整合	1. 直線及幕僚組織 2. 中度組織分化 3. 中度整合
複雜	1. 程序或功能組織 2. 中度的分化直線與幕僚 3. 中度整合	1. 工作小組或專案式組織 2. 高度分化 3. 高度整合

資料來源: 同圖 7-1。

(二)策劃的問題型態: 策劃所產生的問題, 主要在其內容的特性及時間的長短, 內容可爲經常性的規章細則, 乃至於原則性的政策目標, 而時間則有短期、中期及長期之分, 因此組合的問題型態亦有顯著的不同[13], 如圖 7-3 所示。

圖 7-3 策劃的問題型態

	確定 ─────────────────→未定	
簡單	1. 日常例行計劃 2. 程序步驟 3. 簡單的決策法則 4. 固定方法	1. 中期計劃 2. 未來的評估 3. 因應情況的調整
複雜	1. 短期 2. 較多的程序, 規則 3. 相關性說明 4. 固定方法, 但有部份分析	1. 長期, 偏重於目標的策劃 2. 延伸性的計劃內容 3. 彈性原則 4. 較多的方法, 以供選擇

資料來源: 同圖 7-1。

---

[12] 前揭書, p. 592.
[13] 前揭書, p. 594.

(三)控制的問題型態：控制所產生的問題，主要可依據其控制的範圍所產生的影響程度及時間的衝擊來說明，控制範圍可從一般作業性、協調性乃至於策略性的效果評核，而時間的衝擊可為短期、中期及長期的影響，則問題的特性亦有不同[14]，如圖 7-4 所示。

圖 7-4 控制的問題型態

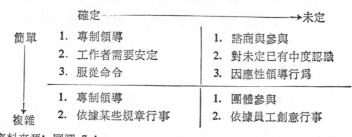

確定	──────────────→未定
簡單	1. 細節性測度 1. 就偶發性測度所控制作 2. 控制所有作業 業的影響 3. 短期回饋 2. 長期回饋
複雜	1. 總合性測度 1. 測度目標或結果 2. 例行性報告 2. 評估各種作業，包括尚 3. 抽樣性作業控制 未執行 4. 短期回饋 3. 長期回饋

資料來源：同圖 7-1。

(四)領導的問題型態：領導所產生的問題，主要來自高階層對低階層的意見態度，李卡特 (Rensis Likert) 所強調的領導系統 (1, 2, 3, 4)，正也是領導的四種問題型態[15]，如圖 7-5 所示。

圖 7-5 領導的問題型態

確定	──────────────→未定
簡單	1. 專制領導 1. 諮商與參與 2. 工作者需要安定 2. 對未定已有中度認識 3. 服從命令 3. 因應性領導行為
複雜	1. 專制領導 1. 團體參與 2. 依據某些規章行事 2. 依據員工創意行事

資料來源：同圖 7-1。

---

[14] 前揭書，p. 595.
[15] 前揭書，p. 598.

　(五)管理思想的問題型態: 管理思想的演進，亦形成決策階層的問題，從傳統的科學管理學派，經行爲科學學派，乃至於當今流行的系統學派，正說明管理思想問題的分野⑯，如圖 7-6 所示。

圖 7-6　管理思想的問題型態

	確定 ——————→未定	
簡單	科學管理的思想	人際及行爲科學的思想
↓	功能及管理程序的思想	系統管理的思想
複雜		

資料來源: 同圖 7-1。

　上述五種問題型態的分類，只是管理問題中熒熒大者，許多經營活動中有待決策人員解決的問題，亦可依據上述的分類標準區隔之，使經營管理人員更能瞭解或認識問題的範圍。

三、決策問題的內容

　企業的經營管理人員面對複雜與動態的內外環境，所發生的問題可說是方興未艾，層出不窮，然而，在瞭解問題的特性與型態後，對於管理問題的性質，亦能有些輪廓，李彼特(Gordon Lippitt)與史密特(Warren Schmidt)教授，在研究企業發展過程中，將企業所可能面臨的組織需求及關鍵性的決策問題內容，歸納成下列六大類⑰，茲分述之。

---

⑯　前揭書，p. 604.

⑰　Gordon Lippitt and Warren Schmidt, "Crises in a Developing Organization", *Harvard Business Review* (Nov.–Dec., 1961), Vol. 45, No. 6, pp. 102–112.

(一)創造新的社會技術系統

關鍵性問題：　1. 產品與勞務的適銷性(marketability)。

2. 財政程序與資金系統。

3. 技術程序。

4. 政治或立法需求。

5. 組織的領導型態。

所需的活動：　1. 評估各種系統方案的風險。

2. 進行企業決策。

3. 調整系統的彈性。

4. 靈活運用策略方法，接受內外意見。

5. 決定產品或勞務進入市場的時間。

(二)企業的生存

關鍵性問題：　1. 生產作業的調配。

2. 會計系統與簿記程序的建立。

3. 競爭的型態。

4. 人員羅致與訓練程序。

所需的活動：　1. 應付競爭。

2. 聘僱高級人力。

3. 及時獲得財務支持。

4. 實施授權，分層負責。

5. 着眼將來，執行基本政策。

(三)企業的問題

關鍵性問題：　1. 長期性策劃。

2. 對新競爭者的適宜反應。

3. 技術密集的升級。

4. 內部人事薪資及福利制度的改進。

5. 公共關係政策的推展。

所需的活動： 1. 對市場展開較積極性的促銷活動。

2. 訂定發展目標及系統規劃。

3. 反擊競爭壓力。

4. 進行研究發展活動，提高競爭能力。

5. 長期訓練人才，發展人力。

6. 成立公共關係部門，建立商譽。

(四)建立良好商譽

關鍵性問題： 1. 提高產品及勞務品質水準。

2. 高級人力領導力的養成。

3. 推展公共關係政策，升級為社區服務。

所需的活動： 1. 因應特殊顧客或供應商的需求。

2. 採行現代化的政策與管理知識。

3. 全面展開產品展示與商譽活動。

4. 提供充分財力、資金的支持。

5. 配合社區需要，服務社會。

(五)達成企業的整體發展

關鍵性問題： 1. 內部資源的整體調配。

2. 各功能政策的配合。

3. 作業的平衡發展。

4. 企業發展階段的訂定。

所需的活動： 1. 選定產品及勞務發展範圍，整體性促銷。

2. 擴大授權，加強高級人才培養。

3. 設立雙向交通管道，促進意見交流。

　　　　　　　4. 加強促銷活動，建立商譽。

　　　　　　　5. 研擬企業的規模經濟範圍。

(六)履行社會責任

　關鍵性問題：　1. 訂定長程研究發展計劃。

　　　　　　　2. 全面發展人力，擴大就業機會。

　　　　　　　3. 擴大社區及社會服務範圍。

　　　　　　　4. 改進企業環境，防治公害。

　　　　　　　5. 建立企業發展的組織。

　所需的活動：　1. 積極參與社區服務與建設。

　　　　　　　2. 企業高級人力參與政府事務，或配合公共事務。

　　　　　　　3. 樹立健全的人事政策，激發工作情緒，有效利用人力。

　　　　　　　4. 積極從事研究發展，改進生產方法，提高產品品質，節約能源並開發各種資源。

　　　　　　　5. 調整且健全企業組織，使人盡其才，貨暢其流。

　　　　　　　6. 評估企業環境，配合公共建設，防治公害。

　　　　　　　7. 訂定企業長期計劃及目標。

　　企業的問題內容是森羅萬象，上述的問題例舉，只是粗枝大葉，未言及細節，係提供參考。

第五節　決策程序

　　企業主管的背景、學識、態度或訓練方式不同，其決策過程亦有不

同。然而，一般科學性的決策，即合理的決策，應包含下列幾個步驟⑱。

一、決策的必要性 (Determining the Need for Decisions)

　　在此階段中，企業主管必須研判問題有無決策的必要性，許多問題常是例行性，只要依組織分化(功能分工或分層負責)的制度作業，即可解決；而企業主管應將其時間、精力與能力置於例外性問題的決策上。一般而言，此階段主要包括下列作業。

　　(一)發現問題：企業問題的發生，依前文所分析不外兩個原因：

　　　　(1) 原訂目標不宜：企業常因內外在環境或技術情況改變，或原訂目標水準過高不易達成，而產生問題。

　　　　(2) 企業績效不足：企業的政策執行偏差，或效率不夠亦造成無法達到目標的後果，問題亦隨之發生。

　　上述問題的發生，均需企業主管決策解決之。

　　(二)識別問題特性：企業問題發生後，企業主管必須識別問題的特性，方能採取對策。依企業風險之來源，企業經營管理的問題主要可歸類為下列特性：

　　甲、動態性（或投機性）

　　　　(1) 政治問題。

　　　　(2) 經濟問題或能源問題。

　　　　(3) 競爭問題。

　　　　(4) 技術創新問題。

---

⑱　Herbert Simon, *The New Science of Management Decision* (New York: Harper & Bros.,), 1960, ch. 1 乙書使用三步驟; Peter Drucker, *The Practice of Management* (New York: Harper & Bros.,), 1954, ch. 28 乙書中則使用五步驟。

　　(5) 管理問題。

　　　　(A) 財務問題。

　　　　(B) 生產問題。

　　　　(C) 行銷問題。

　　　　(D) 人事及組織行政問題。

乙、靜態性

　　(1) 資產實質上之損害。

　　(2) 企業主個人行為異常或惡行，因法律責任所生的損失。

　　(3) 企業主或重要員工之死亡或傷殘，致企業能力減低。

　　(4) 自然風險（風災、水災、火災、地震及戰爭、暴亂等）及
　　　　意外災害。

　　動態性問題有廣泛影響，出現亦較無規則；靜態性問題通常是個人
也是社會性，其影響較小且出現較有規則。惟不論靜態性或動態性，在
決策程序上，只歸類為下列三種狀況 (states)：

甲、確定性 (Certainty state)：為事先可預料，或其機率為一或為
　　零。

乙、風險性 (Risk state)：為可根據經驗或機率來估計。

丙、未定性 (Uncertainty state)：為對未來毫無了解，其機率資料
　　付之闕如。

　　(三)參考企業使命、組織目標及個人需求或價值：在識別問題特性
的同時，企業主管必須參考企業使命（企業利益與社會責任）、組織目
標（單一目標或多目標）及個人的需求、價值觀與目標，以比較、分析
及研判決策目標的實際狀況，並考慮倘企業利益與社會利益衝突，或多
目標間牴觸消長時，係追求最佳決策 (Optimum decision) 抑或次佳化
(Suboptimization) 之結果。

(四)蒐集有關內外在環境限制因素之資料: 企業的內外在環境因素常限制決策之標準, 企業主管爲旴衡環境變化並掌握問題的特性, 必須蒐集有關資料, 建立資訊系統, 俾利決策進行。李查(Max D. Richards)及格陵勞 (Paul S. Greenlaw) 兩敎授依資訊對決策之重要性, 創立資訊決策系統(Information-decision system), 如圖 7-7 所示。

圖 7-7　資訊決策系統

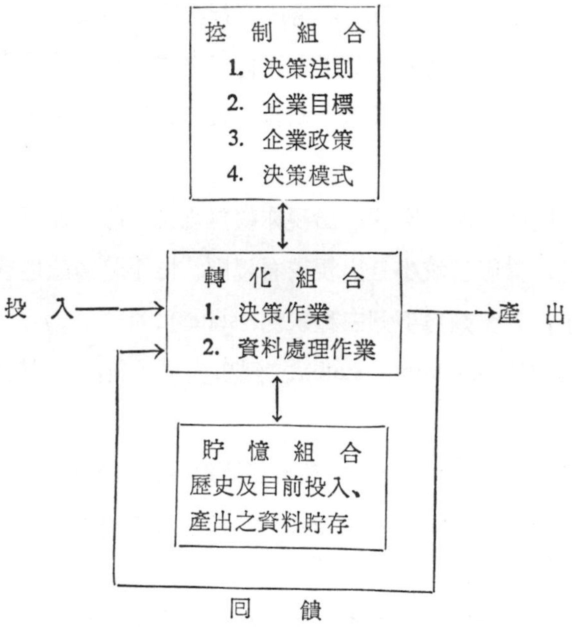

資料來源: Max D. Richards and Paul S. Greenlaw, *Management*: *Decision and Behavior* (Homewood, Ill.: Richard D. Irwin, Inc.,) Revised ed., 1972, p. 104.

二、發展交替策略或可行方案 (Developing Alternative Strategies)

企業決策的第二階段是發展交替策略或可行方案 (courese of action)，而企業主管將依該交替策略或可行方案以決策而解決問題。

此階段中，最主要的作業乃在考慮影響目標達成之各種變數（variables）。在動態的現代化社會裏，各種變數相互影響，而此變數有獨立變數（主變數）與相依變數（從變數）之分，獨立變數是因，譬如政治、經濟、技術等；相依變數是果，譬如品質水準、市場佔有、獲利能力等；有時，獨立變數間亦形成主從因果關係，例如政治影響經濟或社會的變化。上述顯示對問題的處理，不能只抱定一個觀念而已，不同的人、事、時、地，或政治、經濟與技術，會有不同的影響，因此，解決問題的交替策略或可行方案亦不限定只有一個！

三、選擇最佳策略(Selecting the Alternatives)

當某特定企業問題有一組合理且可行的答案時，則企業主管即面臨到自該交替策略或方案組合中去選擇一最佳方案以解決問題之挑戰，而該抉擇乃是決策的藝術表現。

選擇最佳策略有許多方法，如直覺、啓發（heuristic）、經驗法則、傳統方式，乃至於系統分析，均能獲致結果，然而，就程序上而言，此一階段的主要作業，包括發展決策模式、評估及決定三部份。

(一)發展決策模式：模式（Model）乃是對各研究變數變化的運作範圍，對企業主管常能提供較合乎邏輯且科學性的決策工具，依其結構特性分類，包括下列三種[19]：

(1) 敍述性模式（descriptive model），以描述變數在決策全部過程之變化事實爲內容。

(2) 類比性模式（analgue model），以類比圖形來說明變數在決策狀況中之變化爲內容。

_____

[19] 同註[7]。

(3) 符號性模式 (symbolic model)，以符號及符號邏輯來表示變數變化之特性，並藉數學運算獲致結果爲內容。

對上述模式的選擇，端視問題的特性而定。倘企業主管對解決問題的過程，希望有較具體地說明且並不重視成本時，則敍述性模式較易發展；惟倘問題較爲動態，有關變數間關係運作受到重視且考慮到成本因素時，則符號性模式較爲適宜。

(二)評估、決定償付標準及選擇：企業在發展決策模式後，隨之即需對該模式之運作進行評估，以估算各變數的可能變化結果，並依據決定之償付標準 (pay-off criterion)，決定選擇。

在此階段中，由於問題特性之狀況 (states of nature) 不一，且競爭者之動向及策略 (competitive strategies) 難料，因此，在決策型態上就有下列三種：

1. 確定性決策 (Decision Making Under Certainty)：倘企業主管能掌握內外在環境狀況及競爭者策略，則爲確定性決策。此時，企業主管只需估算各種交替方案的預期回償或報酬，並自此等方案中選擇最大利潤或報酬之方案即可。然而，在實際狀況中，確定性極少發生，有關購買公債或銀行儲蓄之譬例，並不需頁勞煩企業主管費心傷神地去決策。

2. 風險性決策 (Decision Making Under Risk)：倘企業主管對內外在環境狀況或競爭者策略未能確定性掌握時，就只能依據經驗或機率來推斷，即爲風險性決策。一般而言，風險狀況下的方案評估常按下列步驟進行：

   (1) 先揣測各方案在不同狀況下可能發生的演變 (outcomes)，及其可能之「條件價值」(conditional value)，可以金額或效用單位表示，並將該等可能演變及相對之條件價值集合，

發展爲「償付矩陣」(pay-off Matrix)，如表 7-8 所示。

表 7-8 方案甲、乙償付矩陣

經 濟 狀 況	每年現金流入（單位：萬元）	
	甲方案	乙方案
蕭　　條	400	0
正　　常	500	500
繁　　榮	600	1000

(2) 其次，估算各方案在不同狀況下發生各種演變之頻次，亦卽其可能性(likelihood)。譬如過去十年，經濟蕭條出現二次，正常六次，繁榮二次等。

(3) 依據前述推演或經驗形成機率，並建立機率分配(probability distribution)。

(4) 將償付矩陣中各演變之條件價值及其相對機率相乘，求出各方案之期望價值(expected value)。如表 7-9 所示。

表 7-9 各期望值之運算

經 濟 狀 況	相對機率	條件價值	期 望 值
甲 方 案			
蕭　　條	0.2	400	80
正　　常	0.6	500	300
繁　　榮	0.2	600	120
		期望值 =	500
乙 方 案			
蕭　　條	0.2	0	0
正　　常	0.6	500	300
繁　　榮	0.2	1000	200
		期望值 =	500

(5) 就各方案中，選擇最大期望值之方案。

倘各方案之期望值相同，則可就其收益分配之變異狀況（標準差或變異係數(Coefficient of variance)❷ 等參數），或時間長短等判斷風險性。

利用期望值作決策標準的理由，是根據「大數法則」(The Law of Large Numbers) 原理以掌握各演變的趨勢，並非是放諸四海皆準的金科玉律，仍有待企業主管就演變的趨勢作慎重地研判，否則將發生「聖彼得堡矛盾」(St. Peterburg Paradox) 之偏差❷ 。

3. 未定性決策 (Decision Making Under Uncertainty)：在實際狀況中，對未定性常無法賦予可靠的機率，因此對內外環境或競爭者策略之演變，無跡可循。雖然，貝氏 (Bayes) 主張賦予主觀機率以憑求取期望值，否則，決策者對各方案之取捨只能以「經濟結果」(Economic Consequence) 為基準，完全按經濟結果之大小，而不考慮未來實際發生之可能性。

近年來，對未定性狀況常依下述五種原則進行決策：

(1) 拉普雷斯原則 (Laplace Principle)：係法人拉普雷斯 (Simon Laplace) 所創，此原則認為倘決策者對某一狀況缺乏資料顯示其發生機率大於或小於另一狀況時，則各狀況之可能機率應相

❷　標準差係為衡量統計分配的離散度，常以
$$\delta = \sqrt{\sum (觀察值 - 期望值)^2 / 自由度}$$
表示，標準差小，分配較集中，則風險較小，反之，則否。變異係數係依期望值與標準差二參數以判斷分配之特性，常以 $V = 標準差 / 期望值$ 表示，變異係數小，分配較集中，可推斷風險較小，反之則否。上述二參數均供研判風險之工具。

❷　大數法則係 Jacob Bernoulli 歷二十年功夫於1732年發現之統計法則，集中趨勢為其最大特性，惟大數並非代表全體，故其集中趨勢係為一推斷，並非絕對使然。參閱 J. Newman, *The World of Mathematics* (New York: Simon and Schuster), 1956, Vol. 3, pp. 1448-1455.

等。因此，只要對各方案之期望值加以比較，以期望值最大爲最佳方案。此原則必須對各狀況予以合理分類，故稱爲「理性原則」(Rational Criterion)，但因假設各狀況之機率相等，並不合理，故又稱爲「理由不足原則」(The Principle of Insufficient Reason)[22]。表 7-10 卽爲拉氏原則所求得之期望值矩陣，其中 CV_{ij} 爲各策略在各狀況下之條件價值，四種狀況之機率各爲 $P_{ij}=0.25$ EV_i 爲各策略之期望值。

表 7-10 拉普雷斯原則之期望值矩陣

策　略	特　性　狀　況				期望值
	狀況 1	狀況 2	狀況 3	狀況 4	
策　略　1	$C_{11}\times P_{11}$	$C_{12}\times P_{12}$	$C_{13}\times P_{13}$	$C_{14}\times P_{14}$	EV_1
策　略　2	$C_{21}\times P_{21}$	$C_{21}\times P_{22}$	$C_{23}\times P_{23}$	$C_{24}\times P_{24}$	EV_2
策　略　3	$C_{31}\times P_{31}$	$C_{31}\times P_{32}$	$C_{32}\times P_{33}$	$C_{34}\times P_{34}$	EV_3

(2) 悲觀原則(The Pessimism Criterion)：此原則係由瓦爾德(Abraham Wald) 所創議，乃自最悲觀立場假設未來狀況爲最惡劣時，決策者應由可行方案彙中選擇結果爲最有利之方案，又稱保守原則。償付矩陣如爲成本矩陣則採最小最大值原則 (Minimax Principle)，亦卽 $Min_j\{Max_i R_{ij}\}$；倘爲收益矩陣則採最大最小值原則(Maximin Principle)，亦卽 $Max_i\{Min_j R_{ij}\}$[23]。茲以表 7-11 說明之。

---

[22] 前揭書, pp. 1325–1333.

[23] 參閱 David W. Miller and Martin K. Starr, *Executive Decision and Operation Research*. (Englewood Cliffs, N. J.: Prentice-Hall, Inc., 1960), chap. 3.

表 7-11　悲觀原則之決策矩陣

策　略	狀　　況				悲觀成本	悲觀收益
	E_1	E_2	E_3	E_4	$Min_i\{Max_jR_{ij}\}$	$Max_i\{Min_jR_{ij}\}$
A_1	2	0	3	1	③	0
A_2	1	2	5	3	5	1
A_3	4	2	1	1	4	1
A_4	3	3	4	2	4	②

上述矩陣倘爲成本矩陣時，則 A_1 策略有最小最大值，宜選擇之；反之，倘爲收益矩陣時，則 A_4 策略有最大最小值，則選擇之。

(3) 樂觀原則 (The Criterion of Optimism)：此原則係由霍威玆 (Leonid Hurwicz) 所創議，乃自最樂觀立場假設未來狀況爲最完美時，決策者應由可行方案羣中選擇結果爲最有利之方案，又稱冒險原則 (Advanturous Criterion)。償付矩陣如爲成本矩陣則採最小最小值原則 (Minimin Principle)，亦卽 $Min_i\{Min_jR_{ij}\}$；倘爲收益矩陣則採最大最大值原則(Maximax Principle)，亦卽 $Max_i\{Max_jR_{ij}\}$[24]。玆以表7-12說明之。

表 7-12　樂觀原則之決策矩陣

策　略	狀　　況				樂觀成本	樂觀收益
	E_1	E_2	E_3	E_4	$Min_i\{Min_jR_{ij}\}$	$Max_i\{Max_jR_{ij}\}$
A_1	2	0	3	1	⓪	3
A_2	1	2	5	3	1	⑤
A_3	4	2	1	1	1	4
A_4	3	3	4	2	2	4

[24]　前揭書。

　　上述矩陣倘為成本矩陣時，　則 A_1 策略有最小最小值，宜選擇之；反之，倘為收益矩陣時，則 A_2 有最大最大值，則選擇之。

(4) 霍威茲原則 (Hurwicz Principle)：此原則亦由霍威茲首創，乃假設決策者非極端之悲觀或樂觀時，則其決策標準乃介於悲觀原則與樂觀原則之間，決策者以 α 表示悲觀程度($0 \leq \alpha \leq 1$)，此即貝氏法則之主觀機率，若 $\alpha = 1$，表示極悲觀；$\alpha = 0$，表示極樂觀[25]。倘償付矩陣為成本矩陣，則採：

$$Min_i\{\alpha Max_j R_{ij} + (1-\alpha) Min_j R_{ij}\}$$

倘為收益矩陣，則採：

$$Max_i\{\alpha Min_j R_{ij} + (1-\alpha) Max_j R_{ij}\}$$

其中 α 值可由決策者主觀決定，　或依標準賭術法 (Standard Gamble) 假設各方案期望值相等，而求得 α 值。

(5) 遺憾原則 (The Criterion of Regret)：此原則由沙維吉 (L. J. Savage) 所創，　彼認為決策者儘可能使其於錯誤決策時，所感覺之遺憾為最小。　換言之，　決策者在「遺憾矩陣」(Regret Matrix) 中求出最惡劣狀況下各方案之最大遺憾值 (Maximum Regret)，然後比較各方案所求出之遺憾值擇選其中最小值者為最佳方案，　又稱「最小最大遺憾值原則」(Minimax Regret Principle)[26]。　此所謂遺憾，　係指執行某選定方案所產生之結果，與在各狀況下採行另一方案所產生成果之邊際差異，在收益矩陣中，各矩陣元素之遺憾值為：

$$Max_j(R_{ij}) - R_{ij}$$

[25] 前揭書。

[26] L. J. Savage "The Theory of Statistical Decision", *Journal of the American Statistical Association,* Vol. 46 (March 1951), pp. 55-67.

在成本矩陣中，各矩陣元素之遺憾值則爲:

$$R_{ij} - Min_j(R_{ij})$$

比較各種類型之決策程序，未定性決策要比確定性及風險性決策複雜些，主要理由是未定性決策尚需面臨選擇決策原則之挑戰，然而前述五種原則中，均無力單獨勝任。米爾諾 (John Milnor) 敎授試圖發展一套未定性狀況決策原則評審標準 (criterion-evaluating criteria under uncertainty) [27]，發現遺憾原則較接近要求，惟迄今並未出現最合理之原則，因此，未定性決策對企業主管仍存在着問題。

綜合上述各階段，自系統性觀點言，決策之程序可以圖 7-13 表示之。

---

[27] John Millor, "Games against Nature", in R. M. Thrall, C. H. Coombs, and R. L. Davis, *Decision Process* (New York: John Wiley & Sons, Inc., 1954), pp. 49–59.

圖 7-13 系統性觀點的決策流程圖

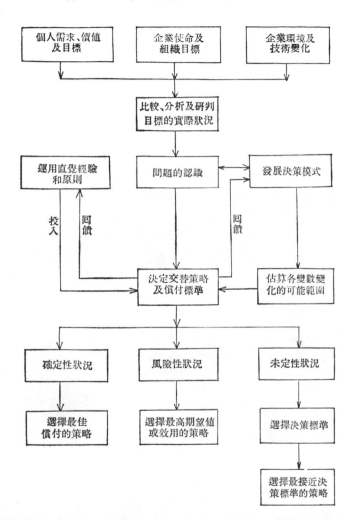

資料來源: 參考 Max. D. Richard and Paul S. Greenlaw, *Management Decision and Behavior* (Homewood, Ill.: Richard D. Irwin, Inc.,) Rev. ed., 1972, p. 87.

第八章　企業的行銷管理政策

　　企業過去的經營方式，僅着眼於生產商品後，如何設法銷售出去，採「生產導向」(Production orientation) 的觀念；今日支配企業經營的思想主流，則以透過消費者的滿足來達成企業的經營目標，即依據消費者的需要或市場反應爲一切策劃、政策及作業的基礎，一般稱此觀念爲「消費導向」(Consumption orientation) 或「市場導向」(Market orientation)，代表一種新的企業經營哲學，其影響不限於解決生產與消費間的行銷問題，而是遍及於企業的整體經營或管理活動！

　　類似國民經濟系統中，政府所採取的各項經濟措施，企業的行銷政策與策略亦常被視爲決定市場活動的「看得見的手」(the visible hand)，因此，企業行銷政策的重要性，不言而喻。

第一節　企業行銷管理政策的特性

一、行銷管理觀念的演進

　　歷年來，企業主管一直在追求一種平衡企業與市場間供需配合的程

序，因此，如何將產品透過交易行為，有效地轉移到消費者手中，永遠是企業所欲解決的問題。隨着時代的演進，與社會環境的變遷，企業對市場的經營，前後接受了下列觀念的衝擊❶。

(一)生產導向觀念：早期的社會，生產不足，而需求甚殷，企業只要生產合乎品質及訂價合理的商品，便能為消費者所購買，因此，生產問題遂成企業生存發展的重心。

(二)銷售導向觀念：隨着社會的進步，商品供應日益豐富，人們對於食、衣、住、行等基本需要不虞匱乏，對於商品的選擇，追求較高層次的滿足，此時，產業間大量生產且競爭日烈，使產品的銷售成為複雜化，企業必須進行各項銷售活動，消費者方願採購該產品，是為「銷售觀念」(Selling concept) 時期。

(三)行銷導向觀念：今日的社會，消費者對於產品的選擇能力提高，並且有組織地介入交易活動，使商品供需配合程序不再是生產者個別運用的局面；此外，企業亦深深地覺知，不論市場的開拓或經營、產品的設計或組合、訂價、促銷組合、倉儲或分配等活動，隨着技術革新、社會變遷、社會規整、市場競爭等因素的限制，風險日益提高，經營成本大幅增加，唯有了解消費者的需求或意願，再根據消費者的需要來生產商品，方能滿足消費者，並達到企業所追求提高效率，增加效果的營利目標。

針對消費者的各種需求型態，企業採取的行銷方式亦有不同❷：

---

❶　參閱 Robert J. Keith, "The Marketing Revolution", *Journal of Marketing* (Jan., 1960), pp. 35–38; Philip Kotler, *Marketing Management*: *Analysis, Planning, and Control* (Englewood Cliff, New Jersey: Prentice-Hall, Inc.,), 4th. ed, 1979, ch. 1.

❷　Philip Kotler, *Ibid.*,: "The Major Tasks of Marketing Management", *Journal of Marketing*, (Oct., 1973), pp. 42–49.

(1) 當消費者對產品有所厭憎，產生負需求 (negative demand) 時，企業必須開導消費者的不滿，進行「扭轉行銷」(Conversional marketing)。

(2) 當消費者對產品並無所知，產生無需求 (No demand) 時，企業必須建立消費者的認識，進行「刺激行銷」(Stimulational marketing)。

(3) 當消費者對產品略有認識，並未消費，僅屬潛在需求 (Latent demand) 時，企業應激勵消費者採取行動，進行「開發行銷」(Developmental marketing)。

(4) 當消費者對產品感覺懷疑，產生延緩需求 (Faltering demand) 時，企業必須灌輸消費者對產品的信心，進行「強化行銷」(Remarketing)。

(5) 當消費者對產品需求不規則 (Irregular demand)，造成供需失調時，企業必須穩住供需的配合，進行「調和行銷」(Synchron-marketing)。

(6) 當消費者對產品已達到需求水準時 (Full demand)，企業必須維持消費者對原有產品的滿足，進行「維持行銷」(Maintenance marketing)。

(7) 當消費者對產品需求超過供應水準 (Overfull demand) 時，企業為暫時疏解供需失調的壓力，進行「減行銷」(Demarketing)。

(8) 當消費者對不良產品需求，已產生嚴重後果時，為改變該病態需求 (Unwholesome demand)，企業必須採取「反行銷」(Counter marketing)。

在現代行銷觀念下，企業依據所欲達成的組織目標及研擬的策略，在特定市場裏，有系統地分析、策劃、經營及考核，使生產的商品能反

映市場趨向，滿足消費者需求，並且，全面地運用企業的各項功能，以訂價、促銷及分配活動配合，服務市場，達到營利的要求。此種以「市場導向，全面配合，透過滿足消費者來達成營利目標的企業經營哲學，乃是當今行銷管理的特色！」

(四)社會行銷觀念：近年來，世界的經濟停滯、通貨膨脹、交易混亂、能源危機、環境污染等問題層出不窮，人們的生活品質受到影響，消費者主義運動更加普遍化，而政府對社會福利與經濟規整日益積極。因此，許多人對當今企業所採取行銷活動的功能，頗表懷疑，而一些主張生態平衡、理性消費、注意社會福祉的「社會行銷觀念」(The Societal Marketing Concept)[3] 受到重視，因此，今後企業的行銷管理內容，不僅要考慮消費者的需求，消費者的滿足，企業本身的目標，尚須注意到社會公共利益的存在了！

二、行銷系統的內容

企業為使行銷管理發揮功能，必須充分了解平衡供需及交易行為間的買賣雙方成員、活動特性、作業程序與標的物內容等，結合上述要素或程序即構成一個完整的行銷系統 (The Marketing System)[4]。分析系統的投入與限制條件、運作過程與功能，及產出的績效標準有助於行銷

[3] Laurence P. Feldman, "Social Adaptation: A New Challenge for Marketing", *Journal of Marketing*, (July, 1971), pp. 54–60; Martin L. Bell and C. William Emery, "The Faltering Marketing Concept", *Journal of Marketing*, (Oct., 1971), pp. 37–42; Leslie M. Dawson, "The Human Concept: New Philosophy for Business", *Business Horizons* (Dec., 1969), pp. 29–38.

[4] Philip Kotler, "Corporate Models: Better Marketing Plans", *Harvard, Business Review* (July–Aug., 1970), pp. 135–149.

策劃。

(一)簡單行銷系統: 簡單的行銷系統運作, 可如圖 8-1 所示, 其中包括二個組織單元: 企業與市場 (或消費者); 四個作業程序: (1) 商品的移轉, (2) 銷售行為的處理, (3) 買賣雙方的溝通 (communications), 及 (4) 資訊回饋與行銷控制等。

圖 8-1　簡單的行銷系統運作

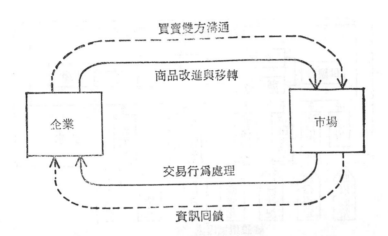

(二)完整行銷系統: 實際上, 行銷系統所涉及的組織、活動、程序要比上述更為複雜, 範圍更為廣泛, 依行銷大師柯特樂 (Philip Kotler) 認為, 就整個社會觀念而言, 企業的行銷系統應包括下列三部份:

(1) 中心行銷系統 (Core marketing system): 除供給者與市場 (消費者) 外, 尚包括競爭者, 與協助商品交易、轉運分配、傳播資訊、諮詢、融資及市場調查的行銷媒介 (Marketing intermediaries), 如批發商、經紀商、代理商、零售商、運輸公司、倉儲公司、金融機構、律師與廣告公司等。

(2) 公衆 (Publics): 乃是與交易行為有關的團體或成員, 如政府、

立法機構、金融機構、新聞機構、利害關係人及一般大衆。

(3) 總體環境或大環境 (Macroenvironment)：指對企業經營產生生態影響或衝擊的外在環境因素，如政府政策、法律規定、**經濟狀況**、技術革新、社會文化、人文特性及能源問題等。

上述可以圖 8-2 表示之。

圖 8-2　完整行銷系統的要素

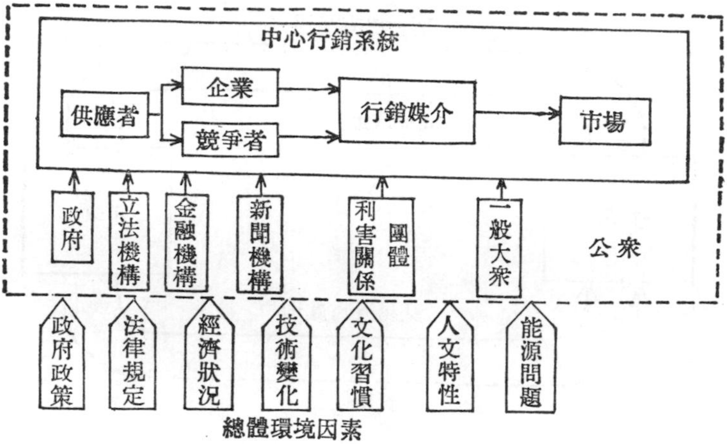

資料來源：同註**❹**。

在環境與社會公衆的配合下，企業的中心行銷系統方可順利地運作，**其內容**可以圖 8-3 表示。

在圖 8-3 的行銷系統中，作業的程序不限於商品移轉、銷售行爲處**理**、溝通及資訊回饋，尚包括對外在環境的掌握，企業與競爭者策略的**擬定**，行銷組合的運用，分配通路的選擇，消費者行爲特性的了解，及**銷售**績效的評估等，已由單純的作業探討擴展到環境評估、策略研擬、行銷決策及行銷績效控制等全面性的研究了。

圖 8-3　完整的行銷系統運作

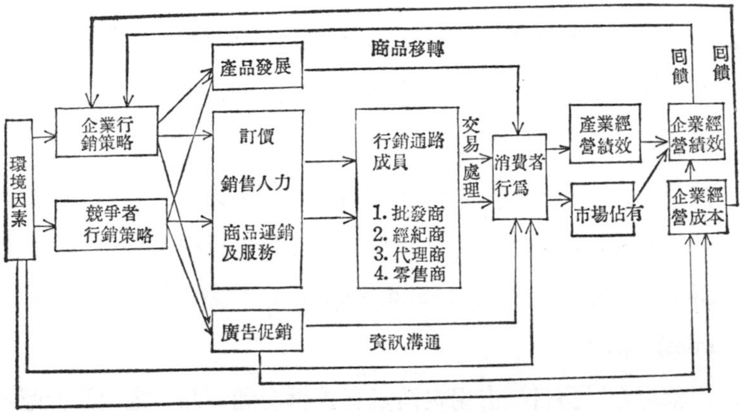

資料來源: 同註❹ p. 55.

三、行銷組合

　　企業爲配合消費者的需要，並影響其購買行爲，常依據其可控制之因素，擬定行銷策略組合，因此，行銷組合 (Marketing mix)，係爲達成行銷目標，而將各種行銷可控制變數❺制定出策略的組合，此種策略組合因受時間與空間的影響常有不同，其策略項目亦極爲廣泛，許多學者均意圖予以分類，俾利分析或說明之用。其中，以麥卡賽敎授 (E. Jerome McCarthy) 提出的 "四 P's"，最爲大家所普遍接受❻，卽產品

　❺　P. Kotler, *Marketing Management*, p. 59.

　❻　4P's 見 E. Jerome McCarthy, *Basic Marketing: A. Managerial Approach* (Homewood, Ill.: Richard D. Irwin, Inc., 1971), 4th. ed., p. 44; 此外，Albert W. Frey 主張區分爲①提供項目（產品、包裝、品牌、價格及服務）及②方法及工具（分配通路，人力推銷，銷售促進及宣傳），參閱 Frey, *Advertising*, (New York: The Ronald Press Company, 1961), (product)、定價 (price)、促銷 (promotion) 及位置 (place) 所研擬出的產品組合、定價組合、促銷組合及分配組合。茲分述如下:

(1) 產品組合: 發展適合目標市場所需的產品及相關的活動, 包括確立產品發展目標, 確定產品線與產品品質, 選擇品牌、商標、樣式、包裝與服務等。

(2) 定價組合: 對產品訂定適當的價格, 使其對目標市場內之消費者具有訴求, 並防止競爭, 包括確立定價目標、選擇定價策略、折讓與折扣 (allowance and discount)、銷售條件 (terms of sales) 等。

(3) 促銷組合: 對目標市場之消費者提供有關產品、定價及分配通路等之資訊或信息, 所採用的溝通工具包括廣告、宣傳、人力推銷及銷售促進等。

(4) 分配組合: 將產品經由各種適當的分配通路方式供達目標市場, 必須對分配通路型態、通路位置、中間商與零售商、銷售地區及運輸儲存等機構或問題特性有效的配合。

企業主管於發展及選擇其特定行銷組合方式時, 必須考慮下列各項前提或因素:

(1) 企業的基本目標: 即企業政策中所確立的組織目標及預擬的策略要求, 行銷組合的設計, 必須符合該等目標及策略。

(2) 目標市場的特性: 對各種市場結構必須分析, 並評估各種市場機會, 然後從中選擇特定的目標市場, 因此, 進行各種行銷組

(續❻)　3rd. ed, p. 30; William Lazer and Eugene J. Kelley 則主張為 ①財貨及勞務組合, ②分配組合, ③聯繫組合等三項參閱 Lazer and Kelley *Managerial Marketing*: *Perspectives and Viewpoint* rev. ed (Homewood, Ill.: Richard D. Irwin, Inc., 1962), p. 413.

合時，必先有賴行銷研究 (marketing research)，對消費者研究、市場分析、銷售預測與分析等，方能配合目標市場的特性與需要。

(3) 外在環境因素的限制：相對於行銷組合的可控制變數，外在環境因素又稱爲「行銷的不可控制變數」(uncontrollable variables)，乃是企業所必須生存與發展的空間，企業主管對該環境首應瞭解其現況特性，預測其可能發展趨向，選擇較有把握的環境，進行各種行銷組合。

(4) 競爭者的行銷組合：企業無論生存或發展，皆必須銷售其產品，除非是獨佔局面，否則，即有競爭者出現，而競爭者亦必然採取其所可控制的行銷組合，因此，競爭間各行銷手段的消長，常成爲經營成敗的關鍵。

　　一般而言，由於行銷組合的內容相當複雜，欲從其中選擇一最佳組合，誠非易事。然而，企業經營環境的動態與多變，常迫使企業必須因應產品或市場特性，而變化其行銷組合的內容或比重，因此，在設計行銷組合時，必須不斷創新，以做爲整體經營策略的核心，配合其他有利條件適當運用，或可獲得功效。

四、行銷控制

　　企業主管對於市場分析或行銷計劃所實施執行的經營活動，其績效或產出若未能如當初所預期者，必須儘早測知其差異原因，並採取更正行動，否則，即使有再完善的分析與計劃，該企業的行銷管理功能也是不完整的！依圖 8-4 所示，可了解行銷控制在行銷管理程序中，佔有重要的地位。

圖 8-4 行銷管理程序

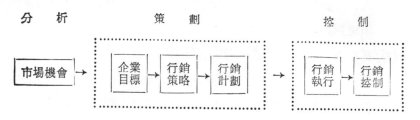

分 析　　　　策　劃　　　　控　制

資料來源: Philip Kotler, *Marketing Management*, p. 81.

完整的行銷控制系統，應包括下列的構成要素:

1. 目標或控制標準: 確立所欲達成的組織目標，或提供評估績效的標準。

2. 達成目標的策略組合: 選擇達成目標的策略或行動方案，管理者方能具體地分配各種資源，並策劃其執行的進度。

3. 績效衡量: 根據預期目標或標準，衡量實際經營績效。

4. 差距分析: 比較預期目標或標準與實際績效間差距，並分析形成差距的原因。

5. 更正行動: 根據差距分析，對於目標計劃或策略組合予以調整修正。

將上述要素的作業步驟程序化，即形成完整的行銷控制程序，如圖8-5 所示，根據此一控制程序，企業當局可藉由目標管理、行銷預算、銷售預測、市場分析、銷售分析、成本費用分析、工作說明書、行銷審核等方式，對行銷的專案執行或業務績效予以定期檢查考核; 此外，行銷部門亦可依據相同方式，對內部員工加強控制，對其他部門加強聯繫，對外界有關機構加強掌握。

圖 8-5　行銷控制程序

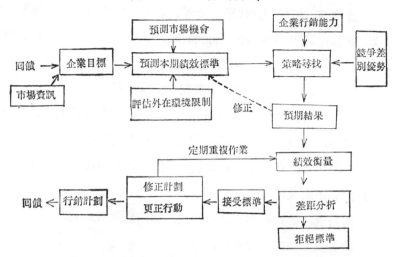

資料來源: 修改自 Max. D. Richards and Paul S. Greenlaw, *Management Decision and Behavior* (Homewood, Ill.: Richard D. Irwin, Inc), 1972, rev. ed, p. 370.

第二節　目標市場的管理

企業在發展其行銷政策時，首在於對目標市場的結構予以分析，並評估其市場機會，然後，方進行各種行銷組合的設計，玆分述如下。

一、市場研究

所謂市場研究 (market research)，係對於市場上某一產品供需配合有關問題的全盤資料，作有系統的蒐集，記錄及分析。

一般進行市場研究的方式，可採下列途徑着手[7]:

---

[7] E. W. Cundiff and R. R. Still, *Basic Marketing* (Englewood Cliff, N. J.: Prentice-Hall, Inc., 1964), pp. 14-16.

1. 組織性研究 (Institute approach)：即分析商品的分配通路，如
   批發商、經紀商、代理商及零售商等，以瞭解其供需情形。

2. 商品性研究 (Product approach)：針對產品的供需性質、消費
   特性、購買程序、消費團體及階層、消費頻次、價格反應、商
   標效果、促銷及分配等，研究其銷售情形。

3. 功能性研究 (Function approach)：即根據市場的供給、交換、
   運儲、金融、保險等作業功能，分析市場特性。

上述市場研究，可獲得下列問題所需的事實資料：

(1) 潛在市場及需要量。

(2) 消費者的購買內容、購買頻次、購買量及購買地點。

(3) 產品及服務的消費滿意程度。

(4) 產業銷售概況與各企業市場佔有率。

(5) 銷售趨勢與季節變動。

(6) 產品品牌的忠誠性。

(7) 定價策略的反應。

(8) 銷售配額與銷售地區的績效。

(9) 分配通路的績效。

(10) 行銷費用支出。

(11) 運儲或運銷方式對交貨的配合。

(12) 獲利力……等。

　　然而，隨着市場擴大，企業逐漸遠離市場；消費者的需求及慾望提
高，購買行為盆形複雜，加上市場競爭劇烈，競爭方式由價格競爭轉
變為「非價格競爭」(non-price competition)，對產品品牌化、促銷、
服務等行銷活動依賴日深，如何掌握市場動向，發展滿足市場需求的產
品，必須依據充分的市場情報，〔因此，憑藉市場調查 (market survey)

蒐集資料，所從事市場研究，只能窺探某一產品在市場上的供需狀況，而無法全面性了解整體市場的發展，對於行銷組合的活動效果，亦未加以測定及審核。近年來，擴大市場研究範圍至行銷組合的「行銷研究」(marketing research)，不再侷限於單一產品的市場供需之探討，除「市場研究」一項外，尚包括下列研究活動❽：

1. 行銷預測：對經濟與商情的短期及長期預測、景象分析、競爭分析、環境評估研究及技術發展預測等。

2. 產品研究：包括產品的設計、開發、試銷、現有產品改良的接受研究、包裝研究、競爭品研究等。

3. 促銷研究：即各種促銷活動的效果測定，包括廣告、宣傳、銷售促進等，其中以廣告的動機、用詞、媒體及效果等研究，最為常見。

4. 消費者研究或購買行為研究。

5. 企業責任研究：包括政策分析、法律研究、社會價值研究、生態影響研究及消費者運動發展的研究等。

二、購買行為分析

和市場研究相同，購買行為分析旨在了解目標市場中，購買者行為的基礎、特性及動向，作為市場管理的依據。

歷年來，許多學者專家均嘗試解釋購買行為，因此,各種研究模式、決定因素及行為程序的論述即紛陳出現❾。然而，基本上，市場所購買

---

❽　參閱 Dik Warren Twedt, ed., *Survey of Marketing Research*: *Organization, Functions, Budget, Compensation* (Chicago: AMA, 1973), p. 41.

❾　對消費者行為之研究,有從經濟觀點(總體、個體)或社會心理觀點(學習、認知等)各種角度，象說不一，惟從系統上研究，主要有三種模式: ① Howard

的產品是什麼 (what)、 為何購買 (why)、 誰購買 (who)、 如何購買 (how)、 何時購買 (when) 及何處購買 (where) 的 5WIH 原則，仍是各種解釋或研究的前提，柯特勒 (Philip Kotler) 將 5WIH 以 "60's" 表示，即購買標的物 (Object)、購買目標 (Objective)、購買團體 (Organization)、購買過程 (Operation)、購買時機 (Occasion) 及購買出處 (Outlet) 等⑩，與行銷組合的 "四 P's" 相互輝映。

(一)購買行為程序: 綜合各家論點所獲致共同的看法，購買程序應包括下列五個步驟⑪:

1. 需求的發生(Need arousal): 主要來自個人的特質 (Predisposition)，如動機、信念及價值觀等內在因素; 及產品的品質、樣式、印象、服務等屬性 (Attributes)。

2. 資訊的追尋 (Information Search): 主要來自個人的使用經驗; 個人社會面，如家庭、親友、鄰居及本身觀察; 促銷媒體、陳列、展示等來源所提供的資料。

3. 評估的行為 (Evaluation behavior): 憑藉着態度、知覺及學習等行為基礎，就經濟、時間及效用等要求，對購買的選擇進行

(續⑨) 模式認為行為源自需求與動機，參閱 John A. Howard, *Marketing Management Analysis and Planning*, rev. ed, (Homewood, Ill,: Richard D. Irwin, Inc., 1963), ch. 3-4; ②Nicosia 模式，認為行為源自產品特性與消費者態度，參閱 Francesco M. Nicosia, *Consumer Decision Processes: Marketing and Advertising Implications* (Englewood Cliffs, New Jersey: Prentice-Hall, Inc., 1966), p. 156; ③中央控制模式，認為行為來自記憶及思考的處理，參閱 James F. Engel, David T. Kollat, and Roger D. Blackwell, *Consumer Behavior* (New York: Holt, Rinehart & Winston, Inc., 1973), 2nd. ed., ch. 3.

⑩ Philip Kotler, *Marketing Management*, pp. 130-131.

⑪ 參閱註⑧。

評估。

4. 購買的決定(Purchase decisiom)：購買決策是購買行為的關鍵，無論就購買意向、商品價值、負擔能力、交易條件或其他因素考慮，只要決定購買，即負起對商品可用性或滿足程度的風險了！

5. 購買後的感覺 (Postpurchase feeling)：購買後的反應，對產品直接產生認知與意象，若效果是正的，則加深對產品品牌的忠誠性，否則，即可能轉換品牌；此外，對爾後的購買行為有回饋的作用發生。

上述步驟，可以圖 8-6 表示之。

圖 8-6　購　買　程　序

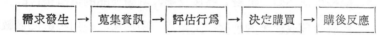

需求發生 → 蒐集資訊 → 評估行為 → 決定購買 → 購後反應

(二)消費者與工業用戶購買行為比較：依購買行為研究發現，不同的顧客，在購買動機、態度及習慣上，常存有顯著的差異。一般言之，除家庭及個別消費者外，其他購買團體如企業用戶、醫院、學校、各級政府等，統稱為「工業用戶」或「工業市場」(Industrial market)，而工業用戶與一般消費者在購買行為上，有下列的不同點[12]：

(1) 需求目的不同：消費者的需求是最後消費；工業用戶的需求則為再生產或再銷售，可說是「引申需求」(derived demand)。

(2) 市場結構不同：消費者是社會大眾、成員及階層複雜，分佈廣

[12]　E. R. Corey, *Industrial Marketing*: *Cases and Concepts* (Englewood Cliffs, N. J.: Prentice-Hall, Inc., 1962), p. 4; William J. Stanton, *Foundamentals of Marketing* (New York: McGraw-Hill Book, Co., 1964), ch. 4.

泛；工業用戶較爲特定且集中， 在市場結構上， 易形成「80-20」法則的現象。

(3) 購買訴求不同： 消費者對產品的訴求常要求購買便利、美觀、質優、價廉， 對產品的了解十分有限；而工業用戶對產品的訴求， 則依據業務例行性、 技術性、 績效性或專案性的不同要求， 對產品的交貨、技術資訊、服務、品質或成本的認識較爲深入。

(4) 購買決策不同： 消費購買行爲常屬個人意向,除耐久品(durable goods) 外， 頗多情況均屬衝動性的；工業用戶的購買行爲， 涉及人員較多， 在組織目標或制度要求下,需要較多資訊以評估, 決策時間較長， 爲理性的經濟行爲。

(5) 購後反應不同： 消費者購後反應， 其對產品的價值觀， 許多是起於心理或社會的動機；工業用戶對於產品使用後的回饋較有選擇， 對下次的購買， 影響亦較爲深遠。因此， 其動機較傾向實用化 (instrumental)、 績效性與政治性的方向了！

在上述情況下， 行銷管理者方能依據各種行爲特性， 研擬各種有效的市場管理技術或行銷策略。

三、行銷策略

企業對目標市場的管理， 主要可採取下列五種行銷策略[13]：

(一)市場區隔化(Market segmentation)：市場區隔化乃是將目標市場上某些特性相同的消費羣， 歸類成較小的次目標市場， 並針對此次目

---

[13] P. Kotler, *op. cit.*, ch. 3; P. Kotler, "Developing Management Strategies for Short-term Profits and Long-term growth", Seminar, Sept. 29, 1969.

標市場的共同性，調整及配合適當的行銷策略，俾能更有效的滿足消費者的慾求，並達到企業的經營目標。

企業在市場管理上，可採用統合市場及單一產品的無異行銷(undifferentiated marketing)；單一市場及單一產品的專一行銷 (concentrated marketing)； 或不同市場及不同產品的差別行銷 (differentiated marketing)等方式⑭。然而，在面對消費者行為的日益複雜下，欲強化行銷組合的效果，並配合目標市場特性，最佳的方法即是「捨異求同」地將較大且複雜的市場，區隔成各種相同特性的次市場(submarket)，並針對該次市場的特性，提供適合需要的產品及行銷活動，因此，市場區隔化即是差別行銷的運用罷了！

在實際作業上，可供企業使用以區隔市場的變數甚多，柯特勒 (P. Kotler)曾將其彙編成表，摘引如下⑮：

(1) 地理變數: 地區、城市規模、人口規模、人口密度、氣候區域等。

(2) 人文變數: 年齡、性別、家庭規模、家庭成員狀況、所得、職業、教育、宗教、種族、國籍、社會階層等。

(3) 心理變數: 獨立性、主動性、處世態度、領導性、成就感等。

(4) 產品利益變數: 經濟、品質、美觀、社會地位等。

(5) 行銷因素變數 (marketing-factor variables)： 使用量、使用率、用途、品牌忠誠性、接受階段、競爭、定價、促銷、及市場敏感性因素等。

企業可針對管理資源、產品特性、市場特性、及產品生命週期的各階段特性，就上述變數中選擇較為顯著性者，在目標市場內實施區隔化。

---

⑭ *Ibids*, p. 196.
⑮ *Ibid.*, p. 199.

然而，企業在實施市場區隔化時，必須事先考慮下列要求[16]：

(1) 可衡量性 (measurability)： 即區隔變數必須具體地將市場作有效的區分，且所需成本不宜過昂，部份心理變數由於衡量困難且耗貲不計，實際作業上較少運用。

(2) 可接近性 (accessibility)： 經區隔化的次目標市場，可以不同行銷組合，提供所需的產品或信息；若區隔後，仍無法進行行銷，明知其存在，亦屬空中樓閣。

(3) 足量性 (substantiality)： 區隔化的次市場，仍存有足夠發展的市場規模與需求量， 否則，即係「過度區隔化」(oversegmentation)，事倍功半，亦非明智之舉。

(4) 開發性 (developing)： 區隔化的次市場，具有發展的潛力與機會，顧客慾求尚未滿足，且競爭氣候尚未形成，企業開發仍具價值與效益。

(二)市場定位(Market positioning)： 近年來，以「產品定位」(product positioning)[17] 作為市場區隔化的基礎，已是較新的行銷策略與觀念。

產品定位乃研究消費者對某類產品屬性所重視的態度反應，將不同

---

[16] 參閱 Henry J. Claycamp and William F. Massy, "A Theory of Market Segmentation", *Journal of Marketing Research* (Nov., 1968), pp. 388–394; Alan A. Roberts, "Applying the Strategy of Market Segmentation", *Business Horizons*, (Fall 1961), pp. 65–72.

[17] 參閱 Milton J. Rosenberg, "Cognitive Structure and Attitudinal Affect", *Journal of Abnormal and Social Psychology* (Nov., 1956), pp. 367–372; Martin Fishbein, "A Behavior Theory Approach to the Relation between Beliefs about an Object and Attitude toward the Object", M. Fishbein, ed., *Reading in Attitude Theory and Measurement*, (New York: John Wiley & Sons, 1967), pp. 389–399.

品牌的此類產品就某屬性構成一態度反應的「產品空間」(product-space)，並探討消費者對此產品在某屬性時態度的「理想點」(ideal point)，及分析某品牌對態度理想點的相對位置，企業當局可依據現有各種品牌在產品空間的分佈狀況，將相似性 (similarity)、偏好 (preference) 或知覺 (perception) 接近理想點者，視爲屬於同一區隔或次目標市場，亦可依據自己品牌接近理想點之狀況，決定新產品或新市場開發的機會；或依據競爭品牌的相對接近程度，決定本品牌的競爭品牌或替代品牌；並可藉由各種屬性的測定，了解消費者對產品屬性的眞正訴求。圖 8-7 卽是市場上各品牌與理想點間的例舉，利用「非計量多元尺度法」(Nonmetric multidimensional scaling) 方法，對市場定位的說明，助益甚爲顯著。

企業主管在分析圖 8-7 的狀況時，將獲致下列對策[18]：

(1) 盡可能使自己品牌位置接近理想點。

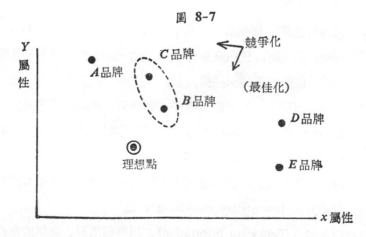

圖 8-7

資料來源: P. Kotler, *Marketing Management*, p. 84.

[18] P. Kotler, *op. cit.*, p. 84.

(2) 盡可能強化消費者對自己品牌的知覺或偏好定位。

(3) 盡可能減弱消費者對競爭品牌的偏好定位。

(4) 繼續強化或維持自己品牌的優良產品屬性。

(5) 介紹對自己品牌有利的產品新屬性(new attribute)。

(三)市場加入(Market entry)：除非是完全競爭的自由市場，否則，企業欲進入市場均會遭遇相當阻力，於是，如何能順利地進入市場營運，亦成為市場管理的重點。

企業進入市場的機會，由於情況與條件不同，依下列三種層面而有各種的策略與方法：

1. 當市場尚未成熟，仍有繼續發展的潛力時，可採強化行銷方式(intensive marketing)，即[19]：

(1) 在現有市場上，就現有產品，採加強行銷活動的「市場滲透」(market penetration)的策略，以爭取潛在顧客，應付競爭，並擴大業務範圍。

(2) 就現有產品，採拓展新市場的「市場發展」(market development)的策略，使企業經營範圍由此一區隔擴展至另一區隔市場，或由國內擴展至國際市場。

(3) 在現有市場上，採推出新產品或改進原有產品的「產品發展」(product development)的策略，以強化顧客意象，維持既有商譽與市場佔有，並擴展市場的機會。

2. 當市場逐漸成熟，惟產業的未來仍具發展時，宜就產業採整合行銷方式 (integrative marketing)，即：

(1) 向後整合(Backward integration)，以控制原料、資訊的來源，

[19] 參閱 H. Igor Ansoff, "Strategies for Diversification", *Harvard Business Review*, (Sept-Oct., 1957), pp. 113-124.

並降低生產成本，維持供給與生產的配合。

(2) 向前整合(forward integration)，以掌握市場及分配通路，避免中間商剝削，並提高經營績效。

(3) 水平整合 (horizontal intergration)，以掌握同業的經營，共同採購、分配及促銷，擴大市場範圍。

3. 當市場已屆成熟，產業的經營機會亦已飽和，必須另謀發展，宜採多角化 (diversification)，有關多角化內容，已在第六章「企業策略」中說明，不再贅述。

(四)產品生命週期(Product life-cycle) 與市場時機 (Timing)：產品自導入到市場開始，由於消費者的接受程序(adoption process)的特性不同，可將產品在市場的歷程，區劃成導入(introduction)、成長(growth)、成熟(maturity)及衰退 (decline) 等階段。產品的需求狀況在上述各階段中均有顯著的差異，因此，在研擬行銷策略時，其行銷組合各有不同內容，有關此一觀念，將於下節中詳述。

(五)行銷組合：在前文敍述中，吾人已了解行銷組合係以產品、定價、促銷及分配為基礎的 "四 P's" 活動，然而，其內容亦隨着市場區隔、市場定位、進入市場的時機與需要性質的不同，不斷地調整，其處理過程及內容將於後文中繼續說明。

上述五種策略，僅舉犖犖大者供作參考，所謂「計出無窮」，有待企業管理當局思維的高度發揮了！

四、市場管理的限制

企業對於目標市場的經營與管理，常由於受到下列因素或現象的限制，在實際管理作業上存在許多困難：

1. 市場現象的複雜性：影響市場的因素極多，而企業所能控制者

僅屬少數，因此，在實施行銷組合活動時，常與市場反應間產
生差距，使行銷策略徒勞無功。

2. **行銷變數間的互涉性 (Interaction)**：行銷變數或環境因素間常
存在着互涉關係，相互影響，使企業無法單一評估，而整體性
研究，又勞師動衆，則特定的行銷策略效果有限，全面推展，
又非能力所能負擔。

3. **市場現象的動態性**：行銷變數或環境因素對市場另造成動態的
現象，卽市場上的關係常存在前因後果外，任何變數的變動，
亦可使原有關係因此不再符合實際狀況，必須隨時檢討修正。

4. **競爭者的影響**：企業所採的行銷策略，究將引起市場何種反應，
常由於競爭者的對抗措施，而有所修正與調整，因此，在實際
做法上，企業的市場管理計劃，只能研擬一靜態的行銷策略組
合，俾利管理當局能機動應變。

5. **行銷效果難以測度**：市場研究所獲得的結論常只是靜態的供需
分析，對於行銷活動的實施，有些影響係屬心理現象，單憑態
度、回憶等反應，卽使是行銷研究技術亦難確定其測度的正確
性。

6. **企業功能的配合性**：企業對市場的經營與管理，可代表此一企
業的功能，作全面性的發揮，實際上，企業採行銷爲主的組織
目標時，其人事行政、組織型態、採購、財務、生產、分配、
資訊、服務等功能作業，是否能全面配合，大有問題，可謂牽
一髮動全身，誠非易事。

爲克服上述困難與限制，行銷學大師柯特勒(P. Kotler)曾將企業**環
境**、**資訊**及管理作業間，分別建立「產品市場系統」、「環境諜報系統」、
「環境研究系統」及「環境管理科學系統」等的全面性「環境資訊系統」

(EIS)，本文第三章曾予介紹，使企業主管能提高行銷決策之效果，並運用各種決策理論、模擬技術及動態規劃 (dynamic programming) 等，解決複雜的市場管理問題，以有效地設計行銷組合、分派行銷預算，並掌握行銷的費用支出。

第三節　產品政策

企業在擬定其產品政策時，必須考慮如何使產品組合最佳化，以應付競爭，獲致利潤；並重視產品生命週期現象，適時推出新產品，或改進現有產品，配合品牌、包裝等產品發展，使企業的經營維持穩定，並求發展，玆分述於後。

一、產品組合

企業供應市場的所有產品，可構成一「產品組合」(product mix) 面，此產品組合的「寬度」及「深度」及其「調和」，常決定產品與市場間的關係[20]。

產品組合的寬度 (width of product mix)，係指企業所行銷的產品線 (product line)，多者爲寬，少者爲狹；產品組合的深度 (depth of product mix)，係指企業行銷各產品線內平均所有的產品項目 (product items)，多者爲深，少者爲淺；產品組合的調和 (consistency of product mix)，係指企業行銷各產品線間生產需要，分配通路及技術等的相關性，性質相近，調和性高，反之則否。企業若擴充其寬度，係欲在現有

---

[20]　參閱 Committee on Definitions of the American Marketing Association, *Marketing Definitions*: *A. Glossary of Marketing Terms* (Chicago: AMA, 1960) 對產品線、產品項目及產品組合之定義。

市場上，拓展其經營及技術領域；若擴充其深度，係欲就現有產品線，提高顧客較多消費選擇；若增高調和性，係欲進行市場的全面發展，因此，產品組合的寬度、深度及調和性不同，對企業整體經營或行銷組合的設計，有顯著的影響[21]。

圖 8-8　產品組合圖

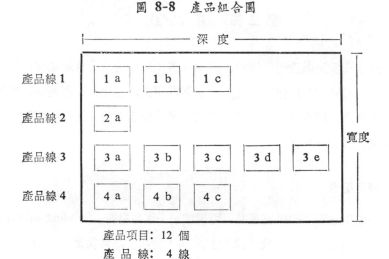

產品項目：12 個
產品線：　4 線
平均深度：　3

　　理論上，企業為求得經營的最大利潤，應追求一最佳化的產品組合 (the optimal product mix)，使企業對市場提供適宜的產品線、產品項目，而且，產品線間亦有適當的調和。實際上，產品與市場間存在有「80–20 現象」，使產品線（或產品項目）對企業的利得呈現不勻，加上產品生命週期的自然限制，使產品組合的最佳化甚難實現。然而，企業主管常依據產品組合的觀念，分析預期發展目標與產品組合實際績效間，發現一「利潤差距」(profit gap) 的存在，如圖 8-9 所示，此一差距，

[21]　P. Kotler, *op. cit.,* pp. 353–364.

可提供管理當局了解現有市場上各產品線(或產品項目)的經營績效、市場佔有、銷售成長及獲利力，並依據該資料的趨向，決定分派管理資源的比重，或作爲研判發展新產品或改進現有產品的基礎，倘差距較小，卽意涵現有產品仍有發展潛力；倘差距增大，則現有產品可能遭遇強大競爭或已進入衰退階段，必須改進其品質，開拓新用途，或另推出新產品了[22]！

圖 8-9　產品組合績效與利潤差距

現有產品線（或產品項目）
的經營利得

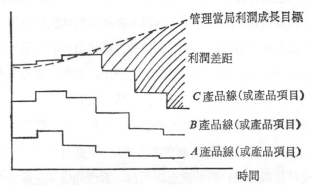

管理當局利潤成長目標

利潤差距

C產品線(或產品項目)

B產品線(或產品項目)

A產品線(或產品項目)

時間

資料來源：Philip Kotler, *Marketing, Management*, p. 356.

因此，應用產品組合觀念於行銷管理上，宜參考下列原則[23]：

(1) 對於高成長及高市場佔有的產品，企業應盡力維持高市場佔有的地位，繼續爲企業獲取高利潤。

---

[22]　Peter Drucker, "Managing for Business Effectiveness", *Harvard Business Review*, (May–June, 1963), p. 59.

[23]　Patrick Conley, *Experience Curves as a Planning Tool: A Special Commentary*, (Boston: The Boston Consulting Group, Inc., 1970), pp. 1–17.

(2) 對於高成長，惟市場佔有較低的產品，企業應設法維持銷售的
繼續成長，改善市場佔有，對於已無可能提高市場佔有的產品，
應考慮退出。

(3) 對於低成長，惟市場佔有較高的產品，是企業營利的主要來源，
必須調和足夠的投資，使經營績效維持不墜。

(4) 對於低成長及低市場的產品，若確已無發展的潛力，企業應考
慮退出市場，以免浪費資源。

二、新產品發展

企業當局已逐漸體認到，面對與日俱增的市場競爭、顧客對現有產
品需求的飽和及衰退、技術革新、或現有產品原料供應減退等現象的挑
戰，為迎合顧客新的需求、提高經營績效、維持市場的領導地位、充分
利用現有的閒置能量、或配合行銷策略的運用，必須對其產品不斷地研
究改良或創新，使企業經營維持穩定，並擴展成長。

(一)新產品發展的概念：新產品發展活動的存在，旣為現代企業維
持生存與成長所必須，只是，有關新產品的定義，迄今仍有不同的看法：

1. 從技術觀點言：對特定企業而言，新產品僅係「該企業的新產
品」，而非整個產業界的新產品，因此，新產品發展應包括開
發全新產品，現有產品的重大改進 (major change)，仿製競爭
品或擴充產品線等[24]。

2. 從創新理論言：企業的創新活動包括產品的創新、新生產方法
的應用、新市場的開拓、新原料供應地的發現、生產要素的新
組合與應用，及管理上的創新等[25]，其中，產品創新 (product

---

[24]　P. Kotler, *op. cit.*, p. 310.

[25]　Joseph A. Schumpeter, *Capitalism, Socialism, and Democracy*,
3rd, ed, (New York: Haper & Row, Publishers, 1950), p. 8.

innovation) 因時尙與式樣的改變，及技術突破的不同，可區分爲產品擴散 (product diffusion)、產品調整 (product modification) 及產品技術創新 (product renovation) 等三種情形㉖。

3. 從市場結構言：將產品與市場關係視爲技術與行銷的配合效果，則發展新產品卽可由技術與市場兩層面予以考慮，依市場拓展程度與技術革新程度不同的組合，則發展新產品卽可有下列八種策略㉗，並如表 8-10 矩陣所示：

(1) 對現有產品成本、品質及分配等的再組合 (reformulation)。

(2) 對現有產品增加推銷活動的再產品化 (remechandising)。

表 8-10　新產品發展策略矩陣

構　面　因　素		技　　術　　革　　新　　程　　度		
		現　有　技　術	改進現有技術	新　　技　　術
市場拓展程度	現　有　市　場		①再組合	③新組合
	強化現有市場	②再產品化	④改良產品	⑤產品線擴大
	新　　市　　場	⑥新用途	⑦市場擴大	⑧多角化

資料來源：同註㉖。

㉖ Jacobus T. Severiens, "Product Innovation, Organizational Change, and Risk: A New Perspective", *S. A. M. Advanced Management Journal* (Fall, 1973), p. 26.

㉗ *Ibid.*; Charles H. Kline, "The Strategy of Product Policy", *Harvard Business Review* (July–Aug., 1955), pp. 91–100; P. Kotler, "Competitive Strategies for New Product Marketing Over the Life Cycle", *Management Science*, (Dec., 1965), pp. 104–119.

(3) 對現有產品生產技術的重新組合 (replacement)。

(4) 對現有產品改良 (improved product)，擴大效用。

(5) 採用新技術，擴大產品線(product-line extension)。

(6) 開發現有產品的新用途 (new use)，以滲透新市場。

(7) 將改良產品滲透新市場，以擴大市場 (market extension)。

(8) 運用新技術在新市場上多角化經營 (diversification)。

由上述概念發現，企業在採用新產品發展策略時，無論在定義上或做法上，均有較大的彈性，以掌握市場的機會，並發揮策略的功效。

(二)新產品發展的決策：企業對於新產品發展常因市場需求或顧客偏好不同，及本身製造技術、原料供應等條件的限制，可能採行下列三種發展方式：

(1) 技術移轉型：企業自外部導入技術或專利權，在技術合作、授權或合資下開發新產品。

(2) 市場開拓型：企業將現有產品加以仿製或重大改良後，再推出市場；或強化行銷組合，拓展新市場。

(3) 創意開發型：企業依創意 (idea generation)、甄選 (screening)、企業分析 (business analysis)、開發 (developing)、試銷 (market testing) 迄商品化 (commercialization) 的過程，將產品推出市場[28]。此一過程最具代表新產品的發展系統, 如圖 8-11 所表。

前兩種的新產品發展型態，係以較少投資，產生較高的利益，我國多數企業亦採該型態；然而，面對國際市場競爭日趨激烈，為掌握市場地位及產品優勢，必須朝往創意開發型的發展方向，以差別化的產品特性及專利權來維持產品在市場上的獨佔性競爭條件。

---

[28] Booz, Allen & Hamilton, *Management of New Product* (New York: Booz, Allen & Hamilton, Inc., 1968), p. 9.

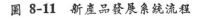

圖 8-11　新產品發展系統流程

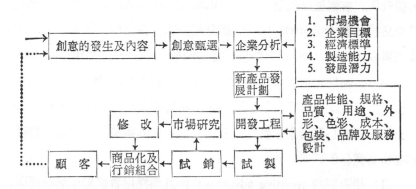

　　近年來，由於新產品的創意日益枯竭，開發耗貲甚鉅，市場競爭致拓展不易，加上市場過度區隔，經營獲利不足，與法令限制日增，新產品發展誠非易事，爲避免開發失敗，企業必須注意下列要點：

(1) 充分的市場機會與發展潛力。

(2) 配合組織目標要求。

(3) 合理的投資報酬或績效標準。

(4) 足夠的開發時間。

(5) 充分瞭解各開發階段的作業內容與要求。

(6) 結合技術知識與經驗，克服開發的技術限制。

(7) 足夠的設備能量與製造能力。

(8) 迎合顧客需要且應付競爭。

(9) 維持創意發生。

(10)充分授權執行工作的有關人員。

　　(三)產品擴散：當一產品推出到市場後，首先必須面對現有市場購買型態的阻礙，經企業不斷地實施行銷努力，逐漸克服，並從刺激消費者的知悉(awareness)、產生興趣 (interest)、及評估 (evaluation) 及試用

(trial) 各階段，最後正式採用 (adoption)，這一連貫的程序，卽是產品的擴散㉙。有關產品擴散，可以市場接受程序說明，依圖 8-12 所示，將產品接受者 (adopters) 在一常態分配曲線上各標準差區隔部份，分類成創新者 (innovators)、早期接受者 (early adopters)、早期大衆 (early majority)、晚期大衆 (late majority) 及落後者 (laggards) 等類型，每一類型所佔百分比約略可表示該產品在市場的普及程度(coverage)。

除採用者心理因素影響外，產品擴散速度亦與創新產品的下列特性亦有密切關係㉚：

(1) 相對利益 (relative advantage)：凡爲採用者感覺產品在經濟、可靠、便利與耐用上，均較爲優越時，則接受速度較快；反之則緩。

(2) 配合性(compatibility)：凡能配合採用者的現有觀念或經驗時，則接受速度較快；反之則緩。

圖 8-12

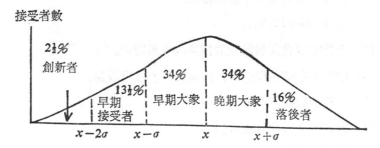

資料來源：參考 Everett M. Rogers, *Diffusion of Innovation* (New York: The Free Press, 1962), p. 162.

㉙ Everett M. Rogers, *Diffusion of Innovation*, (New York: The Free Press, 1962), pp. 160–162.

㉚ P. Kotler, *Marketing Management*, pp. 227–228.

(3) 複雜性 (complexity)：凡產品較易瞭解或使用時，則接受速度較快；反之則緩。

(4) 可割性 (divisibility)：凡產品能小量使用時，則接受速度較快；反之則緩。

(5) 溝通性 (communicability)：凡產品的性質或特點較易說明或示範時，則接受速度較快；反之則緩。

三、產品生命週期

產品生命週期 (product life cycle) 在行銷管理上，亦是一項極受重視的觀念。

(一)產品生命週期的特性：產品由導入市場，迄退出市場，其擴散方式若依銷售歷程可區分為導入期、成長期、成熟期及衰退期等四個階段[31]，每階段的特徵均有顯著不同，可分述如下：

1. 導入期：產品剛導入市場，品質尚未穩定，技術改良不斷發生，企業生產能量及規模均小，開發成本支出高昂，多數經營者均虧損；市場上，所知者有限，需求量少，競爭者少，則分配通路單純，消費型態以培養「基本需求」(primary demand)為主，且因產品種類有限及價格偏高，以高所得層購買較多，上流意識較濃。

2. 成長期：由於市場已接受該產品，逐漸流行，銷售量增加，企業對該產品亦進行相當改良，並投資設備擴充規模，發揮生產能量，成本降低，利潤發生並提高，晚期達到頂峯；市場上，由於需求量多，競

---

[31] 有些論著另於成熟期後，加飽和期 (Saturation)，使產品生命週期成為五個階段，惟 P. Kotler 等認為飽和市場的機會不易達成，而將成熟期區分成①成長成熟 (growth maturity)，②飽和或穩定成熟 (stable maturity) 及衰敗成熟(decaying maturity)三歷程，參閱 P. Kotler, *op. cit.*, pp. 236-237.

爭品出現，交易方式日趨複雜，分配通路擴大，消費者逐漸轉變成「選擇需求」型態 (selective demand)，市場有區隔化現象。

3. 成熟期：產品在市場上已廣泛流行，競爭品增加且為消費者所接受，需要量雖然增加；然而，促銷費用亦隨之提高，品牌化混亂，價格競爭出現，分配通路間衝突叢生，企業的銷售成長率下降，利潤減少，且因產品業已定型，無法再行改良，必須調整生產能量，部份商品在市場上更呈現疲態，考慮退出市場。

4. 衰退期：產品在市場上面臨嚴重的價格競爭，劣品充斥，消費者對產品的訴求大大降低，企業的設備亦陳舊或廢棄，生產能量及效率低落，週轉率不佳，經營利潤微薄甚至虧損出現，市場區隔變小，銷售成長停滯且無力可圖，企業不願再投入促銷資金，許多競爭品並退出市場。

上述各階段的現象㉒，配合新產品發展及利潤情形，可以圖 8-13 表示之。

圖 8-13　新產品發展、生命週期與利潤關係圖

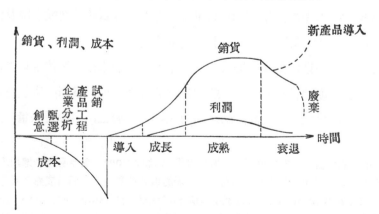

(二)產品生命週期各階段行銷對策：企業為應付產品生命週期的自然衝擊，必須針對各階段特徵，可研擬採行下列行銷對策：

1. 導入期：此階段的行銷基礎以佈達新產品消息及引誘消費者試用新產品為主，為拓展市場可採下列策略[33]：

(1) 當市場對產品並無認識，惟顧客有追求時髦傾向時，可採高價格及親切服務的「高姿態」(high profile) 高雅路線，以建立產品形象與公司商譽，並獲取超額利潤。

(2) 當市場對產品略有認識且有意採用，惟市場仍小時，可採高價格及有限服務的「選擇滲透」(selective penetration) 方式，以節省費用，增加收入，俾彌補開發支出。

(3) 當市場對產品並無認識，惟衆多顧客對價格均敏感時，可採低價格及較多服務的「先佔滲透」(preemptive penetration) 方式，迅速進入市場，佔取較大市場佔有，造成先聲奪人氣勢，以應付競爭。

(4) 當市場對產品已充分認識，惟競爭存在，且衆多的顧客對價格均敏感時，可採低價格及低服務的「低姿態」(low profile) 大衆化路線，以薄利多銷，經濟經營方式穩住市場。

2. 成長期：此階段的行銷基礎以擴大市場為主，因此，除盡力改良產品，提高品質，建立產品的優良形象外，並從下列策略中，選擇適

---

[32] 參閱 Robert D. Buzzell, "Competitive Behavior and Product Life Cycle", John S. Wright and Jac L. Goldstucker ed., *New Ideas for Successful Marketing* (Chicago: AMA, 1966), pp. 46-68; Theodore Levitt, "Exploit the Product Life Cycle", *Harvard Business Review* (Nov.-Dec., 1965), pp. 81-94. 等文獻。

[33] P. Kotler, *op. cit.*, pp. 294-295.

宜者實施之❸❹：

(1) 擴充相關性產品線或產品項目，增加顧客的選擇。

(2) 採用市場區隔化策略，穩住現有市場，並拓展其他市場。

(3) 採用低價格策略以滲透其他市場，擴大銷售，以充分利用生產能量。

(4) 加強促銷組合，配合銷售時機與對象實施強化銷售的活動。

(5) 調整分配通路方式，採廣泛式路線，以全面滲透市場爲主。

3. 成熟期：此階段的前期，仍有成長期的特性宜採前述策略，後期的市場已呈飽和(saturation)，乃至衰退的徵兆，其行銷基礎應以穩住市場爲主，宜從下列途徑尋找可行策略着手❸❺：

(1) **市場調整** (Market modification)：當技術與現有市場的發展均相當穩定，產品改良不可能有重大突破時，只能從下列方式去**考慮**❸❻：

    (a) **市場**區隔化更爲細密，配合各次市場，採用各種差異性**行銷**活動。

    (b) 在原有市場上，倡導大量消費或追求時髦的習慣，以增加消費量。

    (c) 強化促銷，改變消費者對產品的印象，或將產品定位的重心移轉至另一顧客羣。

    (d) 開拓新市場。

有關市場調整的關係，如圖 8-14 所示。

---

❸❹ *Ibid.*, p. 296.

❸❺ *Ibid.*, pp. 297–299.

❸❻ Jacabus T. Severiens, *op. cit.*, pp. 26–27.

圖 **8-14**　市場調整與生命週期

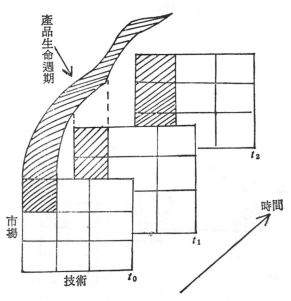

資料來源: Jacobus T. Severiens, "Product Innovation, Organizational Change, and Risk: A New Perspective", *S. A. M. Advanced Management Journal,* (Fall, 1977), p. 27.

(2) 產品調整 (Product modification)：企業藉技術革新導致產品創新，可能使組織作重大改變，亦必須對資本設備或存貨重新投資，而且研究發展經費劇增；然而，從下列方式的產品調整，常能重新建立產品在市場的原有地位[37]：

　　(a) 對產品的品質作突破性改良，提高耐用及信賴的程度。

　　(b) 對產品的規格、式樣作積極性改變，增加視覺、感受、安

---

[37]　John B. Stewart, "Functional Features in Product Strategy", *Harvard Business Review* (March–Apr., 1959), pp. 65–78; Jacobus T. Severiens, *op. cit.,* pp. 28–29.

全及便利程度。

(c) 發掘產品的新用途，擴展市場領域或消費面。

(d) 產品的創新。

有關產品調整的關係如圖 8-15 所示。

圖 8-15 產品調整與生命週期

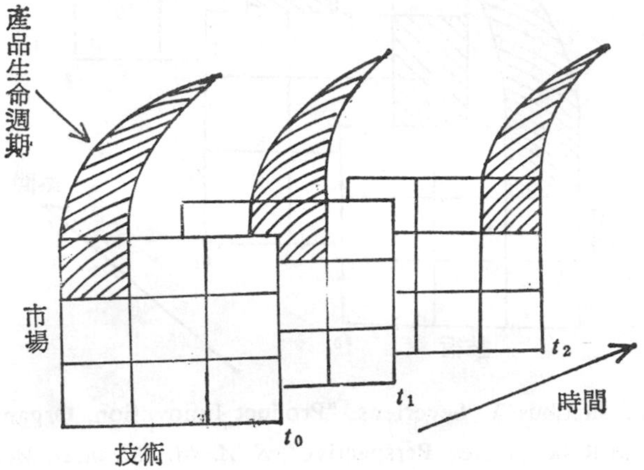

資料來源：如圖8-14, p. 29.

(3) 行銷組合調整 (Marketing-mix modification)：除產品調整策略外，企業亦可從行銷組合的其他活動調整着手，如採低價格的定價方式，求薄利多銷；採大拍賣等銷售促進(sales promotion) 活動，吸引顧客購買；採廣泛式分配通路，便利顧客採購等。

歸納此一階段的行銷方法，不外下列四種：

(a) 採產品的創新或調整策略。

(b) 採多品牌，多產品線的市場區隔化或市場調整策略。

(c) 採價格競爭或促銷競爭的行銷組合調整策略。

(d) 採騷擾、威脅市場秩序的非法策略等。

4. 衰退期：面對產品在市場上銷售成長的減退，爲挽救此一頹勢，並避免損失發生，企業宜採下列方式補救㊳：

(1) 就原有市場，維持原有產品、定價、促銷及分配等組合，以觀待變化。

(2) 縮小經營範圍，將產品、促銷及分配等集中在仍有利可圖的次市場區域。

(3) 減少行銷支出，節省費用，採少賠卽賺的心理。

(4) 退出市場。

(5) 產品的創新，使生命週期再生 (Re-cycle of product life)。

(三)產品生命週期理論的限制：應用產品生命週期理論，必須認清下列事實：

1. 就環境言：企業的經營環境因素常非企業所能控制，理論的出現，僅提供企業就邏輯基礎解釋現象的共同性，並推測市場的未來予以掌握。

2. 就企業言：企業追求利潤的目標，常是影響社會的原動力，因此，企業的行銷努力，對市場亦可能造成顯著的效果，使敵我間的消長有所改變，而市場的態勢或現象亦有不同。

3. 就理論言：此理論的部份邏輯基礎具有弱點，在應用上卽有其限制，玆說明如下㊴：

(1) 各階段間並非有一定順序，且各階段的時間並無一定長度，部份階段特性間常不明顯、混淆，或根本未出現。

㊳ p. Kotler, *op. cit.*, pp. 298–299.

㊴ William E. Cox, Jr., "Product Life Cycles as Marketing Models", *Journal of Business*, (Oct., 1967), pp. 375–384.

(2) 有關生命週期係指產品類別 (product class)、型態 (product form) 或品牌(brand)，並未明白表示，則行銷策劃基礎常無所根據。

(3) 企業依各階段特徵評估產品績效，易以偏蓋全，產生錯誤決策的流弊。

因此，如何依據理論基礎，配合企業當局的經驗，作出合理的研判，並策訂適宜的行銷計劃，乃是管理者責無旁貸的任務了！

第四節　行銷組合策略

一、產品組合策略

依前節所述，可知產品在行銷組合中係為最重要的要素，然而，產品在市場上為消費者所注意、購買，以至於消費，其間實包涵三個層面，首先，消費者購買產品，係為產品的利益 (product benefit) 可滿足消費者的需求，此稱為「中心產品」(core product)；包圍在中心產品外邊則是品質水準、樣式、規格、品牌及包裝，此稱為「形相產品」(formal product)；而消費者最後所獲得的，不僅為中心產品與形相產品，尚包括包裝、顧客服務、促銷、技術指導、運送、安裝、融資及其他作業在內的「系統銷售」(system selling)[40]，此稱為「綜合產品」(augmented product)[41]。因此，有關產品組合的策略運用，不單是產品本身政策的確立，尚包括附屬產品銷售或消費在內的各項活動。為促使產品的系統

---

[40] 參閱 Harper W. Boyd, Jr., and Sidney J. Levy, "New Dimensions in Consumer Analysis", *Harvard Business Review*, (November–December, 1963), pp. 129–40.

[41] P. Kotler, *op. cit.*, p. 352.

銷售較爲經濟與順暢，並滿足消費者間不同的需求，企業常採取產品線的策略，供應市場所需的各項產品，並配合各項活動，以構成一產品組合，其銷售與利潤的關係，已在前節敍述，不再贅述，此處乃着眼於其產品線運用、品牌策略、包裝策略及顧客服務策略的研擬與實施。

（一）產品線的運用：對於產品線的運用，柯特勒教授(Philip Kotler)認爲可採下列策略㊷：

1. 強化產品線 (Line-stretching)：強化現有產品線的功能，又區分成下列三種方式：

(1) 向下強化 (Downward stretching)：當產品已佔有市場的較高層，銷售成長飽和，且已建立較高商譽與品質時，爲擴大銷售，並應付競爭，可考慮向下層經營。

(2) 向上強化(Upward stretching)：產品已佔有市場的低層結構，爲提高商譽，品牌再定位，增加利潤，可考慮提高產品設計與品質，向上層爭取。

(3) 雙向強化 (Two-way stretching)：企業同時採取向上與向下強化的目標。

2. 充實產品線 (Line-filling)：企業爲增加經營利潤，掌握產品線全線市場機會，充分利用設備能量，滿足經銷商要求，常採取增加產品種類或項目的策略。

3. 革新產品線 (Line-modernization)：企業對於產品樣式較爲落伍時，採取時髦設計的策略，以建立產品線的新形象。

4. 突出產品線(Line-featuring)：企業就產品線中選擇特定項目的產品，特意刻劃或塑造，以建立突出形象，使該等較爲突出的

㊷　*Ibid.*, pp. 361–364.

產品，對消費者產生較大吸引力或成爲產品線的象徵。

5. 價格線(Line-pricing)：對於同一產品線內各種產品，彼此間常有聯合成本(joint cost)或相輔相成的密切關係，故乃就整個產品線利益進行定價。

6. 修改產品線 (Line-pruning)：企業當局發現到產品線內部份產品的績效不佳，或市場機會集中於某特定產品時，可採行調整產品線，集中全力經營某些產品的策略，以減少虧損或增加銷售。

(二)品牌策略：品牌 (Brand) ⑬ 對於企業行銷而言，可發揮下列功用⑭：

(1) 提供識別的基礎，使廣告或其他促銷活動有所對象，俾建立消費者具體的形象。

(2) 品牌經由法定註冊程序，獲得專用權，得到法律保障，他人任意仿用，將構成侵犯商標權的法律責任。

(3) 產品品質的優良或服務週到，經由品牌使顧客產生「品牌忠誠性」(brand loyalty)與「產品差別化」(product differentiation)，有獨佔性競爭效果，保障定價的自由。

(4) 利用品牌的認識與瞭解，爲新產品上市的媒介，或提供顧客再次購買的決策依據。

企業對於品牌的採行方式，有各別品牌、家族品牌、各族品牌及以

---

⑬ 品牌依 American Marketing Association, *Marketing Definitions*: *A Glossary of Marketing Term* 定義，係指一名稱，辭句，符號，設計或其組合，包括兩部份，一爲文字或數字可以發言者，稱爲品名 (brand name)；一爲符號、圖案、特殊色彩或字體，但無法發音者，稱爲品標(brand mark)，品牌經法律註冊，稱註冊商標(trade mark)，我國訂有專利法，商標法。

⑭ P. Kotler, *op. cit.*, p. 367.

商號爲品牌等策略，此外，並可採取下列方式：

1. 擴充品牌 (brand-extension)：將已經營成功的品牌，賦予新產品或調整後的產品項目[45]，可減少許多促銷費用，並爭取市場先機。

2. 多品牌化 (multibrand)：當企業爲控制全部市場面，實施市場區隔化，掌握顧客對新品牌的好奇心，並充份利用剩餘生產能量時，常採取此策略，惟需考慮採多品牌化，可能增加促銷費用，或市場區隔過小毫無效果可言[46]。

3. 品牌再定位 (brand repositioning)：企業欲進入新市場，或提高其商譽與顧客層時，即採創新品牌或改進原有品牌的策略。

商品的品牌化已成爲行銷管理的重要手段，惟在採行上述策略時，必須注意下列原則：

(1) 品牌名稱宜簡短，易於發音，且只有一發音方法。

(2) 易於認識和記憶的品牌最佳。

(3) 能暗示產品的用途或特徵。

(4) 能配合市場時尚喜好，及包裝或標籤的設計。

(5) 可長期使用，且可依法註冊，免於他人冒用。

(6) 適合各種廣告媒體的操作。

(三)包裝與標籤策略：產品包裝化 (packaging) 原僅供防護或經濟功用，近年來普遍受到重視，並進而產生便利、促銷與生態處理要求，

---

[45] 參閱 Theodore R. Gamble, "Brand Extension", in *Plotting Marketing Strategy*, ed. Lee Adler (New York: Simon and Schuster, 1967), pp. 170–171.

[46] Robert W. Young, "Multibrand Entries", in Adler, *Ibid.*, pp. 143–164.

考諸其原因如下❼：

(1) 由於自助服務(self-service) 銷售方式盛行，產品必須藉包裝設計以吸引顧客注意與購買。

(2) 顧客生活水準提高，重視衞生，而經過包裝化的商品可配合此需要，且較便利、可靠與美觀。

(3) 包裝技術精益求精，不僅克服困難，包裝成本亦降低。

(4) 企業常運用包裝設計，建立商譽或企業良好形象，以促成產品差別化，提高市場地位。

(5) 利用包裝上標籤所提供等級或描述，協助消費者選購商品，促進廠商與顧客間的溝通。

由於上述功能的存在，而顧客亦確實需要從包裝與標籤上獲得有關產品特性、成份、用途、使用方法、維護方式及包裝利用，以協助選購商品，防護商品及使用商品，因此，包裝與標籤策略在產品組合中不亞於品牌的重要性。

(四)顧客服務策略：企業爲配合銷售，或履行對產品允諾承擔某些責任，使產品更適合顧客的用途或使用狀況，常提供各項活動或措施，如保證、運送、安裝、示範、訓練、融資授信、維護保養，乃至於系統設計等，即爲顧客服務策略(customer service strategy)。

有關顧客服務的提供，在實施上常有下列不同型態❽：

1. 純粹銷售產品，不提供服務，適用於一般民生用品的銷售。

2. 配合中心產品的銷售，提供附屬服務，適用於較技術性的產品，以擴大產品效用，如電腦銷售附帶安裝、維護與訓練。

---

❼ P. Kotler, *op. cit.*, pp. 332–333.

❽ Theodore Levitt, "Production-Line Approach to Service", *Harvard Business Review* (Sept.–Oct., 1972), pp. 41–42.

3. 配合中心服務的銷售，提供配屬產品，適用於服務業的銷售，以充實服務的內容，如航空旅遊附送餐飲。

4. 配合中心服務銷售，提供附屬服務，適用於較技術性的服務銷售，如顧問業附帶提供諮詢或訓練。

對行銷管理當局言，上述任何型態的策略選擇或服務內容組合均面臨一項政策問題，即服務所衍生費用應包括於售價，抑或另外分別收取的決策，下列原則常列入顧客服務前的考慮：

(1) 倘服務費用佔產品價格中的比例甚小，可計入售價，以減少手續處理。

(2) 倘提供服務對日後使用有利，如產品安裝可減少誤裝，對廠商銷售亦有利，則可免費或計入售價。

(3) 倘產品所需的服務程度或次數，隨時間而增加，則宜另簽訂服務契約或由廠商免費服務一段期間後,通知顧客收取服務費用。

(4) 倘所有顧客都需利用同等服務，則可將服務費用計入售價；倘有部份顧客不需利用該服務，則服務費用計入售價顯然失去公平，宜分別收取服務費用。

(5) 倘企業推出新產品，爲促銷目的，服務在所難免，則服務費用可計入售價，或免費服務而視爲一項促銷投資。

(6) 倘顧客所購買數量龐大，爲促銷目的，亦可能免費服務而視爲促銷投資，以滿足顧客並期建立品牌忠誠性。

二、定價策略

產品的定價 (pricing) 向來即是企業經營決策的重點，雖然，一九五〇年代後，行銷管理盛行非價格因素的活動，時至今日，由於，經濟波動、油價變化與通貨膨脹的衝擊，使定價問題復成爲行銷管理的焦

點㊾。

　　適宜的定價常被視爲行銷組合中的重要手段，因此，確立定價目標亦應配合行銷組合目標的要求，其原因在於定價的良劣影響到行銷組合的成敗。一般企業對定價目標不外下列企求㊿：

(1) 當行銷組合變數持恒的狀況下，由定價以追求最大利潤，乃是首要的目標。

(2) 在考慮某目標市場的需求彈性與購買能力後，定價常作爲爭取或擴大市場佔有的行銷手段。

(3) 藉定價的操作，以達成特定的需要投資報酬率。

(4) 在新產品導入階段，由於價格彈性小，競爭低，及效用高等現象，藉高價可獲得高利潤，以彌補研究發展支出，並建立良好商譽。

(5) 當市場逐漸成熟，爲改變消費者購買行爲模式，藉低價或促銷配合，常可擴大銷售範圍，並防止競爭介入。

(6) 爲維持穩定的價格水準，廠商間常以定價手段協商或領導產業的價格穩定。

　　然而，定價所涉及的因素，除產品性質外，尚包括市場需求、成本性質、競爭狀況、定價者的態度、社會反應、政府法令規定、消費購買能力、企業預期利潤、經濟景氣狀況等，相當錯綜複雜，且有部份因素亦非企業所能控制，爲配合上述因素，乃有各式各樣的定價方法，惟在企業管理當局，則常參考下列準則定價，並決定其策略與方法。

㊾　參閱 John G. Udell, "How Important Is Pricing in Competitive Strategy"? *Journal of Marketing* (Jan., 1964), pp. 44–48 及 "Pricing Strategy in an Inflation Economy", *Business Week* (April 6, 1974), pp, 43–49.

㊿　P. Kotler, *op. cit.*, pp. 386–388.

(一)定價準則: 企業定價的準則主要如下❺:

(1) 依據生產成本，採加成定價 (cost-plus or markup pricing) 或先求利潤定價 (target-profit pricing)，此方式較有把握，且因定價反映成本，減少交易的衝突，並避免價格競爭。

(2) 衡量顧客需求，如顧客間需求特性不同，對產品品質及使用的時間與地點**不同**，均有不同的價格反應，可採認識價值定價 (perceived-value pricing) 與需求差別定價 (demand-differential pricing)。

(3) 應付市場競爭，常視市場內定價者陣容與競爭型態而定價，在寡佔市場裏，**領導價格** (Leader price) 或產業現行價格 (going-rate)最為企業普遍採用；在獨佔性競爭市場裏，企業因產品差別化,有較大的定價能力;在競爭劇烈的市場裏，競價 (bidding)最為盛行。

(二)定價策略: 企業依據上述原則，盱衡外在環境因素限制，與考慮**內**在能力及經營目標的要求,可採高價策略或低價策略,**其特性**如下:

1. 高價策略: 一般稱為「脫脂定價」(skim-the-cream pricing)或「漸降定價」(sliding down the demand curve)，當產品為主要商品且具獨佔性，獲有專利權保障，技術性高或原料成本限制，或為新產品方導入市場，市場需求有限不足吸引競爭者加入，此時企業為彌補開發成本支出，或建立產品訴求，採高價方式，可獲取較高的利潤，並建立商譽。

2. 低價策略: 通常稱為「滲透定價」(penetration pricing)、「擴張定價」(expansionistic pricing) 或「先佔定價」(pre-emptive pricing),當產品為次要商品，有互輔性相關品存在，可大量生產且生產

---

❺　*Ibid.*, pp. 389–396.

成本較低，或市場的價格彈性較大且需求已屆成熟飽和，企業
為擴大銷售，則採低價方式，並使競爭者無利可圖，知難而退。

在實際作業時，企業常視情況的特性與需要的變化，而將上述策略
予以修正或組合實施，轉換成下列四種策略⑤：

1. 維持價格策略。

2. 維持價格，惟採取品質改進，顧客服務及強化促銷等非價格因
   素反擊競爭品的策略。

3. 降低價格策略。

4. 提高價格，惟為迎合新顧客層，採新品牌或新產品以反擊競爭
   品的策略。

(三)定價方法：企業在銷售其產品時，除依據其定價準則，參考其
定價策略外，為適應顧客需要與促進交易順利，故常採用不同的定價方
法，茲例舉下列數種，提供參考。

1. 折扣 (discount)：依購買數量、現金購買或協助經銷，而分別
   給予數量折扣、現金折扣與交易折扣(trade discount)。

2. 折讓(allowance)：對經常購買的顧客或協助經銷的分配商，分
   別給予數量折讓或促銷材料折讓。

3. 依工廠交貨或目的地基點定價 (base-point pricing)。

4. 因顧客不同，採彈性或變動價格 (flexible or variable price)。

5. 模仿競爭品價格的模仿定價(imitative pricing)。

6. 對產品線內有成本相關的產品項目，採價格線(price line)。

7. 對產品價格，不受經濟波動或成本變化影響，採保證價格
   (guaranted price)。

8. 為控制產品分配，採統一零售價格 (maintenance retailing-

---

⑤ *Ibid.*, p. 405.

price)。

9. 迎合顧客心理與需求，採奇數價格 (odd price) 或心理價格 (psychological price)。

10. 迎合顧客的社會地位與象徵，採炫耀價格 (prestige price)。

11. 為擴大銷售或刺激需求，採大拍賣折價方式的啓示價格 (leading price) 等。

有關定價方法不勝枚舉，此處所例，仍有掛一漏萬的可能，然而，定價是項藝術與科學的結合，有賴各方面的配合，方能順利完成產品的交易。

三、促銷策略

企業為刺激或促進消費者對產品的認識、瞭解、購買或消費，常採取各種促銷途徑或手段，以擴大銷售的效果，因此，促銷 (promotion) 可視為買賣雙方間的一種溝通程序或功能表現，故有將「促銷」乙詞以「行銷溝通」(marketing communication)說明之。

(一)溝通組合：企業為達到預期的溝通效果，常設各種有關產品的信息 (message)，以各種途徑或手段與顧客溝通，此一配合與安排，稱為「溝通組合」(communications mix) 或促銷組合 (promotion mix)。上述組合包括廣告活動、包裝、銷售展示，購買點陳列(point-of-purchase display)，商品型錄及宣傳等促銷工具(promotools)，惟一般皆區分成下列四類[53]：

---

[53] 依 American Marketing Association *Marketing Definitions*: *A Glossary of Marketing Terms* (1960) 對廣告、宣傳、人力銷售及銷售促進之分類及定義，惟有少數人認為產品的促銷性包裝亦應列為第五類，尚未獲得公認。

1. 廣告活動 (advertising)：係以大衆傳播媒體，如電視、廣播、雜誌、報紙、郵函及戶外陳列等，將企業名稱、品牌、產品屬性及銷售目標的內容經過變碼 (encoding) 設計成「有目的之信息」，系統地表達給消費者，以吸引消費者的注意或印象。

2. 宣傳 (publicity)：藉由文章新聞或一些社會活動，如公共關係等，使消費者對企業產生良好態度與認識。

3. 人力銷售 (personal selling)：係僱佣人力從事推銷活動，藉與顧客直接會面溝通，將有關產品的信息傳達給顧客，促成產品的銷售。

4. 銷售促進 (sales promotion)：係為配合銷售需要，非定期地舉辦各項展覽、陳列、示範、贈送樣品、贈獎比賽等活動，以提高顧客的購買興趣。

各種溝通手段，皆有其特性與限制，一般而言，企業常採行密集的廣告活動，配合宣傳與銷售促進，以吸引消費者對產品的注意，並建立品牌的印象，期能產生忠誠性，此即為「拉式策略」(pull strategy)，在拉式策略中，人力銷售常居於輔助地位，以協助提供顧客服務或舉辦各項銷售促進的人力來源。反之，部份企業則以銷售人力作為促銷的主力，藉推銷員的口才表達與能力示範，或配合銷售促進活動的舉辦，將產品及品牌推銷給顧客，此即為「推式策略」(push strategy)，在推式策略中，廣告活動與宣傳的效果甚低。

(二)溝通組合的運用：企業如何運用溝通組合以達成促銷效果，有下列原則可以遵循[54]：

1. 依產品類型有不同組合：產品為消費品或工業品，對溝通組合

---

[54] P. Kotler, *op. cit.*, pp. 491–494.

的運用有顯著的不同。在消費品市場,廣告活動獲得特別重視,其次爲銷售促進等,其工作重點在建立產品認識與品牌忠誠,即拉式策略;反之,在工業品市場,銷售人力最受倚重,其次爲銷售促進等,其工作重點在說服與促成購買,即推式策略。溝通組合按產品特性而予以不同安排,如圖 8-16 所示,經研究證實有效(55)。

圖 8-16　不同產品類型的溝通組合

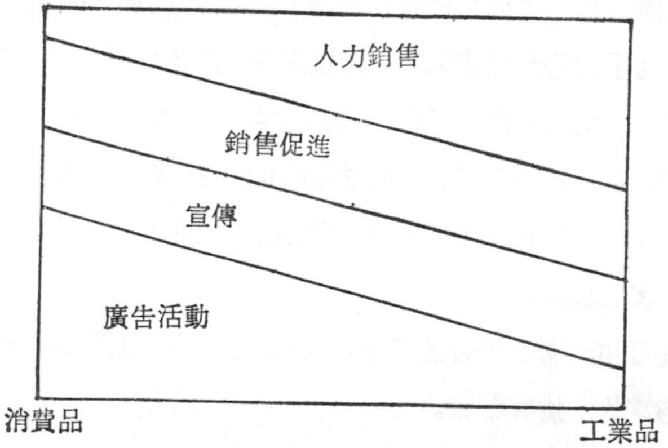

2. 依促銷要求有不同組合:最理想的溝通組合乃是依據溝通工作特性與目標要求,然而,有些溝通手段對某特定工作要求並不適合,亦不經濟。在建立顧客認知產品上,廣告、銷售促進與宣傳均甚有效,惟耗費甚鉅;在建立顧客瞭解產品上,廣告最有效;人力銷售次之;在說服顧客上,人力銷售最有效,廣告次之;在促成顧客購買,則以人力銷售最有效,銷售促進次之。

(55) Theodore Levitt, *Industrial Purchasing Behavior: A Study in Communication Effect* (Boston: Division of Research, Harvard Business School, 1965).

為經濟安排溝通組合，在溝通程序前期，採廣告活動為主，以建立認知與瞭解，後期採人力銷售為主，以說服及促成購買，而宣傳與銷售促進則配合實施(56)。

3. 依產品生命週期各階段特性有不同組合：產品進入市場後，需要不斷地促銷活動配合，方能達成經營目標。惟產品在市場上的生命週期各階段特性不同，其促銷要求亦有差別。導入期時，為建立顧客對產品的認知，採廣告及銷售促進，如展覽、示範或贈送樣品等最為適宜；在成長期時，為擴大銷售機會，各項溝通手段均全面投入，惟仍以廣告、銷售促進為主；成熟期時，以增加促銷支出為手段，俾應付競爭，並介紹產品用途，此階段大量運用廣告活動；至衰退期時，企業為改善營業狀況，乃削減促銷費用，此時促銷活動甚少，偶而舉行銷售促進，提高顧客購買興趣。

依上述可知，溝通組合的運用，必須視產品、工作與市場需求的不同，而有適當的安排與配合。

四、分配策略

企業行銷的目標，在使產品由生產者移轉到消費者或使用者，為達到「物盡其用，貨暢其流」的要求，必須借重市場上各中間機構 (intermediaries) 的配合，形成所謂「行銷路線」(marketing channel) 或「分配路線」(channel of distribution)，以執行分配的功能。

(一)分配路線的功能：分配路線的存在，乃在消除生產與消費間的

---

(56) P. Kolter, *Ibid.*, p. 493; Harold C. Cash and William J. Crissy, "Comparison of Advertising and Selling", *The Psychology of Selling* (Flushing, N. Y.: Personnel Development Associates, 1965), Vol. 12.

障礙，並發揮下列功能[57]：

1. 配合市場需要，發揮組類功能 (sorting function)，首將不同產品歸類，累積同類產品按等級分類，依消費者需要適宜供應。

2. 溝通生產者與消費者間的空間距離，將產品運送，發揮地域效用 (place utility)。

3. 溝通生產者與消費者間的時間距離，將產品儲存後再供應，發揮時間效用 (time utility)。

4. 從事市場研究，提供或蒐集有關交易或分配的資訊。

5. 協助生產商從事促銷活動，直接或間接促成交易。

6. 提供交易時信用或融資 (financing) 措施，以擴大銷售機會。

7. 協助生產商採購或供應生產所需的物料、設備及資訊。

8. 為調節市場供需而持有產品，分擔生產商的經營風險 (risk taking)。

綜言之，一般經濟活動中所具有的功能，除生產外，大部份皆有賴市場上中間機構或分配路線的促成，因此，分配路線的存在，是項資產，而非負債，企業的管理當局必須適宜地開發並掌握分配路線，則可協助產品與市場間的經營獲致最大效果。

(二)分配路線與成員型態：市場上中間機構可依不同分類標準予以劃分。最常用者，係依分配對象分，凡直接售予最後消費使用者，稱為零售商 (retailer)，或零售中間商；如係供應零售商、其他中間機構、工業用戶或政府機構者，稱為批發商 (wholesaler) 或批發中間商；另一分類標準，係視中間商有無取得產品的所有權分，凡取得產品所有權並負擔

---

[57] Edmund D. McGarry, "Some Functions of Marketing Reconsidered", *Theory in Marketing*, Reavis Cox and Wroe Aldeson, eds., (Homewood, Ill.; Richard D. Irwin, 1950), pp. 269–73.

風險者，稱爲經銷商或經銷中間商(merchant middleman)；如僅協助商品分配，而不取得產品所有權，亦不負擔風險者，稱爲代理商或代理中間商 (agent middleman)。上述各類，又可依其經營產品分配的特性，再行分類[58]。

依據生產商對分配路線成員的運用情形 (channel level)，分配路線的結構，有下列各種型態：

1. 由生產商直接銷售予消費者或使用者，稱爲直接行銷路線(direct marketing channel)，適用於訂貨銷售，技術性或服務性高，或具時效性的產品分配。

2. 由生產商透過零售網而配銷予消費者，一般皆存在於生產商熟悉市場，且對產品的分配無意放棄控制的情況。

3. 由生產商，經批發商及零售網，將產品配銷予消費者，此時，生產商將產品分配的工作寄望於批發商的熟悉市場與批發功能，對於分配路線的控制力降低。

---

[58] 有關零售業分類可依發展演進說明，近代化經營的零售業於1860年代，美國首先出現百貨商店 (department store)，十年後，出現郵購商店 (mail-order house)，1910年代，出現聯鎖經營組織 (chain-store)，1930年代，出現超級市場 (supermarket)，1940年代末期，出現郊區購物中心 (suburban shopping center)，1950年代初期，出現折扣商店 (discount house)，同時，販賣機 (vending machine) 盛行，1960年代後，依經銷產品類別區分零售業已漸混雜，各類型零售業出現，其中尤以家庭型零售店 (home improvement center)即我國的青年商店，最具代表性。參閱 William R. Davidson, Albert D. Bates and Stephen J. Bass, "The Retail Life Cycle", *Harvard Business Review* (Nov.–Dec., 1976), p. 94.; Stanley C. Hollander, "The Wheel of Retailing", *Journal of Marketing* (July, 1960), pp. 37–42.

有關批發商的分類，皆按其特有產品情形或執行分配功能區分，前者爲經銷商，代理商，經紀人，拍賣公司，集貨商；後者則分成全功能批發商，與部份功能批發商，如運儲公司等。

4. 倘生產商對市場毫不熟悉，且無意控制分配路線或無力經營分配路線時，常出現總批發商(general wholesaler) 負責行銷，再經由地區批發商 (local wholesaler or jobber) 及零售商將產品配銷予消費者。

上述型態的經營，端視企業本身能力與條件，及市場上客觀環境需要而定，一般皆視中間機構數目的多寡，又將分配路線區分成下列各種型態，亦有人視其爲分配策略：

1. 專用式分配 (exclusive distribution)：當企業有意控制分配路線，並負責分配過程的各項促銷、運儲、融資及顧客服務時，常自力分配或授予中間機構獨家經銷權，適用於貴重品或特別品的分配。

2. 廣泛式分配(intensive distribution) 或密集式分配：對於便利品或普通品的分配，企業爲便利商品廣泛配銷，常採密集的分配路線，將產品經由批發商及零售網行銷。

3. 選擇式分配(selective distribution)：當產品爲選購品(shopping goods) 時，企業無意採廣泛式分配，專用式分配又不適宜，則可能就廣泛的中間機構中選擇合格的路線成員，以協助分配、提供顧客服務並建立商譽。

(三)分配策略的運用：由於分配的作業相當複雜，投入的人力、物力、財力最大，因此，分配策略的選擇與運用，對企業最爲挑戰。在實際作業時，常依據顧客類型、產品特性、中間商功能、競爭壓力、環境需求與企業本身條件而有不同的策略內容：

1. 視顧客類型決定：倘市場較集中、顧客數確定、購買型態固定、購買量龐大，如消費團體、工業用戶或政府機構，可採直接行銷或委由選擇過的中間商從事配銷；反之，對於市場分散，顧

客衆多且購買特性複雜，宜採廣泛式分配，由各中間商配銷產品。

2. 視產品特性決定：倘產品爲易腐性、易毀性、技術性高、規格複雜、體積龐大且價值高，則採直接行銷或專用式分配較能配合；倘產品品質較優，外觀優雅，以專用式分配則效果不佳且成本過鉅，可採選擇式分配；反之，一般便利品或普通品，則採廣泛式分配爲宜。

3. 視中間商功能決定：由於中間商所具有功能性質不同，對銷售、採購、促銷、運儲、融資、技術訓練、顧客服務等要求互異，企業必須瞭解本身能力及中間商條件，適宜選擇，方能相輔相成。此外，由於中間商的功能不同，企業基於實際需要與運用，常採單路線策略(single channel)與多路線策略(multichannel)。

4. 視競爭特性決定：企業的分配策略常受到競爭者分配策略的影響，在執行上有許多限制。一般而言，獨佔性競爭的市場，企業有較大的能力選擇分配路線，否則，企業在決定分配路線時會遭遇阻撓與排擠，能力較差的企業只能採沿家挨戶的直接行銷，或委由總批發商配銷。

5. 視環境限制決定：當經濟蕭條時，企業爲減少費用開支，維持經營利潤，會降低對中間商的依重，而增加自力行銷，並減少顧客服務機會；反之，則擴大分配路線，提高顧客服務。此外，有關法令的規定，亦常限制企業設立分配機構，對於全功能中間商 (full-function middleman) 的執行，必須接受監督，以避免壟斷獨佔，影響市場上公平交易機會，則企業必須擴大分配路線，減少直接行銷或專用分配的可能。

6. 視企業本身能力決定：決定企業分配策略的最重要因素卽是企

業本身能力，倘企業產品突出，財力雄厚，人才充足，規模龐大，且有意控制分配路線時，常投資設立分配機構，如門市部分銷店或聯鎖店等，直接行銷或專用分配，否則，至少亦採用選擇式分配；反之，則企業常將產品委由中間商協助分配。

近年來，由於垂直行銷系統 (vertical marketing system, 簡稱 VMS) 觀念的興起[59]，企業投資設立分配系統，有的並擁有倉儲及運輸設備，加上其他服務的提供，已具有經銷中間商的功能，加上對零售業的投資經營，形成聯鎖組織 (chain-store organization)；或以特約方式 (Franchise system) 改進與零售業者間的合作關係，提供陳列設計、促銷材料與優厚的交易折扣，使批發活動逐漸由生產商與零售商所擔負，走向整合的趨勢，批發商在此衝擊下，只能走向較彈性經營方式，加強結合同業共生行銷 (symbiotic marketing)[60]，並以提高服務等措施掌握仍然為數衆多的中小型生產商。

在零售活動方面，亦同樣有混雜化 (scrambled retailing)[61]的趨勢，不再堅持依產品類別區分經營方式，使得零售業間的衝突，由同業內擴大至不同業別間，增加生產商選擇其產品分配路線的機會，然而，傳統行銷系統的改變，對企業而言，亦代表一項冒險性的考驗。

---

[59] Bert C. McCammor, Jr., "Perspective for Distribution Programing", in *Vertical Marketing System*, Louis P. Buklin, ed., (Glenview, Ill.: Scott Foresman & Company, 1970), pp. 32–51.

[60] Lee Adler, "Symbiotic Marketing", *Harvard Business Review* (Nov.-Dec., 1966), pp. 59–71.

[61] Stanley C. Hollander, "The Wheel of Retailing", *Journal of Marketing* (July, 1960), p. 42.

第九章 企業的生產與物料管理政策

　　企業的生產作業與其他功能活動有所異別，必須將有限的生產要素（如土地、資本、設備及勞力等）經由繁雜的生產過程，以供應市場上所需價廉物美的商品，並謀取企業的合理利潤。面對包括投入、處理與產出的生產系統，企業當局必須將人力、物力、財力、時間及科技作有效的整合，並系統地調配，在各項準則與計劃指導下，方能進行最經濟且有效率的作業，生產合乎品質標準的產品，因此，生產政策亦成為企業經營管理活動中極重要的課題！

　　一般生產企業常將生產與物料作業劃分，然而，就總體經營而言，其彼此間關係非常密切且相互影響，故在本章中一併討論之。

第一節　企業生產管理政策的特性

一、生產活動的問題

　　自十八世紀中期工業革命以降，機械力代替人工，生產量大增，使企業的生產與技術獲致重大改進，惟企業組織的規模也日漸龐大，生產

程序日益複雜，所需投入的財力、物力與科技知識日就增多；進入二十世紀後，產與銷配合的問題再次困擾企業管理當局，爲迎合市場需要，則如何適時生產較低成本且合乎品質標準的產品，一直是生產活動的問題。

惟企業自取得原料、零(配)件等資材配合其他生產要素予以加工、裝配或製造而轉變成有形的產品或無形的勞務，直至銷售的整個生產活動過程，常發生下列問題：

(一)物料上風險：在採購物料作業的過程中，常由於企業內部不當或外來糾紛，造成損害。分述如下❶：

1. 內部不當的發生，主要可歸納爲下列三項原因：

(1) 管理上原因：主要是採購制度不健全，如採購規則不合理、合約格式不適用等；及採購人員的素質不佳，技術不熟練，經驗不夠，造成錯誤等現象。

(2) 設計上原因：主要是採購計劃偏差，造成超購、錯購及不當緊急採購等現象。

(3) 執行上原因：主要是執行方法偏差或忽視時效，造成圍標、廢標、簽約過遲、遲延付款、未催促交貨、提貨遲延及廠商爭執抗告等現象。

2. 外來糾紛的發生，主要爲下列兩項損害的索賠：

(1) 貨物損害索賠：由於短交、短卸、缺失、破損等造成數量的缺損；及品質不符、品質不佳、變質、包裝不良等品質變化所引起的損害索賠。

(2) 商業行爲索賠：可歸納爲下列三項原因：

---

❹ 葉彬，「企業採購」(臺北市：三民書局)，民國64年，第441-443頁。

(a) 時間因素: 交貨遲延致削價損失, 途中耽誤致貨物變質, 及原料中斷停工損失。

(b) 未清償貨款: 未結還溢收款、未付佣金或公證費等, 及商業發票錯誤。

(c) 未履行契約或毀約: 故意不履行契約, 或片面毀約等。

物料問題, 除上述外, 尚有原料存量過多, 資金積壓, 原料價格波動及廢料發生等, 皆由物料管理不當所發生。

(二)製造上風險: 在製造作業的過程中, 下列問題皆可能造成生產活動的損害:

(1) 生產技術革新, 使企業技術落後或廠房設備面臨淘汰。

(2) 廠址或設備佈置不當, 造成工作不便或生產不經濟。

(3) 機器設備維護不良, 造成經常故障。

(4) 生產計劃編製錯誤, 能量與日程無法配合。

(5) 品管制度未建立, 致使品質低劣。

(6) 操作動作不安全, 造成人員傷亡或財物損害。

(7) 公害污染使工廠瀕臨勒令停工之虞。

(8) 工作環境欠佳, 造成工作效率低落或發生意外事故。

(9) 天災及戰爭、暴亂、罷工、怠工等人禍, 造成生產上之損失。

上述問題, 皆是千頭萬緒, 對生產與銷售的影響更是深遠!

二、生產問題的對策

為解決生產活動過程的各種問題, 並防止各項弊端的發生, 企業管理當局乃採行下列各項措施[3]:

---

[3]　參閱 Cordon B. Carson, ed., *Production Handbook* (The Ronald Press Co.,) 2nd. ed, 有關各項生產管理與採購管理項目。

(一)在物料管理方面：

(1) 釐訂生產計劃與生產日程 (production schedule)。

(2) 估算原料、物料或另(配)件的採購量。

(3) 訂定採購規則，進行採購。

(4) 估算前置時間 (lead time) 與所需的安全存貨量。

(5) 驗收、進庫、倉儲及領料的帳簿處理。

(6) 存貨控制與管理。

(7) 運輸及搬運管理等。

期以最合理的程序，節省時間、人力與費用，且能適時 (right time) 適地 (right place) 的供應所需適量 (right quantity) 與適質 (right quality) 的原料等資材，以增進原料、物料等的週轉率，發揮最大的供給效用。

(二)在製造管理方面：

(1) 釐訂生產計劃與生產日程。

(2) 估算生產能量，並安排閒置能量。

(3) 設計生產程序，調整現有機器設備的佈置。

(4) 所需機器設備的採購、安裝與配置。

(5) 生產單位的編組、分派與協調。

(6) 工作分析與人機系統 (man-machine system) 配合的研究。

(7) 工作規範的釐訂。

(8) 工具的採購、使用、儲放與維護。

(9) 作業員的甄募、訓練與調派。

(10)工作的衡量、評價、報酬、獎工與激勵。

(11)生產作業的控制與催踪。

(12)品質與數量管制。

(13)成本控制。

(14)工廠安全(plant security) 措施與緊急事故的處理。

(15)價值分析(value analysis) 與價值工程的進行。

(16)機械化改進與自動化發展等。

　　期以科學方法或技術，與週密的計劃及控制，使人力、物料、機器設備等生產要素配合，依據簡單化、標準化、專業化、自動化、現代化與合理化等科學原則，發揮最高的生產能力，適當地生產出適量與適質的產品，以供應市場所需。

　　上述的問題及其對策間可形成一「償付關係」(trade-off relationship)，並以表 9-1 的償付矩陣說明之。

表 9-1　生產問題與對策的償付矩陣

問　題　範　圍	決　策　區　域	方　案　內　容
1. 廠房設備的配置	1. 生產程序幅度	1. 訂製或存貨生產
	2. 廠房規模	2. 集中且規模大或分散及規模小
	3. 廠房位置	3. 區位因素考慮
	4. 投資決策	4. 自製(建)、租賃或購置
	5. 設備選擇	5. 通用或專用設備
	6. 工具種類	6. 暫時性或永久性；少量或多量；自製或採購
2. 生產計劃與控制	1. 存貨頻次	1. 高或低
	2. 存貨水準	2. 多或少
	3. 存貨控制水準	3. 粗略或詳細
	4. 生產程序性質	4. 連續或裝配
	5. 生產進度編排	5. 粗略或詳細
	6. 控制內容	6. 機器能量，工作量，時間、產量及成本等
	7. 品質管制水準	7. 高或低
	8. 生產方法的標準化	8. 正式或非正式

3. 工作與人力配合	1. 工作專業化	1. 高度專業或通才
	2. 技術指導	2. 技術指導或一般指導
	3. 工資制度	3. 工資等級的多寡；計時制或計件制
	4. 督導	4. 嚴格或鬆散
	5. 工業工程師支援	5. 多或少
4. 產品設計工程	1. 產品線規模	1. 多樣化與簡單化
	2. 設計穩定性	2. 訂貨設計或標準設計
	3. 技術風險	3. 創新或模仿
	4. 產品工程	4. 整體性設計或特定部份設計
	5. 生產工程	5. 密集或簡單
5. 組織與管理	1. 組織種類	1. 專案式或功能式組織
	2. 高階層的時間調用	2. 高度參與生產計劃，成本控制，品質管制或其他生產活動
	3. 風險評估	3. 根據資料分析或直覺判斷
	4. 幕僚人力的運用	4. 配置較多或較少的幕僚
	5. 管理型態	5. 獨裁，父導，諮詢或參與型

資料來源：參閱及改編自 Wickham Skinner, "Manufacturing-Missing Link in Corporate Strategy", *Harvard Business Review* (May-June, 1969), pp. 59-71.

三、生產政策的確立

對於企業管理當局而言，生產管理的重要性，並非僅在思謀解決生產問題的對策而已，乃是企求在銷貨、採購、存貨與生產間設計一個最佳平衡的生產系統。此由於，企業完成市場研究及銷售計劃後，生產部門即須釐訂生產計劃，編排生產進度，採購設備及物料，分派工作，穩定生產等作業。尤其，在多種設備配合生產的狀況下，如何決定生產地點及時限，以維持平衡和協調的生產過程，若無一明確的生產政策，卽難以獲得該一平衡與協調的基礎，彼得·杜拉克(P. F. Drucker)教授曾

指出，「生產管理的功能，並不僅是應用工具將物料製成產品而已，乃是將邏輯應用於生產，倘生產時所應用的邏輯愈合理，愈清晰明白，愈能貫澈始終，則生產活動的問題與限制愈少，而獲得的市場機會也愈多」❹即是很明確的說明。

事實上，現代化生產活動的錯誤複雜，若無政策遵循，也無從着手。諸如生產組織的型態，生產程序的設計，廠房規模與設備佈置，能量調配，機器設備的購置及有效利用，生產途程與進度的編列，生產控制的執行，所需物料與零配件的自製或購買，品質、成本及閒置能量的管制，維護措施的建立，公害防治，及對市場波動的適應等，在在都需要企業管理當局確立其生產政策，使生產活動有關的各項作業內容、程序、進度及標準有所確定，對外平衡產銷，對內協調各部門間功能的配合，俾將生產資源作最有效的運用，並發揮最高的生產效能。

企業生產政策的確立過程，與其他功能政策雷同，然而，近年來，依據市場需求或滿足顧客願望以決定生產的行銷導向觀念，使生產當局在釐定生產政策內容時，必須遵照預定的銷售計劃行事，此外，當依下列步驟進行策劃❺：

(一)首先，分析市場上競爭地位，並將競爭者所生產產品的特性、技術及採行策略予以瞭解。

(二)評估企業本身的資源、設備、人力、技術及產品政策等。

(三)訂定企業的行銷目標及銷售計劃。

(四)決定企業所需發揮的生產功能，如生產力、數量、品質、投資

❹　Peter F. Drucker, "Principles of Production", *the Practice of Management*, ch. 9.

❺　Wickham Skinner, "Manufacturing–Missing Link in Corporate Strategy", *HBR* (May–June, 1969), pp. 59–71.

報酬等，建立生產的償付關係。

(五)考慮產業界的經濟限制，如成本結構、產品組合、產量配額、產業結構與未來發展等；及產業的技術限制，如技術水準、技術發展、程序規模、機械化程度及設備配置特性等，使企業瞭解本身的生產地位及突破的可能性。

(六)整合各項生產作業有關的計劃，如程序分析、生產償付分析、設備計劃、技術計劃、能量管理制度、工作研究、生產績效標準及生產控制制度等。

(七)依據執行、控制、績效測度及程序檢討所獲得的回饋資訊、修正或調整生產政策內容。

茲將生產政策的確立過程，以圖 9-2 表示之。本章並就生產計劃、生產控制、工作制度、採購制度及存貨政策等單元，專節探討之。

圖 9-2　生產政策的確立過程

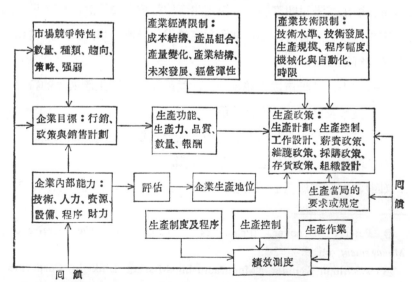

資料來源：同表 9-1。

第二節 生產計劃

一、生產計劃原理

企業在從事生產前，必須運用科學方法及週密的策劃作業，將所擬生產產品的種類、項目、規格、品質、數量、生產成本、生產方式、生產途程與進度、生產地點、生產時限、所需的技術水準與設備配置等要項，預作最合理與最有效的計劃與安排，此即為生產計劃。

(一)生產計劃的程序：生產計劃所涉及的範圍甚廣，實際上乃包括生產前的全部準備活動，主要包括下列步驟：

1. 決定生產方針：企業在釐訂生產計劃前，應先考慮下列因素：

(1) 企業的經營或行銷目標。

(2) 市場的需求特性與變化趨向。

(3) 企業的技術水準與生產能力，

(4) 企業廠房設備的能量與利用情形。

(5) 企業所需資金的來源與財務能力。

(6) 內外在物料及資材的供應情形。

(7) 企業生產人員的素質、經驗與技術能力等。

然後，就行銷、工程與生產的綜合角度，將人力、財力、設備、技術方法、原料物料及其他生產要素作有效的配合，並確立達到該配合目標的各項原則或準繩。

2. 完成產品設計：依據市場研究所獲得的資料，進行所欲生產產品的設計，並依照標準化、專業化、簡單化的原則完成產品發展的各項作業與工作藍圖，瞭解產品的項目、規格、樣式、組成產品的零配件項目與數量，並估算生產成本；當市場變化時，並按多樣化原則調整產品

組合或生產內容，使生產當局得以確知生產作業的整體概況。

3. 決定每批生產數量：產品發展後，如為存貨生產 (production for stock)，卽應依據市場預測結果，估算現有設備的生產能量與生產成本，決定每批生產的經濟生產數量 (economic lots of production)；若為訂貨生產 (production for order)，則應考慮訂貨內容，決定每批生產數量，倘訂單過大且可連續交貨時，仍可依經濟產量的觀念分批生產；若訂單過大但無法連續交貨，而本身生產能量又不足時，可考慮分包 (subcontract) 生產。

4. 決定零配件的自製或採購：產品的種類和生產數量確定後，生產部門卽需決定生產產品所需物料及零配件的種類、項目與數量，並依據產品的規格建立物料單 (bills of materials) 及配件單 (part list)，估算所需。進一步更分析現有設備能量、技術能力、供應來源可靠性、經濟生產數量等因素，比較零配件自製抑或採購的優劣，及其相對成本的高低，以確定零配件，乃至於工具生產的依據。

5. 決定生產方法與生產時限：生產部門依據所擬生產產品的種類、品質標準、數量及交貨期限等要求，參酌現有機器設備的性能，物料流程、製造方法的特性、現有技術水準及可用人力概況，確定工程計劃，釐訂產品或零配件生產的作業表 (operation sheet) 或程序表 (route sheet)，排列生產途程 (production route)，並估算途程中各項生產作業所需的時間，包括準備與作業時間在內，俾排定全部生產的總日程表 (master schedule) 與各種組件生產的明細進度表 (detailed schedule)，

6. 決定廢料準備：根據以往經驗與生產紀錄，皆常發生廢料或劣品退貨，因此，在生產計劃中，須事先將廢料或劣品的可能發生率予以估定，然後，彈性地分發原料，配置設備能量及分派工作量等，俾維持物料供應的穩定，與足夠的生產能量，而不致影響預定的生產進度與生

產量。

7. 建立會計制度: 將生產作業中所有各項活動或所需人工、物料及管理的支出或費用, 按預估、標準水準及實際等基礎, 分別建立帳戶, 收受憑據, 記錄各項成本費用, 編製報表, 俾瞭解產品生產的人工成本、物料成本、管理費用及製造成本的內容, 並分析標準成本與實際成本間的差異原因, 以爲生產控制或評估生產力的基礎。

8. 決定生產單位與分派工作: 依據已排妥的生產途程與生產進度, 將生產工作按計劃程序的順序、工作負荷量、所需的物料及設備能量的多寡、與人力組成要求等, 組織適宜的生產單位, 並分發工具領用單 (tool order)、各種技術資料手冊、製造命令或工作單 (Job ticket) 給各有關單位或作業員, 並規定填寫後收回, 俾能適時地推動各項生產有關的工作, 以最經濟的原則, 及最有效的方法, 適時、適量及適質的完成產品生產。

(二)生產計劃的特性: 綜合上述,生產計劃亦即就生產何物(what), 如何生產(how), 何地生產(where), 何時生產(when), 由誰生產(who) 及爲誰生產(whom) 的 5 WIH 法則, 將人工、物料、機器設備、資金及其他生產要素作最合理的配合, 俾達成生產政策與目標的策劃內容。

良好的生產計劃常具有下列功能❻:

(1) 平衡市場供需。

(2) 簡化生產程序。

(3) 有效利用設備。

(4) 縮短生產時間。

(5) 穩定物料供應。

---

❻　C. B. Carson, *op. cit.*, ch. 2, p. 5.

(6) 減少物料庫存量。

(7) 控制產品品質標準。

(8) 降低生產成本。

(9) 提高員工的生產力。

(10)合理分派工作。

(11)激勵員工士氣。

(12)促進生產作業的安全。

(13)提高技術策劃能力與技術水準。

(14)發揮有效的生產管理功能。

二、程序分析 (Process Analysis)

在生產計劃中，決定適宜的生產程序乃是最主要的任務，因此，程序分析乃成爲生產政策中的重要課題。

一般言之，生產程序乃涉及物料、技術資訊、人力、時間等的投入、處理及產出的整個工作流程，常因產品特性或生產類型的殊異，致生產方式，機器設備性能、操作方法、所需物料、工具與員工技術水準之考慮，均有差別。一般可分爲下列三種：

    1. 連續性程序(continuous process)，又分爲：

      (1) 綜合性連續程序(synthetical process)。

      (2) 分化性連續程序(analytical process)。

    2. 裝配性或斷續性程序(assembling or intermittent process)。

    3. 專案性程序(project process)。

連續性程序係依照製造順序、連續處理，雖因生產過程中需綜合其他原料物料，或分化成其他副料而有不同，惟其特性，乃須連續投入物料或處理，適用於標準化的產品，產量大而成本亦低；裝配性程序，必

須將原料製成零件，或組件，再集中裝配，故產品的變化彈性較大，由
於所需物料常有特定規格，採購成本高，產量亦少，生產過程中配合性
低，易產生閒置能量；專案性程序，則視專案內容的性質而定，常混合
上述二種的特性。有關三種不同程序的特性比較，可見表 9-3 所示。

表 9-3　生產程序特性比較表

比　較　項　目	連續性生產	斷續性生產	專案性生產
1. 產品型態			
(1) 產量	標準化且多量	多樣化惟少量	標準化小，量少惟成本高
(2) 產品變化	費時、費力、費財	較易調整	可應專案內容連續變化
(3) 需求變化	適合需求穩定	波動或未定均可適應	只需調整員工，可適應變化
(4) 市場型態	標準化，市場大及存貨生產	特定區隔市場或訂貨生產	訂貨生產
2. 生產方法			
(1) 工作特性	專業化，良好分工及計劃	專業化低，偏重技藝	各種工作混合均可適應
(2) 資金與技術配合	單一生產，可發展專業化設備或自動化	資本密集性，須採用通用設備	技術變化大，須採用價廉的通用設備或工具
3. 人力考慮			
(1) 勞工技能	靈巧耐性，願重複工作	專業技藝	視工作情況能彈性調整
(2) 工作環境	生產小組，重複性工作，依程序控制績效	專業化，單獨工作	工作及場所常視專案內容變化
(3) 勞工特性	單一工作，效率高	技藝導向	視專案技術要求而定
4. 生產特性			

(1) 物料庫存	按日程需要供應，庫存量可減少	覗產品特性，變化大，需較多庫存	庫存量低，惟物料按專案內容要求，成本高
(2) 物料搬運	項目標準化可採自動化	物料項目多，需較多處理	依數量決定設備要求
(3) 在製品庫存	作業連續化，庫存量少	作業斷續，等候長庫存量多	專案批次時間長，庫存量多
(4) 生產力	專業，分工，自動化，成本低效率高，生產力大	工作性質不同，準備成本高，覗效率決定生產力	覗員工效率及日程控制決定生產力
(5) 生產控制	直線前進，生產穩定，控制簡易	工作變化大，工時長，控制較複雜	覗工作性質與日程而定
(6) 能量控制	易掌握，惟能量變化時調派不易	較富彈性	富彈性，變化易
(7) 生產週期	較短	相當長	覗專業時限而定

資料來源：參閱 Paul W. Marshall, William J. Abernathy, Jeffrey G. Miller, Richard P. Olsen, Richard S. Rosenbloom, D. Daryl Wyckoff, *Operation Management*: *Text and Cases* (Homewood, Ill.: Richard D. Irwin, Inc., 1975), p. 158.

　　程序分析的目的在掌握生產流程，運用生產能量，提高生產效率，產生生產效果。因此，在進行研究時，有許多前提限制或要求需列入考慮之中[7]。

　　(1) 為迎合市場需要的變化，產品的樣式、種類或項目必須配合時效，採多樣化或不斷創新。

　　(2) 產品的生產成本必須符合經濟原則的要求，並謀求未來生產成本的降低。

---

　　[7] 參閱 P. W. Marshall, W. J. Abernathy, J. G. Miller, R. P. Olsen, R. S. Rosenbloom, D. D. Wyckoff, *Operation Management*: *Text and Cases* (Homewood, Ill.: Richard D. Irwin, Inc., 1975), p. 157.

(3) 配合生產作業，企業必須籌措相對的資金，有關設備或工具的投資必須減少，並設法提高設備的使用率。

(4) 生產過程中，必須減少工作停頓、干預、物料搬運或物料供應中斷，俾降低在製品庫存量與庫存費用，並縮短製造時間。

(5) 爲提高員工的作業效率，必須簡化工作與人員控制程序，以減少員工訓練成本；並爲提高工廠作業安全，預防事故發生，減少工廠維護成本，工作環境亦須配合作合理的改進。

(6) 爲滿足顧客的要求，並維持市場的領導地位，企業對產品品質，必須建立可靠水準。

(7) 不同生產程序、生產技術與工作方式，對作業員可能產生不同的身心影響，在分派工作前，必須考慮人機配合或人際關係，俾提高員工士氣。

(8) 爲提高生產力及作業發展自動化的機會，工作必須標準化、簡單化與專業化，產品及技術資訊的處理必須系統化。

程序分析常要求採行下列措施或策略，其所具備的管理訴求較技術意義爲顯著：

(一)程序連續化：斷續性生產程序，其廠房設備之佈置較爲複雜，且產品在裝配過程中常無法相互銜接，致能量閒置、耽誤或增加物料的搬運問題，且人員的訓練成本較高，亦無法實施自動化。因此，在設計生產程序時，儘量將斷續性程序排列成連續性，使原料或物料沿製造途程之順序，直線前進，減少時間耗費，縮短物料搬運，降低生產成本，提高生產效率，並朝往機械化與自動化邁進。

(二)生產力的均衡：調和生產程序，順利生產，必須將途程中各生產單位間的工作負荷與工作績效標準相互均衡，務使整個生產線不致因部份生產單位的工作瓶頸而影響整體生產效率。

(三)分權化: 管理當局應針對生產程序中各項作業特性, 將決策權適宜地委讓各實地作業的基層主管, 使各生產單位的基層人員能因應實地需要, 自主地作合理的決策, 以確定基層責任, 並激發潛能。 許多企業並依據產品、市場或生產的獨特性, 將生產單位設立「生產事業部門」或「責任中心」, 自行估算支出費用及經營績效。

(四)彈性: 爲因應市場需求變化, 平衡生產程序中各階段的工作負荷, 或調節淡旺季的營業波動, 企業必須採取較多產品種類或接受額外訂貨等措施, 以穩定經營, 或處理閒置能量及副產品, 使得生產程序必須具備彈性或多樣化的特性, 俾能隨時調整。

(五)結合生產: 企業爲維持原料供應, 技術資訊等來源, 及銷售分配的順暢, 並爲追求標準化大量生產、市場拓展、促銷或共同運銷等作業的經濟性, 在考慮未來成長擴充計劃時, 應朝往垂直結合或水平結合發展。

(六)自動化(Automation): 在生產程序上, 倘作業爲標準性重複工作且可專業分工時, 可考慮將人力、物料、機器及製造方法予以系統設計, 並加裝油壓或電子感應設備, 朝往自動化生產❽。 俾節省人工: 而大量生產, 可降低生產成本; 近年來, 採用數據控制(numerical control)生產, 更可提高產品品質與可靠度, 有利於企業的競爭, 乃是今後技術升級的主要手段。

三、設備配置分析(Facilities Planning)

企業的生產管理當局對預定生產的產品種類與數量, 事先卽應蒐集

---

❽ Eugene M. Grabbe, "The Language of Automation", *Automation in Business and Industry* (New York: John Wiely & Sons, Inc., 1957), pp. 21–22.

所需廠房佈置特性，機器設備性能，物料搬運途程，工作空間及可能的
資本支出等資料，審慎地分析，俾能配置適宜設備，調派足夠生產能
量，處理閒置能量，從事設備的維護，並汰換陳舊、廢棄與不適合的設
備，以防止生產過程中設備配置不良的瓶頸，並避免事故或意外災害的
發生，倘若設備配置研究的結果，仍無法促進生產的順利進行，則應重
新分析，迄能提高生產效率並配合產銷需求為止：

　　設備配置計劃除考慮到生產機器外，尚須注意到維護、保養、防
火、照明、通風、調溫、隔音、衞生、搬運、儲存、員工作息及安全等
輔助設備 (service facilities) 的配置。此外，尚須將下列要求列入考慮：

(1) 設備配置需具有彈性，易於調整。

(2) 空間負荷最小，且能提供良好的工作環境。

(3) 預留未來擴充或調整配置時的邊際空間。

(4) 減少物料搬運。

(5) 減少設備的維護費用。

(6) 配合機械化作業，以免除不必要的工作，俾節省人力。

(7) 發展自動化生產，易於監督與控制。

　　為達成上述目標，下列兩項研究亦同時列入設備配置計劃之中。

　　(一)設備選擇：設備性能的經濟性，常與生產數量成反比。生產數
量少時，通用設備的費用較專用設備為低；惟生產數量增多時，專用設
備可大量生產，其成本則較通用設備為省，見圖 9-4 所示。上述機器
設備之選擇與購置，必須符合生產程序的需要而定，在連續性生產程序
中，設備按流程安排 (process layout)，以建立循序的生產途程，必須
採用專用機器設備，俾從事大量生產，縮短生產時間，增加產量；在
訂貨生產或裝配性生產程序中，設備則須按相同性質或產品要求而安排
(product layout or line layout)，因此，應購置通貨設備，俾均衡機器

設備的負荷，並使設備性能發揮較大的彈性，以減少設備的投資支出；若二者複合時，則可採混合方式配置。

圖 9-4　設備特性、產量與成本關係

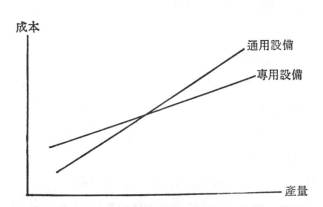

(二)生產能量管理 (capacity management)：生產部門應依據機器設備的性能，估算其最大的生產能量 (Ideal capacity)，實際操作能量 (practical capacity)，生產所需能量 (reguired capacity) 與收支平衡能量 (break-even capacity)，並按照最大生產能量與實際需要能量的基礎，將生產能量勻稱地分配於各生產期間或生產途程，使生產能量的利用趨向穩定與最佳化，包括利用淡季承接訂貨或從事存貨生產，或平衡設備使用率，減少加班時數或負荷過重；對於陳舊設備或使用成本較高的設備列為備用，或將其列為尖峯時刻時的輔助設備；對於本身能量無法勝任的訂貨，可採分包生產 (subcontract production)，或編擬資本預算，添增所需的設備能量，上述說明可以圖 9-5 表示之。

從圖中可發現，盈虧收支平衡分析 (break-even analysis) 常是能量分析的重要工具，可使管理當局瞭解設備能量使用的關係，倘若實際需要能量小於設備可供應能量時，即有閒置能量發生；倘實際需要能量亦

圖　**9-5** 多設備能量使用與管理圖

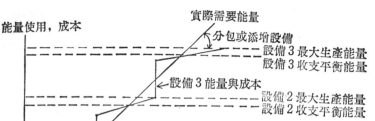

小於設備收支平衡能量時，則生產收益將不敷設備的成本與費用支出，虧損必然發生。因此，能量管理與設備的資本預算，關係密切。

此外，有關能量的分派或調配，常應用線性規劃 (Linear programming)、調配模式 (Allocation model) 或啓發方法 (Heuristic Method) 等數量或決策技術，此處不再贅述。

四、生產技術策劃 (Technology planning)

企業如何將人力、物料，機器設備、財力、能源或科技資訊作有效的處理，以生產所需的產品，必須仰賴生產或工程部門對工程技術特性或組合的瞭解與應用，尤其在生產作業中，有關產品工程與程序工程，若未從事生產技術策劃則不爲功，因此，生產技術計劃在今日亦成爲生產計劃的一部份，惟在一般作業分析時，常列入「研究發展」的項目中。然而，生產計劃中從事技術策劃，其主要目的乃在分析生產作業所需的工程技術方案，並選擇適宜的技術策略，俾提高效率，增加收益或降低成本，以達成生產的目標，因此，技術策劃所具有的管理訴求或績效意

義亦較工程特性爲顯著。

(一)技術分析與策劃: 管理當局在生產期間必須常定期地檢討現有的生產技術特性, 並發展未來生產計劃所需的新技術方案, 尤其, 當企業從事新產品發展, 添購新的機器設備, 或取得新的生產程序與技術時, 技術策劃更不可或缺。因此, 下列事項常列入技術策劃所考慮的內容[9]:

(1) 現時生產作業過程中, 所投入的技術型態, 所需物料內容、品質、規格, 數量及成本: 所需能源的內容、數量, 所需勞力型態; 科技資訊的特性; 生產成本及生產時限等。

(2) 單項生產工作時, 所需技術的特性、效率、能量與限制; 及組合全部生產程序技術後的特性、效果、能量與限制。

(3) 現有技術的最大潛力 、 效率與效果; 有無可能促進生產機械化、大量化與自動化的發展。

(4) 現有技術改變時, 將現有生產成本有無減少的可能。

(5) 現有技術改變時, 對現有產品或生產程序的影響程度。

(6) 如何改進現有技術, 以配合市場需求的變化。

(7) 現有技術創新時, 企業調整生產作業所需耗費的時間長短。

(8) 未來技術創新時, 其技術促進效益, 如產量、品質、成本及時效等績效的的評估。

(9) 從事技術創新應投入的研究發展成本與未來效益之比較。

對企業而言, 分析或運用現有的技術較爲容易, 至於, 推論可預見的技術創新, 並決定未來運用能力及運用時期的技術預測(technological forecasting), 則較爲困難。此外,下列事實亦常影響企業從事技術策劃[10]:

---

[9] 參閱 P. W. Marshall, etc., *op. cit.*, p. 432.

[10] *Ibid.*, p. 443.

(1) 某些技術方案的最佳產出，並非卽是市場所需的最佳產出，換言之，市場需求與技術發展間存在着差距，技術創新可轉變市場需求，而市場變化亦常衍生技術創新。

(2) 現有技術內容或能量的發揮，常受到人為的干預或管理性的約束。

(3) 技術創新的生命週期(life cycle)日漸縮短，而投入成本却日益增加。

(4) 改變現有技術的投入或生產方式，常發生犧牲其他生產要素功能的償付關係(trade-off relation)。

(5) 技術方案的評估或技術策略的選擇，無法單獨進行，必須與程序分析，設備配置計劃，能量調配制度及工作研究同時進行。

因此，技術策劃如同其他策劃作業、按下列步驟進行：

(1) 分析現有技術特性與限制。

(2) 預測未來技術的特性、能量、時間及績效需求。

(3) 瞭解各種可行的技術方案或策略。

(4) 評估各種技術方案的績效優劣及執行難易。

(5) 選擇最適合企業與市場需求的技術方案。

(6) 決定產品與生產程序的技術內容。

(二)技術策略的型態：企業配合生產需要所採取的技術策略，依性質可歸納成下列兩類[⑪]：

　1. 因技術變化而引起的策略：

(1) 技術創新，此策略乃是企業從事研究發展活動，改善或開發現有機器設備或生產程序的效能，或促進生產自動化，以減少人

---

⑪　*Ibid.*, pp. 444-445.

力、物力、財力、時間及能源的投入，降低生產成本。

(2) 產品調整，此策略乃是企業從事市場研究或價值分析等活動，對產品的品質、規格、式樣或用途，藉技術變化導致產品創新。

(3) 社會公整，此策略乃是企業因法令規定或社會輿論公意要求，輸入或發展可改進品質，節約能源、防治公害，促進廢物利用或改善製造方法等的技術或設備。

2. 依產品生命週期各階段特性而採取的策略：

(1) 導入期，此階段的產品品質與生產程序排列均尚未穩定，造成人力、物力及財力的浪費，因此，改進產品品質，改善生產程序的順序與設備的佈置，及訓練技術人力乃是此階段的重要策略。

(2) 成長期時，產品在市場上的地位逐漸穩固，需求增加，而供應未能配合，因此，擴充設備，標準化產品，連續性程序與大量生產，藉以提高能量及增加產量，乃是此階段的策略。

(3) 成熟期時，市場供過於求，價格競爭劇烈，費用增加，利潤減少，因此，嚴格的盤存控制，採取工業工程以降低人力、物力、財力的支出，減少浪費，調整機器設備作業速率，提高能源利用效率等措施，以降低生產成本並維持利潤水準，乃是此階段的策略。

此外，許多企業或以不斷實施新產品發展，或技術合作，或授權製造，或仿製再改進等各種技術方案及策略，解決生產技術問題。

第三節　工作設計與薪工管理

一、工作設計原理

企業依據程序研究排妥生產途程與生產進度後，必須將生產工作亦按照組織目標或生產計劃的要求，予以分析研究、俾將物料、機器設備、工具與科技資訊分派於各工作，並選任適合的人才擔任工作，此一作業程序即為工作設計(Job design)。

(一)工作設計的程序：工作設計為一組織性策劃作業，主要包括下列步驟：

1. 進行工作分析(Job analysis)：企業當局依據組織目標或生產計劃，及達成目標或計劃所需的工作，而將每項工作予以科學性分析，按工作性質、內容、任務、權責與工作關係，及擔任該項工作人員所應具備的學識、經驗、體能、智力應用及工作責任等資格或條件，予以資料蒐集、整理、分析及研判。

2. 建立工作規範：將工作分析所獲得的研究結論，依工作職稱、隸屬關係、權責、工作範圍、所需具備的學識、經驗、體能、智力、工作責任、督導、接觸及工作狀況以工作說明書 (Job description) 或工作規範 (Job specification) 的書面紀錄予以載明；同時，並依據組織目標或生產要求，釐訂工作規則 (work rules) 與作業績效標準 (performance standards)，使員工的選用、訓練、待遇、考核、升遷及獎懲等，皆有所依據。

3. 從事工作評價：工作評價 (Job evaluation) 係將工作按性質繁簡、負荷輕重、責任大小、能力高低或績效優劣等特性予以分析，藉科學方法與系統程序作業，審定各工作間相對價值，以

　　　　決定應獲得的報酬或權責，使組織成員皆能瞭解其工作的重要

　　　性與公平合理的薪工基礎。

　4. 建立薪工控制：依據工作評價的結果，參酌當前生活指數高低，

　　　考慮企業負擔能力，維持內部給付的合理分配，並參照同業的

　　　給付標準，決定本企業的標準薪工制度，並使該制度具備適當

　　　的彈性，俾因應實際需要，採取調整措施。

　　(二)工作設計的特性：傳統的工作設計，只着重組織中的工作因素，

並以工作技術為問題的重心，因此，較為簡單且常具有下列特性⑫：

　(1) 工作高度專業化與功能化。

　(2) 成員不參加策劃或決策，僅就所負責的工作部份重複性作業。

　(3) 全部工作與職務皆由上級正式界定。

　(4) 層級性的權力系統，高階層為權力中心，並指揮與控制組織的

　　　作業。

　(5) 工作的規則或標準，由上級確立或指定，並要求成員遵守與服

　　　從。

　(6) 利用高度與正式確定的賞罰系統來控制工作績效。

　(7) 主管與部屬呈垂直式聯繫，而聯繫的內容均為上級所交付的指

　　　示或命令。

　　然而，傳統的工作設計常忽略組織中成員的心理因素及其工作的滿

足情況，導致工作士氣低落，較高的離職率與曠職率，負的工作態度，

對作業的生產力沒有多大成效。因此，當行為理論盛行後，考慮組織氣

候 (organizational climate)、組織成員心理因素及其工作滿足在內的工

作設計，乃彌補傳統工作設計的缺失。嚴格地說，綜合員工工作滿足與

----

⑫ Tom Burns and G. M. Stalker, *The Management of Innovation*
(London: Social Science Paperbacks, 1961), pp. 119–120.

工作技術等因素的現代化工作設計，較爲開放性(open)，且配合時代潮流需要，方可提高工作士氣，並增進工作效率。因此，在工作設計上乃具有下列特性[13]：

(1) 工作乃是組織與成員爲達成組織目標所需要，依據各種工作需要，招雇合格人才擔任切合需要的工作，使事得其人，人盡其才。

(2) 組織成員參與策劃與決策，使成員瞭解工作目標與組織生存發展的方向。

(3) 高階層授權各階層，委讓各部門自行決定內部控制與聯繫。

(4) 工作的規則與標準由成員參與決定，並參酌環境需要與經驗，適宜調整。

(5) 組織內增加垂直、水平與交叉式聯繫，採行諮詢制度或鼓勵參與，而聯繫內容亦有關決策的資料或建議。

(6) 強調團隊作業。

在現代化工作設計下，下列功能方可能發揮：

(1) 依據工作規範招雇合格人才擔任切合需要工作，減除人事不當的現象。

(2) 依據工作分析確立工作範圍，權責分明，改進管理技術，提高工作效能。

(3) 根據已製訂的訓練計劃，使員工有適當訓練，以提高其技術水準，並維持員工的優良素質。

(4) 工作評價時盱衡理論與實際需要，把握人性、注意才能與績效，可激勵員工發揮潛能。

---

[13] *Ibid.*, pp. 119–125.

(5) 薪資與獎工制度的合理化，可促使員工安於工作，並提高工作情緒。

(6) 平衡工資與利潤分配，可改善勞資關係，調和勞資利益，並安定社會秩序。

(7) 改善工作環境，消除工場危險，促進工作安全。

本節將就工作研究、人機配合、工作豐富化與薪工制度等內容，詳述探討。

二、工作研究

工作研究 (work study) 早期僅指工作簡化 (work simplification) 而已,近年來,舉凡作業分析(operation analysis)、動作研究(motion study)、時間研究(time study)、物料搬運、作業員訓練;乃至於人機系統(man-machine system) 等項目亦在研究範圍，係以科學的方法，系統地分析現行作業目標、工作項目與內容、工作量、工作時間、工作關聯性、工作指派情形，使用工具、使用物料、機器設備配合、物料搬運方法、人員才能運用情形、作業員適性情形、工業安全及工作環境的良窳好壞，並依據分析的發現，剔除無效的動作或不必要的途程，合併、重排或簡化工作的組合與順序，俾排列適宜的程序，設計適當的工具、配置所需的機器設備，並適宜地分派工作，建立適宜的人機系統，良好的工作環境，合理的薪工制度，以激勵員工，並提高生產力❶。

(一) 工作研究的程序： 完整的工作研究， 由工作簡化與方法工程 (method engineering) 開始，進而工時研究與工作衡量 (work measurement)， 然後， 工作評價 (job evaluation) 以建立合理的薪工制度❶，此

---

❶ Cordon B. Carson, eds., *Production Handbook* (N. Y.: The Ronald Press, Co.,), 2nd. ed., 1967, ch. 14, p. 24.

一過程可以圖 9-6 表示之。其有關內容詳述如後。

圖 **9-6**　工作研究程序

[工作簡化／方法工程] ⟶ [工時研究／工作衡量] ⟶ [工作評價／諮詢協商] ⟶ [薪工制度]

1. 工作簡化：首先，就某特定工作進行作業分析，將作業的途程製成流程圖，詳列流程內各項工作項目，依做什麼(what)、何地做(where)、何時做 (when)、何人做 (who)、為何做 (why) 及如何做 (How) 的 5 WIH 法則，嘗試減少、合併、重排或簡化現有工作的組合與順序。

2. 方法工程：方法工程又稱方法研究 (method study)，乃系統地記錄各項工作的有關資料，予以分析檢討，並依據科學原則與方法從事工程分析、作業分析、動作研究、動作因素研究、搬運分析及佈置研究等，以瞭解各項工作特性並研擬改進的方法，一般而言，方法工程與工作簡化常同時進行。

3. 工時研究：對於工作時的動作詳加研究分析，剔除無效動作，改進有效動作之組合及順序，並設計適宜的工具，使動作簡單化、標準化及合理的人機關係，以符合「動作經濟原則」(The principles of motion economy) 的要求[15]。同時，依據各項工作的性質與條件，估計各基本動作的作業時間，俾確定合理的工作時間。

4. 工作衡量：依據工時研究與方法研究的長時期重複研究結果，

---

[15]　參閱 Ralph M. Barnes, *Motion and Time Study* (N. Y.: John Wiley & Sons, Inc., 1958), 4th. ed., p. 214 及 *Motion and Time Study: Designed Measurement of Work*. (N. Y.: John Wiley & Sons, Inc., 1963), 5th. ed., pp. 243–244.

採用標準的作業方法，在標準作業條件之下，預定工作人員完成其工作的時間標準。工作衡量常採「預定時間標準法」(Predetermined Time Standard 簡稱 P. T. S.)[16]，依據在「實用限度內，一個熟練作業員的基本動作所需的作業時間，係屬一確定值」的假設，將工作分解成各基本動作，依基本動作的性質與條件確定該動作的標準時間值，並製成「方法時間衡量」(method time measurement 簡稱 M. T. M.) 的數據卡，應用此卡可分析並預先確計各工作操作的所需時間，而不需實地觀察評比[17]。

綜言之，工作研究的功能，係在改進工作方法，使原料、機器、工具與生產程序簡單化、標準化，俾建立工時標準，預計作業投入，平衡生產線，並為工作評價、薪資給付、獎工、訓練等提供合理的基礎。

(二)人機系統的發展：作業員的技術經驗、操作能力、創造力、想像力與適應能力，以及機器設備的動力與運作速率所產生重複、簡單與定型的多量高速作業能力之間，可組成相互關連的人機系統 (man-machine system)。

人機系統的發展，係研究作業員與機器設備組成一作業單位時，其負責操作的適宜數量。人機系統的研究常採「人機配合表」(man-machine

---

[16]　PTS 法，最早依 A. B. Segur 於1924年發展的工時分析 (motion-time analysis 或 MTA) 確定基本動作在實用限度內作業時間為一定之理論後，1930 年代，J. H. Quick 與 W. J. Shea 發展工作因素系統 (work-factor system)，1940年乃發展成 MTM 法。

[17]　MTM 法係由 H. B. Maynard, G. J. Stegemerten 及 J. L. Schwab 發展，將動作分成到達(R)，放手(RL)，運送(M)，轉動(T)，下壓(AP)，握取(G)，安置(P)，拖開(D)，目視(ET)及手足運動(BM, FM, LM)的標準工時卡，供工作研究參考，見三氏合著，*Method-Time Measurement* (New York: McGraw-Hill Co.,), 1948.

chart)，將重複性工作、單獨的工作場所及機器支配作業員動作等條件，依科學原則或工作研究的結果，予以設計、開發、測驗、訓練及實際應用等系統性發展，如圖 9-7 所示。

圖 9-7 人機系統發展

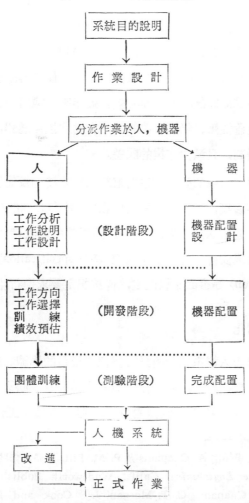

資料來源: M. Gagne', (ed), *Psychological Principle in System Development* (N. Y.: Holt, Rinehart & Winston, Inc., 1962), p. 4.

近年來，隨着機器設備的改進與創新，爲使作業員能操作高度複雜的機器，俾人與機器能十足配合，乃有針對作業員特性設計的人機工程學 (Human engineering; Ergonomics; Biotechnology) 的產生[18]。

人機工程學或人體工學，在本質上乃是數學、機械學、電子學、心理學、生理學及社會學的綜合，係爲加入人的因素的系統工程學，以各種學理配合人的體質、能力、視聽及手腳聯動，研究各種工作動作的力的特性，並設計着力系統及其回饋控制系統，使機器設備均能配合使用人的特性或要求而設計，並發揮功效。近年來，機器設備採自動化或花費少數資金裝置油壓、氣壓、電氣等半自動化控制儀器，更促使人機系統的配合性提高，且減少作業的誤差。

依據人機工程學的研究，進而瞭解人對環境的反應及適應，並設計合理化的工作環境，使作業員的工作場所、機器設備的配置、所需物料、工具與物料搬運方法或途程，及燈光、通風等輔助設備亦按照工作需要，預先予以設計或安排，並以工作規範 (Job specification) 或工作說明書 (Job description) 等書面予以確定，俾按規定要求進行生產作業。

三、工作豐富化

工作研究與人機系統分析雖可促使作業員的學識、經驗、技術能力等符合工作要求，然而，對於作業員的人性要求、心理成熟或工作滿意水準，並無調和的功能。欲激勵員工，唯有實施「工作豐富化」(Job

---

[18]　人體工學係由 A. Chapanis 及 P. M. Fitts 發展，參閱 A. Chapanis, *Man-machine Engineening* (Calif.: Wadsworth Publishing Co., Inc. 1965) 及 A. Chapanis, C. T. Morgan, J. S. Cook and M. W. Lund eds., *Human Engineering Guide, to Equipment Design* (N. Y.: McGraw Hill Book Co., 1963).

enrichment) ⑲ 。

　　工作豐富化卽是重視激勵所做的工作設計。早期，基於行為科學理論的假設，組織成員在組織中，由於交互作用的影響而結合，並朝向共同目標，工作擴大化 (Job enlargement) 卽是此理論下的工作設計，期以擴大工作範圍來減少工作專業化的缺點——高的離職率、高的流動率及負的員工態度；行為理論着重組織成員自工作上的滿足勝於工作與技術因素，惟工作擴大化並未能提供員工發展與成長機會，而只是擴大工作範圍，導致員工士氣未見提高。因此，提供更多團體參與、策劃與控制工作機會的垂直式的工作擴大化（工作豐富化）乃代替水平式的工作擴

圖 9-8　工作豐富化與傳統工作設計之比較

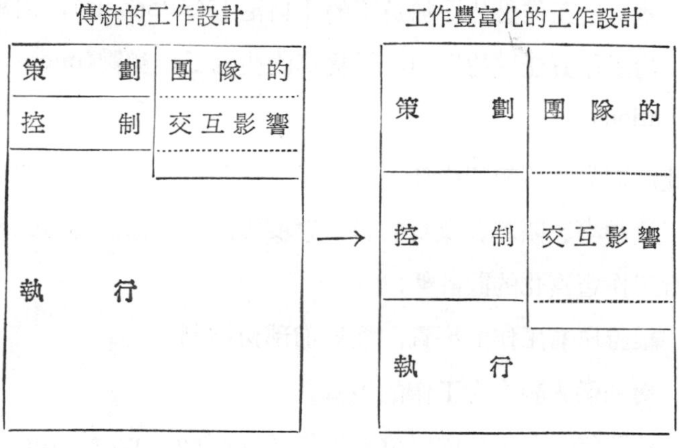

資料來源: M. Scott Myers, "Every Employee a Manager", *California Management Review* (Spring, 1969), pp. 9–10 或 *Every Employee a Manager* (New York: McGraw-Hill Book Co., 1970), pp. 55–95.

⑲　工作豐富化實際上係依據 Frederick Herzberg 的激勵因素與維持因素的兩因素理論 (two factor theory) 所發展出，參閱 Frederick Herzberg, Bernard Mausner, and Barbara Snderman, *The Motivation to Work* (N. Y.: John Wiley & Sons, 1959)。

大化。工作豐富化的工作設計與傳統的工作設計其最大差別乃在於工作中策劃與控制作業的比重，如圖 9-8 所示。

工作豐富化實際包含了下列的涵義[20]：

1. 工作本身是富於挑戰性及激勵性的作業。

2. 工作潛力將因工作豐富化的實施而被發掘。**工作本身的特性成為組織成員眞正學習的標的，工作不只提供員工自我成長的環境，同時也達成組織目標。**

3. 員工的技術潛力可由訓練與團體參與，而獲得發展。

4. 富於激勵性的工作，對於員工個人的優劣、才能及潛力等，可獲得正確與持續的回饋。

5. 垂直性工作必然增加員工的「自治」(autonomy)，而導致員工對工作責任感的增加，並提高內生的工作激勵(internal motivation)。

因此，對於具有較低生產力、較差工作品質、較高的作業成本、較高的員工流動率、曠職、及負的員工態度等工作特徵，均可依據下列原則，進行工作豐富化的設計[21]：

1. 維持原有工作的權責，惟取消部份控制。

2. 增加個人對本身工作的職責。

3. 給予每一員工自成單位的工作 (forming natural work units)。

4. 賦予每一員工充分的權力，以自由支配其工作。

---

[20] 參閱M. Scott Myers, *Every Employee a Manager* (New York: McGraw-Hill Book Co., 1970), pp. 81-87.

[21] Carl Heyel, *Handbook of Modern Office Management and Administrative Service* (New York: McGraw-Hill Book Co.,), chap. 7, p. 51.

5. 每位員工定期報告其工作績效。

6. 賦予員工從事未曾做過或較難的工作。

7. 指派每一員工從事特殊或專門的工作，使其成為專才。

上述原則，可促使員工自工作上獲得成就感、讚賞、責任感、學習或上進心等激勵因素的滿足，此種工作設計可以圖 9-9 表示，而使「每一員工皆成經理人」(every employee a manager)。

圖 9-9　自然工作單位與垂直員荷

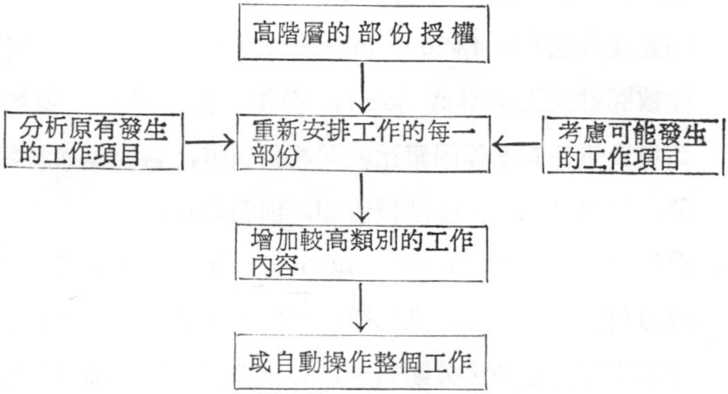

資料來源: Robert N. Ford, "Job Enrichment Lessons from AT&T", *Harvard Business Review* (Jan-Feb, 1973), p. 101.

四、薪工管理

企業對其員工從事各項工作活動，以達成經營管理或生產目標，必須給付薪工(salary and wage)，然而，如何促進薪工給付的公平合理，對管理當局乃是一項挑戰，因此，就薪工管理言，確立薪工政策與制度的程序，確實是相當的繁瑣與複雜。不僅要顧及到勞工市場的供需與勞工的討價力量(工會的力量)，尚須考慮到產業支付標準與企業本身的支付能力。近年來，依據工作評價決定薪工的方法，對企業員工而言，乃

提供較科學、較客觀的基礎。

(一)工作評價：將工作按性質繁簡、負荷輕重、責任大小、能力高低或績效優劣等，按下列方法品評而區分成相對等級[22]：

(1) 排列法 (the ranking method)：將工作按操作時之繁簡輕重及責任程度，將所有工作依次排列或以等級區分。

(2) 評點法 (the point method)：對欲評定的工作，選定技術、努力、責任與工作環境的共同因素，比較各因素的比重與等級分配點數，依點數多寡區別工作高低。

(3) 因素比較法(the factor-comparison method)：選定若干較代表性或關鍵性工作 (key jobs)，分按心智、技術、身體、工作環境及責任程度等因素比較其相對價值，各配以適當數額的金錢，然後各因素的金錢價值和，即為薪給。

(4) 分類法 (the classification method)：選定工作的共同因素並予以分析及綜合品評，凡內容相似的工作均合併相同職級，依職級的工作內容制定分類標準，再按職級程度高級，歸類於預定的職等。

上述各法均有其特色，惟在薪工管理上，工作評價必須發揮下列功能[23]：

(1) 可確實掌握工作性質與內容，並品評出各工作間的相關價值。

---

[22] E. Lanham, *Job Evaluation* (New York: McGraw-Hill Book Co., 1955), chs. 4–7; Karl O. Mann, "Characteristics of Job Evaluation Program", *Personnel Administration* (Sept.–Oct., 1965), No. 28, pp. 45–47.

[23] 參閱 Wendell French, *op. cit.*, pp. 472–474; John A. Patton, "Job Evaluation in Practice: Some Survey Finding", *Industrial Relation Fourm*, AMA Management Report, No. 54, pp. 73–77.

(2) 可供制定合理與公平的薪工標準，以決定最高與最低的薪工金額，並用以比較其他同業的給付。

(3) 可用以調整員工間薪工金額，使每一員工獲得應有的待遇。

(4) 可提供完整的資料或品評的內容，便於員工的瞭解。

(5) 可反映勞工市場供需變化或勞工討價力量。

(二)薪工政策與控制：企業欲制定公平與合理的薪工制度，必須符合下列原則要求[24]：

(1) 依據工作評價結果，責任重或貢獻大的工作，薪工應高；反之，則薪工低，才算合理公平。

(2) 配合企業的負擔能力，且與同業或產業標準相宜。

(3) 合理分配各種薪工，維持內部等級間的適當比例，惟差距不可過於懸殊，避免造成上下級間的隔閡。

(4) 參照生活指數或法令規定，以滿足員工最低生活的要求，並達到成本控制的理想。

(5) 薪工給付計算簡單，在同工同酬基礎上，有適當彈性可供調整。

(6) 對學習或試用員工有合理保持，以激勵學習或向上進取之心。

(7) 提供有效獎工，以激勵員工工作士氣，並消除勞資衝突。

一般企業所採行的薪工給付基礎以計時制(daywork system)及計件制 (piece work system) 為主，前者係以工作所需時間為給付標準，適用於重視品質，或工作時間較長等場合；後者按工作績效或成果支付報酬，適用於工作性質重複，鼓勵生產速率或產量，產品外包或可單獨計算成本的情況。此外，企業尚考慮年資、考績等因素調整給付標準，滑尺薪工制(sliding scale wage) 更將企業產品售價或營業利潤的漲落訂為

薪工給付標準，使勞資雙方共同分擔企業經營風險，產生休戚與共與同甘共苦的認識㉕。

上述給付基礎，在顧及外在因素時，為維持員工士氣或生產力，在作法上則有高薪工政策與低薪工政策的區別㉖：

1. 高薪工政策：企業將薪工標準定在外界勞工市場盛行的水準之上，其採行的原因如下：

(1) 薪工成本在產品成本中所佔比例甚少。

(2) 由於生產效率高，使單位產品的人工成本降低。

(3) 由於產品有獨佔性，可將高薪工的負擔，轉嫁到消費者身上。

(4) 以高薪工為號召，可招雇較高技術水準的員工，且可激勵員工士氣，使其工作績效提高。

2. 低薪工政策：企業將薪工標準定在勞工市場盛行水準之下，其結果對招雇員工或維持生產力，並無嚴重影響。主要原因如下：

(1) 除正式薪工外，尚有各種可觀的津貼補助。

(2) 企業常有加班機會，使員工的實際所得增加。

(3) 企業在人事上處理得法，使員工相處和諧，工作與收入穩定，縱使薪工標準較低亦無意離職他就。

企業的薪工政策關係着生產成本、員工生活或工作士氣，務須使其合理，以維持適宜的生產成本，安定員工生活，提高工作士氣，並降低

㉕ 滑尺薪工制於1840年代由英國鋼鐵業採行之，在美國亦由 Joseph Scanlon 倡行，稱為「史堪農計劃」(Scanlon Plan)，參閱 Frederick G. Lesieur, ed., *The Scanlon Plan*: *A Frontier in Laber-Management Cooperation* (N. Y.: MIT Press and John Wiley & Sons, 1958), pp. 65-79.

㉖ 參閱 Richard A. Lester, *Company Wage Policies* (Princeton, N. Y.: Princeton University, 1948).

人事流動率與減少勞資衝突，爲達成前述目的，管理當局常進行薪工控制 (salary and wage control) 作業，就旣定的薪工標準，與各級員工實際所得或外界水準，檢討其是否有偏差存在，俾採取因應調整措施。

　　(三)獎工制度: 企業對員工的工作量超過規定標準時，常給付額外的報酬，以提高工作效率、降低生產成本，增加員工收入，此即爲獎工制度(incentive system)。嚴格地說，獎工制度可視爲薪工制度的補助措施，與正式薪工並行不悖，其關係可以圖 9-10 表示之。

圖 9-10　薪工與獎工制度的決策程序

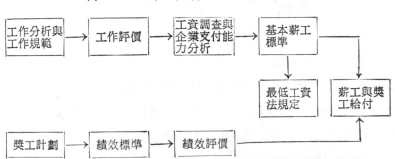

任何健全的獎工制度，應具有下列特性[27]:

(1) 獎工必須超過工作標準，對無法建立標準或不能確定績效水準的工作，則不宜採行。

(2) 必須有基本工資保證，且不削減薪工標準，使員工在工作遭遇困難時仍獲基本報酬，而不會影響其生活。

(3) 獎工制度必須簡單且易爲員工所瞭解接受。

(4) 實施獎工制度前，須先從事工作簡化之研究，以改善生產方法;

　　[27] 參閱 J. K. Louden, *Wage Incentive* (New York: John Wiley & Sons, 1944), pp. 13–15; William B. Wolf, *Wage Incentive as Management Tool* (New York: Columbia University Press, 1957), p. 6.

利用時間研究確立績效標準，務求精確合理，倘設備、材料或技術方法改變，獎工制度亦應修正。

(5) 重視產品品質，分工甚細或具危險性的特殊工作，不宜採行獎工制。

(6) 獎工制度須與其他管理功能、品質管制、存貨控制、成本控制或預算等作業配合或相輔相成。

(7) 獎工的金額或起點須確實能提供充分的獎勵，提高員工的興趣。

(8) 獎工制度除增進工作效率，提高工作情緒外，尚須顧及員工的安全與健康。

現行的獎工制度種類繁多，不勝枚舉，其內容包括品質獎金(Quality bonus)、設備運用獎金 (Bonus for increase use of equipment)、考勤獎金(Attendance bonus)、年功獎金(Length of service bonus)、數量獎金 (Quantity bonus)、安全獎金 (Accident reduction bonus)、額外工作獎金(Overtime bonus) 等，惟在運用上，則以員工個人、團體或勞資合作三種為原則。茲分述如下：

1. 個人獎工制(Individual-incentive plans)：係以員工個人的工作績效超過規定標準時，所給付獎勵。多數個人獎工方法旨在提高效率、降低成本、維持品質為依歸❷。適用於工作可劃分為個人作業的場合。

---

❷ 個人獎工制因性質常區分成件數獎工及生產效率獎工，尤以後者的方法最多，如Halsey, Barth, Rowan, Bedaux, Haynes, Gantt, Taylor 等皆曾提出各種獎工制，參閱 London, *op. cit.*, p. 13.; Addph Langsner and Herbert G. Zollitsch, *Wage and Salary Administration* (Cincinnati: South Western Pub, Co., 1961); L. Mangum, *Wage Incentive System* (Berkley: Institute of Industrial Relations, Univ of California, 1964) 等文獻。

2. 團體獎工制 (Group-incentive plans)：　當工作性質須由數人或團體合作，不便分開個別計算時，則宜採用此制，獎金先分配各組，再分發各人。團體獎工制常可提高工作士氣，增加產量，促進團隊意識，惟對工作分派及獎金分配須力求公平合理。

3. 利潤均享制 (Profit-sharing plans)：　當企業主為鼓勵員工關懷企業並參與經營時，常以協商方式將經營成果由勞資共享，俾全面提高生產力，降低成本，增加員工所得，而企業亦在員工參與與休戚與共的認識下，奮發工作，而突破許多企業的困境，促進業務蒸蒸日上，此制度以「史堪農計劃」(The Scanlon Plan)、「林肯激勵分紅制」(The Lincoln Incentive Compensation Plan)、「勒卡生產分享制」(The Rucher Share-of-Production Plan)最為著名[29]。

上述各制度各有其特性及限制，個人獎工制必須以工作簡化與工時研究為前提，團體獎工制則有賴團體成員的團隊意識與分工合作；至於利潤分享制，其利潤並不一定由於工作效率所產生，可能與市場需求及經濟景氣有關，而且利潤分享，收入不固定，對於提高員工所得，不若其他獎工制有效。惟在社會逐漸開放，而知識水準日益提高下，為使獎工制度能充分發揮功效，「創造利潤，勞資共享」的作法，已是不可避免的措施了。

　　(四)福利管理：除薪工、獎工等制度外，有關員工的福利亦是企業所重視的課題。由於員工的福利制度常未正式載明於有關企業政策或計

---

　　[29]　有關史堪農計劃，參閱註[25]，林肯公司所實施的林肯分紅制參閱 James F. Lincoln, *A New Approach to Industrial Economics* (New York: The Devin Adair Co., 1961)；勒卡計劃，參閱 David W. Belcher, *Wage and Salary Administration* (Englewood cliffs, N. J.: Prentice-Hall, 1962), pp. 444-446.

劃中，而以非正式措施配合其他管理制度或作業的推展，故常以「邊緣福利」，(fringe benefit) 或「輔助福利」(supplementary benefit) 稱之[30]。

企業實施員工福利，乃欲達成下列目的：

(1) 改善員工生活使其獲得安定生活，安心工作。

(2) 改善工作環境，使員工獲得身心健康與安全。

(3) 激勵員工工作士氣，提高工作效率。

(4) 增進員工知能，提高技術水準。

(5) 改善勞資關係，減少勞資衝突。

(6) 配合推展公益，協助安定社會。

員工福利的受到重視，考其原因，不外如下：

(1) 社會輿論干預或規整企業經營活動已蔚成風氣，而企業員工亦組織工會團體爭取應有的福利，促進立法，使員工福利正式化。

(2) 管理人性化與民主化的觀念，為當今管理思想的基礎，惟有勞資雙方共存共榮，才是上策，而良好的福利乃是勞資合作的具體表現。

(3) 勞資在生產上利害一致，增進員工的健康、學識及技能，亦即增進生產效能。

(4) 除社會觀念與法令規定外，企業主對員工應負維護的作法，亦成為企業社會責任的內涵。

當今企業對員工福利的實施範圍，主要項目可歸納如下[31]：

---

[30] Melville Dalton, *Men Who Manage* (New York: John Wiley & Sons, Inc., 1959), pp. 198–213.

[31] *Employee Benefit 1971* (Washington: Chamber of Commerce of U. S., 1972)，並參閱我國工廠法，勞工保險條例，工廠檢查法，職工福利金條件。

(1) 縮短工作時間，適當的休假、訓練與康樂活動。

(2) 增建便利工作的食宿、交通及醫護、康樂設施。

(3) 採取便利員工或其子弟進修或教育措施。

(4) 推行勞工保險等社會安全措施。

(5) 採利潤分享制，增加員工所得。

(6) 嚴格執行廠場工業安全措施，保障員工。

(7) 協助員工成立福利組織，推展福利活動。

(8) 提列員工福利基金，辦理職工福利事業。

(9) 辦理退休撫邮，安定年老或鰥寡員工的生活。

(10) 提供一般諮詢、代書、職業指導等服務事項。

上述活動項目的實施，必須按照下列原則進行，方能見其功效[32]：

(1) 以解決員工生活為中心，先求生活安定，再求生活品質的提高。

(2) 員工福利措施必須考慮企業財務狀況，以切合實際需要、普遍及公允為原則。

(3) 邀請員工代表參與制定福利計劃，委由員工負責推行，可減少成本支出。

(4) 依有關法令確實執行，切勿敷衍應付了事。

(5) 配合社會公益建設，全面推展福利事業。

員工福利在性質上，係為薪工制度的輔助措施，其關係可由圖9-11所示，昔往未曾有系統性研究，今後為配合工作設計，必須加以倡導。

---

[32] David A. Harrington, "How To Improve the Return From Your Fringe Benefit Program", *Personnel Journal* (July, 1970), No. 40, p. 604.

圖 9-11　員工福利的確立程序

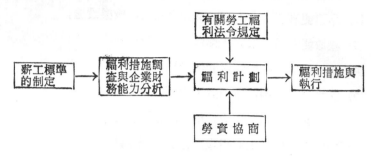

第四節　生　產　控　制

一、生產控制原理

生產控制(production control) 乃是生產計劃確定後，生產部門依照設計或訂貨產品的規格，運用現有技術、人力、機器設備、物料與資金，按排列的生產途程與預定進度，分派工作，進行生產，並於生產過程中或生產後，運用科學方法從事績效的催查 (follow-up) 或控制，以維持生產的順暢，並如期完成適質與適量產品的作業程序。生產控制與生產計劃是連貫性的作業。一般所謂生產控制，係指製造進度的催查，廣義的生產控制，舉凡程序控制、訂貨處理、生產量控制、品質管制、成本控制、生產能量控制、存貨控制、設備重置管理、物料搬運管理及工具使用管理等，皆包括在此作業範圍內❸。

(一)生產控制的程序：有效的生產控制，應按下列步驟實施：

1.　確定控制標準：生產控制與一般管理的控制功能作業相同，目的皆在謀求工作進行與預定標準一致，因此，管理當局必須考

---

❸　Gordon B. Carson, *Production Handbook*, ch. 2, p. 33.

慮生產作業特性、程序特性、作業幅度、產品零配件的複雜性、
機器設備能量變化、再裝配限制與訂貨要求等因素，將生產進
度、產量、品質標準、成本標準及各種作業效率標準等事先確
定，方有遵循的依據。

2. 督導作業進行，測度工作績效：生產部門依據生產計劃與控制
標準，督導各項生產作業的進行，控制物料，在製品的移轉與
製成品的檢驗交貨等，對於實際的生產進度、產量、成本支出、
品質水準及機器設備的作業概況，必須記錄與測度，以提供比
較分析的依據。

3. 檢討比較，發現偏失：依據測度所蒐集到的作業概況資料必須
與預期標準比較，以發現是否有差異發生，並探究發生差異的
原因。一般差異發生的原因，主要爲下列諸項：

(1) 生產程序或日程編排錯誤，影響生產。

(2) 工作分派不當，造成人事脫節。

(3) 設備配置不當或損壞，造成浪費、成本增加，並影響產量與品
質。

(4) 人機配合不良，浪費能量。

(5) 工具缺乏或不足，阻礙生產進行。

(6) 物料供應延誤或短缺，生產停滯。

(7) 生產方法錯誤或技術訓練不足，造成廢料過多，品質低劣。

(8) 成本支出過昂，造成生產的經濟效益偏低，企業無利可圖而停
止生產。

(9) 勞資糾紛、罷工、怠工或曠職，造成生產中斷。

(10) 意外事故發生，影響生產。

4. 提出糾正行動：發生差異的原因，若屬可控制性的，應利用現

有的資源設備或措施加以糾正或補救，如調整產品、修改日程、重新配置與分派工作，或加強技術訓練等；倘原因係屬不可控制的，非企業現有能力所可能解決時，則必須進行管理評估，修改經營目標、標準或生產計劃，並作為下次生產作業時的參考。

(二)生產控制的功能：有效的生產控制，將帶給企業有下列功能：

(1) 掌握生產流程，有效地執行生產計劃。

(2) 維持工作負荷平衡，減少生產瓶頸。

(3) 充分利用機器設備與人力等生產要素，發揮最高生產效能。

(4) 掌握物料零配件與工具的供應，減少在製品或物料的庫存量。

(5) 維持預期的品質標準。

(6) 減少浪費，降低生產成本。

(7) 促進內部溝通與聯繫，增進管理效率。

(8) 提高工業安全。

近年來，企業生產部門致力於程序研究、技術創新及控制技術改進，加上電子計算機應用於資料處理及模擬技術的發展，使生產控制作業精益求精，而上述功能的發揮，就更為顯著了！

二、程序控制

生產控制的狹義解釋即是製造控制或程序控制(process control)，包括生產途程的決定(routing)、進度控制(scheduling or schedule control)、工作分派(dispatching)與催查 (follow-up)，主要在查核各項生產活動的工作途程與實際進度，與計劃中的生產程序或預定日程是否一致，倘發生脫節或延誤，並探究其發生的原因，及時採取糾正措施。

由於製造方法與生產程序的不同，生產控制的實施亦有下列方式：

1. **集中控制**：由專責的部門統籌負責，舉凡生產程序、生產進度、交貨時限、物料供應及人力、物力的調度，皆在控制範圍之內，適用於規模較小或作業簡單的企業。

2. **分區控制**：企業將同類產品分由不同生產部門同時生產，並由各生產部門按總生產計劃之規定，各自編排生產進度及負責進度與績效的查核，俾收分權之效，適用於規模龐大或採事業部門制的企業。

3. **分批控制**：對於裝配性生產，企業可按照每批產品的實際需要，擬訂控制要點，並確切掌握生產工作的標準與要求，又稱爲訂貨型控制。

4. **分期控制**：對於連續性生產，企業可按照生產速率與交貨時限加以控制，此項控制作業較爲簡單，效率最高，又稱爲進度型控制。

程序控制常運用控制圖表 (control chart or control board) 佐輔控制作業的進行，除前述的生產程序表，生產日程表外，尚有人機配合表 (man-machine chart)、生產計劃表(project-layout chart)、生產進度表 (process chart)、工作負荷表(load chart)等，其中最爲一般採用的則爲甘特表(Gantt chart)，不僅顯示預期計劃與實際進度，並可記錄各項生產績效，以供今後排列途程與進度的參考；安德遜表 (Anderson chart) 更將作業項目按順序排列載明，使生產途程與佈置一目瞭然。

此外，應用計劃評核術 (Program Evaluation and Review Technique 簡稱 PERT)❸❹ 於生產控制，則是一項新的技術。依據生產計劃分析其

---

❸❹　PERT 係1958年美國 Lockheed 公司與Booz' Allen & Hamilton 顧問公司合作爲美國海軍發展北極星飛彈計劃所發展之進度控制技術，依甘特表演進而得。

中各項作業的順序及彼此間前後關係，以編排作業途程；再依據各項作業的起迄時間，賦予機率估算各項作業的完成日程，以排定進度日程；依照進度分派各種資源，並依據進度催查或控制生產績效，可避免生產作業的脫節、重複或浪費。要徑法(critical path method, 簡稱 CPM)❸更將作業途程中，會影響作業時效的工作項目及其相關途程列為要徑，必須按照計劃完成，不可延誤；近年來，要徑法將成本因素列入考慮，以時間為基礎，依據要徑的時間節省或耽誤折算成本，可求解最佳工期(optimum duration) 與最低成本之途程，使進度控制與成本控制結合一起。此外，平衡線法 (line of balance) 亦是常用的圖解控制技術，在作業流程圖上，將作業流程應注意的控制點或產量以條狀線標示於進度上，然後將此控制點以水平線連接，以求得生產途程中各進度的平衡線，依據平衡線與實際條狀線會合所示的進度顯示，可掌握生產概況與資源調配❸ 。

對於生產控制的效果衡量，常以下列公式測定:

1. 策劃效果 (planning effectiveness)

(1) 連續性生產控制效果(%) =〔(交貨量＋存貨量) / 計劃產量〕×100%

(2) 裝配性生產控制效果(%) = (各階段交貨量 / 總交貨量)×100%

2. 存貨週轉率(inventory turnover) =銷貨 / 平均年度存貨量

---

❸ CPM 係1957年美國 Remington Rand 公司的 James E. Kelley, Jr. 與 Dupont 公司的 Morgan R. Walker 為中心的研究小組，做為「工作計劃與安排」(Project Planning and Scheduling)所發展之技術，又稱 CPM/COST。

❸ 即 PERT/LOB。

3. 機器使用比率(machine utilization ratio)

$$=實際作業時數 / 可用作業時數。$$

三、品質管制

品質管制 (Quality control) 乃是企業依據市場需求，競爭品的品質水準，考慮本身的生產條件，參酌經濟原則，所擬定產品生產的品質標準，俾控制生產過程中各項變異發生，並維持產品品質標準的控制技術與制度。狹義的品質管制，係指企業就現有的生產技術與條件，力求減少產品的品質變異(quality variation)，俾生產適合市場需求的產品與品質標準；廣義的品質管制，則不僅在生產過程中維持品質標準，尚包括在研究發展、銷售及售後的顧客服務中，對產品的質料、樣式、色澤、大小、強度、純度、效率、壽命、耗損率、精密度、可用性及數量等品質水準，保證符合規定的標準與要求，常以可靠性工程 (reliability engineering) 稱之[37]。

現代化工業大量生產的效果，使產量增加，成本降低，品質則未見提高，雖達到價廉的目標，物美則有待改進。隨着消費者需求層次的提高，對產品品質的要求，較以往更為嚴格，加上市場競爭的壓力，唯有提供物美價廉的產品，才是最有力的行銷手段，因此，品質管制遂成為企業經營的生存發展之道。

(一)品質管制技術的演進：品質管制工作在工業先進國家，經過不斷地研究，業已發展出各種技術與儀器設備，主要可歸納為下列兩種類型：

---

[37] 1950年代初期，電子工業首先將可靠性工程發展成管制工作，使品質管制的範圍更廣標準更高，參閱 ARINC Resegrch Corp. *Reliability Engineering* (N. J.: Prentice-Hall, Inc., 1964) 等文獻。

1. 統計性品質管制法: 應用統計的理論與方法於生產作業的品質
   管制工作上, 對產品抽選適當數量的樣本檢驗, 配合統計圖或
   「品質管制」圖(QC chart)⑱, 而將檢驗產品的品質特性分佈記錄
   於圖上, 然後, 整理各有關的統計資料, 運用變異數分析(an-
   alysis of variance)、相關分析 (analysis of correlation) 及各種
   統計檢定方法, 俾推測產生品質變異的原因, 並決定接受或拒
   絕該批產品的可能性, 以求減低檢驗費用, 而管制結果可靠,
   又能保持品質標準的要求, 此方法最爲企業普遍採用。此外,
   尙有運用統計原理以分析在不同檢定結果, 減少接受錯誤機會
   的「作業特性曲線」 (operating characteristic curve), 及依據
   「巴累多不良分配原理」(Pareto's Principle of Maldistribution)
   掌握重要不良原因的巴累多曲線 (Pareto curve)。統計性品質
   管制法對於連續性程序或大量生產的企業甚爲適用。

2. 人性化的品質管制法: 近年來, 品質管制工作頗爲盛行將員工
   參與或人性因素列入作業範圍, 如培育員工發掘與解決品質管
   制問題的「品管圈法」(Quality control circle)⑲; 鼓勵員工在
   工作中注意事前預防且不發生任何差錯, 而完美地完成工作的
   「無缺點計劃」(zero defects program—ZD)⑳, 而「全面品質管

---

⑱ 依據統計量值的特性, 計分爲平均值圖($\bar{x}$-chart), 全距圖(*R*-chart),
不良數管制圖(*d* control chart), 不良率管制圖 (*p* control chart) 及瑕疵數
管制圖(*c* control chart)等五種, 爲1924年 W. A. Shewhat 所創。

⑲ 品管圈原由美國人設計, 1962年日本東京大學教授石川馨在日本提倡,
其後, 在我國亦甚效行。

⑳ 無缺點計劃係1962年, 美國馬丁馬律達公司 (Martin-Marieta Com-
pany, Orlando Div., Fla.) 承製潘與飛彈, 爲防止因工作失誤而重製或改正
損失乃倡導該計劃。

制法」(total quality control—TQC) 則爲當今許多企業所採行。

傳統的品質管制工作，僅以製造過程爲對象，忽視其他有關部門配合的重要性，故仍無法獲得理想的品質水準，全面品質管制的構想，卽是從市場研究、產品設計着手，擴及於圓滿的售後服務，爲達到滿足消費者的需求，企業組織在最經濟的原則下從事生產與服務，必須將組織內所有部門有效地結合，以進行品質發展、品質維持及品質改進的各項努力，藉加強品管工作、品質教育訓練、程序控制、資料處理分析等的「預防成本」(prevention cost) 支出，以減少廢料、退貨、加班、重修、拋棄或顧客抱怨的「失敗成本」(failure cost) 與加強檢驗等的「鑑定成本」(appraisal cost) 的支出❹。全面品管的特性，以加強員工的團隊作業、敬業精神、品管意識、工作態度、責任觀念等「人的品質」水準，配合企業要求，全面參與品管政策的策劃與制度的推行，並運用科學方法與現代化電子資料處理技術，確實爲企業提高產品品質，開創光明的遠景。對於強調高品質標準或重視技術要求的生產，實施全面品質管制最爲適宜。

(二)品管政策的確立：企業實施品管作業，不是偶發性，也不能單獨進行，必須鍥而不捨，全面參與，經過長期投資，方能發現效果；況且，品管作業係建於企業的品質責任與品質意識上，若無明確且持之有恒的品質管制政策，則品質管制純屬空談。

品質管制政策的確立程序，依下列步驟進行❹：

---

❹　爲美國 G. E. 公司品管經理 V. A. Feigenbam 於1960年所倡，參閱氏著*Total Quality Control Engineering and Management* (New York：McGraw-Hill Book Company, 1961), 3rd. ed.

❹　Richard A. Johnson, William T. Newell, Roger C. Vergin, *Production and Operation Management：A System Concept* (Boston：Houghton Mifflin Co., 1974), p. 290.

1. 建立品質標準: 考慮市場需求,顧客購買能力,企業經營目標, 機器設備性能,人力與技術水準,及經濟原則,建立生產所欲 達成的品質標準。

2. 考慮允差: 在訂定品質標準時,同時應考慮品質差異的容忍限 度或允差 (tolerance),該差異並不影響品質的功能與適度,且 可為一般所接受。一般而言,標準化或連續性生產的零組件, 其規格及允差較嚴且緊湊,俾使生產迅速順利,且因大量生產, 故成本較低;裝配性生產的產品,其零組件類別或性質互異, 不能互為適用,故允差可不必要求統一,產品的允差亦寬,故 成本較高。

3. 投入控制: 當品質標準與允差確立後,就應經常維持該標準, 且為達到維持品質標準的要求,必須固定生產條件,將產品設 計、機器設備、物料原料及零配件、製造方法、生產程序、人 力分派、技術指導等,均盡可能維持其穩定,俾減少生產差異 的發生。

4. 作業系統的控制: 在生產過程中,應隨時抽樣檢查,並運用儀 器檢驗產品品質且記錄檢驗結果,以統計方法檢定或分析蒐集 資料,比較產品品質與預期標準間的成效,對品質變異並尋求 其原因,俾及早採取有效的糾正措施,並保持品質水準、建立 商譽。

上述程序可以圖 9-12 表示之。該程序實施的成敗常繫於企業當局 是否採取下列措施[43]:

(1) 事先確立品質標準與允差,並且固定生產條件。

[43] J. M. Juran, *Quality Control Handbook* (New York: McGraw-Hill Book Co., 1962).

(2) 有健全的品質管制組織，對品質管制的方法與程序，均運用適宜。

(3) 配合生產程序與製造方法的特性，制定完整的品管計劃與程序，並能確實執行。

(4) 高階層積極支持品管作業，重視檢驗所發現的結果，並適時採取必要的改進措施。

(5) 對操作人員有充分訓練，使其瞭解品管工作的重要性，熟習管制方法適時提出分析報告。

圖 9-12　品質管制政策的確立程序

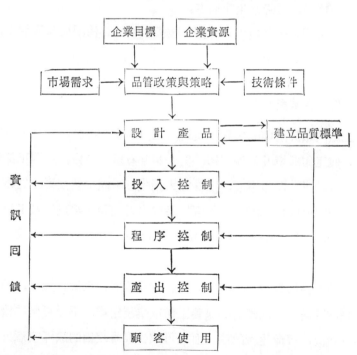

資料來源: Richard A. Johnson, William T. Newell, Roger C. Vergin, *Production and Operation Management: A System Concept*, p. 290.

(6) 全體工作人員均應瞭解品質管制工作，對製造方面係爲善意的輔助性質，並非敵意的監視工作，故需竭誠合作。

有效的品質管制政策，對企業將發揮下列功效：

(1) 提高產品品質，滿足消費者，可建立商譽，增加利潤。

(2) 控制物料、配件、設備等的品質與供應，減少生產不良品，促進生產資源發揮最大效能。

(3) 依控制計劃與程序生產，可固定製造費用，並建立工作簡化基礎。

(4) 節省檢驗費用，減少不良品與其修理費用，並消除生產中斷的情形，可降低生產成本。

(5) 可測驗或發現生產計劃、技術水準、設備配置及管制工作間的效率與效果。

四、工廠的保養與安全

工廠內廠房設備的保養或換新，人員的安全防護，物料工具的浪費預防，與工作環境改善等問題，對企業常有重大影響，若因工業安全措施不當或疏忽，發生事故，造成重大損失，不僅損及商譽，妨礙發展，甚至企業因而敗亡，因此，工廠的保養與安全問題常以工廠工程（plant engineering）或工業安全（industrial safety）等計劃實施，遂成生產控制的重要一環。

(一)工廠保養政策：工廠廠房、生產機器及水電、通風、調溫、搬運等輔助設備，實施應有的保養工作或維護作業，不僅可保持機器設備的良好狀況，發揮生產效能，而且可減少機器設備的故障或意外發生，保障工廠及員工的安全，因此，一套完整作業方法、規定與控制程序的保養政策或制度，乃屬必要。

一般工廠所實施的保養工作，常按下列步驟進行：

1. **確立保養工作計劃：** 先將工廠內所需保養的機器設備資料收集彙總，按保養工作性質區分成下列方式，並建立保養標準手冊：

   (1) 預防保養(preventive maintenance)：定期檢查、修繕、清潔及潤滑，以維持機器設備正常性能，避免發生故障，乃防患於未然。

   (2) 修正保養 (corrective maintenance)：當機器設備故障或損壞後，予以修理。

   而上述預防尤重於修理，然後，統籌策劃及排定經濟保養週期 (Economic maintenance cycle)，俾分派工作。

2. **建立保養成本控制：** 保養費用的支出常間接提高生產成本，企業為拓展業務，自須對保養加以適當控制，一般皆採下列方式：

   (1) 預算制：將各部門的機器設備按保養與修繕需要編列預算，依預算實施保養工作。

   (2) 核准制：除例行檢查、潤滑及清潔工作外，一切保養或修理皆由高階層統籌核准後始可動工，對外包工程並採監督驗收等控制程序。

   有關上述費用並按機器設備的價值或作業工時攤銷之。

3. **分派保養工作：** 對機器設備進行下列保養工作：

   (1) 以日、週、月或年為期，定期保養檢查，發現缺損，即予適當修理或更換。

   (2) 要求全體員工按標準手冊規定負責預防保養，有關修正保養則依工作情形成立工作單位專責作業。

   (3) 充分供應所需另配件。

   (4) 保養單位應彙集及保管所有各種工廠資料及保養記錄，俾

利於工作能全面推進。

(5) 對保養後的機器設備，必須檢驗，以控制保養工作的確實
執行。

良好的保養制度，將帶給企業有許多功效[44]：

(1) 嚴格的保養制度，提供生產管理有最佳的設備狀況。

(2) 保持設備的正常性能，改進不良生產狀況或減少設備停頓
的耽誤，降低生產成本。

(3) 設備正常操作與定期保養，可延長使用年限。

(4) 可減少連續性生產中途停頓所造成的生產損失。

(5) 保養工作專業化，可促進作業機械化。

(6) 養成全體員工負責的態度，並珍惜各項資產。

(7) 提高企業對生產能量管理的策劃能力。

(二)工廠設備更新：工廠內各項設備或工具經過若干時間內，或因
自然耗損，或因技術創新造成陳舊，致設備功能減退，無法與同業競爭，
必須汰舊換新，以維持生產功能於不墜，一般有關設備重置皆列入財務
政策的資本支出項下考慮，此處不再贅述，惟有關工廠設備更新，必須
注意下列原則：

(1) 設備的更新，以發展新產品，減少廢棄，降低成本，提高能量，
增加收益，改進品質，促進使用安全爲目標，近年來，尚須考
慮能源使用效率高。

(2) 採購更新設備，須符合適用、便利、可靠、完全及減少督導或
訓練的要求，俾減少工廠內變化，動力供應適用，維護容易。

(3) 零配件必須標準化，俾便於採購。

[44] Cordon B. Carson, *op. cit*, Sec. 24, pp. 1–3.

(4) 設備重置計劃必須預先策劃，逐年提列預算實施，避免偶發性鉅額支出而影響財務狀況。

(5) 採行折舊準備制，可減少資金短絀的現象，亦可產生較合理的經營績效。

(6) 嚴格控制設備重置作業，俾避免浪費發生。

(三)工業安全：工廠內常由於員工體力不濟、殘障、病後等生理問題；或無心、精神低落、草率等心理因素；或智力不足，技術不熟、經驗不夠、指導不當等工作狀況，及機器設備陳舊、廠房簡陋、生產程序不合，工作環境不良等缺失而發生意外事故與災害，影響工廠或員工安全，因此，工業安全亦是管理人員的職責之一。

工業安全與保養工作相同，均是例行性，其步驟如下：

1. 制定各種安全計劃與防護措施，並由高階層全力支持或負責推展各項計劃與措施。

2. 依法設置員工身體、工廠建築、機器裝置與工廠防火防水等所需的安全防護設備[45]。

3. 定期視察工廠內各項安全設備與防護措施，並隨時改善工作環境。

4. 蒐集有關安全資料與作業安全規定，建立完整的工業安全的資訊系統，並制作手冊或發放資料，提供員工參考。

5. 定期實施員工安全訓練，對員工再教育，以灌輸員工警覺與工業安全的觀念。

6. 定期記錄安全措施狀況，分析事故報告並研判事故原因，俾提出各項安全對策。

---

[45] 參閱工廠法第四一條規定。

7. 與政府有關機構保持連絡，並請求有關工業安全技術或作業的支援。

8. 定期實施安全績效測定，比較全廠或各部門的安全防護效果，列入考績獎懲範圍，以提高工業安全水準。

一般工廠常採下列公式，以測定安全績效的高低[46]：

(1) 災害頻率(Injury frequency rate) = 傷亡事故件數

×百萬工時 / 全年總工時。

(2) 災害嚴重率(Injury severity rate) = 損失工時(人日)

×千工時 / 全年總工時。

工廠的保養與安全防護在生產控制上，雖未像程序控制、進度控制或品質管制等獲得顯著的注意，然而，其重要性並不亞於其他各控制功能作業。

第五節　物料管理政策

一、物料管理政策的特性

物料乃是企業用以裝配或製造成有形產品或無形勞務的生產要素，包括構成產品的零件、配件、組件、在製品等，常以「直接原料」(direct material) 說明，及提供輔助服務或管理上所需的「間接物料」(indirect material)，該兩項成本在產品成本中所佔比例甚大，企業倘對於物料管理不善。則採購或存貨不足而影響產銷，或規格不符而影響產品品質，

---

[46] 參閱 U. S. A. Standard Institute in Standard Z 161-1954, *The American Standard Method of Recording and Measuring Work Injury Experience.*

致生產成本提高，商譽受損，盈利亦相對減少，因此物料管理遂成重要課題之一。

（一）物料管理的範圍：企業物料管理的作業，常包括下列項目[47]：

(1) 釐訂生產計劃與生產日程。

(2) 研究生產所需的物料規格。

(3) 估算所需原（物）料或另件的數量，編擬預算。

(4) 訂定物料管理規則與安全存貨標準。

(5) 決定物料的採購或產製。

(6) 採購處理、驗收、進倉、儲存、領料、運輸或搬運，及成品分配等作業管理。

(7) 有關原（物）料、在製品、成品及工具等盤存控制與記錄。

(8) 廢殘舊料等的處理。

(9) 帳簿處理的會計作業，與追踪考核。

(10) 物料簡單化、標準化與替代化(substitution)的改進等。

依物料供應與分配(supply and distribution)[48]的系統流程，一般常將物料管理的上述作業區分成三大作業範圍，即：(1) 採購管理階段，(2) 運輸管理階段，及 (3) 倉儲管理階段，其關係可以圖 9–13 說明之。

企業的管理當局對物料管理問題，常期以最合理的程序，運用科學原則或方法來調制虛盈，俾節省人力、物力及財力，並能適時、適地、適質與適量地供應經營管理所需的物料，發揮最大的供給效用。

良好的物料管理，常能發揮下列功能：

---

[47] C. B. Carson, *op. cit.*, 4–1.

[48] 物料供應(physical supply) 係指企業自採購以迄接收物料的整體過程；物料分配 (physical distribution) 則指企業接受訂貨以迄分配物料至購買者的整體過程。

圖 9-13 物料管理作業系統圖

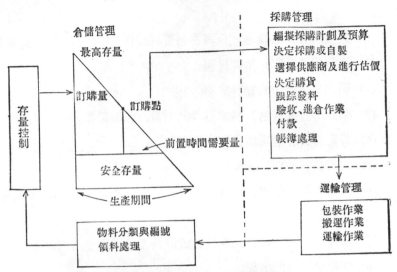

資料來源: 參閱 Richard A. Johnson, William T. Newell, Roger
C. Vergin, *op. cit.*, p. 353.

(1) 適應產銷需要，維持足夠供應。

(2) 減少缺貨及停工發生，提高生產效能。

(3) 經濟採購，降低存貨成本，減少資金積壓。

(4) 保證物料品質，符合產銷規格要求。

(5) 減少物料積壓，避免物料貶值、變質或損壞的損失。

(6) 正確存貨管理，確保經營利潤。

(7) 改善顧客服務，提高商譽。

(8) 促進人員與設備之運用。

(9) 提供豐富與完整的物料記錄，有利控制考核的推展。

　　(二) 物料管理政策的確立: 事實上，物料管理乃是一項綜合投入
與產出的控制作業，對生產管理尤為重要，因此，常被列入生產控制的

範圍內。然而，物料管理所涉及的領域甚爲廣泛，它需依據技術標準建立物料規格，依財務制度支付採購及儲存費用，依行銷需求配銷產品，而形成一整體性的關係，此現象可由圖 9-14 說明之，可謂牽一髮而動全身。此外，物料管理又常因企業性質、規模及經營目的之不同，其用料方式自亦不同。因此，在確立相關的物料政策或經營方針時，必須考慮企業的目標與需要、物料供需情形等，作適當的配合，方能達到預期的要求[49]。

圖 9-14　物料管理的整體性關係

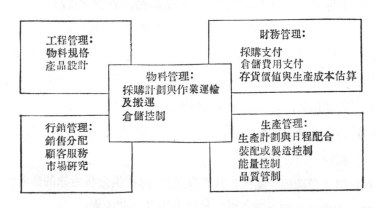

一般企業所採取的物料政策確立態度，有下列方式[50]：

1. 對於生產方式簡單，惟物料成本較高的企業，爲求嚴格控制物料管理作業，以期降低生產成本，則不僅專設物料管理部門，且集權統一管理，其政策採整體性質，統籌策劃。

2. 大量生產或事業規模較大，及部門機構較多的企業，爲求統籌

[49] P. V. Farrell, "Material Management Gives the Answers", *Purchasing* (Oct.,1960), p. 10.

[50] Carson, Cordon B. *op. cit*, 5-4.

調撥購配物料，以期發揮專業功能，則專設物料管理部門；並視各作業之事務繁簡、權責輕重的需要，將採購、運輸、倉儲等分權或均權制宜。則物料政策中又再區分為採購、運輸及倉儲等作業功能政策。

3. 倘工程設計與生產程序較為複雜的企業，為求生產與物料供應的完全吻合，或求物料符合產銷規格，常將物料管理併入生產管理部門之下，則物料政策為生產政策之作業功能而已。嚴格地說，良好的物料管理政策應具備下列要件：

(1) 以專設部門負責為宜，使事有所專屬，且責有專歸。

(2) 採購與物料控制作業宜分立，以收制衡之效。

(3) 建立完整的物料採購、盤存分類制度，俾利作業有所依循。

(4) 推展物料等規格的簡單化、標準化與替代化，以減少設計改變、廢棄損失，並降低採購或盤存成本，減輕工作負荷。

(5) 適宜地估算物料價值，以提供生產成本或成品售價的合理計算基礎。

(6) 建立準確與完整的物料管理記錄，俾提供分析考核的參考依據。

(7) 適宜地選擇倉儲地點，以減少物料搬運成本。

(8) 適宜地配置倉儲設備，分類物料及充足的空間，以減少偷竊、損壞或意外事故的發生。

(9) 有熟悉工程、法律、商務、會計與統計的專才負責，以提高工作效率。

(10)力求與各產銷部門協調配合，以維持物料供應的暢通。

二、採購政策的特性與內容

一般而言，採購作業在企業產銷功能上，僅列為例行性及輔助性的

服務地位，然而，良好且有效的採購作業却能提供企業維持適質與適量的存貨、避免重複浪費物料設備，而經濟及計劃採購，不僅掌握有利的採購條件且降低採購成本，此外，與供應商保持良好關係，可獲得可靠的商情資訊與確實的服務。上述功能，均說明採購作業在管理上具有下列的顯著意義[51]：

(1) 採購雖爲輔助功能，惟其作用顯著且不可缺少。

(2) 採購須促進企業產銷的效率極大化。

(3) 採購影響產銷的平衡，其決策須合理，且自始即須謹愼。

(4) 採購須以經濟與適質爲導向。

(5) 採購的有效，須有明確的政策，及專才負責。

（一）採購的原則：採購政策的確立，有許多前提因素必須考慮：

(1) 確定較佳的採購時間，減少商情波動影響價格或供應。

(2) 選擇較佳的供應商，維持可靠及確實的供應及服務。

(3) 改進物料或設備價值，要求適質及適量。

(4) 確定較佳的管理方法，減少採購糾紛。

(5) 決定適當的採購方式，降低成本與維護。

(6) 確立採購規格的標準化、替代化，增加供應的來源，並提高採購彈性。

(7) 掌握外界環境變化，發展適當的政策與制度。

採購部門在面臨上述要求，爲順利完成採購政策與計劃的設計，有許多工作必須配合，其中以資訊的蒐集及歷史記錄的分析最爲重要，舉凡企業內各部門所需採購物料或設備的規格、數量、品質、價格、供應商來源與供應內容、信用狀況、支付條件、還送方法等均須納入資訊

---

[51]　Ibid.,

管理的範圍，然後，因應外在環境特性，制定有關的採購程序與命令。由於，採購作業的繁雜，多數企業已採用電子計算機將有關資料建檔存查。 此外， 為提高採購政策或制度的效率及效果， 下列原則亦可供遵循❺：

(1) 嚴格按照需要購買，須適合規格、性能與用途要求。

(2) 斟酌市場變化，兼求市價變動利益。

(3) 必須配合需要，及時供應。

(4) 盡可能整批購買，以求價格的經濟合理。

(5) 採用現地供應，縮短前置時間的風險，並培養國內中心衞星工廠。

(6) 採取保證或保險等防護措施。

(7) 採行價值分析 (Value Analysis)❺ 技術，系統地研究採購過程的作業功能。

　　(三) 採購策略：企業的採購策略依時間、價格及槽責不同，有許多方式，茲分述如下❺：

---

❺ *Ibid.,* 5–5.

❺ 價值分析係由美國 GE 公司 L. D. Miles 於一九四七年為降低成本，增大價值所倡，就產品價值 (包括使用價值、成本價值、交換價值)，從設計、原料、來源、生產方法各方面，系統地分析，其重點: (1) 使用該物可否提高價值，(2) 成本與價值是否相稱，(3) 是否有更佳之使用目的，(4)所有形狀是否必要，(5) 是否有更佳之生產方法，(6) 生產之工具設備是否適宜，(7)使用標準品的可能性，(8) 成本、費用與利潤是否合理，(9) 有否更價廉的供應來源，(10)分配過程是否適宜等。依價值分析引中發展為採購分析，有助採購政策的確立。參閱 H. B. Maynard, *Handbook of Business Administration* (N. Y.: McGraw–Hill, 1967), VA. Sec.

❺ 參閱 Alford, L. P., and Beatty, H. P., *Principle of Industrial Management* (N. Y.; the Ronald Press), Rev. ed, 1951, ch, 10; Carson, *op. cit.,* 5–7, 8.

1. 依採購時間分：

(1) 需要時臨時採購(spot purchase)：適用於一般品，可隨時取得。

(2) 參考市價變化特性，期貨套做：適用於物料價值將隨時間或市場變化而增加者。

(3) 依據未來需要，預先或定期計劃採購 (planned purchase)：適用於物料供應有定期性週期，而產銷又必須持續進行者。

(4) 綜合企業定期所需，整批採購：適用於企業部門較少且所需物料規格簡單，且儲存較易者。

(5) 協定分期採購：對於技術性較高，價值較昂貴，或儲存風險較大之物料，必須分期供應，以減輕負擔。

2. 依採購的價格條件分：

(1) 議價採購：供應商人數較少，且供應關係良好時，採議價策略可佔有利狀況。

(2) 招標採購：供應商人數較多，或採購關係複雜，競爭劇烈時，採招標策略可維持公平合理的作業。

(3) 牌價採購 (Listed-price purchase)：市場上價格標示統一且難議價時，採牌價策略，可免除困擾且維持規格與品質。

(4) 直接採購：與供應商關係良好且單純，或採購內容有高度技術性及專利時，直接採購可獲較佳服務。

(5) 合作採購：採購內容為產業所共同必需，或為配合政府計劃採購，聯合作業可佔有利條件。

(6) 培植採購：為建立長期供應關係或培植中心衞星工廠制度，採投資性培植採購可確保來源的穩定，並擴大企業生產能量。

3. 依採購權責分：

(1) 集中採購或統籌採購：對於能掌握各單位耗用情形或標準化物

料規格的企業可採此策略，俾獲得較佳價格優待、避免競購便於控制市場供應，降低檢驗成本、便利預算控制及資金調度、培養專精的採購人才，並發展較佳的供應商關係，惟集中採購可能提高運送及倉儲成本，且各單位需求不同，較難獲得滿足。

(2) 分散採購：當各單位個別需求不同，且爲減少損耗的風險時，可委讓授權各單位自行辦理採購，並增加各單位責任，以收分權之效。

（四）採購或自製決策：對於企業所需的部份原料、零配件及工具設備，或因規格特殊、來源、時效等問題，及企業政策的要求，面臨「購或製」(buy or make) 決策狀況。

影響「購或製」決策的前提因素，必須詳加考慮[55]：

(1) 自製須面臨增加營運資金、科技、專用設備及所需空間的投資。

(2) 自製須增加生產的人力、物力的負擔。

(3) 自製的零配件或設備可能受到專利保障的限制。

(4) 自製可能面臨貯存過多物料的壓力。

(5) 自製的數量過少，未達經濟規模的要求。

(6) 科技進步迅速，專用生產設備陳舊速度提高。

一般而言，當企業的生產有閒置能量、或行有餘力欲擴大經營多角化、擴大產品與程序研究、建立一貫與完整的生產系統，或對專有規格的零配件有意保密時，可考慮自製，否則，仍以採購爲宜。然而，決定「購或製」決策的關鍵因素乃在於成本、生產彈性及預期的作業效率。

（五）供應商政策：企業對於採購供應商的態度，常採取下列方式：

---

[55] Broom, H. N., *op. cit.*, pp. 268–270.

(1) 由一家供應商供應所需。

(2) 由二家以上供應商供應所需。

對於選擇供應商，必須考慮下列因素：

(1) 供應商的商譽、財務狀況、規模、經營性質與地點。

(2) 供應商品的價格、品質、付款條件、服務提供等。

(3) 遵守供應約定的時效與可靠性。

(4) 未來從事研究發展或配合技術創新的能力。

一般而言，企業常自多數供應商中選擇一家條件較佳的廠商供應大部份所需物料，再自其中選擇其他二、三家供應尾餘，以分散供應商意外無法供應的風險，並確保供應來源的彈性與穩定。

三、存貨控制

企業為平衡產銷需要，並避免缺貨時造成營運的停頓，必須持有存貨(Inventory)，惟物料為資產項目，為財務狀況的表現，亦是資金投資的範圍，存貨過多，造成資金積壓，且費用增加。因此，維持合理水準的存量，乃是管理者所企求。

良好的存貨控制制度，具備下列要求[56]：

(1) 對物料來源、市場狀況、用途、品質及數量、驗收、提貨、運輸方式及路線，有充分準備，提供完整的分析與歸類。

(2) 有適宜的方法或制度、管制存量水準。

(3) 能整體配合產銷與財務會計的需要。

(4) 建立安全經濟與有效的控制考核基礎。

(5) 促進物料標準化與替代化，提高生產效率，降低倉儲成本。

---

[56] Carson, C. B, .op. cit, 4-4.

事實上，物料控制本身為一等候現象 (queuing phenomena)，由需求時間與數量、訂購週期、前置時間、進貨或供應時間及數量等因素決定其控制週期 (control cycle)，另外，物料價值、存貨成本 (carrying cost)、缺貨成本 (stock-out cost)、安置或準備成本 (set-up cost)，亦影響倉儲存量的水準，整個存貨控制即在前述因素下，解決三個基本問題，即存貨控制的內容 (what)、控制數量 (How much) 及控制時間 (when)，一般常以存貨的價值分析、訂購量及訂購點 (order point) 的另一角度說明之[57]。

（一）存貨的價值分析——ABC 法：對於存貨的價值估算，在會計處理上，常以標準成本法、市價平均法，先進先出法 (FIFO) 或後進先出法 (LIFO) 為之，惟在控制作業上，則常採 ABC 法分析。

ABC 法乃是依據巴累圖「重要少數、不重要多數」的法則 (vital few, trivial many of parato's law)[58]，發展而成的存貨控制分類法，將庫存物品區分成 A、B、C 等三大類：

A類：數量佔極少的百分比，而價值却佔總值很高的百分比，此類物品多屬貴重或技術性高，其控制應非常嚴緊。

B類：數量較多，而價值佔其次的物品，屬次貴重性，其控制按制

---

[57]　Wight, Oliver W., "Inventory Control System", ch. 16, James H. Greene, eds., *Production and Inventory Control Handbook* (New York: McGraw-Hill Book Co., 1970).

[58]　1950 年初美國 J. M. Juran 將義大利經濟與社會學家 Vilfredo Parato (1842–1923) 對國民所得分配，少數人常控制多所得的巴累多法則解釋至管理決策上，隨後，GE 公司 H. Ford Dickie 將此關係適用至存貨控制上。參閱 J. M. Juran, "Universals in Management Planning and Controlling, "*Management Review* (Nov. 1954)；及 H. Ford Dickie, "ABC Inventory Analysis Shoots for Dollars", *Factory Management & Maintenance* (July, 1951).

度性要求。

C類：數量佔最多，而價值佔最低的物品，屬一般品，其控制可不
　　　需很緊。

上述分類見圖 9-15 說明，ABC 分析法屬價值分析的內容，其強調
對於一切事物，應根據價值之不同，而有不同的努力程度，以合乎「事
有本末，物有輕重」的經濟原則；相同地，企業所欲倉儲的內容，舉凡
原料、零件、物料或供應品、工具、在製品及製成品的項目，種類繁
多，不知凡幾，若一一費心，則企業所付出的代價高昂，且事倍功半，
因此，ABC 法提供此一控制原則，雖非完美，惟頗為實用。

圖 9-15　存貨項目的 ABC 分析

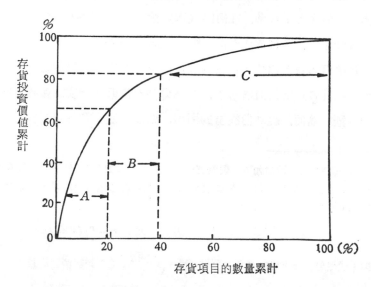

在實際作業上，A 類物品的價值較高，倉儲成本及廢棄耗損率亦較
高；因此，管理部門必須對此類物品有完整的存貨記錄，具分析未來的
經濟動向，預測可能的需求量及需求時間，詳細地設計採購計劃，於適

當時間採購，務使此類物品能順暢供應，避免資金積壓，並減少廢棄等損失發生；有關 B 類物品，價值與數量間的比重相當，只須依照歷史的用量及領用記錄，決定最高與最低存量標準，俟存量到達訂購點 (order-point) 時，依經濟訂購量採購即可；至於 C 類物品，數量較多而價值較低，只須作簡單記錄，定期採購即可，在不影響工作需要的情形下，亦應力求減少此類物品的存量，以減少佔用倉儲空間，並避免無謂浪費。

（二）經濟訂購量： 控制存貨的數量技術甚多， 如實地盤存制 (physical inventory system)， 定期對存貨實地盤查； 或永續盤存制 (perpetual inventory system)， 在平時對存貨記錄予以詳確登載，作為永續盤存的依據。然而，經濟訂購量或經濟批次量 (Economic order quantity)法， 簡稱 EOQ， 最能說明存貨控制模式中各變數間的關係，「從經濟觀點考慮存量水準，在訂購成本與倉儲成本相等時之批次訂購量 (lot quantity)， 其總成本最低」[59]， 如圖 9-16 所示。

經濟訂購量是與經濟產量（或供應量）相配合以決定物料常備量的水準，在此最適當的訂購量下，可充分達成減低生產成本並提高產銷效益的目標。然而，經濟訂購量的引用，必須假設下列前提業已存在[60]：

---

[59] EOQ 模式說明如下： 假設在一定期間 (T) 的總需求量 (R)， 批次訂購期間 (t_s)， 倉儲成本 (i)， 訂購成本 (S)， 批次訂購量 (Q)為已知，則其總成本 (TC) 為：

$$TC = \left(\frac{1}{2}Qit_s + S\right)(R \div Q), \quad 其中 \quad t_s = T/(R \div Q)$$

對上式微分，並令導式為 0，可得 $Q^* = \sqrt{\dfrac{2RS}{i}}$, Q^* 為經濟訂購量

上述公式，若考慮缺貨成本 (U) 時，則 $Q^* = \sqrt{\dfrac{2RS}{i}}\sqrt{\dfrac{i+U}{U}}$

依此推演，可獲得在各種狀況及限制條件下之經濟訂購量。

[60] Johnson, Richard A., *op. cit.*, p. 366.

圖 9-16　EOQ 與成本關係

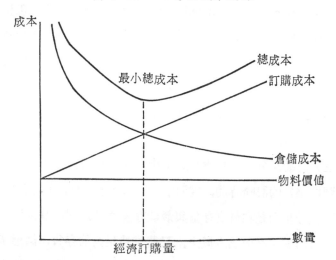

(1) 每年需求量為已知且穩定不變。

(2) 前置時間 (lead time) 為已知且穩定不變。

(3) 倉儲成本與存量間呈直接相關，隨存量變動。

(4) 不考慮季節變動或大量訂購，物料價格上的優惠降低或折讓。

(5) 物料的訂購，可獨立辦理，不受其他物品項目影響。

(6) 資金籌措沒有困難。

(7) 倉儲空間的容量不受限制。

　　上述假設，部份與實際狀況略有出入，有關物料的價格，除受到採購折扣優待外，並常受到供需狀況、成本結構、時效及供應地遠近的影響，就長期觀點而言，可假設呈固定狀態，惟在短期看來，各批次間均有差異與變動。其次，有關物料的需求狀況，就製成品而言，由於產品與市場間的關係，涉及整個社會經濟與產業能量，個別廠商可依其生產能量或財務狀況，獨立辦理庫存 (independent demand inventory)，對整

個產銷系統並無太大影響；惟在原料、零配件及在製品方面，其彼此間常呈相依需求 (dependent demand)，任何項目的供應中斷，卽影響生產的順利進行，故無法單獨辦理存貨控制，必須從整個產銷系統或產品生產的流程作整體性考慮與設計。在此情況下，經濟訂購量 (EOQ) 觀念的實用性卽不顯著。然而，經濟訂購量的存量控制觀念提供管理者一項具體的啓示，卽「經濟性考慮存量水準，力求總成本最小的訂購量」，則深具管理的意義。

（三）訂購點分析：在物料政策中，決定存貨控制的成效，除訂購量外，選擇適當的訂購時間，或訂購點(order point)，亦是重要的關鍵。

訂購點分析乃是在最高存量與最低存量水準之間，選擇適當的訂購時間，使訂購的次數與成本減少，又能維持足夠的存貨，供應產銷的需要。一般而言，訂購提出後，無法立刻收到訂貨，從訂購到收貨期間，仍須耗用物料，因此，必須有安全存量的準備而呈下列關係：

訂購點＝前置時間×每日需求量＋安全存量

上述關係，可以圖 9-17 說明之。

圖 9-17　訂購點與存量關係

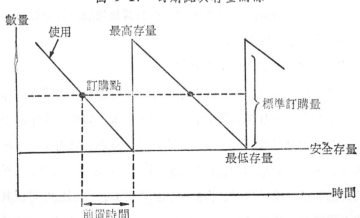

　　由於訂購點的決定，受到前置時間及該期間內需求變化，倉儲成本與缺貨成本的影響甚大，根據經濟訂購量（EOQ）觀念以決定訂購點的固定存量制（fixed-stock inventory system）的方法，常無法消除因前置時間或需求變化的衝擊。當企業不允許缺貨發生，或缺貨成本遠較倉儲成本為大時，採高低基準存量制（base-stock inventory system），或（S, s）存貨制，則為防止缺貨發生的可行措施，其中，S 為最高存量，s 為訂購點存量，管理部門定期盤查存貨，當實際存量超過訂購點存量水準時，不考慮訂購；倘實際存量較訂購點存量為低時，則採取訂購，使訂購點存量成為訂購的決策標準，則訂購點與存量關係，呈下列所示：

訂購點＝理想最低存量＋安全存量

此一措施，較固定存量制更具彈性，惟任何訂購點技術，皆須持有相當的安全存量，而過多的安全存量所提高的倉儲成本及資金積壓，又非企業長期所能負擔。因此，在物料供應方面，多數企業常採取下列措施補救之[61]：

(1) 採 EDP 作業，將各項資料納入控制，以縮短資料處理時間。

(2) 加強對前置時間及需求變化的預測，變化愈小，即可減少安全存量水準。

(3) 促進物料的標準化與替代化，減少物料項目的繁冗，綜合採購內容，使作業簡單化。

(4) 改善供應商關係，選擇適當，可靠且較友善的供應商，並提高供應的優先順序或有利狀況。

(5) 掌握採購及發貨作業，追踪物料運儲狀況，以促進流程的順暢。

---

[61]　Greene, James H., *op. cit.*, 4-13, 19-19, 19-22, 19-25.

(6) 採取較迅速的運輸方式，以節省前置時間。

在產品配銷方面，並採取下列措施：

(1) 加強對市場及消費特性變化的研究，俾掌握市場動向。

(2) 迅速處理顧客的訂貨，以釐訂有效的生產計劃。

(3) 加強生產控制，使產銷如期配合。

(4) 採缺貨政策 (stock-out policy) 或延擱供應期間。

對於採「行銷導向」的現代企業經營管理方式，缺貨或延擱供應期間的降低顧客服務政策，無異於殺雞取卵，除非萬不得已，很少為企業所採行。

第十章　企業的財務管理政策

　　企業的財務不僅維持組織與制度的運作，並操縱生產與行銷功能之發揮，雖然企業生產無礙，行銷通暢，但財務政策不當或財務管理不良，均可致企業陷入財務危機之境域，使企業生存目標受威脅，更遑論希冀有所成長，因此財務對企業經營管理之成功形成關鍵，則正確與有效的財務政策即成為重要之課題。

第一節　企業財務管理政策的特性

一、企業財務問題之演進

　　企業的財務管理於本世紀初，方露端緒，成為單獨問題的焦點，隨着時代的變遷與環境事實需要，歷年來，企業財務之問題與其功能亦有下列各階段不同的內容：

　　(1) 西元1900年代初期，稟承十九世紀末期，企業混亂合併及惡性競爭之熱潮未退，因此歐美各國忙於有關企業成立、合併及證券發行之立法，以促進企業健全地發展，籌募所需資金，並防

止壟斷或削弱市場競爭之兼併或獨佔活動❶。此時，企業之財務欠健全，會計制度亦缺完備；在一次大戰前，倫敦是國際金融中心，英鎊為國際通貨，西元 1914 年，美國成立聯邦準備制，始推行銀行承兌滙票，對企業融資打開近代化的大門。

(2) 西元1920～1940年代，初期仍沿續着上一階段的特色，企業的財務功能仍着眼於籌募擴充所需的資金；中期由於大蕭條(The Great Depression) 的屆臨，證券市場的崩潰 (Stock Market Collapse, 1929～1932)，企業面臨償債的壓力，因此財務問題在於維持企業生存。1933 年美國通過「證券法」(Security Act)，1934年通過「證券交易法」(Security Exchange Act)，對發行證券之企業要求健全財務制度，並建立證券交易管理機構，使資本市場之運作走上軌道。

(3) 二次世界大戰後，企業的財務問題在於恢復戰前的產銷地位，內部控制與資本預算 (capital budgeting) 成為熱門課題。

(4) 西元1950～1960年代初期，企業財務管理由於重視資本預算分析，衍生對「資本結構」(capital structure) 的注意，晚期則轉移到對「財務結構」(financial structure)❷ 的整體研究，此外，有關現金、存貨及各類資產之投資決策亦逐漸以數學模式運算。

(5) 西元1960～1970年代,有關財務決策理論成為初期盛行的課題,

---

❶ 有關維持市場公平交易之法制化，將於「企業社會責任」乙章中研究。

❷ 所謂資本結構，依J. Fred Weston 與 Eugene F. Brigham 認為，係企業的永久性融資，主要包括長期債，特別股與普通股，但不包括短期債務在內。財務結構，係指資產負債表的右方部份，即企業所得到的資產融資，故資本結構為財務結構之部份，參閱 J. Fred. Weston & Eugene F. Brigham, *Managerial Finance* (Hinsdale, Ill.: The Dryden Press), 6th. ed, ch. "Financial Structure and the Use of Leverage".

資金成本 (cost of capital) 與企業估價極大化為財務管理的焦
點；中期以後，規避風險成為企業財務追求的目標，組合、多
角化與多國性經營等策略響澈雲霄，而企業盡其社會責任的要
求亦受呼籲。

(6) 西元1970年代至今，由於初期世界性通貨膨脹發生，國際經濟
情勢劇變，對企業財務管理構成嚴重威脅，證券市場波動，資
金需求增加，利率上漲，造成財務、會計處理之困難，財務設
計與預算功能倍受打擊，對於解決今後更動態及複雜財務問題
之管理理論或技術之要求愈形迫切。

二、企業財務問題的內容

如前文所述，企業的財務問題隨着時代與環境的變遷，其內容各有
異說，歸納其發展，其重點如下❸：

(一)籌募資金 (Raising funds)：企業不論處於創立、成長或發展階
段，均須考慮其所需運作的資金，以及用何種方式募集其所需的資金，
因此，有關資金籌募的問題常是企業主管所面臨的中心課題，亦是決定
經營管理的關鍵，而企業資業籌募政策遂形成企業財務政策之首要。

(二)運用資金 (Uses of capital)： 企業為供經營需要，必須購買長
期資產，為業務週轉運用需要，必須持有流動資金，並為企業成長需要，
擴充生產能量或進行合併等，均需運用資金，因此，企業資金運用政策
常是企業經營活動的重心。

---

❸　前揭書，並參閱 Jeremy Bacon and Francis J. Walsh, Jr., *Duties
and Problems of Chief Financial Executives*, (New York: Report of
National Industrial Conference Board, Inc., 1968) 乙文中，有關財務問
題之例舉，綜合而成。

(三)財務設計與管制 (Financial Design and Control)：財務設計爲財務管理最重要的內容，亦卽係企業資本結構之設計，乃就企業經營或擴充時，所需資金的調度，宜就外債或股票間之數額或相互比重，作長期性的分析與計劃。並於計劃之後，加以管制考核。

(四)流動資金管理(Working Capital Management)：流動資金在性質上不同於固定資金，而乃是隨著企業經營的推展，作循環式演變，爲擴大業務的基礎，並由於流動資金週轉，方能產生經營績效與利潤。

(五)股息或盈餘分配(Distribution of earning)：企業的股東出資，卽在追求投資報酬，因此，企業經營者的最大職責卽是促使利潤極大化 (profit maximization)，並根據企業需要及投資者期望，合理且適宜地分配其盈餘，在財務決策 (financial decision) 上，獲利與風險的償付關係 (Risk-Return Trade-off Relationship) 常是最複雜的問題。

(六)其他財務問題：企業經營的興衰存亡均有財務問題，當企業成長擴充，與其他企業合併；或遭遇財務困難，決定重整或解散；乃至於調整資本結構、投資公害防治等情況下，其資金的籌措與運用均成爲企業問題，如何排除困難，或加強企業財務地位，乃是財務管理的挑戰了！

根據上述得知，企業在經營之際，除可能面臨業務風險 (operation risk)外，仍然會遭遇各種財務問題，如調度不當，週轉不靈等風險，因此，如何適當配合業務風險與財務風險，以爲企業創造更大利潤，係爲本文所欲闡述！

三、財務管理系統的內容

企業在面臨前述問題，必須根據已確立的經營目標，盱衡未來經濟情勢，檢討企業的性質與規模，估計未來發展所需資金的數額，參酌資

金市場的狀況，對資金的籌募、運用、分配等問題，事先予以妥愼的策劃，並在經營的過程中，對資金的調度，隨時加以分析檢討，使企業無論目前或未來經營均置於健全的財務基礎上，並能獲得應有盈利，因此，企業的高級主管必須適宜地提出各種對策，並求取籌資、投資與盈餘分配等重要決策的最佳配合，以達成下列任務：

(1) 適宜分配資金於各項資產，而期獲致最大經營利潤及最小風險。

(2) 求取財務的最佳配合 (best mix of financing) 而期財務成本與財務風險最小。

上述關係可以圖 10-1 表示之。

圖 **10-1** *財務管理的任務*

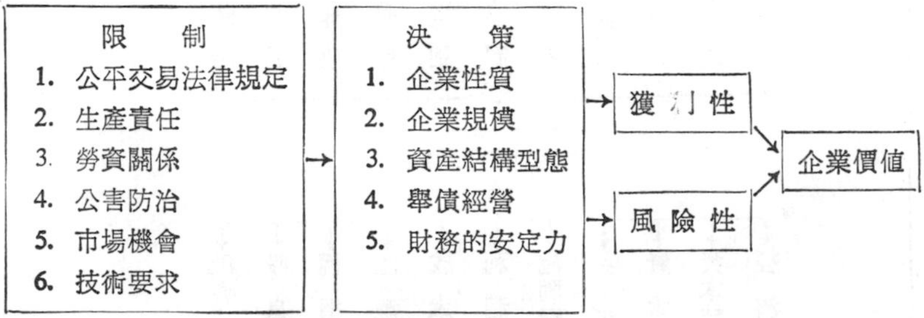

資料來源: J. Fred Weston, Eugene F. Brigham, *Managerial Finance* (Ill.: The Dryden Press), 6th. ed., ch. 1.

就整體性財務管理內容而言，企業在事先考慮下列因素: (1) 未來經濟發展，(2) 預期銷售狀況，(3) 預期售價，(4) 生產能量與生產進度，(5)生產程序之設計，(6) 預期利潤水準，(7) 預期週轉金之需要數額及運用方法，(8)擴充計劃及固定資產獲得，(9)投資者意願，(10)新財源籌措計劃，(11)內部資金運用及緊急事故之儲備，(12)融資地位，(13)金融政策與利率水準，(14)彈性應變能力，(15)企業主管財務管理能力

圖 10-2　整體性財務管理系統圖

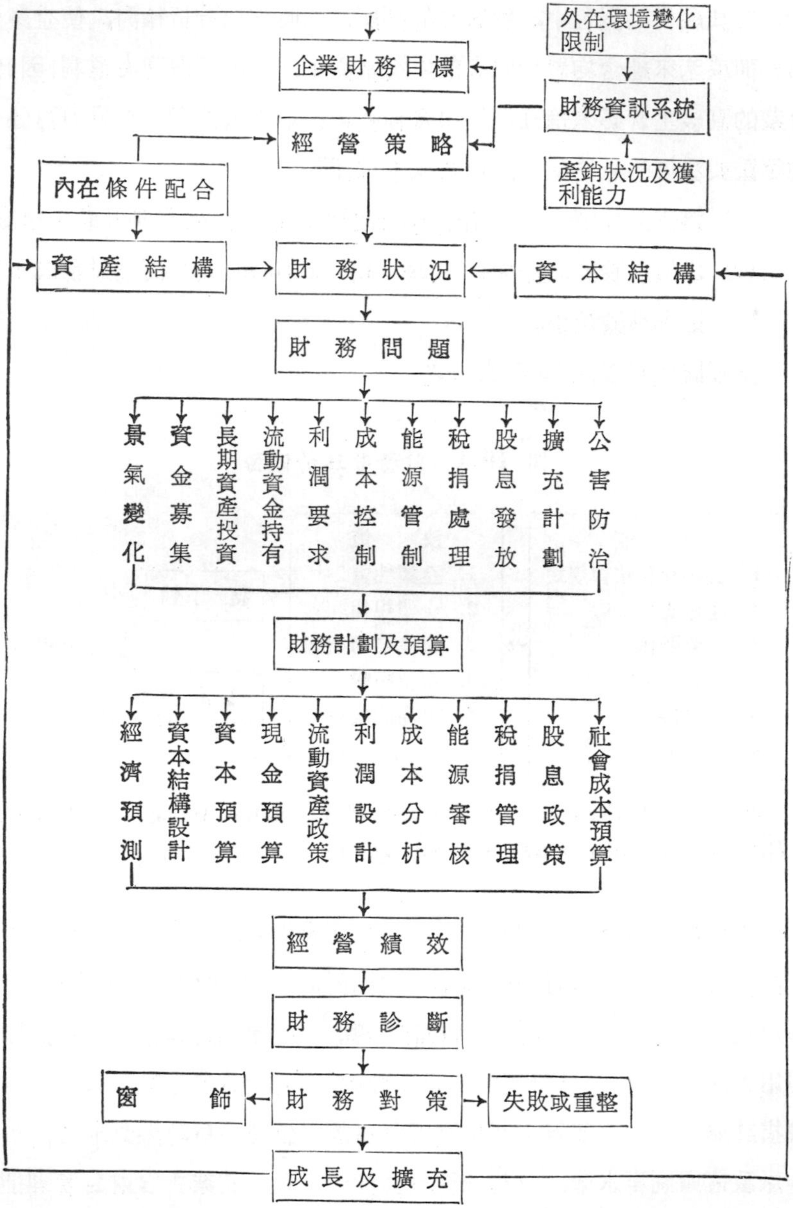

企業財務目標

外在環境變化限制

財務資訊系統

經營策略

產銷狀況及獲利能力

內在條件配合

資產結構　→　財務狀況　←　資本結構

財務問題

| 景氣變化 | 資金募集 | 長期資產投資 | 流動資金持有 | 利潤要求 | 成本控制 | 能源管制 | 稅捐處理 | 股息發放 | 擴充計劃 | 公害防治 |

財務計劃及預算

| 經濟預測 | 資本結構設計 | 資本預算 | 現金預算 | 流動資產政策 | 利潤設計 | 成本分析 | 能源審核 | 稅捐管理 | 股息政策 | 社會成本預算 |

經營績效

財務診斷

窗飾　←　財務對策　→　失敗或重整

成長及擴充

等,方進行下列管理項目之策劃:

(1) 資本結構設計

(2) 資本預算

(3) 現金預算

(4) 流動資金管理

(5) 利潤設計

(6) 成本控制與能源審核制度

(7) 稅捐管理

(8) 盈餘分配與股息政策

(9) 公害防治等。

此一整體性功能系統,可以圖 10-2 表示之。

企業的財務管理關係籌募資金方法是否妥當,資本結構是否健全,資金運用是否得當,以及投資者對企業的信心,倘管理得法,則企業欣欣向榮,並誘導國民投資,推展經濟建設;反之,則岌岌不保,造成企業損失,甚至於社會不安。因此,財務政策與管理之得失,為企業經營成敗之關鍵,與其他企業功能政策有顯著的差別。

第二節　資金募集與管理

企業在確立資金的募集政策時,必須先考慮到可用資金的選擇、融資環境、資金成本的考慮、財務的槓桿作用、及資本結構的計劃等前提,方可進行作業。茲分述於後:

一、可用資金的選擇

就資金來源而論,企業資金之構成,包括下列三種:

1. 自有資本——由股東所投入之資本。

2. 借入資本——由債權人提供之長期或短期資本。

3. 保留盈餘——包括由企業經營所獲得之利潤，而由企業未分派
   之業務盈餘及折舊準備或處分資產之利得等資本盈餘。

茲列於表 10-3，以說明一般：

表 10-3　資金之內容

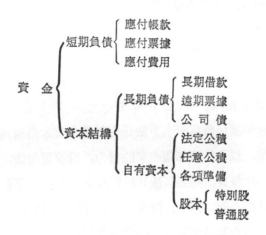

上述資金之內容，依不同標準，或有如下的分類：

(一) 依資金用途標準分類：

1. 固定資金 (fixed capital)：係指投資長期資產，以從事生產，短
   期內無意變現之資金，如購買土地，投資廠房及設備等，所需
   之資金。

2. 流動資金 (working capital)：係常隨經營業務之進行，作循環
   週轉之資金，如採購原料，支付薪資或管理費用等所需之資金。

(二) 依資金運用方式分類：

1. 長期資金 (Long-term capital)：包括投資長期資產所需的固定

資金，及採購原料或維持企業存續所需的固定性流動資金，主要來自資本市場 (Capital Market)，以證券為籌措工具。近年來，工業投資銀行以放款或保證等融資方式，亦扮演相當重要的角色。

2. 短期資金(Short-term capital)：這類資金的目的，大致都屬於企業的臨時性需要，包括季節性週轉金，或支付意外事故及特殊情況所需的臨時金，主要來自貨幣市場 (Money Market)，而以票據操作及銀行授信為籌措基礎。

3. 中期資金 (Intermediate capital)：這類資金具有長期資金的特性，惟條件或期限較短，如租賃(Leasing)、分期付款、條件買賣 (Conditional Sales Contract)❹，及定期借款 (Term Loan)等。

長期資金與短期資金，在性質上是截然不同的，因此，在資金供應來源方面，亦必須有所劃分。企業所需長期資金的來源，應該是長期投資，而不是短期借款，否則，若以短期資金供應長期需要，則在該項供應資金必須償還時，將使企業變現不易，而措手不及！

一般言之，企業證券的基本型態有公司債、特別股及普通股三種，在正常狀況下，此三種證券在收益、風險與控制方面，各有差異，茲比較說明如下❺：

(一)收益方面比較：

1. 公司債的收益係到期償還本息，不論有無盈利，企業均有此責

---

❹ 條件買賣又稱物產合會，類似分期付款，惟將買賣標的物向金融業融資。參閱民法債篇特種買賣乙款。

❺ 參閱 "Brian Sullivan", An Introduction to "Go Public", *Journal of Accountancy* (November, 1965)。

任，因此，適合於未來收益較穩定之企業。

2. 特別股的收益，在其定額股息，且分配在普通股之先，惟到期是否如約定還本，較無把握。

3. 普通股的收益，在盈利豐厚時，可分配較多的股息與盈餘；經營情況欠佳時，收益較公司債或特別股爲低。

(二) 風險方面比較：

1. 公司債的持有人爲債權人，對企業資產具有處分權，收回可能性大，風險較小。

2. 特別股對於股息分派，享有優先權，風險亦不大。

3. 普通股只在企業有盈利時，方可分配股息，因此，風險較公司債或特別股爲高。

(三) 控制方面比較：

1. 公司債的持有人及特別股股東，對企業經營沒有投票權，因此不能控制企業。

2. 普通股股東具有投票權，可選舉董事控制企業，並參與經營管理。

二、融資環境的選擇

所謂「融資環境」(Financing Environment)亦卽供應資金的機構，又稱爲「金融市場」，依企業所需資金性質，分爲下列兩類：

(一) 資本市場——供應長期資金的機構及其操作的範圍：

1. 投資銀行 (Investment Bank)：專司政府債券及企業證券之發行與承銷[6]，因其熟悉發行手續與市場狀況，常輔導企業拓展

---

[6] 承銷包括全部包銷或部份包銷等方式，參閱證券交易法第十條。

業務，使企業以最有利方式銷售證券；此外，投資人信賴投資銀行之功能，對發行企業之情形，無庸再作調查，而吸引投資人之認購，因此，成爲企業與投資人間的媒介，並從中獲取佣金及差價利益。

2. 投資信託公司 (Investment Trust)，亦稱投資公司 (Investment Company)：集合多數人的資金，運用專門知識與技巧，根據分散風險及混合運用的原則，從事各種證券買賣，並期享受買進證券應得之利潤。投資公司的集體投資，聘用投資專家及分散投資風險的特性，可除却投資人對投資風險的疑慮，有利於證券的推銷。

3. 證券交易所 (The Securities Exchange)：即已流通證券交易買賣的市場，屬次級證券市場 (Secondary Stock Market)❼，可吸引社會游資，助長企業資本形成，而需要資金的人，可在此出售證券，變現爲現金，並由於證券交易價格的趨勢變化，可窺察各企業經營之實際狀況，促使資金流向最有利與最需要的方向。

(二)貨幣市場——供應短期資金的機構及其操作的範圍：

1. 商業銀行(Commercial Bank)：以放款 (Loan)、往來透支(Overdraft)、票據貼現、承兌票據 (Bank acceptance)、及出具信用證明 (Letter of credit) 等業務，融通企業所需的短期資金。

2. 商業信用公司 (Commercial Credit Company)：主要爲承購或貼現企業之「應收帳款」，以融通企業所需的短期資金。

---

❼　一般將負責發行或承銷證券的市場，視爲初級證券市場；證券交易所從事已流通證券之交易，屬次級證券市場。我國將證券交易所，規定爲會員制與公司制兩類型，參閱證券交易法第五章。

3. 票券公司 (Commercial Paper Company)：兼營票據買賣與介紹票據買賣等業務，以融通企業所需的短期資金。

4. 財務公司 (Finance Company)：以協助企業產銷特定產品，以融通企業所需的短期資金。

由於工商活動的發達，資金的需求也日益增多，供應資金的方式也日益複雜，不論資本市場或貨幣市場，除創造證券與票券發行的初級市場外，最重要的，乃是推廣流通與擴大交易的次級市場。就企業募集長期資金而言，大多採用發行證券方式，而證券的發行，欲求順利有效，必須透過各種金融機構的協助發行與承銷，我國自民國五十一年建立資本市場後，初時只有五十四億上市資本，現已成為上百家企業自社會大眾募集千億資金的來源，在組織與操作上，已獲得政府與民間的重視，在資金調配力上逐漸發揮效率。

在短期資金方面，過去臺灣缺乏一有組織且完善的貨幣市場，因此，中央銀行的公開市場操作無所憑藉，為配合近年來國內經濟快速成長的需要，及企業對短期資金的迫切需求，政府乃於民國六十四年頒佈「短期票券交易商管理規則」，允許票券金融公司之設立，為我國貨幣市場建立新紀元[8]，民國六十八年元月中央銀行實施公開市場操作，民國六十九年四月，國內銀行間成立同業拆放款中心，使貨幣市場的操作工具有國庫券 (Treasury bills)、短期公債、商業本票、銀行可轉讓定期存單、銀行承兌滙票、銀行間同業拆放款及票據貼現等，對於市面資金的調節

---

[8] 民國63年，中央研究院劉大中等六院士發表「今後臺灣財經政策研究」乙文，主張建立貨幣市場，各方反應熱烈，民國64年3月，臺灣銀行發行銀行承兌滙票，8月發行可轉讓定期存單，民國64年12月，頒佈「短期票券交易所管理規則」，民國65年，臺銀籌設之「中興票券金融公司」，66年，中國銀行籌設之「國際票券金融公司」，67年，交通銀行籌設之「中華票券金融公司」分別成立，68年，准許票券金融公司經營公債經紀業務。

已有相當助益，惟因剛在起步階段，國內貨幣市場所遭遇的問題較多，亟需吸收各先進國家之經驗，檢討改進，使國內貨幣市場日趨健全，俾便利企業短期資金的調度，及便利中央銀行公開市場操作，達成利率自由化的實施，促進經濟的發展。

此外，我國某些銀行機構亦辦理期限較長的放款，以供企業擴充或重置設備之用，他如配合政府財經政策降低貸款利率，提供長期票據貼現，便利證券交易等措施，均在改善「理財環境」，對企業融資有所助益。

一般言之，貨幣市場受到中央銀行公開操作的影響甚大，而資本市場的證券發行，原以吸收社會大衆資本爲目的，因此，對於投資者的意願、金融市場的變化，尤應密切注意，而金融市場之變化，又常受到「商業循環」(Business cycle)的影響，其左右資本市場的發行選擇，可約略說明如下❾：

(1) 經濟繁榮時，此時企業經營順利，常獲豐厚利潤，投資人貪圖眼前之近利，因此普通股易於推銷。

(2) 經濟平穩時，此時企業雖無豐厚利潤，仍能按期分發定額股息，投資人旣無厚利可圖，唯有退而求次而購買特別股，以期獲得本息的雙層保障。

(3) 經濟蕭條時，此時企業不獨無豐厚利潤,可能亦無力發放股息，投資人認爲公司債之本息，均有較強固的保障，爲避免風險計，乃考慮購買公司債。

---

❾ 參閱 William J. Baumol, *The Stock Market and Economic Effrciency* (New York: Fordham University Press, 1965); Robert M. Soldofsky and Craig R. Johnson, "Right Timing", *Financial Analysis Journal,* 23 (July–August, 1967), pp. 101–104.

前述分析，可提供企業對「融資環境」的選擇，作有利的參考。

三、資金成本的考慮

「資金成本」(cost of capital) 及是企業使用資金時，所衍生的機會成本 (opportunity cost)，只要資金使用，即發生該項成本，在理財上，資金成本可分爲下列三種類型，各有不同的功能：

(一)各別資金成本 (cost of components)，係指各種資金項目所衍生的資金成本，主要包括：

(1) 舉債成本(cost of debt)：乃是扣除稅率後，實際支付借入利率的餘額，常以下列公式表示：

$$舉債成本 = 借入利率 \times (1 - 稅率)$$

由上述可發舉債有「稅盾」作用 (Tax shield)，減少舉債人的負擔。

(2) 特別股成本 (cost of preferred stock)：乃是投資於特別股承銷價後，每年所獲得股息之報酬率，常以下列公式表示：

$$特別股成本 = 特別股息 / 特別股承銷價$$

(3) 普通股成本 (cost of common stock)：乃是投資於普通股承銷價後，每年所獲得的股息及紅利，常以下列公式表示[10]：

---

[10] 假設 M_0 爲普通股承銷價，D_0 爲股息，k 爲普通股成本，g 爲經營成長率則：

$$M_0 = \frac{D_1}{(1+k)^1} + \frac{D_2}{(1+k)^2} + \frac{D^3}{(1+k)^3} + \cdots\cdots + \frac{D_n}{(1+k)^n}$$

$$= \frac{D_0(1+g)^1}{(1+k)^1} + \frac{D_0(1+g)^2}{(1+k)^2} + \frac{D_0(1+g)^3}{(1+k)^3} + \cdots\cdots + \frac{D_0(1+g)^n}{(1+k)^n}$$

設此方程式爲 (1) 式

$$M_0\left[\frac{(1+k)}{(1+g)}\right] = D_0\left[1 + \frac{(1+g)}{(1+k)} + \frac{(1+g)^2}{(1+k)^2} + \cdots\cdots + \frac{(1+g)^{n-1}}{(1+k)^{n-1}}\right]$$

設此方程式爲 (2) 式

普通股成本＝〔股息/承銷價(1－承銷費用率)〕＋成長率

倘承銷費用未發生，則上述成本將節省，惟依據上述可了解普通股成本之昂高，爲理財者所必須注意！

(4) 保留盈餘成本 (cost of retained earning)：保留盈餘可被視爲普通股股東所預期獲取之利得 [1]，其成本可以下列公式表示：

保留盈餘成本＝(普通股股息 / 普通股承銷價)＋成長率

此一成本常被投資人視爲基本的投資報酬率。

各別資金成本的功能，在提供理財主管對資金使用的經濟性，有合理的比較基礎。

(二)加權平均資金成本 (The Weighted Average Cost of Capital)
企業資金的投入經營，並不侷限於上述各項的單獨使用，反而，常是綜合性的運用，因此，在估算實際經營投入資金的機會支出，或理論最佳資本結構的資金成本時，則必須將投入經營的資金，依其各別資金成本

(續[1])

(2)－(1) 得　$\left[-\dfrac{(1+k)}{(1+g)}-1\right] M_0 = D_0 \left[1 - \dfrac{(1+g)^n}{(1+k)^n}\right]$

當 $N \to \infty$ 時，上述方程式，右項中 $(1+g)^n/(1+k)^n$ 近似等於 0，此因普通股成本大於成長率，則

$$\left[\frac{(1+k)-(1+g)}{(1+g)}\right] M_0 = D_0$$

即　　　　$(k-g) M_0 = D_0(1+g) = D_1$

$$k = \frac{D_1}{M_0} + g$$

倘合承銷費用，則 $M_0(1-F)$，其中 F 爲承銷費用率。

[1]　Edwin J. Elton and Martin J. Gruber, "The Cost of Retained Earning-Implication of Share Repurchase", *Industrial Management Review*, 9 (Spring, 1968), pp. 87-104.

及投入金額佔總數之比率，以了解所佔經營投入之比重，並決定總投入經營資金成本，卽加權平均資金成本，該成本常視爲企業經營或投資所預期的需要報酬率 (the expected rate of return)⑫。

(三)邊際資金成本(The Marginal Cost of Capital)：係爲企業在當年增募各項資金時，所需的機會支出。無論企業經營狀況如何，邊際資金成本係爲逐漸提高的成本支出，然而，對資本預算而言，邊際資金成本等於邊際投資報酬，將是企業價値最大化的理論基礎⑬。

四、財務的槓桿作用

在一般狀況下，舉債成本因有「稅盾」關係存在，較淨値成本（包括普通股成本與保留盈餘成本)爲低的事實，實値得企業運用舉債經營，俾能提高股東的投資利得，此一現象稱之爲槓桿作用(leverage)；此由於舉債利率猶如槓桿上的支點，利率較低時，則在不偏離最佳資本結構過多的條件下，企業的舉債比率可增大些，如此，經營者可運用較少的自有資本，卽可爲股東獲得較大的報酬，如同物理學上的槓桿原理，欲得相同力矩，若力臂愈長，所施加力愈小，因此，舉債比率亦稱之爲槓桿因素(leverage)或資本槓桿(capital leverage)。

槓桿作用的理論假設在於⑭：

⑫ 參閱 Michael J. Brennan, "A New Look at the Wighted Average Cost of Capital", *Journal of Business Finance*, 5, No. 1, (1973), pp. 24-30; James S. Ang, "Weighted Average vs. True Cost of Capital", *Financial Management* 2, (Autumn, 1973), pp. 56-60.

⑬ Fred. D. Arditti and Milford S. Tysseland, "Three Ways to Present the Marginal Cost of Capital", *Financial Management*, 2, (Summer, 1973), pp. 63-67. 及 J. Fred Weston and Eugene F. Brigham, *op. cit.*, ch. 19, pp. 617-621.

(1) 當企業投資報酬率高於舉債利率時，槓桿作用是存在的；在最佳資本結構內，即使舉債比率提高，將股東的報酬率亦隨之增加。

(2) 若企業投資報酬率低於舉債利率時，槓桿作用可能不存在，甚至於產生槓桿反作用；此時，舉債比率愈高，對股東的報酬率反而愈低。

上述假設提供一事實，即舉債經營所承擔的財務風險甚大，利息費用是企業的一項固定負擔，如無良好的獲利力為理財後盾，及準確的經濟預測作為判斷舉債幅度的準繩，並考慮市場競爭態勢、企業本身資產結構、債權人態度與與管理者能力，則在運用財務的槓桿作用時，可能造成反效果(Unfavorable leverage)[15]。

---

[14] Edward E. William, "Cost of Capital Functions and the Firm's Optimal Level of Gearing", *Journal of Business Finance*, 4, No. 2, pp. 78–83.

[15] 衡量財務的槓桿作用，按下列四個階段進行：

①決定資本結構的無異點，即以 EPS（股）與 EPS（債）的增資交替方案，對股東每股利得無異為前提。

而 EPS（股）＝（扣稅息前收益）(1－稅率) / 以股增資後總股數

EPS（債）＝（扣稅息前收益－利息）(1－稅率) / 以債增資後原股數

當 EPS（股）＝EPS（債）資本結構無異

EPS（股）＜EPS（債）有槓桿作用存在

EPS（股）＞EPS（債）槓桿反作用存在

②營業性槓桿作用(Operating leverage)：係指在資本結構無異情況下舉債營業下，單位銷售變化所引起營業收入改變的程度，常以下列表示：

DOL＝(△利潤 / 利潤) / (△銷售 / 銷售)

③財務性槓桿作用 (Financial leverage)：係指在資本結構無異情況下舉債營業下，扣稅息前收益 (EBIT) 的變化，對股東每股利得改變的程度，常以下列表示：

DFL＝(△EPS / EPS) / (△EBIT / EBIT)

槓桿作用說明了普通股處於企業融資的最基層地位，故又名主權股（equity shares），非俟債息償付及特別股股息分發後，不得有股息的宣告，惟公司債或特別股的發行，均爲主權股着想，其目的均在增加普通股東的利得，此即所謂「主權股的運用」（Trading on the equity）或稱舉債營業」。

企業是否能確實運用主權股而獲致厚利，則以下列兩原則爲其準繩：

(1) 企業經營順利，利潤平穩，則公司債及特別股愈多，愈能增厚普通股之利得。此由於利用較低成本的舉債或發行固定股率之特別股，所獲得豐厚利潤，最後均屬普通股東所有。

(2) 企業經營不振，利潤波動，則分發固定債息及特別股息後，普通股東所得甚微，或毫無所得，則主權股運用即無效果可言[16]。

因此，利潤最平穩之企業，可盡量發行公司債，以減輕資金運用成本，並享受財務之槓桿效果；利潤次平穩者，則須趨於保守，債券限制極嚴，特別股亦當緊縮，宜各半發行之；利潤欠平穩者，前途難料，只能以特別股爲主要工具，並佐以少部份普通股；利潤不平穩者，其對債息或特別股息的負擔力至爲薄弱，如有增資必要，只可以發行普通股爲工具，成本雖然較高，惟風險較小。

五、資本結構的設計

理論上，企業在「規模經濟」情況下，其投入經營的資金成本可視爲最經濟，此時的資本結構可視爲最佳化。實際上，欲決定企業的最佳

(續[15])　④聯合槓桿作用＝DOL×DFL

　　參閱 J. K. S. Ghandhi, "On the Measurement of Leverage", *Journal of Finance*, 21, (December, 1966), pp. 715–726.

[16]　John A. Haslem, "Leverage Effects on Corporate Earnings", *Arizona Review*, 19, (March, 1970), pp. 7–11.

資本結構誠非易事，因爲，除了計量因素外，尚須考慮許多非計量的因素。然而，設計或策劃最佳資本結構的主要目的，在提供未來企業「融資組合」(Financing mix) 的參考，並防護資金籌募的限制。

現行的資本結構理論，有下列三種說法[17]：

(一)傳統學派的觀點：認爲舉債成本與淨值成本在相當程度的範圍內，不會因舉債比率變化而變化，僅在超過該範圍後產生變化，而平均資金成本在上述成本固定區間內，因舉債成本的稅盾作用逐漸遞減，至舉債成本與淨值成本上揚，才反曲上昇，因此，該反曲點的舉債比率即爲最佳資本結構之所在。見圖 10-4 所示。

(二)摩、米二氏觀點：摩狄格蘭尼 (F. Modigliani) 及米勒 (M. H. Miller)二氏認爲[18]，以舉債或淨值籌資均無最佳組合存在，易言之，在

圖 10-4　傳統觀點：資本結構與資金成本之關係

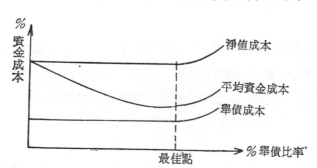

資料來源：J. Fred Weston and Eugene F. Brigham, *op. cit.*, p. 654.

[17]　參閱 J. Fred Weston and Eugene F. Brigham, *op. cit.*; Alexander Barge, *The Effect of Capital Structure on the Cost of Capital*(Englewood Cliffs, N. J.: Prentice–Hall, 1963); Ben–Shahar Haim, The Capital Structure and the Cost of Capital: A Suggested "Exposition", *Journal of Finance*, 23(Sept., 1968), pp. 639–653. 等文獻，有關資本結構最佳化設計之理論分類。

投資者的理智，資本市場是完全競爭與情報公開與經營機會均等，經營
風險程度相同等假設下，舉債與淨值的任何理智選擇，均將導致相同的
成本，因此，企業的價值並不會受到資本結構的變化而有所影響。見圖
10-5 所示。

圖 **10-5** MM 觀點：資本結構與資金成本之關係

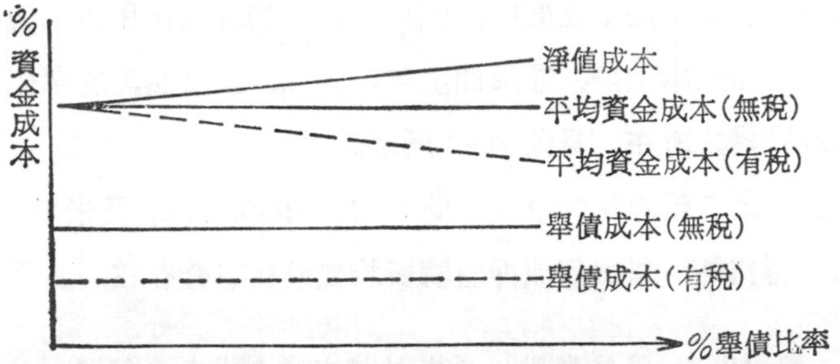

資料來源：同圖 8-4。

(三)折衷觀點：實卽修正傳統學派的觀點，認爲企業舉債比率的變
化，對於資金成本的影響極爲有效，因此,企業在考慮資本市場反應後,
可彈性取決，妥爲因應，仍可獲得最佳資本結構之所在，如圖 10-6 所
示。

---

⑱ 參閱 Franco Modigliani and M. H. Miller 二氏下列文獻：
　① "The Cost of Capital, Corporation Finance and Theory of
　　 Investment", *American Economic Review*, 48, (June, 1958),
　　 pp. 261–297.
　② "Reply", *American Economic Review*, 49, (Sept., 1958), pp.
　　 655–669.
　③ "Taxes and the Cost of Capital: A Correction, "*American
　　 Economic Review*, 53, (June, 1963), pp. 433–443.
　④ "Reply", 55, (June, 1965), pp. 524–527.

圖 10-6　折衷觀點: 資本結構與資金成本之關係

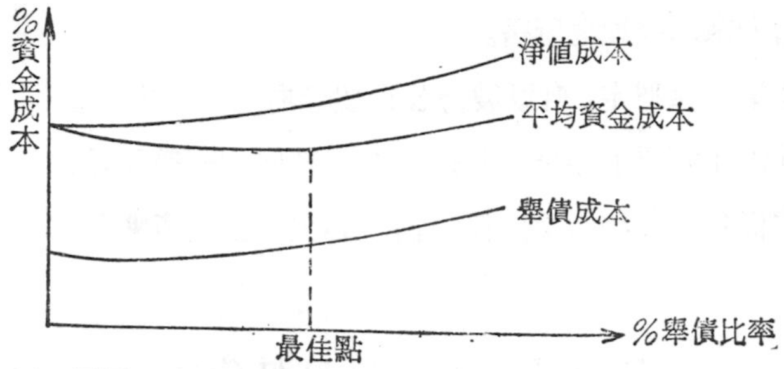

資料來源: 同圖 8-4。

　　上述資本結構最佳化理論僅提供企業主管參考, 以促進企業與資本市場反應之配合, 並防護資金籌募的限制。因此, 在設計資本結構前, 應先考慮下列因素: (1)企業性質, (2) 企業規模, (3) 企業經營歷史, (4)企業未來發展計劃, (5) 所需資金及可能籌資方式, (6) 市場利率水準, (7) 企業對控制權的態度, (8) 盈利之穩定性, (9) 銷貨成長率, (10) 稅率水準, 及 (11) 政府對企業發行證券之種類與數額之法令或限制等, 然後, 就公司債、特別股及普通股, 決定其數額及相互比重, 其原則如下[19]:

(1) 在創立階段或業務尚未開展前, 此時, 企業對經營前途尚無把握, 不可有固定負擔, 因此, 從企業立場而言, 運用普通股的安全性最大。

(2) 我國公司法規定企業股本可逐次發行, 募集規定成數後, 卽可營業[20], 惟預留未收之餘額, 以備日後擴充所需。

(3) 如企業前途已有相當把握, 可考慮酌予發行特別股, 此因特別股之資金成本較低, 且其股息多爲定率, 企業較易處理, 惟在

---

[19]　Brian Sullivan, *op. cit.*

[20]　參閱公司法第五章股份有限公司, 第二節股份之規定。

發行時宜保留贖囘或轉換 (refund or convertible) 之條件，以
備未來彈性理財所需。

(4) 企業利潤穩定，自以發行公司債最有利，雖其債息爲固定負擔，
惟因「稅盾」作用，其運用成本最低。一般而言，公司債發行
之條件及數額常受法律限制，必須相當注意❹！

第三節　資金運用與管理

企業運用資金的政策幾乎涵蓋企業所有的經營管理活動，因此，可
用「玆事體大，從長計議」來形容。在確立此政策前，必須先有個認識，
由於作業的動態性，及企業活動範圍過於廣泛，其內容的複雜，不是任
何財務政策可一一特定說明的，只能依據運用原則，對於長期資產、流
動資金、擴充結合，或財務（資產）結構的設計有所評估。

一、資金運用的原則

企業對其資金的運用之道，不外投資長期資產，擴大流動資金的持
有，擴充結合的基金，公害防治支出，及處理其他財務問題，如償還債
務、發放股息、應付偶發事故等等。其中，最重要的即是對長期資產、
流動資金，擴充結合及公害防治的支出，其性質約略敍述如下：

1. 長期資產：企業爲供經營使用，必須購置長期性的資產，如土

---

❹　公司法第247條規定，「公司債發行總額不得逾公司現有全部資產減去全
部負債及無法資產後之餘額；無擔保公司債之總額不得逾前項餘額二分之一」。
又第二百五十條規定，「前已發行之公司債或其他債務有違約或遲延支付本息」
及「最近三年或開業不及三年之年度課稅後之平均淨利，未達原發行公司債應
負擔年息總額之一倍者」不得發行公司債。

地、廠房、機械設備、商標、專利權等。長期資產具有下列性質：

(1) 長期使用，不擬出售。

(2) 長期資產的價值，基於其獲利能力。

(3) 長期資產為資本支出，在成本計算上，可逐年攤提折舊，並按耐用程度、使用情況及經濟效用等因素訂定折舊年限。

(4) 固定資產的取得，對企業能增加產量、改進品質、發展新產品等利益，或提高效率、減少原設備之費用支出等效果。

2. 流動資金：乃供企業業務週轉運用所需的資金，包括現金、存貨、應收帳款、應收票據，乃至於賒帳 (trade credit)、銀行貸款等流動負債在內。在企業經營期間，流動資金常隨業務的進展，作循環式演變，由現金轉為存貨，存貨轉為應收帳款，最後恢復為現金，乃是一切製造成本、銷售費用、管理費用及營業費用等支出的來源。

3. 擴充：企業不論進行內部設備的重置、能量擴大、技術革新、公害防治、能源節約等，或從事外部的結合、多角化經營、及多國性投資等，均需運用資金。

在運用資金於上述範圍時，必須考慮下列問題：

(1) 資金運用是否必需：無論購置資產、流動資金持有、擴充等支出，是否能為企業增加利得、節省費用或提高效率等，必須根據有關計劃及資料，詳加分析研判。

(2) 運用對象如何選擇：資金運用的範圍廣泛，內容複雜，性質各異，何種切合需要，何種對企業最有利，必須作妥當的選擇。

(3) 資金來源如何籌措：運用資金的來源，不外來自內部資金與外部資金二途。運用企業內部資金，是否影響企業週轉；運用外

部資金，舉債是否限制企業理財，增資發行新股，是否影響控
制權均予考慮。

(4) 資金運用如何進行：資金運用對象旣經決定，究竟以何種方式
進行，採一次付清、分期付款或租賃等，必須加以考慮。

(5) 資金運用如何防護：完整的資金運用計劃，應包含着企業資產
可能損失的基本預防措施，購買保險、租賃、建立平準準備金、
信用調查、套做、多角化等方式，均爲預防財務的可能損失。

企業在運用資金時，雖考慮上述問題，然而，亦需依據下列原則爲
之[22]：

(1) 按資金性質合理運用：長期資產的投資必須來自長期資金，流
動資產來自短期資金，避免用短期資金去應付長期需要。

(2) 純長期資產佔財務結構比例適當：在企業財務結構中，長期資
產減除無形的長期資產所佔的比重不宜過高，一般工業均不超
過百分之五十，以免積壓過多資金，影響業務推展。

(3) 淨流動資金與銷貨間平衡關係：淨流動資金係爲週轉之用，應
配合業務發展需要，與銷貨額維持一定水準，不可因銷貨暢旺，
毫無節度的增加流動負債，增加負擔。

(4) 存貨價值低於淨流動資金：企業必須嚴格遵守存貨價值不得高
於淨流動資金之原則，此因存貨價值高於企業營運的週轉金，
即表示掌握的現金或應收帳款，必然無法償付流動負債所需。

(5) 應收帳與信用政策必須適宜：經濟繁榮時，訂貨多，籌款易，

---

[22] 參閱 Robert G. Murdick and Donald D. Deming, *The Management of Corporate Expenditures* (New York: McGraw-Hill, 1968), ch. 1.; G. David Quirin, *The Capital Expenditure Decision* (Homewood, Ill.: Irwin, 1967), ch. 1.

信用不妨緊縮；反之，蕭條時，爲拓展業務，不妨放寬信用。

(6) 配合經濟情況運用資金：經濟繁榮時，多留盈餘公積，備充非常事故時肆應之用；此外，資本市場可順利籌資，應將債務償還，以免至蕭條時，籌款困難，又負擔債息的壓力；惟在蕭條時，應乘機低價購進原料、物料或增添設備，以免復甦後價格上揚，遭受損失。

二、長期資產的投資與管理

企業在經營期間，對於長期資產的投資，應從長考慮，比較選擇，以免由於投資不當或設備利用率太低，造成資本週轉的阻滯，傷害企業的經營能力。一般對於長期投資的分析，主要採行下列方法進行[23]：

1. 返本期限法(Payback period method)

2. 現金流量貼現法(Discounted cash-flow approach)
   (1) 淨現值法(Net present value method) 或 NPV$_0$ 法
   (2) 內生投資報酬率法 (Internal rate of return approach) 或 IRR 法

3. 報酬率分析法(Rate of return approach) 或 ROI 法

4. 獲利指數法 (Profitability index)或成本效益比法 (Cost-benefit ratio method)

---

[23] ①返本期限法係將期初支出與每年平均收益之商，代表返本之期限，與使用期限相較；②淨現值法，係考慮在需要投資報酬率 (K_0) 貼現各年收益，比較收益現值與期初支出間之淨額，其公式爲 $NPV_0 = \sum \frac{R_t}{(1+K_0)^t} - C_0 \gtrless 0$；③ IRR 法，則考慮何種貼現率可使未來每年收益現值和等於期初支出，該貼現率即爲內生投資報酬率，其公式爲：$C_0 = \sum \frac{R_t}{(1+r)^t}$, $r \gtrless K_0$；④ ROI 法，以營業利潤率與資本週轉次數乘積考慮投資績效；⑤本益比，採 PV_0 與 C_0 之商，爲獲利指數之基礎。

倘若繼續使用原有設備，由於並無資本支出，所以不必分析投資效益。只是維持原有設備，可能增加某一部份的成本，如改裝成本及維護支出等，然而，却減少資本支出及新設備的安裝或折舊費用等，因此，必須比較新舊設備的投資利益，以選擇其中最有利者，為固定資產獲取的決策結果。

在固定資產的管理上，必須下列要點[24]：

(1) 長期性的策劃：長期資產的取得，必須慎重考慮，因此，必須配合業務發展計劃，決定各階段所需的能量，其投資資金來源亦須分期籌募。故為配合企業財源與支出控制需要，近年來，企業對長期資產投資均採長期性預算控制，即「資本預算」(capital budgeting)。將各部門所需的各項設備，分別輕重緩急，整體安排，分年逐步實施。

(2) 成本與效益的比較：投資長期資產，必須對於資本支出的成本攤銷，與未來費用的節省或利得增加的影響，作精密的分析，以為取捨決定的基礎。特別是廠房建築、機器設備重置等問題，方案甚多，常面臨二者取一 (alternative) 的抉擇，則成本與效益分析，利害互見，較易取捨。

(3) 能量的均衡投資：企業的生產程序內，各部門設備常相互連接，因此，在長期資產取得時，應依據市場需求狀況，決定設備的數量與取得的時間，使各種設備在數量上與時間上，配合生產

---

[24] 參閱 David G. Quirin, *op. cit.*, ch. 3; William H. Newman and James P. Logan, *Business and Central Management*, 5th. ed, ch. 14; Harold Bierman, Jr., and Seymour Smidt, *The Capital Budgeting Decision* (New York: The Macmillan Co., 1960), ch. 2; J. Fred Weston, *The Scope and Methodology of Finance* (Englewood Cliffs, N. J.: Prentice-Hall, Inc., 1966 等資料。

程序的要求，相互適應，密切配合，以求充分利用產能，節省成本，增加收益，達到均衡投資的目標。

(4) 長期資產週轉率的重視：長期資產週轉率乃是衡量銷貨與長期資產使用效率的指標，週轉率愈高，即表示每單位長期資產所產生的經營價值愈大。企業在擴充能量時，應考慮擴充後，其週轉率是否維持或提高，作爲決策之依據，因爲長期資產增加，其銷貨必須相對提高，則投資方符經濟要求。

(5) 閒置資產能量的利用：企業各部門的設備，未達完全使用時，常有閒置能量 (Idle capacity) 存在，應統籌處理，作適當的運用，尤其，具有季節性生產性質的企業，更應研究閒置能量的使用。

(6) 資產重置之衡量：長期資產期滿報廢或技術革新淘汰時，必須重置，對於該資產的重置，應將新舊設備的生產能力作一比較。此外，對於汰舊後的設備，可拆散供作其他設備的零（配）件補充，或供作製造方法及改良之試驗器材。

(7) 意外損失防護的考慮：長期資產價值昂貴，遭受意外損失時，影響企業生存甚鉅，因此，一般企業均採保險或租賃等防護措施，以分散風險。

三、流動資金的管理

企業的流動資金週轉，方能擴大銷貨，產生利潤，爲企業產銷過程中的活動基礎，亦爲企業每日所面臨的管理問題。良好的流動資金管理，使資金充裕，可隨時接受訂貨或銷貨，提高經營效率，加強企業的償債能力與財務地位，且因準時支付股息紅利，有利未來資金的募集，以達到企業追求最大利潤的目標；反之，則業務不易拓展，信用難以維持，

週轉較爲困難，易遭受經濟變化打擊，發生浪費或不經濟的現象,因此,深值得企業管理者的注意！

　　流動資金的運用之道，在於開源節流，即提高流動資金的週轉率，節省不必要的開支。茲就現金、應收帳款及存貨各項目說明如下:

1. 現金: 對於現金的管理，必須考慮持有的數量，求其適當，並配合企業各時期需要，隨時調整，如創立時，收入少，現金需求多；成長時，銷貨增加，存貨、應付費用亦隨之增加，現金需求亦多；此外，流動資產變現與週轉率高低，亦能影響現金需要量。

2. 應收帳款: 對於應收帳款的管理，主要在於企業爲擴大銷貨所採行的信用政策 (credit policy)， 即付現條件、 信用期間、信用限額 (credit limit)、收帳效率等。當經營拓展初時，設備尚未能充分運用，必須放寬信用，以擴大業務；反之，市場穩定後，設備亦逐漸充分使用，必須緊縮信用。此外，爲減少呆帳損失，在國外已採行信用保險 (credit insurance)，國內可考慮仿效。

3. 存貨: 對於存貨的管理，所需考慮的因素甚多，包括採購、運輸、倉儲等成本，前置期間(lead time)、需求狀況……等，爲達到存貨管理的經濟原則，因此常以「經濟採購量」(Economic lot) 決定採購批次，以「經濟生產量」決定生產批次，及決定最高最低存量關係，避免影響生產、積壓資金或增加存貨之成本支出。

　　一般言之，流動資金管理必須考慮下列原則[25]:

---

[25] 參閱 William Beranek, *Working Capital Management* (Belmont, Calif: Wadsworth), 1968, ch. 8; Keith V. Smith, *Management of*

(1) 加強流動資金的變現：使現金以外的流動資產項目，變現為現金，以加強流動資金的週轉，發揮資金效能。

(2) 縮短產銷期間：生產期間或收帳期間的縮短，則流動資金週轉即加快，亦可減少對流動資金的需求量。

(3) 注意進貨條件：進貨若可賒帳，可增加理財的彈性，減少流動資金的需求量。

(4) 加速應收帳週轉率：應收帳週轉率的提高，不僅擴大銷售，亦增大對流動資金的運用。

(5) 加速存貨週轉率：企業流動資金中，存貨所佔比重甚大，加速存貨週轉，不僅擴大銷售，亦增大對流動資金的運用。

四、擴充投資

企業經營能夠生存後，必須繼續發展，產生擴充投資的需求，不論以擴充原有資產規模的內部成長方式，或採合併以擴充業務範圍的外部成長，皆需籌集相當財源，有關擴充投資的內容，已在「企業策略」乙章說明，不再贅述。

一般言之，企業擴充時採合併方式，在理財時有下列特性[26]：

(1) 合併或兼併皆為一種帳面的概括移轉，免辦清算程序，其財產或股權不至於產生損失，可視為一種免稅交易，亦無需準備大量資金。

(2) 企業合併係屬永久性結合，管理當局可依法有充分控制權，對

(續[25])　*Working Capital: A Reader* (New York: West, 1974)；James McN Stancill, *The Management of Working Capital* (Scranton, Pa.; Intext Educational Publishers, 1971) 等。

[26]　J. Fred Weston and Eugene F. Brigham, *op. cit.*, ch. 22.

業務拓展可直接監督。

(3) 企業合併後，當然承繼原企業的各種權利，且合併後可享有稅捐減免的優惠待遇，產生較高資本化 (capitalization) 效果。

(4) 企業合併，可促成企業經營能量或市場擴大、裁減重複設備、節約能源、共同採購、共同促銷，產生「協力作用」(synergy)。

當然，企業所合併的對象常是財務情況欠佳，設備陳舊，人員二心，合併時的協議可能歷經波折，然而，上述問題，並未阻礙企業採行合併方式擴充的決定。

第四節　盈餘分配與管理

一、盈餘的產生與處理

盈餘 (surplus) 乃是企業經營所追求的最後目標，亦是維持企業繼續經營的原動力，任何企業只要不虧絀 (Deficit) 股本，即有盈餘產生。就盈餘來源分，計有下列二類：

1. 營業盈餘 (Operational surplus)：即由企業經營淨利所保留的累積額，為股東分配盈餘的根據。

2. 資本盈餘 (Capital surplus)：即非由企業經營所獲得的利得，包括下列各項：

(1) 輸納盈餘 (Paid-in surplus)：溢價股本，出售沒收股份彌補損失後的所得，交換股份之所得。

(2) 捐贈盈餘 (Donated surplus)：股東捐贈股票或財務之所得。

(3) 重估價盈餘：長期資產依法[27]重估價後，其帳面價值增加或超

---

[27]　參閱所得稅法第五十六條規定。

過原折舊額之部份，免徵所得稅[28]，可列爲資本盈餘；流動資產溢價，非至實現不得入帳[29]。

(4) 其他來源：如企業收回股份或償付債務的支出較帳面價值爲低，處分資產的利得、合併或改組清算後所發生的盈餘等。

企業經營若產生盈餘，皆採下列方式處理：

(一)提存公積金： 企業爲擴充資金、調整盈虧或補足會計處理差額，以鞏固財務基礎，依法可提存公積，或依股東大會決定可提存特別公積[30]。

(二)提存準備金：企業爲擴大業務、平衡股息、償債及預防非常損失，可自盈餘中提存部份準備金。

(三)分派股息：有關股息分派，在次節中詳述。

一般有關公積與準備的提存，常按下列原則進行：

(1) 企業成長階段：新設企業，信譽未立，資金需求甚鉅，須多提公積準備；若成立已久，基礎穩固，則可少提存。

(2) 企業性質：企業經營競爭劇烈，產品需求彈性大，業務不穩定，須多提公積準備；反之，則可少提存。

(3) 企業理財彈性：企業資金來源充裕，可少提公積準備；倘資金拮据，融資不易，則宜多提存。

(4) 投資報酬：當資本投資報酬率遞增時，利潤增加，可少提公積準備；反之，報酬遞減，必須向外籌募財源，必須多提存公積

---

[28] 參閱營利事業重估價辦法第三〇條規定，列「資產增值準備」，依所得稅法則列「資產漲價補償準備」。

[29] 參閱公司法第二百三十六條規定。

[30] 參閱公司法第二百三十七條至二百三十九條規定，尤其第二百三十八條規定，凡因超面額股本，資產重估增值部份，處分資產溢價收入，合併之超額及受領贈所得均應累積爲資本公積。

準備。

(5) 企業未來發展: 企業前途轉好，機會增加，宜多提存公積準備，使利潤資本化(capitalization)；反之，則宜少提存。

(6) 股東投資意願: 股東投資意願常隨股份報酬率變化而有高低，若報酬率穩定，可少提公積準備；若報酬率較不穩定，必須保留盈餘，預作股息平衡之準備。

二、股息政策

企業的盈餘，除提存公積金與準備金外，卽是分派與股東、發起人、董監事及員工的股息與紅利。其中，股息爲股東投資的報償，也是股東投資的最終目的，企業的經營管理者對於股東所負的責任，卽以完善的經營技術、最佳的理財方式，使企業經營順利，產生最大利潤，給予股東的最大利得，因此，股息分配乃是企業理財中的重要課題。

一般股息的內容，不外發放現金、股票股息或公司債以抵付股息，亦有因缺乏現金，以有價證券或股利券(dividend scrip)爲標的物；而通常所採行的股息政策，則有下列方式[31]:

(一)定期定額股息政策(Regular dividend policy)

(二)定期定額股息外加紅利政策(Regular and extra dividend policy)

(三)不定期不定額股息政策(Irregular dividend policy)

(四)定額股票股息政策(Regular stock dividend policy)

此外，迅速發展中的企業，亦有爲避免向外界籌措資金，而以盈餘再投資，長期不分派股息，則採無股息政策 (No dividend policy)。

股息政策，實際上乃是企業決定分派股息宜應遵守的原則，其主要

---

[31] John A. Brittain, *Corporate Dividend Policy* (Washington, D. C.: The Brooking Institution, 1966).

如下[32]:

(1) 股息應自盈餘部份撥付：企業非經彌補虧損或依法提存公積，不得分派股息[33]，因此，企業無盈餘時，不得分派股息，而股息分派亦應由盈餘中撥付。

(2) 股息支付力求平穩：穩定股息可提高企業商譽，增加投資意願，因此，企業常提存股息平穩準備，或分發額外紅利、股票股息等方式，維持股息的平穩。

(3) 股息分派應顧及企業財務狀況：盈餘雖可分派股息，但不代表企業資金之充裕，蓋因會計制度對資本支出與收益支付的劃分，或估價方法、折舊提存標準及費用處理等方法的不同，對盈餘均造成多計或少計，倘企業資金籌措不易，資金週轉困難，或盈餘另有用途，如勉強分派股息，將影響企業經營，此時，不宜分派股息。因此，宜就企業現狀及未來需要加以考慮，決定股息分派方式。

(4) 股息分派應顧股東權益公平：企業分派盈餘，應按股份平等比例發放，且經常股息率不超過最低利潤率，方不至舉債籌資，影響股東權益。

(5) 配合現行利率水準：股息利息化，已成為近代投資市場發展之趨勢，為維持股票市價，建立商譽，俾利未來籌資，股息分派率應不低於現行利率水準，以吸引投資意願。

三、財務公開

對於盈餘的分配與管理，常引起企業利害關係人的注意與關心，為

---

[32] J. Fred Weston and Eugene F. Brigham, *op. cit.*, ch. 20.

[33] 參閱公司法第二百三十二條規定。

使社會大衆了解企業的財務狀況及經營績效，俾引導社會資金於投資途徑，或銀行據以分析企業信用地位，乃就企業之財務報表 (Financial statements)，加以充實[34]，並對報表所記載之會計事實明確化，說明其原委與內容，俾便於審查與判斷，此即所謂「財務公開」(Full disclosure)。

財務公開可提高企業信用地位，促進管理效率，對社會資本形成，證券公平交易均有助益，並可提高政府決定輔導企業財務的政策參考，在歐美行之有年，績效顯著，我國近年來，亦重視此一要求，規定資本額在一定數額以上之企業，其股票必須公開發行，而且，其財務報表於送主管機構查核前，應先經會計師簽證，以期正確，並健全企業財務處理[35]。

為達成財務公開的目標，必須具備下列先決條件：

(1) 企業管理當局對財務公開有正確的認識。

(2) 政府主管機構對財務公開嚴加規定與監督。

(3) 嚴格要求財務報表須由會計師簽證。

(4) 股東與社會大衆對財務公開的信賴。

然後，企業乃就健全會計處理制度着手，並採下列措施：

(1) 採用一般習用的會計處理原則，倘處理不同或相異者，應註明詳細情形。

(2) 會計處理因特殊原因變更，而影響前後各期的財務資料，應註明變更情形及影響之數額。

(3) 統一會計科目，充分表達科目內容[36]。

---

[34] 依公司法第二百二十八條規定，企業每年應編造營業報告書，資產負債表，財產目錄，損益表及盈餘分派表或虧損撥補表，相同規定見商業會計法第六十一條。

[35] 見民國69年5月修訂公司法第五章會計規定。

(4) 註明會計科目入帳基礎，倘由外幣折算，亦應註明折算率。

(5) 財務報表中，若有受法律、契約或其他約束限制者，應註明其有關事項及時效。

(6) 特殊事故或重要措施，足以影響財務狀況與經營績效者，應註明其事實及影響程度。

(7) 有關企業之經營政策，或有關資本增減及擴充緊縮之計劃，應說明原委，進一步提供參考。

第五節　財務整理與對策

一、財務失敗的原因

企業財務整理的原因，為財務失敗，造成企業財務失敗的原因甚多，主要有下列各項：

(一)外在原因：

1. 商業循環，經濟蕭條之影響。

2. 國家財經政策改變，限制經營發展條件。

3. 市場需求結構變化，企業無法適應。

4. 同業間惡性競爭，企業無法生存。

5. 消費者運動抵制瑕疵產品，改變企業經營環境。

6. 自然災害或意外事故發生。

7. 技術革新，企業無能力勝任，遭致淘汰。

㊱ 依商業會計法第二十三條規定，會計科目分資產類（固定資產、流動資產、長期投資、無形資產、遞延費用、其他資產），負債類（流動負債、長期負債、遞延收入、其他負債），淨值類（資本、股本、公積、盈餘），收益類（營業收入，營業外收入），費用（營業費用，營業外費用）等。

(二)內在原因：

1. 初創時即有缺點或不經濟

   (1) 創辦費用過鉅，可用資金不多。

   (2) 股款虛浮，資金不足。

   (3) 資本結構不當，負債過鉅。

   (4) 經營內容及範圍判斷錯誤。

   (5) 資產投資不當，設備陳舊，生產方法落伍。

   (6) 廠址選擇錯誤，資源調配不佳。

2. 經營發展時之失策

   (1) 盲目擴充，積壓資金，閒置能量。

   (2) 生產或銷售政策不當，致原料不足，採購成本過高，存貨
       過多，售價不宜，賒帳過多等，致經營效率不佳。

   (3) 訂價失策，獲利過低。

   (4) 產品瑕疵，遭致退貨，致浪費資源。

   (5) 管理人員能力不足、背信或不合作。

   (6) 市場情報不足，行銷乏力。

3. 財務管理不良

   (1) 財務結構不當，致長期資產投資過多，流動資金不敷週轉。

   (2) 資本結構不當，過度使用舉債營業，致公司債息或特別股
       息過重，財力不勝負擔。

   (3) 財務調度失靈，短期資金供作長期資本使用，致流動負債
       過鉅，到期無法還本。

   (4) 資產過份高估，形成股本虛浮，致股息降低，股價跌落，
       致營業日益虧損。

   (5) 股息政策不當，影響公司資金調節，動搖財務根基。

(6) 成本控制失效，成本支出增加,費用浮濫,致利潤率偏低。

(7) 預算編製錯誤,影響經營活動能力,資產維護及設備重置。

(8) 證券發行時優惠條件過厚，約束企業日後財務活動。

近年來，企業的財務環境受到下列現象的衝擊，更增加企業理財的風險與不定性[37]：

(1) 企業進行擴充合併，大規模事業單位興起，資金需求甚鉅，成本費用負擔沉重。

(2) 企業經營採多角化，雖可分散風險，但需更多人力、物力、財力的投入。

(3) 研究發展支出增加,加速經濟體系的變革,產品生命週期縮短,市場經營日感困難。

(4) 社會對公害防治、社區發展、失業改善、能源節約、勞工收入等問題的矯正壓力日益加強，企業的社會成本支出增多。

(5) 持續的經濟蕭條與通貨膨脹產生資金緊縮與高利率現象，影響企業融資。

(6) 運輸與通信的進步，多國性經營日益普遍，競爭劇烈，使利潤邊際更加縮小。

二、企業財務的整理

企業財務陷於失敗之際，若仍有繼續經營之價值，必須加以整理，除企業內部改組，建立制度，強化管理效能外，尚須實施財務整理，以求配合。通常企業所採取的財務整理，係按下列方式進行：

(一)經濟上之整理: 企業針對財務失敗的原因，與利害關係人共同

[37]　J. Fred Weston and Eugene F. Brigham, *op. cit.*, ch. 23.

協商整理辦法，並採下列措施：

1. **籌募整理資金**：企業財務失敗若爲週轉不靈或負債過多，則整理之首要，在如何籌募資金以渡難關。其方法可向股東催繳未收股本或額外股本，發行新股予原股東；將債權轉換成股權，發行新債券予原債權人；請求金融機構援助以保護債權；延長賒帳融資，緩和週轉不靈壓力；出售資產等方式，解決企業財務的困難。

2. **調整資本結構**：資本結構不當，主要爲股本虛浮(over capitalization) 的現象，導由於債息或特別股息等固定負擔過重，或通貨膨脹使資產價值高估，造成實際盈利不足，則在整理時，理論上可採削減普通股或降低股票面值，以取消「滲水股本」 (watered stock)；減少固定債務額或降低債息率，以減輕債息負擔；贖回高額股息的特別股，或轉換債權與特別股爲普通股；限制證券附帶的各項優惠條件等方式。然而，實際上解決股本虛浮甚爲困難，只有要求利害關係人讓步，方有起死回生的希望。

3. **解決卽期債務**：到期之流動負債，旣無適當之抵押物．金額又較少，惟債權人一旦發現企業週轉不靈，常催索甚急，增加處理的困擾，因此，設法處理卽期債務常列優先地位。

4. **處理積欠股息**：企業財務困難時，常積欠很多股息，急待解決，可視企業情形及清償能力，採現金發放、股票股息或取得股東同意豁免部份，以處理積欠股息。

5. **加強財務設計**：對企業的經營或融資環境，進行商情預測，估算市場機會與獲利能力，編製資本預算與產銷計劃，加強成本控制與分析，使工作計劃與預算估計，力求正確可靠。

　(三)法律上之整理：企業對於財務失敗的原因，無法採經濟上方式解決，而瀕臨破產的危機時，可依據法律基礎，如公司法中「公司整理」之規定或破產法中「和解與協調」之規定等，請求法院依法進行企業的整理，使企業在法院監督下，收取債權、償還債務、協定各項維持或重整方案，規避企業的解散或破產，而有重生的機會。

第十一章　企業的研究與發展政策

　　面臨亞洲諸開發中國家的競爭，以勞力密集及低廉勞工爲經營條件的我國企業，已遭遇到嚴重的挑戰。爲維持不斷成長的經濟發展，我國自民國六十二年起推動「第二次進口代替成長階段」，朝往技術密集與資本密集的工業結構發展，減少對外機械、資本及科技之進口依賴，以創造第二度的「經濟奇蹟」。爲求技術革新，工業結構的提高，「研究發展」(Research and Development) 乃是不可或缺的條件。

　　面對着變遷中的經濟環境，我國企業若不能不斷地創新及改良經營條件，則無生存與成長發展的可能，亦必註定其失敗的命運，因此，「研究發展」是企業經營必須正視的政策與必須發揮的機能。

第一節　企業研究發展政策的特性

一、研究發展的意義

　　所謂「研究發展」乃是爲增進知識存量 (to increase the stock of

knowledge) 所作的有系統之創造性活動❶。此等知識涵括科學、文化及社會諸方面，利用此等知識可發展出新的應用之途徑。研究發展的工作主要可區分為三部份❷。

(一)基礎研究 (Basic Research)：所謂「基礎研究」是一種理論性或實驗性的工作，用以發現新的知識或現象的眞況。通常基礎研究並不具有特定商業目的，而主要在分析事物的特質、結構或關係，以便測試或建立假說、理論或定律，它們的成果主要是學術性的。

(二)應用研究(Applied Research)：所謂「應用研究」亦是一種試圖獲取新知識的努力，一般皆是將「基礎研究」的發現作進一步實際的應用，更重要的是在「應用研究」階段中，其工作性質皆具有某一特定的實用目標，通常是對特定的產品、生產程序、生產方法或系統所作具有商業目的性質之理論性研究。

(三)發展 (Development)：所謂「發展」乃是將研究發現或旣存的科學知識應用於生產新的或重大改進的產品、生產程序、生產系統或服務水準等的一連串非例行性(non-routine)技術活動。

二、研究發展的範圍

屬於研究發展活動的項目玆列舉如下❸：

1. 內部研究發展活動項目：

---

❶ Organization for Economic Cooperation and Development, *The Measurement of Scientific and Technical Activities*: *Proposed Standard Practice for Surveys of Research and Experimental Development* (Paris: OECD, 1974), p. 15.

❷ *Ibid.*, pp. 16–25.

❸ 參閱蔡良明，民營大型企業研究發展工作之研究（臺北市：臺灣大學商學研究所碩士論文，中華民國66年 6 月），第21至22頁。

(甲)有關產品方面

  (1) 工程技術資料之蒐集及研讀。

  (2) 改善現有產品之性能與品質。

  (3) 開發現有產品之新用途。

  (4) 策劃發展「新產品」。

(乙)有關機器設備方面

  (1) 提高原有機器設備之效能。

  (2) 製造或自行設計生產機器設備。

  (3) 改善儀器之性能。

  (4) 提高能源使用效率。

(丙)有關生產程序方面

  (1) 改善現有產品的生產程序或系統。

  (2) 設計新產品的生產程序或系統。

  (3) 公害防治或處理技術之設計。

  (4) 發展新原料或組件。

  (5) 提高能源使用效率，及廢熱的再使用。

(丁)有關計算研究發展的一般會計活動或作業。

2. 外部研究發展活動項目：

(甲)與國外技術合作方面

  (1) 提供科技資訊或藍圖。

  (2) 選送人員出國訓練。

  (3) 國外技術人員駐廠指導。

  (4) 使用商標。

  (5) 使用專利權。

  (6) 提供原料、零件或組件。

(7) 交換新的科技資訊。

(乙) 委託企業外部機構研究發展者

(1) 改善生產程序或系統。

(2) 改善機器設備。

(3) 改善儀器性能。

(4) 訓練技術或管理作業人員。

(5) 設計新產品。

(6) 建立中心衛星工廠制度。

下列項目則不能屬於「研究發展」活動範圍❹：

(1) 有關科技資訊的一般性服務，如訂閱期刊雜誌，舉辦科技講習。

(2) 一般目的的資料蒐集，如市場調查。

(3) 產品或組件之品質管制及例行之檢驗分析。

(4) 標準化(standardization)之實施。

(5) 對經由「試驗工廠」(pilot plant) 研究發展成功之產品所作機器設備之設計工作。

(6) 地質及地球物理(geophysics)方面的調查，及地下資源的探測。

(7) 可行性研究(feasibility study)。

(8) 專利權或許可證(licence)之申請或登記。

(9) 員工的例行訓練活動。

(10) 機器設備的一般例行修護工作。

------

❹ OECO, *op. cit.*, pp. 15–25; National Science Foundation, *Research and Development in Industry 1960*; *Final Report on a Survey of R&D Funds and R&D Scientists and Engineers* (Washington, D. C.: NSF, 1963), pp. 109–114; 日本總理府統計局，科學技術研究調查報告 (東京：日本總理府)。

(11) 產品測試(product-testing)。

(12) 有關企業政策的研擬工作。

三、研究發展的推展

企業之研究發展活動正如經濟開發過程一樣，亦有階段分級，低度開發國家與開發中國家之企業，從事研究發展者較少，主要是在該種經濟環境下缺乏可用之資金，缺乏科技人員，也缺乏「研究發展的氣候」(the climate for R&D)，大部份的研究發展活動是由政府機構推展進行❺。

隨着經濟發展，企業逐漸從購入專利權、許可證、科技知識(Know-how)，進步到自行仿製，最後方進步到完全從事獨立性的研究發展，每個階段有每個階段活動的特質，不能一蹴可成。

對於科技發展或工業升級，開發中國家的企業切不可妄自尊大，企圖在尖端科技上與先進國家企業爭一席之地，其較適宜之方式，乃是循着先進國家已研究有成，而其技術及生產條件又爲本國環境所許可之產品加以發展，「技術合作」是目前對縮短開發中國家與先進國家在科技差距上，並減少本身從事基礎研究支出的適宜策略。

技術合作雖可縮短開發中國家與先進國家企業之技術差距，然而技術合作亦常發生技術輸出國保留最新技術，限制合作範圍，控制產品的分配通路等問題，使企業經營遭受束縛，因此，企業經營者必須深切了解，技術合作只是提高企業技術水準的過渡手段，其根本的辦法還是致力研究發展，使企業自抄襲或仿製階段昇華至發展屬於本身技術的境界，

---

❺ S. K. Subramanian, "Problems of Research in Development Countries", *Research Management* (July, 1967), Vol. X, No. 4, pp. 229–239.

故企業在與國外技術合作之際，亦應在企業內部設立研究發展部門，主動對移植來的技術加以研究，積極進取，而不能乞求技術輸出國分年傳授或假手協助，以免企業未來發展時受到限制。

「創新」活動 (innovation) 是企業經營管理的主要策略之一，也是研究發展的終極目標，乃將研究的發現或發明 (invention) 所獲得的技術轉變為商品或勞務，成功地在市場上銷售，並將該成果推廣擴散 (diffusion) 至新市場，產生「技術轉移」 (technology transfer) ❻ 的效果，進而將技術輸入轉變為技術輸出的現象，是故，創新活動除開發新產品或改良現有產品之品質、性能與生產程序外，並由於創新成果可申請專利 (patent)，獨有技術知識 (know-how) 與生產方式，可免除市場上的競爭與威脅，使企業享有「創新的利潤」 (profit of innovation)。彼得‧杜拉克 (P. F. Drucker) 教授將創新活動視為創造顧客的基本功能，並為決定企業成敗之關鍵，有其超越的眼光與深遠的見解。只是，創新活動的績效進行得很緩慢，然而為了企業的生存與成長，企業必須制定此一目標，步步紮實，不斷努力，必有可享受成果的一天。

現代工業生產的特色是專業分工，大量生產。一件產品的製成往往由許多零配件組合而成，然而企業不可能自製所有的零配件，因此要建立專業化的生產體制，必須先要建立「中心衛星工廠制度」，由中心工廠與衛星工廠分工合作，使生產合理化，成本降低，品質提高，進而促進全面工業的發展。

建立衛星工廠制度尚可發揮「委託研究發展」的功能，當一個企業

---

❻ 所謂技術轉移，含義甚廣，包括國外技術的引進，大企業對中小企業或上中游工業對下游工業的技術協助，科技知識由研究機構轉移工商企業等，參閱 Lawrence M. Lamont, *Technology Transfer, Innovation and Marketing in Science–Oriented Spin–off Firm* (The Univ. of Michigan, 1971).

要發展技術時，除本企業執行主要的研究發展計劃外，可將部份計劃委託外界的契約工廠(contractor)，此種專業化的零件工廠對於某些新零配件的發展，較企業本身有效且迅速。企業可依母子公司、簽訂長期契約或傳統性的合作關係，對衞星工廠提供財務支援，供改善機器設備及購買儀具，以製造較佳品質的零配件；或提供技術支援，以藍圖樣本、原料或製造上所需工具、派員指導製造技術、改善管理制度、建立品質管制制度及代訓技術人員等方式，以提高或加強衞星工廠在企業研究發展上的輔助成效❼。

四、研究發展的特性

綜合上述，企業的研究發展活動實具有下列特性❽：

(1) 研究發展活動是企業結構改變與進步的基礎。

(2) 企業的研究發展是非例行性技術活動。

(3) 研究發展活動具有創新的意義，與傳統的生產、行銷、財務及會計等企業活動有顯著的差別。

(4) 研究發展的過程是循序漸進，而非一蹴而成。

(5) 研究的目的並非完全具有商業目的，但發展則具有商業目的。

(6) 企業研究發展的目標必須是連續性與整體性，間斷或偶發性的活動常無法獲致預期效果。

(7) 研究發展活動必須與企業的總體目標、政策與策略一致。

(8) 研究發展的方案與預算必須因應市場機會，適宜調整。

(9) 研究發展的效果常無法立竿見影，故必須獲得企業高級主管的認識與支持。

❼ 陳定國，前揭書，第五一至五二頁。
❽ OECD, *op. cit.*, pp. 25-30.

10) 研究發展的成果不僅影響企業的生存與成長，而且激勵員工，提高士氣。

(11) 研究發展的支出具有高度風險性。

'12) 研究發展的成本與效益間存有「時間的延遲」(time lag)。

第二節　研究發展政策的策劃

一、影響研究發展的因素

　　企業的研究發展活動常為了配合市場需求，應付競爭，領導市場，特別是為了改進產品的品質或性能，以提高服務水準，而採取守勢 (defensive)、攻勢 (offensive)、長期、短期或中期的研究發展方式。然而，不論企業採取的研究發展活動的目標為何，其活動方式均必須考慮下列因素為前提：

　　1. 企業整體目標方面

　　　　(1) 產業結構與特性，及經營的彈性。

　　　　(2) 經營的經濟規模。

　　　　(3) 企業的市場地位與商譽。

　　　　(4) 經營的獲利性。

　　　　(5) 能源管理範圍與限制程度。

　　　　(6) 公共服務與社會責任。

　　2. 經營績效方面❾

　　　　甲、以銷售量或收入為着眼點：(1)增加銷售量；(2)增加市場佔

---

❾ George A. Steiner, *Top Management Planning* (Toronto: Collier-Macmillan, Canada, Ltd., 1969), pp. 676–678.

有率；(3)顧客接受程度；(4)新產品對現有產品銷售上的影響；(5)新的顧客數。

乙、以節省資源成本爲着眼點：(1)節省專利權的給付金額；(2)副產品的使用；(3)閒置設備或人力的運用；(4)品質變異程度的降低，及損壞品、瑕疵品的減少；(5)其他因生產程序或系統改善所節省的支出。

丙、以利潤爲着眼點：(1)有研究發展之產品與沒有研究發展之產品間的利潤比較；(2)對全面研究發展工作的損益分析；(3)研究發展專案的投資回償期間 (payback period)；(4)投資報酬率。

丁、以研究的投入爲着眼點：(1)專案所需的時間與成本被重估的次數；(2)專案的進度；(3)預計支出與實際支出的差距；(4)預計進度與實際進度的差距。

戊、以顧客滿意水準爲着眼點：(1)顧客抱怨次數與抱怨性質及程度；(2)產品線廣度與顧客選擇程度。

己、以「資訊產出」(information output) 量爲着眼點：(1)有價值的構想數目；(2)對新材料與新生產程序的熟習程度；(3)特殊規格 (specification) 的發展；(4)對資訊價值的評估。

庚、以技術研究的產出爲着眼點：(1)順利解決的技術問題數；(2)獲得專利權數目；(3)專案失敗數及失敗程度。

3.　生產作業方面[10]

(1)　所需的生產能量。

---

[10]　H. I. Ansoff and R. G. Brandenburg, "Research and Development Planning", *Handbook of Business Administration* edited by H. B. Maynard (New York：McGraw–Hill, 1967), Sec. 5, ch. 2, pp. 5–33.

(2) 所需的設備。

(3) 所需的原料及物料。

(4) 生產程序的設計與調整、

(5) 所需的技術與管理人力。

(6) 所需的能源與動力。

4. 行銷作業方面⑪

甲、市場需求與競爭力: (1) 產品的優劣點; (2) 產品的競爭能力; (3) 產品生命週期(product life cycle)的長短; (4) 銷售預測; (5) 銷售成長與季節變化; (6) 市場的穩定性; (7)市場趨勢與發展。

乙、行銷活動: (1) 現有產品線的熟悉程度; (2) 現有產品的成效; (3)現有顧客的促銷程度; (4)現有銷售人力的適應性; (5) 促銷活動的配合與成效; (6) 競爭者活動與強度; (7)市場發展所需的活動與搭配; (8)技術服務程度。

上述因素中，各企業所採取或考慮之強度，每每不盡相同，同時考慮全部因素自無不可，惟在實際作業上則有困難，一般企業的研究發展部門皆常強調經營績效中研究的投入（包括時間和成本）為着眼點⑫。

二、研究發展策劃過程

研究發展活動的策劃，與其他企業機能之策劃相同，亦有下列的正

⑪ *Ibid.*, pp. 5-33 to 5-34.

⑫ 參閱 George A. Steiner, *Top Management Planning* (Toronto: Collier-Macmillan, Canada, Ltd., 1969), p. 678 中引用 Albert H. Rubenstein 對 37 個實驗中心調查，發現研究發展以經營基礎為考慮重點時，其七種標準所採用之情形，分別是: 19家，17家，13家，28家，10家，17家與16家。

式過程和內容❸：

(一)作業性策劃 (operations planning)：此一策劃活動的主要內容乃在編製企業活動之方案與進度，其中尤以「研究發展專案意念的產生」(generation of ideas) 與「專案的評估與甄選」(evaluation and selection)最為重要，至於「專案的進度」與「資源投入的預算」則與其他企業機能之策劃無異。

(二)行政性策劃 (administrative planning)：此一策劃活動的主要內容在於「設計科技資訊系統」與「聘用合格的科技研究人員」最為重要，至於有關「研究發展部門之組織設計」與「工作流程」，「資源之獲取及調派」，則與其他行政作業無異。

(三)策略性策劃 (strategic planning)：此一策劃活動的主要內容乃在設定目標、策略、資源運用以及專案評估選擇的標準，由於策略性策劃常繫關企業的生存、發展與變化，因此對企業的衝擊與影響亦是最重大的。在此策劃內的研究發展活動，必須隨時將技術變化與發展的訊息轉饋企業當局，並指導所有的研究發展活動能配合企業的生存與成長。

一般而言，企業的研究發展策劃，必須考慮企業的技術條件及產品與市場的環境，倘技術能力的發展是成熟而穩定，而市場與產品的變化亦是溫和與漸進，則企業研究發展的策劃重點放在作業性與行政性策劃上；倘技術與產品市場的變遷迅速，或企業意圖改變其產品與市場地位，則企業研究發展的策劃重點在強調策略性的內容，並佐以動態與彈性的作業性與行政性的策劃內容❹。

企業的整體研究發展策劃過程仍須依循：

(1) 基礎研究階段：敍述現象特性、實驗並建立理論模式，以說明

---

❸ H. I. Ansoff and R. G. Brandenburg, *op. cit.*, pp. 5-25 to 5-26.

❹ *Ibid.*, p. 5-26.

或發現新現象，建立現象間的新關係，並預測可能行為。

(2) 應用研究階段：敍述新的設計或程序，並佐輔以數學演算、市場研究、應用研究及經濟評估等結論，以證明新的設計或程序在技術與經濟上的可行性。

(3) 工程發展：運用測試工廠、產品原模(prototype)、草圖與規格，以確認新的設計或程序的具體性。

其過程可以圖 11-1 說明之。

圖 11-1 企業整體研究發展程序圖

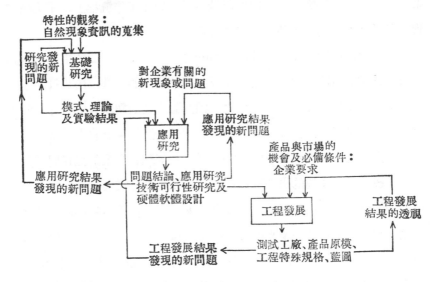

資料來源：同註**❼**，第五之二四頁。

做為一個企業整體研究發展活動的策劃者或執行者，面臨整體研究發展活動的錯綜複雜，與活動的連貫性與持續性，他必須達成下列的任務**❺**：

---

❺ G. A. Steiner, *op. cit*, p. 659.

(1) 了解研究發展的活動必須與企業的總體目標、政策與策略配合一致。

(2) 了解對企業有重大影響的技術變遷，並制定研究發展計劃，以確保企業的生存與發展。

(3) 負責將技術變化的訊息通知企業有關當局與相關部門。

(4) 引用適宜的新技術來開發新產品，或改良現有的產品，提供購買材料及機器設備的標準，並協助生產部門從事生產作業。

(5) 探知並調查競爭者及顧客所要求的技術水準。

(6) 會同其他有關部門，制定企業整體研究發展計劃。

(7) 向企業高級主管提出研究發展計劃，並對企業的政策、策略及作業程序提出建議。

(8) 甄選、聘僱及訓練研究發展作業人員，保持研究發展部門的高度創造力。

(9) 領導並激勵研究發展人員，以發揮成效。

其中，尤以科技人才的羅致、培植與領導，及如何糾合有限的人力物力財力之預算編製最為費心。

三、研究發展之人事管理

研究發展人員必須具有創造力，然而具有創造力的人在人格上常有如下的特性[16]：

(1) 有創造力的人往往累積大量似乎毫不相關的觀念，並將這些觀念作有意義的組合，提供其環境一項新的理念。

(2) 有創造力的人都能善用許多為後知後覺者棄如土芥的觀念或實物。

---

[16] 蔡良明，前揭書，第六七至六八頁。

(3) 有創造力的人似乎較衝動，好幻想，即使在本質上，他們的想法是理性或合乎邏輯地，惟仍近乎抽象或妄想。

(4) 有創造力的人較具想像力，而且以違反傳統的發散方式思考 (divergent thinking)。

(5) 有創造力的人對事物的看法是直覺的 (intuitive)， 不肯接受對事物的敍述，並傾向於對現有事實建立另一新的解釋⑰。

(6) 有創造力的人之間一致性 (consistence) 甚低⑱。

(7) 有創造力的人重視「職業體認」(occupational recognition) 的思想，而較少理會聘僱間的關係⑲。

因此，作為一個研究發展部門的管理者，必須先有上述人格特性的認識，並了解研究發展人員異於其他部門人員之處，然而才能善加指導，激發他們的潛力。依史天納(George A. Steiner) 教授認為，在基礎研究階段時，管理者應採用放任式領導 (laissez-faire leadership)，而當研究的進度到達模型試驗 (prototype testing) 與生產階段時，管制力量才須加強⑳。在研究發展部門的領導與考核上，目標管理 (Management by objective) 被證明是一種有效的方法㉑。一個研究發展的計劃必須先闡明出企業的總體目標，政策與策略內容，並且適宜與妥善地轉換成工作。

⑰ Samuel I. Doctors, *The Management of Technological Change* (N. Y.: AMA., 1970), pp. 19-22.

⑱ Keith Davis, *Human Behavior at Work: Human Relations and Organization Behavior* (New York: McGraw-Hill, 1974), 4th. ed., p. 345.

⑲ *Ibid.*, p. 346.

⑳ G. A. Steiner, *op. cit.*, p. 765.

㉑ Joseph G. Ferguson, "Applying the Key Work Objectives Approach to R&D-A Case Example", *The International Journal of Research Management* (July, 1976), Vol. XIX, No. 4, p. 33.

從事一項研究發展計劃時，其工作方針與工作進度的擬定宜由即將執行的人員參與，因為心理需求的滿足對一位從事心智活動的高級技術人員而言，可能高過生理需求的滿足；此外，讚賞、成就感、責任感、挑戰的工作性質與上進心等因素對於終年埋頭研究的人，均能出現對工作的滿意與積極的情緒。

通常最為研究發展人員所抱怨的，有如下的問題㉒：

(1) 分派的工作與其所學背景不合。

(2) 企業對其工作未給予適當的重視。

(3) 對工作環境的不滿。

(4) 企業過份重視服務年資。

(5) 薪酬水準偏低。

(6) 處理例行性行政事務浪費太多時間。

(7) 研究經費不足或過少。

(8) 企業的管理措施不當。

企業的研究發展部門主管必須防止上述事項的發生，並疏導從業人員的不滿，創造一個具有激勵與內聚 (cohesive) 的工作環境，使研究發展人員得以盡其所長。

四、研究發展的預算與考核

研究發展的支出，金額龐大，而成功機率難卜，可能耗資不貲，而一無所得；可能所費戔戔，却蒙獲巨利㉓；可能經年累月而研究有成之新產品，瞬間即為另一產品所取代，凡此皆足以說明研究發展成果的不

㉒ K. Davis, *op. cit.*, p. 349 引用 Richard A. Johnson & Walter A. Hill 之實證研究報告結論。

㉓ G. A. Steiner, *op. cit.*, p. 685.

穩定性。研究發展的支出應屬「投資」，但企業經理人每以「費用」視
之，即由於其風險性過大，然而企業却不能因此免除研究發展之支出，
「不創新，即死亡」(innovate or die)，研究發展的性質雖近似賭博，
但與其不做研究而坐以待斃，不如進行研究以力創生機，研究發展的支
出即常處於此種的決策心理狀況中。

　　由於研究發展支出鮮有立竿見影之效，乃是一種「有形成本」與
「潛在利益」間的結合，故編製研究發展預算最少需從五個尺度來考
慮[24]：

　　(1) 由技術觀點衡量所需的研究發展經費。

　　(2) 由財務觀點衡量企業可能調度之經費供研究發展使用。

　　(3) 由人事觀點衡量若干經費可維繫研究發展部門人事之安定。

　　(4) 由高階層主管觀點衡量達成企業目標所需之研究發展活動內容
　　　　及其經費。

　　(5) 由整體觀點衡量企業經營之短期與長期發展的配合，以決定其
　　　　經費。

　　圖 11-2 乃表示企業研究發展預算的五個主要層面(Five Dimensions
of R&D Budgeting)，可從研究發展活動的主題 (subject)、活動的程序
(process)、活動的期間(Time)、 活動的測度 (Measurement)，及活動的
目標(objective)等角度來建立預算架構。

　　如下數種方法是較為常見的研究發展預算基礎[25]：

　　(1) 從總營業額中提出定額百分比。

　　(2) 從淨利中提出定額百分比。

　　(3) 與競爭者亦步亦趨。

---

[24] 蔡良明，前揭書，第七八頁。

[25] 蔡良明，前揭書，第七九頁。

圖 **11-2**　企業研究發展預算結構之五層面

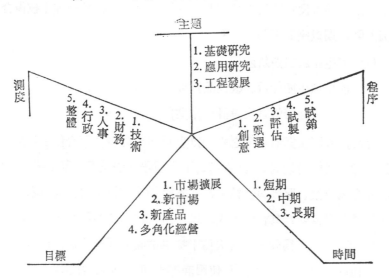

(4) 依同行業各廠家之一般平均金額爲之。

(5) 依企業以往每年之研究發展平均支出金額，並配合企業的成長率作爲本年度之研究發展經費。

(6) 算出必需完成之特定專案的年度預算後，再以某一比率以爲其他「非規劃性」(nonprogram)研究工作之經費。

(7) 在企業財力可以負擔之情況下，由研究發展部門人員據實報銷。

第三節　我國企業研究發展政策的探討

一、我國研究發展之演進

政府遷臺後，我國有系統的研究發展活動始於民國四十一年，政府爲求工業發展所需資金與技術，乃鼓勵華僑及外人來臺投資，同時並鼓

勵本國廠商與國外技術合作、輸入專利權與專門技術等，除在經濟部設立「華僑及外人投資審議委員會」主管技術合作外，並頒佈「技術合作條例」❷，期以達成下列目標❷：

(1) 能生產或製造新產品。

(2) 能增加生產能量、改良品質或減低生產成本。

(3) 能改進經營管理之設計或作業的技術及其有利改進之方法。

此後，我國企業有百分之六十以上曾與海外有技術合作之現象，其中以運輸工具業為最高，其次為電子及電器製造業與化學工業、食飼業、非金屬礦業、服飾與紡織業，基本金屬業等再次之，而以木材合板及造紙業為最低❷；其合作方式，以「國外技術人員駐廠指導」與「選派人員出國訓練」為最多，其次為「提供藍圖」、「交換最新技術資料」，而以「提供原料或零件」、「使用商標」與「專利權授與」之頻次較低❷。然而，對我國經濟發展確實具有貢獻。

除「華僑回國投資條例」及「外人投資條例」內，允許以專門技術或專利權為投資之出資方式外❸，為鼓勵本國企業從事研究發展活動，又頒佈「獎勵投資條例」❸，對提供專門技術或專利權之事業、或輸入改進品質、節約能源、防治公害污染、促進廢物利用、改進製造方法或

---

❷ 技術合作條例於民國51年8月8日由總統令公佈施行，民國53年5月29日修正，先後有一千三百餘件。

❷ 參閱技術合作條例第四條。

❷ 蔡良明，前揭書，第一二七頁。

❷ 前揭書，第一二五頁；陳定國，前揭書，第四一至四二頁。

❸ 參閱「華僑回國投資條例」第三條及「外國人投資條例」第四條。

❸ 獎勵投資條例，於民國49年9月10日公佈，其後於54年1月及6月，56年3月，59年12月，62年3月及12月，63年12月，66年6月均修正，民國69年5月宣佈延長十年。

開發新產品而進口之研究發展的實驗儀器或機器設備，可享有減免進口稅捐及其他獎勵之措施，並規定受獎勵事業編列研究發展的經費[32]。

　　民國四十四年初，政府研究工業發展和經濟建設之密切關係後，深感有仿效歐洲推動「生產力運動」之必要，乃會同當時的美援公署及工商企業界於該年成立「中國生產力中心」，以全面協助企業從事研究發展活動。近年來，由於管理顧問及工程技術公司如雨後春筍，紛紛成立，加上聯合工業研究所等機構的設立，及大學建教合作的推展，使我國企業得在本國亦進行外部的研究發展活動，其中以「訓練技術人員」、「設計產品」、「改善製造程序」、「改善機器設備」居多，此外亦進行「改善儀器」、「水污染處理」、「空氣污染改善」及「檢驗產品」等活動。企業亦為了配合本身需要，有百分之四十以上成立研究發展部門進行內部活動，其中以「改善現有產品之性能與品質」、「改善製造技術與程序」、「提高原有機器設備之效能」、「開發新產品」及「蒐集工程技術資料」等項目居多，有關「公害防治及處理」、「改善儀具」及「發展新原料」等活動較少[33]。

　　我國政府的研究發展活動，係由「國家安全會議」之「科學發展指導委員會」彙合各部門之長期科技發展項目而加以檢討整理，編成整個「科學發展計劃」，並經國家安全會議核定後，各部門乃依據核定之長期發展計劃適時擬訂年度研究發展項目及其預算，惟政府所從事之活動泰半着重於基礎研究，不以追求利潤為目的，與實用價值或經濟發展之結合仍有一段時間差距。民國六十二年，行政院國家科學委員會因應需要，成立「科技資料中心」，歷年來在科技新知之引進與傳播方面表現優異。民國六十七年元月，時任行政院院長蔣經國先生鑒於科技研究發

---

[32]　蔡良明，前揭書，第一三一頁。

[33]　蔡良明，前揭書，第二三頁；陳定國，前揭書，第三七頁。

展活動深切地影響到未來國家經濟建設之整體發展，乃決定召開我國劃時代性的第一屆全國科學技術會議，其會議內容詳見本章附錄，同年十二月，國家科學委員會公佈「新竹科學工業實驗園區」之發展計劃按三期推進，其內容為：

(1) 第一期：引進、仿製。

(2) 第二期：設計、創新。

(3) 第三期：開發、發展。

民國六十八年五月十七日，行政院正式核定「具體科學技術發展方案」，責成各部會分工合作，使基礎研究及產品設備之研究發展、與技術資訊系統之建立，均有明確的方向及相對策略之推進，並依我國未來經建需要，將資訊及計算機工業、能源工業、精密儀器及鋼鐵機械工業等列為八十年代之策略性工業。此後，我國之科技研究發展活動，將因政策及策略之明確，而呈現蓬勃之氣象，並為八十年代之國家建設揭開新的序幕。

只是，以政府為研究發展活動之主體，常偏重於基礎研究，或由政府來代為從事應用研究及發展工作，對經濟發展而言，在效益上往往偏低，只有由企業來從事研究發展才是國家科技發展的正途，故如何輔導企業重視研究發展，編列預算，並從事研究發展活動乃為當務之急的施政要點。

二、當前研究發展之障碍

當前，我國企業仍有多數未從事研究發展活動，咎其原因並不一致，主要可歸納如下：

(1) 企業經營環境之允許：由於廉價勞力，有利的滙率政策及出口退稅等稅捐優待，造成廠商不重視研究發展活動❹：

(2) 企業經營性質並不需要: 主要為紡織、服飾、食品、飲料、飼料等產業。

(3) 由其他作業部門兼作，而效果良好: 主要為木材、合板造紙業及基本金屬業。

(4) 由國外購入藍圖或生產技術加以仿造，較本身研究發展為便利: 主要為電子電器業、化工業及運輸工具業最為普遍。

(5) 企業規模較小，無力負擔研究發展之支出: 主要為基本金屬業及非金屬礦業居多。

(6) 研究發展人才難找: 主要為電子電器業、化工業及運輸工具業之情形較嚴重。

(7) 自行從事研究發展風險較大，且績效不彰: 主要為化工業及基本金屬業較普遍㉟。

一般而言，我國企業的經營者多數係來自子承父業，觀念保守，安於現狀或由於經驗所致，而缺乏長遠的眼光，疏忽對市場特性的改變趨勢或消費者偏好改變之注意，產生了「行銷短視」(marketing myopia)㊱，以致無法拓展或發展。企業的經營者必須體認，沒有一種行業可永續地成長，面對市場變化、顧客需求改變及競爭的壓力，唯有不斷地創新與研究發展，建立完整的產品與經營發展過程，才是固本之道，特別一提的是產品、生產程序或經營管理方式愈趨向穩定時，則產品或市場的生命週期愈是接近尾聲，而研究發展愈有從事之價值，其經營管理方

㉞　李國鼎先生於民國66年5月6日在國立臺灣大學商學研究所演講文。

㉟　蔡良明，前揭書，第一三四至一三九頁。

㊱　參閱 Theodore Leavitt, "Marketing Myopia", *Harvard Business Review* (July–Aug., 1960), pp. 45–56, 乙文中，對行銷短視之說明，與我國企業經營者之缺點，不謀而合。

式也愈需要改弦易轍，以應付環境的挑戰了！

此外，進入八十年代後，我國的經濟環境已較以往大不相同，加上外交拂逆，美國給予中共最惠國待遇，各國保護主義盛行，能源問題嚴重，使我國已進入必須改善工業結構，提高生產力、擴大企業規模、提高科技水準、走向技術、資本與知識密集工業及提高能源使用效率的經濟建設之關鍵階段❸，初級的經濟活動或勞力密集的產品，不再是今後我國的重要產出；在國外的環境，電子工業的突飛猛進，尤其是電子計算機的廣泛應用於資料處理 (data processing)、生產自動化(Automation) 及資訊系統的建立，均使企業經營或管理面臨重大挑戰。企業處於此轉捩點上，為應付競爭並維持成長，其基本因應之道即以開發新產品、導入新的生產程序或輸送方法、開拓新市場、使用能源效率較高的機器設備、增加國產原料及零配件使用、發展高品質及高附加價值之產品、研究發展新原料、蒐集較新的科技資訊、規劃新的企業組織及實施新的管理等創新結合(Innovation combination)，從資金、能源、技術、材料及知識方面，去提高生產力，加強國際競爭能力，維持繼續的成長和進步，以促進我國經濟發展❸。

三、今後研究發展之方向

---

❸ 李國鼎先生於民國68年12月11日在中國工程師學會第四十四屆年會，演講「資訊工業發展對國家建設之重要性」乙文中。

❸ 郭婉容先生於民國67年12月24日在光復大陸設計委員會全體委員第二十五次會議，演講「臺灣經濟發展的成就與前瞻」中指出經濟建設與企業經營轉變結構，可達成多目標化：①可奠定並加強國防工業的基礎，②可增加國產原料品的利用，③技術密集度高，可利用我國的中級勞力，④附加價值高，可促進快速成長，⑤能源係數低，可節省能源，⑥產品品質高，有廣大市場可避免保護主義之害。

中國生產力中心為配合當前環境需要，於民國六十七年八月發起全面推動「第二次生產力運動」，並提出「技術升級」與「管理紮根」的號召，以重視生產自動化、品質改進、生產程序改進、中層管理之發展及第二代經理人的培養等問題，作為我國企業對外技術創新，對內管理創新，以提高生產力之研究課題，其要點如下[39]：

(1) 在生產自動化方面：歐美和日本等國自動化均沿機械化、半自動化到完全自動化的發展過程，我國企業可配合情勢，選擇機械化或在生產機器上加裝特殊電子、油壓或汽壓設備的半自動化，以提高生產力。

(2) 在品質改進方面：其意義可從「質」與「量」兩方面來說明，為求「質」的改進，須從產品研究設計、生產方法及設備着手，不能再僅憑抄襲或購買零件從事裝配為滿足；為求「量」的改進，須運用統計分析方法，力求自動發掘問題，防止品質變化，而能向顧客提供品質保證，進而減少浪費，降低成本，提高競爭能力。

(3) 在生產程序改進方面：逐步汰舊換新生產設備，加強人員訓練等，為生產程序的突破性改變舖路，並以通訊和控制為基礎，發展整合的生產系統，並朝向生產程序的研究設計以改進之。

(4) 在中層管理的發展方面：重視企業的中層管理幹部之人力發展，加強管理教育與訓練，以縮短企業實際需求與教育間的差距，發展管理科學，以充實中層管理幹部的策劃、決策、執行與考核能力。

(5) 在第二代經理人培養方面：訓練第二代經理人承接企業經營管

---

[39] 李國鼎先生於民國67年8月14日於臺北市亞洲生產力組織榮譽會士授獎茶會，演講「全面推動第二次生產力運動」乙文。

理的能力，並繼續成長與擴充。

企業必須體認上述要點後，確實糾正以往認為規模過小，無力從事研究發展❹；或技術差距過大，無法從事研究發展；或認為需求過小與營業性質不需從事研究發展；或認為研究發展風險太大，績效不彰而不值得從事的錯誤觀念，並朝往下列方向或指導方針努力以赴：

(1) 訂立企業長期科技研究發展計劃：依照企業經營目標，於國家擬訂長期科技研究發展計劃時，彙合建議政府推動相關基礎研究；企業本身亦應訂定長期研究發展計劃，確立研究重點與具體內容，以達成結合經濟發展及企業需求的雙重目標。

(2) 有效引進科技知識：配合當前環境情勢，加強技術合作，購買較新技術，提高技術水準，以增加新產品之開發，改善現有產品品質及提高能源效率；尋覓優良的合作對象，基於平等地位的合作計劃，以吸收外人長處，刺激本身之進步，縮短發展的時間，並提高生產能力，增強技術能力。

(3) 建立科技資訊系統：企業在可能範圍，與政府機構合作或配合，對外負責蒐集各國科技研究發展資料及專利公報，俾了解與吸收各國最新科技知識，對內建立統計制度或作業，積極發掘問題並研究改進辦法。

(4) 改變生產結構與經營方式：轉向技術密集、知識密集與資本密集的生產方式，重視「規模經濟」的意義，打破小型企業與家族經營型態，較以往更有計劃發展企業，使企業經營專業化、管

---

❹ 依 S. Myers, *Successful Industrial Innovation* (Washington D. C.: National Science Foundation, 1969), ch. 4 中對美國五種工業 567 件成功發明所作調查，發現73%的 R&D 計劃及65%創新產品，其花費均在美金十二萬元以下。

理現代化、資本大衆化、技術密集化，並提高能源使用效率。

(5) 加強能源使用與管理：因應國際能源問題，減少油電價格影響，企業應就節約能源，提高能源使用效率進行研究發展，並積極建立「能源審核制度」，訂定節約能源目標與計劃，設置能源管理人員，經常檢查及分析可能浪費能源之處，定期督導考核績效❹，凡屬能源使用效率較低或未符能源效率比值（Energy Efficiency Rate）標準之機器設備，均應汰舊換新，而在規劃新的生產設備或生產程序時，更應注意如何有效使用能源及廢熱再使用。

(6) 促使工業技術生根升級：選擇工業技術研究項目，謀求在國際市場上提高技術競爭能力，以拓展外銷；重視對於礦產、能源、森林農產及海洋等本國資源的開發，使國家有限資源能最有效的利用；配合當前國家處境，除由政府研究發展國防技術外，企業的技術與生產型態亦應朝往高度彈性的方向，以增進設計能力，帶動基本技術，使技術生根並升級。

(7) 加強科技研究人才之培植與羅致：企業須以新穎設備，合理待遇與公平人事等措施吸收國內外科技研究人才，建立研究發展部門；對大學研究生從事研究發展，加以鼓勵與輔導，畢業後予以延攬及訓練，以導入正常的人力發展；加強工商業與學術研究機構的建教合作，以解決工業技術發展的問題。

(8) 注重工業安全措施：企業應建立並強化工業安全措施，對事前防範、作業防火防災及衞生教育，應有詳細的計劃及優良的防護設備，並訂頒各種作業安全守則,使工業安全由消極的防護,

---

❹　參閱民國69年 7 月22日頒佈，「能源管理法」。

進而爲積極的消滅危險情況，提高工作環境良好與健康。

(9) 改進並提高工人生產力：訂定合理的工資與獎工制度，加強勞工福利措施，重視職業敎育與專業訓練，使工人能謀求較佳的生活水準與能力的成長，並提高其勞動生產力。

(10) 注意並防治公害污染：環境公害污染問題日益嚴重，在技術合作或工業技術研究之際，應將防止環境污染及研究解決污染之問題，列爲當前重要課題。

(11) 有效管理研究發展：成立專設部門，提高行政人員素質，合理編訂研究發展活動預算，嚴格考核研究成果及工作績效，訂定適宜的獎金制度以資鼓勵；組織採專案式設計 (project organization)， 提供良好研究發展氣候， 以研究發展人才爲先，成果至上，配合外部諮詢作業，使科技研究人才能不斷充實，達成企業自立發展新技術的終極目標。

研究發展活動對企業之生存與成長極爲重要，以往我國企業對此機能並未切實重視。因應我國當前經濟發展及企業實際需求，如何集中有限人力、財力與物力，把握重點，從事於切實而需要的研究發展工作，上述十一項措施乃是企業政策的重要內容，亦是企業當務之急的作爲。

附　　　錄

民國六十七年元月三十日全國科技會議有關內容：
一、中心議題
　1. 科技人才之培育羅致利用與科技組織管理。
　2. 科技發展與工業。
　3. 科技發展與農業。
　4. 能源、天然資源、環境、醫藥、衛生與科技。

二、決議事項

(一)政府與民間企業致力從事科技研究，今後五年內，全國科技發展經費每年不少於 GNP 之 1.2%，政府經費每年不低於總預算之 3%。

(二)加強行政院國家科學委員會功能，確實聯繫全國科技發展工作，並作各項計劃之評量與考核。

(三)工業方面

  1. 鼓勵創新，保障專利。

  2. 引進國外技術，促使國內生根。

  3. 蒐集市場有關情報資料。

  4. 促進工業推廣。

  5. 提高工程設計與施工能力。

  6. 推動整廠外銷。

  7. 自製小型電腦並推廣應用。

  8. 自製各項工業所需機械。

  9. 加強紡織與食品工業之研究發展。

(四)農業方面

  1. 推動二期稻作與雜糧之增產。

  2. 加速農業機械化之推行。

  3. 促進河川地、海埔地及山坡地之合理開發與利用。

  4. 加強海洋與養殖漁業之研究發展。

  5. 加強養豬業之研究發展。

  6. 調整並加強農業研究機構之功能。

(五)資源方面

  1. 加強地質之調查與研究。

  2. 開發新能源，並提高能源之使用效率。

  3. 加強水資源研究，提高用水效率。

(六)衛生與環境方面

  1. 提高醫療水準，並改善服務。

  2. 發展醫療器材及原料藥品之自製。

  3. 有效預防環境污染。

三、未來策略

  1. 加強科技教育及培育人才。

  2. 積極推行建教合作。

3. 加強應用技術之研究發展。

4. 關鍵性新技術之引進及推廣。

5. 科技研究與精密工業之結合。

6. 科技研究與區域農業研究機構之結合。

第十二章　企業的社會責任政策

在企業政策中，「社會責任」(Social Responsibility) 乃是一涉及整體利益，並且需具有遠見性的企業的最終目標。如同社會倫理一般，企業社會責任乃是企業或企業家個人從道德觀點上，去選擇企業的經營目標 (Moral aspect of strategic choice) 的行爲規範與決策方式❶，它代表着一種影響企業決策的道德勇氣與價值標準，即所謂「企業倫理」(Business Ethics)。這種觀念之所以形成，主要是由於企業界能充份體認到企業與社會間的密切關係，一方面，企業需要一個政治穩定與經濟繁榮的社會，俾有助其本身的發展；另方面，作爲社會的主要成員，這種責任亦是無可旁貸的。現代的企業家都曉得此一「取之於社會，用之於社會」的道理，這也是現代化企業與舊式企業在經營理念上最大的不同。

---

❶ 據 E. P. Learned, C. R. Christensen, K. P. Andrews and W. P. Guth, *Business Policy: Text and Cases* (Illinois: Richard D. Irwin, Inc.,) Revised ed, 1969, pp. 485-486. 一書中綜合各家共同看法，所做結論性的敍述。

第一節 企業倫理的特性

一、企業倫理的緣起

中國人的傳統觀念是「民胞物與」、「親親而仁民，仁民而愛物」，是「天地與我並生，萬物與我齊一」的仁愛思想，此思想所代表的道德勇氣與價值標準，常表現於許多人對社會的行為上；因此，自古迄今，多少人集資創立學校，開闢義田，建立醫院，辦理社會救濟……等社會工作，而多半不為沽名釣譽，默默地為建設地方而輸財出力，以我國人本主義中「泛仁衆」的精神，去彌補物質社會的許多缺失，並協助公共設施的不足，這是我國社會將倫理思想所表現於公共事務或公共道德意識的美德，只是上述義舉，多半均由慈善機構、宗教團體或一般仁人善士所為，規模小且零散分佈，因此，無法發生整體性的效果。

以今日社會建設的多元性與整體性而言，它不僅需要各方面更多義舉的配合，亦需借重企業雄厚財力的支持，集腋成裘地達成社會各項建設的全面發展。因此，企業在「公共」的前提下，其一切經營行為、準則、習慣、態度及決策，均需考慮到社會道德及企業對環境所可能產生的影響，以減少實際經營行為對社會道德標準間造成了偏差。換言之，在企業倫理的基礎上，社會責任已成為評價企業經營行為的道德規範❷，其積極意義，乃要求企業具有與社會「同舟共濟，禍福與共」的作為，

---

❷ 散見於 Thomas M. Garrett 的 *Ethics in Business* (London: Sheed and Ward Ltd.,) 1963., Howard Bowen, *Social Responsibility of the Businessman* (New York: Harper & Row, Publishers Inc.), 1953 及 Philip Van Vlack 的 *Management Ethics Guide* (South Dakota State Univ., Brookings), 1965 諸書中企業道德標準諸節中。

消極而言，乃要求企業家了解「皮之不存，毛焉安附」的道理，將企業經營的眼光，着眼在社會整體利益上。

　　企業出資從事社會事業，在歐美先進國家已屢見不鮮，他們有計劃、有系統的支持科學研究、教育、社會福利、醫學研究及社區發展等基金會，積極主動的尋求解決社會問題，值得國人效法。事實上，這種轉變，一方面固然是企業家的社會責任意識，另方面也是羣衆、輿論與消費者運動等影響促成的。

二、企業與社會責任問題

　　今日，企業社會責任所以會引起大衆的重視，主要有下列理由：

(1) 國民生活的目標，在現代法律與政治思想的推動下，已從追求個人物質生活富裕之觀點，轉向追求羣體文化生活的繁榮，因此，多數國家在推行現代化之際，均以平衡物質建設及社會文化建設爲其圭臬。

(2) 企業的經濟活動，均有破壞社會環境及生態平衡的現象，尤其一九六〇年代末期，企業對環境污染問題成爲衆矢之的，輿論莫不口誅筆伐，造成任何工業化國家均受此困擾；然而，多數政府均有決心，廠商亦努力配合，投資改善污染設備，負擔應負的社會成本，使公害防治成爲企業應面對解決的問題。

(3) 企業規模擴大的結果，勞工的人性尊嚴與社會地位未受到重視，待遇及福利亦未改進，惟工會組織日漸強化，與企業形成「相關團體」(interested parties)，有賴社會監督、法律規整及勞資雙方合作，方能避免衝突對立。

(4) 歐美先進國家旣存的政治社會體制，不足適應全體國民福利與社會公義的要求，資源未獲最佳調配，資本家壟斷市場且操縱

物價, 社會貧富差距懸殊, 經濟波動週而復始, 通貨膨脹嚴重, 失業率升高, 使社會大衆對大企業體制產生「反產業主義」的強烈反應。

(5) 科學化管理與技術發展日新月異的結果, 企業所有權與管理權分離, 企業經營管理者需對股東表現其忠誠與負責的態度, 形成企業經營的社會羣體福利的意識。

綜合上述言之, 企業社會責任所以引起社會重視, 在於企業經營時, 其「個體利益」——追求利潤的目標是否應「正式且明確地」 (formal and/or clear) 與社會的「公共利益」(public interest) 公開配合的問題。若依古典學派經濟理論的闡述, 在自由經濟制度下, 個人基於追求「最大利益」(most advantage) 的動機, 經由「一隻看不見的手」(an invisible hand)—— 完全競爭市場中價格機能的引導, 會使各種生產因素獲得充分和適當的調配, 任何外在因素所引起的經濟波動, 透過該價格機能的調整會很快的消失, 使生產與消費間的權利義務平衡, 而社會亦在上述情況下, 享受全面的最大利益; 在此基礎下, 企業只要達成追求個體利益的現象, 亦可間接地達成公共利益的目標, 因此, 「經濟績效」(Economic performance) 或利潤乃成爲企業經營活動的精華, 亦是決定其存在的本質❸ 。

然而, 一國的經濟活動或社會生產力每每遭遇許多不可控制因素的影響而挫折, 使得社會經濟體制的每個目標間, 常相互發生衝突, 最明顯的實例是, 「穩定物價水準」與「加速經濟成長」在理論上常形成交易的現象❹, 因此, 爲兼顧成長、穩定與平衡發展, 採取「計劃性」

---

❸ Peter F. Drucker, *The Practice of Management* (New York: Harper & Row, Publishers, Inc., 1954), ch. 2.

❹ 依前倫敦經濟學院及澳洲國家大學教授菲立浦 (A. W. Phillips) 倡言,

或「混合性」經濟制度(planned or mixed economic system) 較能符合社會的多數利益，已是不爭的事實，許多「看得見的手」(visible hands)，如制定公平交易或反壟斷法以防止惡性競爭或壟斷，公害防治法以解決環境污染，合理的財稅制度以縮短貧富差距，經營國營事業以穩定物價等措施，均使企業所能發揮的經濟機能，受到相當的約束，惟上述措施不僅用以限制或修改不合理的經營活動，亦用來鼓勵或支持合理的經營活動，使以營利為目的的企業了解，需克盡經濟責任以鞏固社會外，尚需考慮配合社會一般公共利益、政治理想或社會倫理的信念！

此外，近年來另有一股經營管理朝向「人性化」的思想潮流，亦促使企業家接受更多社會責任的意識，依據行為科學原則或社會學說的觀念說明，企業所創造的利潤，乃是社會公眾配合與支持下所產生的「衍生價值」(derived value) ❺，是企業在社會進步與發展下，利用公共設施，僱傭較高素質的員工，使用創新的技術發明，在良好的公共環境的配合下，所形成的果實，因此，企業在追求「利潤」或「經濟績效」的同時，需考慮到它對社會公眾尚須回償一些心理價值、精神價值與人性尊嚴等「非經濟價值」❻；因此，將「經濟性」與「非經濟性」目標並列為企業經營目標的事實，提醒了企業不可「白吃午餐」❼，前章所述

(續❹) 一國在追求經濟成長過程中，必影響其物價之穩定性，尤其通貨膨脹和失業間，彼此形成交易現象，其關係可以「菲立浦曲線」(Phillips Curve) 表示。

❺ 此說法見 國父孫中山先生在民生主義第一講中所揭示社會價值說：西方說法，舉例見 Douglas McGregor, *The Human Sides of Enterprise* (New York: McGraw-Hill Book Co., 1960), ch. 8.

❻ 關於此說法，舉例見 Chris Argyris, *Personality and Organization* (New York: Harper & Bros., 1957) 及 O. A. Ohmann, "Skyhooks With Special Implications for Monday Through Friday", *Harvard Business Review* (May –June, 1955) 等文中。

「經營多目標化」即是表現企業對社會責任的認識與重視！

三、企業倫理的確認

企業社會責任乃是企業的道德勇氣與價值標準的表現，因此，對此崇高目標的確認，常按下列程序進行：

(一)確認企業道德的意義：企業必須了解追求營利目標外，尚須考慮非經濟績效的目標，以維持社會環境與生態的平衡，重視人性的尊嚴，並提高社會大衆的生活品質，企業唯有在社會進步下，方能生存與發展。

(二)了解道德標準：道德標準主要來自下列三方面：

1. 一般道德原則：包括個人良知與價值、社會習慣、文化傳統、倫理準則、宗教教義、職業道德等。

2. 社會道德政策：包括合理競爭、和平相處、相互尊重、主從關係的融　、企業與股東關係的配合、職業間關係的協調等。

3. 法制規整：包括政府與民衆間的公法關係，及民衆相互間私法關係所依據的法理、習慣或前例等。

(三)選擇正當的倫理觀點：企業主管必須就其經營行為與道德標準間，選擇正當與適宜的企業倫理策略，包括道德的拘束力或倫理準則以規範企業行為，或法制以規整企業行為，或道德教育以建立正確的企業

---

❼　語出諾貝爾經濟獎得主費立門 (Milton Friedman) 教授在1977年夏接受希伯萊大學名譽博士時，總結經濟理論，其觀念即表示：①一般人多追求高利益，但不願多付「成本」；②經濟決策在多數情況下，牽涉「二者取捨」(Trade-Off) 與優先次序，不可能二者兼得；③多數經濟決策均有「機會成本」，因此不可草率，宜考慮各種經濟性與非經濟性後果。後者解釋見高希均教授 1978 年 7 月 15 日演說「袪除白吃午餐觀念，才能在穩定中求發展」一詞中。

行爲。

(四)堅守道德標準: 企業社會責任是企業道德的標準, 必須堅守此一標準, 因此, 對內而言, 企業必須提高產品品質, 合理的投資報酬, 對員工一視同仁, 督導合理, 穩定給付, 照顧員工的身心健康, 並提供合理的發展機會等; 對外而言, 企業必須奉公守法、公平交易、合理競爭、防治公害、及協助社會公益建設等。

(五)重視企業道德對國家社會的影響: 本着「我爲人人, 人人爲我」的「泛仁衆」信念, 社會方得在道德規範, 法制規整與教育正當行爲下, 不斷地進步, 而企業亦在上述社會環境中, 方能不斷生存與發展。

上述的關係與過程, 可以圖 12-1 表示之。

圖 12-1　企業倫理系統圖

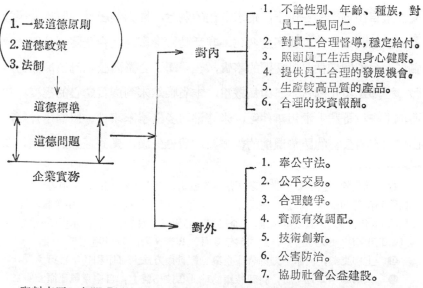

資料來源: 參閱 Philip W. Van Vlack ed., *Management Ethics Guide* (South Dakota State University Agr. Exp. Sta., Brooking), 2nd. ed., 1965彙編而成。

　　就社會經濟演變過程觀察，可發現企業早先發端於私人追求營利動機的經濟活動，逐漸制度化與社會化，而形成與國計民生休戚與共的民生福利經濟活動，具有與社會相互信賴的必要性，與置於公共監督或輔導的必然性，亦即從個人自治的領域伸展到社會規範的課題❽，前述企業倫理基礎與確認的勇氣，已成爲今日企業承擔社會責任的主要依據與企業法制指導的原理❾！

第二節　企業社會責任的法制化

一、社會責任的法制意義

　　依據前節敍述，企業乃在社會公衆容許下，私法自治；並基於政府對企業自由經營的原則下，追求最佳的利益，惟因其組織、資本及經營發展狀態，逐漸制度化與社會化，其活動常影響到社會全體利益與社會制度，公害問題便是最明顯的事實，也暴露了企業對公私利害磨擦的考驗。近鄰工業化的日本已頗爲嚴重，本省雖然未到觸目驚心的程度，然而，「布拉哥號」油汚事件❿，米糠油與多氯聯苯事件、假酒事件等，已使大家對公害的防治環境的維護及消費者保護，受到極大的挑戰。在

---

　　❽　參見施啓揚、蘇俊雄編著「法律與經濟發展」（臺北市：正中書局），民國63年第 96–98 頁。蘇俊雄著「契約原理及其實用」（臺北市：中華書局），民國 58 年，第 17 頁及蘇俊雄，"企業的社會責任與法律意識"，「市場研究」（臺北市市場研究學會），民國64年8月，2 卷 9 期，39–40頁。

　　❾　上柳克郎，河本一郎編著「企業、經營與方法」（昭和48年）第 4 頁。

　　❿　民國66年2月7日，科威特籍油輪「布拉格號」，自中東載運原油前來我國，不幸在基隆外海新瀨礁擱淺，原油外洩汚染，影響至爲深鉅，臺灣北部海岸，包括野柳、金山、萬里一帶，受損最大，據政府估計，漁業損失約新臺幣九億元，至於間接影響及後遺症尙無法估計。

此情況下，社會本身爲了維護其組織功能之健全，對企業的活動需設定規範基準，以企業團體公約、企業道德、社會習慣、社會輿論，乃至於法律，對企業經營活動產生拘束力作用的規範或規整力量，形成企業社會責任法律化的傾向。因此，企業本身在今日的發展狀態，亦涵有一種範疇性的法律概念，其經營活動亦具「法律形式」(Rechts form) ⓫。這種法律意義的形成，乃將企業社會責任自企業倫理觀念，延伸爲具體化，類型化與法制化。

　　在企業自由的原則下，企業的經營是否健全，原本就受其經營的「經濟績效」的制裁，亦即收益是否足夠抵補成本及費用支出，與投資報酬是否超過需要報酬可決定企業的興衰存亡。然而，由於企業公共性目標的擴展，其經營活動尚須考慮到非經濟活動的另一層面，面對這種活動的結果，施以公力監督的評價方式，固然不限於法律一種，但是，法律是其中最主要而且是最具決定性的一種。

　　下列法制是在經濟發展過程中，維持經濟功能與社會功能平衡所不可或缺的：

　　(一)公害防治之法規，及公害民刑事責任之規定：所謂公害(Public Nuisance) ⓬，係指企業經營活動，所生相當範圍之空氣污染、水質污染、土壤污染、噪音、震動、地盤下陷、惡臭及其他致人健康或生活環境遭受損害之事實 ⓭。公害是工業化過程中，所不可避免，我們不能因公害而反對工業化或經濟發展，但亦不可任其惡化，因此政府與企業在

⓫　蘇俊雄，"論企業概念在法律學上之基本問題"，「政大法學評論」，第二期，65頁。

⓬　聯合國經濟社會理事會稱公害爲環境污染 (Environmental Pollution)；社會學者稱公害爲環境破裂 (Environmental Disruption)，經濟學者則稱爲外部不經濟(External Diseconomy)。

⓭　參閱日本公害對策基本法第二條第一項規定。

從事工業化之際，應負起抑減公害的責任，事前從事預防，事後必須對於損害加以補償 ⑭，對於公害無過失賠償責任之原則亦應加以規定 ⑮。

(二)公平交易之法規：確保公正自由的市場秩序，方能發揮公正與合理的價格功能，因此，對於破壞市場秩序的壟斷獨佔，或經濟力量過度集中、不當競爭或不當經營活動，必須加以監督，而且已形成爲法制化 ⑯。

(三)保護消費者利益之基本法規及缺陷商品責任及賠償規定：直接與消費者利益有關的，乃是司法保護消費者從商品標示上獲知有關商品的品質，而企業亦須就其生產之商品瑕疵，對消費者直接負其責任 ⑰，因此，商標法、商品標示法、商品檢驗法、乃至於消費者保護基本法之規定，均爲鼓勵創立優良商標，保護商標專用權，編修商品國家標準，加強生產及商品檢驗，輔導民間保護消費者組織之基礎 ⑱。

---

⑭　我國關於公害之立法，就行政法方面，尙無如日本之「公害對策基本法」之統一法律，關於公害之民事責任及其他救濟方法，得依據權利濫用，侵權行爲，物權請求權及相鄰關係等規定。至於刑事責任，得以公共危險一章規定。見鄭玉波，"公害與民事責任"，「法令月刊」，22卷 3 期。關於公害一般性論述，見劉淸波，"公害法律規制的發展"，「憲政思潮」，25期。

⑮　鄭玉波，"論公害之損害賠償"，「憲政思潮」，25期，第 155–158 頁，又，日本於昭和47年10月 1 公佈「公害無過失賠償責任法」。

⑯　美國於1890年通過 Sherman 法案，禁止壟斷及對貿易的種種約束；1914年通過 Clayton 法案，防範任何違反競爭行爲，及禁止削弱競爭的兼併或獨佔活動；1936 年頒佈 Robinson-Patman 法案，防止企業惡性競爭及採取差別價格；1937年通過 Miller-Tyding 公平交易法案，維護零售價格；1950年頒佈 Celler-Kefauver 法案，禁止以結合方式，壟斷獲取資產及有價證券。

⑰　歐美盛行生產者責任或製造業者責任說，對其產品之瑕疵，對消費者負其責任，見鄭玉波，「民法實用——債之通則」，第 142 頁，民國68年 1 月，國內二十三家瓦斯熱水器廠商投保公共意外責任險卽屬之。

⑱　民國64年，行政院研考會完成消費者保護之研究，民國69年 4 月，靑商會發起「保護消費者運動」，更擴大社會對保護消費者利益之關切。

(四)**勞動基準之規定及勞工保護法規**：完整及合理的**勞工立法**，不僅有效保護**勞工**，並可調和勞資利害衝突，促進勞資合作，**增加企業生產**，策進社會安全，因此，勞工立法仍有規律社會的力量，**一方面，發展經濟**，增進勞工利益；另方面，保護勞工，來發展經濟。我國有關勞工立法甚多，如工廠法、工會法、勞資爭議處理法、勞動契約法、最低工資法、勞工保險條例等，惟實施效果不彰[19]。勞動基準法將成爲勞工立法之根本，以共同促進社會之發展。

(五)租稅改革下，法定稅捐、租稅平等及實質課稅原則之遵守：租稅係將財力資源由私人移轉至國家之政府決策、社會決策及經濟決策，其目的，一爲依收入所得或經濟環境公平地分擔政府及國家建設的費用，另一爲促進經濟發展、經濟穩定與效率，並縮短貧富差距，故有財政目的、經濟目的與社會目的[20]。

(六)提高能源使用效率之原則與規定：由於能源危機及能源價格迷漲，提高工業生產過程與產品的能源使用效率已成時代潮流，有關能源的節約、開發、管理亦形成法制化，「能源管理法」將成爲今後能源使用的法律基礎，以訂定設備和器具的能源使用效率標準；規定能源的安全儲量；並促使工廠建立能源審核制度，建立完整的能源資料並設置能源管理人員，經常檢查及分析可能浪費能源之處，設法改善；且由主管機構定期督導考核績效，確實達到節約能源的目標。

上述法律的內容，除促進經濟發展，引導經濟資源的調配與經濟活動的方向[21]，保護社會公衆，平均社會財富分配外，另一更大的功能，

---

[19]　參閱行政院研究發展考核委員會編印，「改進工礦檢查作業及提高其效能之研究」，第 419 頁。

[20]　參閱葛克昌，"租稅在法律上之意義"，「法訊」，第 48 期；鄭玉波，"稅法之解釋要素"，「稅務旬刊」，第 572 及 575 期。

即以強制性的規整力，建立現代社會所需要的價值系統。此種長期規範力量的制定與適用，均有賴企業對此觀念的認識，與貫徹的接受，才能發揮法制保障秩序，促進社會安全的功能。

二、社會責任的法制功能

社會公力對企業的法制功能，主要在規整企業的經營活動，並具體地表現於下列規範力上，而以維持公正且自由的市場秩序為其最高境界：

(一)維持市場秩序：我國經濟體制為「計劃性自由經濟」，為維持計劃性的自由市場體制，憲法上首先確定民生主義的經濟原則為節制私人資本及發展國家資本[22]，以求各種資本相互調合及配合運用，並達成維持市場秩序與發展國民經濟的目標。此外，**民法、商法等對防止壟斷、**合理競爭、公平交易均發揮相當功能，而刑法則對不當經濟活動有相當制裁力[23]，未來更應在消費徵信、廣告管理、**消費市場的組織及管**理等加強規範，以充實及確保市場秩序的自由與安全。

(二)建立合理的價格制度：在市場秩序的維持下，才可能建立公正與合理的價格制度，對於商品勞務的公平交易，消費者利益與企業利益

---

[21] 孫震，"經濟發展過程中，法律的經濟功能與社會功能之平衡"，「自由青年」，54 卷 3 期 (64 年 9 月)，第 10–12 頁。

[22] 參閱憲法144條規定：「公用事業及其他有獨佔性之企業以公營為原則，其經法律許可者，得由國民經營之。」145 條規定：「國家對於私人財富及私營事業，認為有妨害國計民生平衡發展者，應以法律限制之；合作事業應受國家之獎勵與扶助；國民生產事業及對外貿易，應收國家之獎勵、指導及保護」等基本國策，均為謀國計民生之均富目標。

[23] 參閱我國刑法之公共危險罪、偽造貨幣罪，偽造有價證券罪，偽造度量衡罪、妨害農工商罪等諸章。

的保護，方能實現。我國「證券交易法」對於發行證券調度資金之辦法，投資者之保護，經營者之民刑事責任，均給予客觀且明確之規定，對於企業資本大衆化、社會化的發展，及建立合理的證券市場價格，具有重大的意義。類似證券交易法之法律，如商品零售價、分期付款等價格之監督法制[24]，亦應及早在我國推展。

(三)保障社會安全：由於企業經營活動多數受到國家的經濟輔助，包括補貼、貸款、保證、稅捐減免、報酬率優待或設備折舊率的優待條件[25]，因此，對其工業化發展結果，所衍生的許多社會問題，如教育與企業需求差距擴大、運輸需求增加、醫療費用提高、警力不足、工作訓練成本增加、住宅不足、城市重建困難、能源浪費、環境污染、勞動基準遭遇障礙……乃至於大規模區域發展受到限制等，均應負責，因此，在租稅、技術革新、人力發展、公害防治、節約能源、社區改善等方面，企業的行為不僅是社會性，多數是政治性的，它們被要求更多的支出或投入於社會的安全與安定上[26]。

(四)積極參與社會，協助社會發展：現代企業的經營，除爲經濟活動的主體外，對於社會文化、社會福利、學術研究、社區發展、科技研究等活動，亦扮演着相當重要的角色。就企業參與社會的觀點而言，以往認爲參與社會事務是否適宜，或認爲是否有利的想法，必須摒棄！理由至爲肯定，惟有社會安定、安全與進步、經濟繁榮、市場機會增多，對企業銷售其產品或追求其經濟績效——利潤，方有可爲；反之，社會

[24] 蘇俊雄，「改進經濟立法之研究——經濟憲法與經濟監督法體系之研究」，(國科會研究報告)，民國62年。

[25] 廖義男，"從法學上論經濟輔助之概念"，「臺大法學論叢」，6卷，2期，第252-253頁。

[26] Richard J. Barber, *The American Corporation* (New York: E. P. Dutton & Co., Inc.), 1970, ch. 14.

蕭條或不安，不僅會侵蝕經濟活力，虛耗國家實力，剝奪企業的經營機會，且破壞市場秩序。因此，新的政治或社會觀念——不論自由或保守的——均要求企業能積極參與社會事務，使企業目標與社會需要相互結合，裨益社會又賺取利潤雙重目標同時達成。這種企業與政府合作的精神，摒棄了傳統公私各有「適當分工」的舊概念，更使企業得以執行其對社會的「公共職責」[27]。

　　企業對社會發展的支持態度，亦隨着社會思潮而改變，1960年代以前，以公共捐獻為主。由於企業對公共福利、慈善、科學研究與教育目的事舉的捐助，亦從而展開對公共捐獻有效性的法律解釋或立法問題的研究，至今，美國各州公司法，多數定有捐獻效力的明文[28]。我國法律除民法財團法人及贈與等章略有規定，其他立法闕如。近年來，歐美企業參與社會事務與執行「公共職責」的方式，走向直接從事社會建設，在配合政府政策下，直接以建屋、福利管理、教育及工作訓練、建築藝術館等措施和政府共同合作。我國企業在此方面略有起步，惟尚待全面推展。

第三節　企業社會責任的原則及範疇

　　企業社會責任乃是涉及企業或企業家個人從道德觀點上，去選擇企業經營目標的行為規範或決策方式。然而，依據前章敍述，企業家或經營者由於個人的宗教信仰、經歷、文化背景或環境條件不同，所引起價值或觀念亦不同，對經營目標之決策或選擇亦大相逕庭。為避免企業經

---

[27]　Richard J. Barber, *op., cit.*, ch. 15.

[28]　見蘇俊雄「企業的社會責任與法律意識」乙文中引 Blumberg 在 *Corporate Responsibility and The Social Crisis* 乙書中所提問題討論。

營者與社會環境間產生利害差異或對立的風險，哈佛大學教授奧斯汀 (Robert W. Austin) 曾列舉「經營者的行為信條」(code of conduct for executive)，作為企業經營者在決定經營目標之原則[29]：

(1) 經理人必須體認企業利益高於個人利益。

(2) 經理人必須體認社會責任高於企業責任與個人責任。

(3) 經理人必須體認他有責任說明企業利益或個人利益在公共利益上的比重。

(4) 經理人必須體認企業獲利的動機，乃是為發展一較美好、較穩定、較成長及進步的經濟社會而努力。

簡單地說，也就是:

　　「社會責任高於企業責任。

　　服務動機高於利潤動機。

　　榮譽目標高於經營目標。」

這一「行為信條」明確地指出企業或個人與社會間的權利義務關係!

　　企業社會責任的範疇，由於探討的角度不同，各家分陳，綜言之，主要可歸納如下列所述:

　1. 為國家創造財富的責任。

　(1) 根據國家政策及法令規定，合理及正當手段的經營企業。

　(2) 積極開發，並有效地運用各種經濟資源。

　(3) 提高能源使用效率，開發能源。

　(4) 繳納各種租稅。

　(5) 積極從事研究發展，提供較新及較高品質的產品，以適應消費需要，並拓展我國對外貿易。

---

[29] Robert W. Austin, "Code of Conduct for Executives", *Harvard Business Review* (Sept.–Oct., 1961), pp. 53–61.

2. 爲社會改善環境的責任。

(1) 健全企業組織，擴展經營範圍，以增加就業機會。

(2) 對公害的加強防治，以維護良好的生活環境。

(3) 改進產銷方法，降低成本，保持合理價格，穩定市場公平交易，以減輕消費者負擔，提高生活水準。

(4) 釐定合理的人事政策與工資報酬，以有效發展人力資源。

3. 爲股東創造利潤的責任。

4. 爲員工謀求福利的責任。

5. 積極參與社會公益建設的認識。

上述範疇，希望由於企業界的體認，將其成文地明載於商業團體公約、公會公約、甚至於各企業組織之章程中，日本經濟同友會在昭和31年11月全國大會中決議「經營者社會責任的自覺與實踐」，提到「企業之宗旨，無論就邏輯論理，或就實際的觀點而言，均不能認爲單純以自己企業利益爲鵠的，對於謀求經濟與社會之調和，以最佳效力結合各種生產要素，從事物美價實之優良產品，貢獻人類生活，提供服務，也是企業本身之社會任務」❸，卽是我國企業團體師法的例舉。

---

❸　上柳克郎，河本一郎，前揭書，3頁。

參 考 文 獻

一、中文部份

(一) 書 籍

1. 王德馨,「現代工商管理」(臺北市: 三民書局), 民國 66 年。

2. 汪承運,「企業計劃與預算」(臺北市: 作者自印), 民國 65 年。

3. 洪良浩,「產與銷: 臺灣行銷實例」(臺北市: 哈佛企管顧問公司), 民國 63年。

4. 許士軍,「管理: 工作、責任與實務」(臺北市: 地球書局)。

5. 陳定國,「臺灣區巨型企業經營管理之比較研究」(臺北市: 經濟部金屬工業研究所), 民國 61 年。

　　　──,「多國性企業經營」(臺北市: 聯經出版社公司), 民國 64 年。

6. 陳庚金,「目標管理概念與實務」(臺北市: 行政院研究發展考核委員會), 民國 61 年。

7. 施啓揚、蘇俊雄,「法律與經濟發展」(臺北市: 正中書局), 民國 63 年。

8. 張潤書,「行政學」(臺北市: 三民書局), 民國 65 年 11 月。

9. 葉　彬,「企業採購」(臺北市: 三民書局), 民國 64 年。

10. 劉一中,「現代生產管理學」(臺北市: 作者自印), 民國 66 年 9 月。

11. 龍冠海,「社會學」(臺北市: 三民書局), 民國 56 年。

12. 龔平邦,「組織行爲管理」(臺北市: 三民書局), 民國 61 年 10 月。

(二) 期 刊

1. 王作榮, "臺灣經濟建設的長期目標", 于宗先, 陸民仁合編「臺灣經濟發展總論」(臺北市: 聯經出版社公司), 民國 64 年, 第二章。

2. 李國鼎，"我國經濟政策"，「臺灣經濟發展總論」，第一章。

3. 李達海，"當前我國的能源問題"，「環球經濟」，第 1 卷，第 11 期。

4. 柴松林，"經濟建設與社會建設的成果——國民經濟及社會生活的變遷"，「當代中國問題講座」(臺北市：自由青年)，民國 67 年。

5. 陳定國，"企業整體策劃"，「金工」，民國 64 年 1 月，第 12 頁。

6. 黃俊英，"企管教育與企管實務之差距"，「企業經理月刊」，第 94 期，第 3 頁。

　　——，"臺灣企業的管理哲學——企業導向的過去、現在與未來"，「臺北市銀月刊」，第八卷，第 6 期，第 9 頁至 12 頁。

7. 彭傑士，"已開發國家之海外投資保險制度"，「國際經濟資料月刊」，第二十六卷，第 2 期，第 9 頁至 15 頁。

8. 葉萬安，"臺灣經濟發展階段的回顧"，「臺灣經濟發展方向及策略座談會紀錄」(臺北市：中央研究院)，民國 65 年 8 月。

9. 孫　震，"經濟發展過程中，法律的經濟功能與社會功能之平衡"，「自由青年」，第 54 卷，第 3 期，第 10 頁至 12 頁。

10. 鄭玉波，"公害與民事責任"，「法令月刊」，第二十二卷，第 3 期。

　　——，"論公害之損害賠償"，「憲政思潮」，第25期，第155頁至158頁。

　　——，"稅法之解釋要素"，「稅務旬刊」，第 572 期及 573 期。

11. 雷　穎，"戰略與管理"，「企業經理月刊」，第 73 期，第 3 頁。

12. 蘇俊雄，"企業的社會責任與法律意識"，「市場研究」，第二卷，第 9 期，第 39 頁至 42 頁。

　　——，"論企業概念在法律學上之基本問題"，「政大法學評論」，第 2 期，第 65 頁。

13. 廖義男，"從法學上論經濟輔助之概念"，「臺大法學論叢」，第 6 卷，第 2 期，第 252 頁至 253 頁。

(三) 論文與報告

1. 王世坤，「企業經營風險與其因應策略之研究」(成功大學工業管理研究所碩士論文)，民國 68 年 6 月。

2. 中華民國企業經理協進會,「企業與管理教育──第十三屆會員大會年册」。

3. 行政院研究考核委員會,「企業管理問題──考察報告」,管理叢書第二册,
　　民國 64 年 6 月。

　　　──,「改進工礦檢查作業及提高其效能之研究」,民國 64 年。

4. 行政院經濟建設委員會,「中華民國臺灣經濟建設六年計劃概要」,民國65
　　年。

5. 行政院國際經濟合作發展委員會,「臺灣地區民營大型企業組織與人力運
　　用調查研究報告」,民國 64 年,人力發展叢書第 53 輯。

6. 蔡良明,「民營大型企業研究發展工作之研究」(臺灣大學商學研究所碩士
　　論文),民國 66 年 6 月。

(四) 專題演講

1. 李國鼎,「改變工業結構應努力之方向」,民國 67 年 6 月 29 日於中華民國
　　工商協進會。

　　　──,「全面推動第二次生產力運動」,民國 67 年 8 月 24 日於亞洲生產
　　力組織。

　　　──,「資訊工業發展對國家建設的重要性」, 民國 68 年 12 月 11 日於
　　中國工程師學會第屆 44 年會。

2. 郭婉容,「臺灣經濟發展的成就與前瞻」, 民國 67 年 12 月 24 日於光復大
　　陸設計委員會全體委員二十五次會議。

3. 嚴家淦,「結合羣力,達致目標」, 民國 67 年 12 月 10 日於中華民國管理
　　科學學會年會。

二、英文部份

(一) Books

1. Ansoff, H. Igor, *Corporate Strategy* (New York: McGraw-Hill Co.),
　　1960.

2. Anthony, Robert N., *Planning and Control System*: *A Framework for Analysis* (Boston, Mass.: Harvard Graduate School of Business), 1965.

3. Barnes, Ralph M., *Motion and Time Study*: *Designed Measurement of Work* (New York: John, Wiley & Sons, Inc.,) 1963, 5th. ed.

4. Baumol, William J., *Business Behavior, Value and Growth* (New York: Harcourt Brace & World, Co.,) 1966.

5. Bowan, Edward H. and Robert B. Fetter, *Analysis for Production Management* (Homewood, Ill.: Richard D. Irwin, Inc.,) 1961, rev. ed.

6. Broom, H. N., *Business Policy and Strategic Action* (New Jersey: Prentice–Hall, Inc.), 1969.

7. Carson, Cordon B., eds, *Production Handbook* (The Ronald Press, Co.) 2nd. ed.

8. Cundiff, E. W. and R. R. Still, *Basic Marketing* (Englewood Cliff, N. J.: Prentice–Hall, Inc.,) 1964.

9. Cyert, Richard and James March, *A Behavioral Theory of the Firm* (New Jersey: Prentice–Hall, Inc.,) 1963.

10. Davis, Keith, *Human Behavior at Work*: *Human Relation and Organization Behavior* (New York: McGraw–Hill Book Co.,) 1974, 4th. ed.

11. Drucker, Peter F., *The Practice of Management* (New York: Harper & Row Publish, Inc.,) 1954.

    ——, *The Age of Discontinuity* (New York: Harper & Row Publish, Inc.,) 1969.

12. Engel, James F., David T. Kollat and Roger D. Blackwell, *Consumer Behavior* (New York: Holt, Rinehart & Winston, Inc.,) 1973, 2nd. ed.

13. Farmer, R. N. and B. M. Richman, *Comparative Management and Economic Progress* (Ill.: Richard D. Irwin, Inc.) 1965.

14. Fred, Luthan, *Organizational Behavior* (New York: McGraw-Hill Book Co.,) 1973.

15. French, Wendell, *The Personnel Management Process: Human Resources Administration* (Boston, Mass.: Houghton Mifflin Company), 1974. 3rd, ed.

16. Feigenbam, V. A., *Total Quality Control Engineering and Measurement* (New York: McGraw-Hill Book Co.,) 1961.

17. Gangê, M. (eds.), *Psychological Principles in System Development* (New York: Holt, Rinehart & Winston, Inc.,) 1962.

18. Gluck, W. F., *Business Policy: Strategy Formation and Management Action* (N. Y.: McGraw-Hill), 1976, 2nd. ed.

19. Graham, Robert C. and Clifford C. Greg, *Business Games Handbook* (New York: AMA), 1969.

20. Greene, James H., *Production and Inventory Control Handbook* (New York: McGraw-Hill Book Co.,) 1970.

21. Greenwood, William T., *Busines Policy* (New York: Macmillan), 1967.

22. Herzberg, Frederick, *Work and the Nature of Man* (Cleveland: the World Publishing Co.,) 1966.

23. Heyel, Carl, *Handbook of Modern Office Management and Administrative Service* (New York: McGraw-Hill Book Co.,)

24. Higginson, M. Valliant, *Management Policy: Vols 1 & 2, AMA Research Study 78* (New York: AMA), 1966.

25. Johnson, Richard A., William T. Newell, Roger C. Vergin, *Production and Operation Management: A System Concept* (Boston: Houghton Mifflin Co.,) 1974.

26. Juran, J. M., *Quality Control Handbook* (New York: McGraw-Hill Book Co.,) 1962.

27. Kast, Fremont E. and James E. Rosenzweig, *Organization and Management* (New York: McGraw-Hill Book Co.,) 1974.

490 企 業 政 策

28. Klein, Walter and David C. Murphy, *Policy: Concepts in Organizational Guidance* (Mass.: Little, Brown), 1973.

29. Koontz, Harold and Cyril O'Donnell, *Principle of Management: An Analysis of Managerial Function* (New York: McGraw–Hill Book Co.,) 1974.

30. Kotler, Philip, *Marketing Management: Analysis, Planning and Control*(New York: Prentice–Hill, Inc.,) 2nd., 3rd. & 4th. eds.

31. Lawrence, Paul R. and Jay W. Lorsch, *Studies in Organization Design* (Ill.: Irwin & Dorsey Press,) 1970.

32. Learned, Edmund P. et. al., *Business Policy: Text and Cases* (Homewood, Ill.: Richard D. Irwin,) 1968.

33. Likert, Rensis, *New Pattern of Management* (New York: McGraw–Hill Book Co.,) 1961.

——*The Human Organization* (New York: McGraw–Hill Book Co.,) 1967.

34. Marshall, Paul W. et. al., *Operation Management: Text and Cases* (Homewood, Ill.: Richard D. Irwin, Inc.,) 1975.

35. Maynard, H. B. eds., *Handbook of Business Administration* (New York: McGraw–Hill Book Co.,) 1967.

36. McCathy, E. Jerome, *Basic Marketing: A Managerial Approach* (Homewood, Ill.: Richard D. Irwin, Inc.,) 1971, 4th. ed.

37. McGregor, Douglas, *The Human Side of Enterprise* (New York: McGraw–Hill Book Co.,) 1960.

38. McNichols, Thomas J., *Policy Making and Executive Action: Cases on Business Policy* (New York: McGraw–Hill Book Co.,) 1972.

39. Moore, Russell F. eds., *AMA Management Hand book* (New York: AMA), 1970.

40. Myers, S., *Successful Industrial Innovation*(Washington, D. C.: NSF), 1969.

41. Negandhi, A. R. and S. B. Prasad, *Management Philosophy and Management Practices* (New York: Appleton–Century–Croft Inc.,) 1968.

42. Parson, Talcott, *Structure and Process in Modern Society* (Ill.: The Free Press), 1960.

43. O'diorne, George S., *Management by Objective: A System of Managerial Leadership* (New York: Pitman Publishing Co.,) 1971, 12th. ed.

44. Richards, Max D. and Pauls. Greenlaw, *Management: Decision and Behavior* (Homewood, Ill.: Richard D. Irwin, Inc.,) 1972. Rev. ed.

45. Rogers, Everett M., *Diffusion of Innovation* (New York: the Free Press), 1962.

46. Rostow, W. W., *The Stages of Economic Growth: A Non–Communist Manifesto* (Cambridge University Press, N. Y.), 1960.

47. Schein, Edgar H., *Organizational Psychology* (New Jersey: Prentice Hall), 1965.

48. Simon, Herbert, A., et. al. *Public Administration* (New York: Alfred & Knopf), 1950.

——, *Administrative Behavior: A Study of Decision–making Process in Administrative Organization* (New York: Macmillan), 1947.

——, *The New Science of Management Decision* (New York: Harper & Bros.,) 1960.

49. Sisk, Henry L., *Management and Organization* (Ohio: South Western Publishing Co.,) 1973.

50. Stanton, William J., *Foundamental of Marketing* (New York: McGraw–Hill Book, Co.,) 1964.

51. Steinger, G. A., *Top Management Planning* (New York: Macmillan) 1969.

52. Weston, J. Fred and Eugene F. Brigham, *Managerial Finance*(Hinsdale, Ill.: The Dryden Press,) 1979, 4th., 5th., & 6th. eds.,

53. Walter, Damm and Sidney E. Rolfe, eds., *The Multinational Corpo-
    ration in the World Economy* (New York: Praeger Co.,) 1970.

54. Voupel, James W. and Curhan, Joan P., *the Making of Multination-
    al Enterprise* (Boston: Harvard Business School), 1969.

(二) **Periodics**

1. Andrews, Kenneth R., "The Progress of Professional Education for
   Business", *MBA*, Vol. II, No. 1, Part 1, 1967, pp. 6–11, and
   43–47.

2. Buchele, Robert B., "How to Evaluate a Firm", *California Management
   Review* (Fall, 1962), pp. 5–12.

3. Cannon, J. Thomas, "External Appraisal", *Business Strategy and
   Policy* (New York: Harcourt, Brace & World, 1968).

4. Cox, William E., "PLC as Marketing Models", *Journal of Business*
   (oct. 1967), pp. 375–384.

5. Colkins, Robert D,, "The Problem of Business Education", *Journal of
   Business* (Jan. 1961), No. 1.

6. Davis, Ralph C., "A Philosophy of Management", *Journal of Academy
   of Management* (Dec. 1958), Vol. I, No. 3, pp. 37–40.

7. Daw Son, L., "The Human Concept: New Philosophy for Business",
   Business Horizons (Dec. 1969), pp. 29–38.

8. Dent, Jame K., "Organizational Correlates of the Goals of Business
   Management", *Personnel Psychology* (1959), Vol. 12, No. 3, pp.
   365–393.

9. Drucker, Peter F., "Business Objective and Survival Needs", *Journal
   of Business* (April, 1958), Vol, 31, pp. 81–90.

10. England, G. W., "Personal Value System of American Managers",
    Academy of Management Journal (March, 1967), pp. 53–68.

    ——., "Organizational Goals and Expected Behavior of American
    Managers", *Academy of Management Journal* (June, 1967), pp.

107–177.

11. Ford, Robert N., "Job Enrichment Lessons from AT & T", *Harvard Business Review* (Jan–Feb., 1973), pp. 101–108.

12. Frank, Andrew G., "Goal Ambiguity and Conflicting Standards: An Approach to the Study of Organization", *Human Organization* (Winter, 1958), Vol. 1, No. 17. pp. 13.

13. Fouraker, L. and Stopford, J., "Organization Structure and the Multinational Strategy", *Administrative Science Quarterly* (June, 1968).

14. Gross, Bertram H., "What Are Your Organization's Objective", *Human Relation* (1965), Vol. 18, No. 3. pp. 22–24.

15. Gutmann, Peter M., "Strategies for Growth", *California Management Review* (Sept, 1964), Vol, VI, No. 4, pp. 31–36.

16. Hackman, Richard J. and Purdy Kenneth", A New Strategy for Job Enrichment", *California Management Review* (Summer, 1975), Vol, XVII, No. 4, pp. 59–72.

17. Harrington, L., "How to Improve the Return From Your Fringer Benefit Program", *Personnel Journal* (July, 1970), No. 40, p. 604.

18. Hollander, Stanley C., "The Wheel of Retailing", *Journal of Marketing* (July, 1960), pp. 37–42.

19. Hollmann, Robert W., "MBO–The Team Approach", *California Management Review*, Vol. 17, No. 3, pp. 13–21.

20. Hunt, "Pearson, Management and Training for Management", *Scientific Business*) Feb, 1964), pp. 210–214.

21. Ivancevich, John M., "Theory and Practice of Management by Objective", *Michigan Business Review* (March, 1969), Vol. XXI, pp. 13–16.

22. Keith, Robert J., "The Marketing Revolution", *Journal of Marketing* (Jan, 1960), pp. 35–38.

23. Koontz, Harold, "Making MBO Effective", *California Management Review* (Fall, 1977), Vol. XX, No. 1, pp. 5–13.

24. Kotler, p., "Corporate Models: Better Marketing Plans", *Harvard Business Review* (July–Aug, 1970), pp. 135–149.

——., "What Consumerism Means for Marketer", *Harvard Business Review* (May–June, 1972), pp. 48–57.

——., "The Major Tasks of Marketing Management", *Journal of Marketing* (Oct, 1973), pp. 42–49.

25. Lasagna, John B., "Make Your MBO Pragmatic", *Harvard Business Review* (Nov.–Dec, 1971), pp. 64–68.

26. Leavitt, Harold J., "On the Export of American Education", *Journal of Business*, (July, 1957), Vol, XXX, No. 3, pp. 158–160.

27. Leavitt, Theodore, "Marketing Myopia", *Harvard Business Review* (July–Aug, 1960), pp. 45–56.

——, "Exploit the Product Life Cycle", *Harvard Business Review* (Nov.–Dec, 1965), pp. 81–94.

——, "Production–line Approach to Service", *Harvard Business Review* (Sept.–Oct, 1972), pp. 41–42.

28. Mintzberg, Henry, "The Science of Strategy Making", *Industrial Management Review* (1967), Vol. VIII, pp. 71–81.

——, "Strategy–making in Three Modes", *California Management Review* (Winter, 1977), Vol. XVII, pp. 44.

29. Monson, R. Joseph and Anthony Downs, "A Theory of Large Managerial Firm", *Journal of Political Economy* (1965), Vol. 73, No. 3, pp. 221–236.

30. Myears, Scott M., "Every Emploxee a Manager", *California Management Review* (Spring, 1968), No. 10, pp. 9–20.

31. Negandhi, A. R. and B. D. Estafen, "A Research Model to Determine the Applicability of American Management Know-How in Differing Culture and/or Environment", *Academy of Management Journal* (Dec, 1965), Vol. VIII, No. 4, pp. 309–318.

32. Patz, Alan L., "Notes: Business Policy and Scientific Method", *Cali-*

forniaManagement Review (Spring, 1975), Vol. XVII, No. 3, pp. 87–90.

33. Severiens, Jacobus T., "Product Innovation, Organizational Change, and Risk: A New Perspective", *S. A. M. Advanced Management Journal* (Fall, 1973), p. 26.

34. Simon, H. A., "On the Concept of Organizational Goal", *Administrive Science Quarterly* (1964), Vol. 9, No. 1, pp. 1–22.

 ——., "Technology and Environment", *Management Science* (June, 1973), Vol. 19, No. 10, pp. 1111–1115.

35. Steiner, G. A., "Approach to Long–range Planning for Small Business", *California Management Review* (Fall, 1967), p. 5.

36. Subramaian, S. K., "Problem of Research in Development Countries", *Research Management* (July, 1967), Vol. X, No. 4, pp. 229–239.

37. Udell, John G., "How Important is Pricing in Competitive Strategy", *Journal of Marketing* (Jan, 1964), pp. 44–48.

38. Vancil, Richard F., "Lease or Borrow: How Method of Analysis", *Harvard Business Review* (Sept.–Oct, 1961), pp. 238–259.

39. Worthy, James C., "Education for Business Leadership", *Journal of Business*, Vol. XXVII, No. 2, pp. 76–82.

40. Yin, Robert K. and Karen A. Heald", Using Case Study Method to Analyze Policy Studies", *Administrative Science Quarterly* (Sept, 1975), Vol. 20, pp. 371–380.

in *Management Review* (Spring 1979), Vol. XVII, No. 3, pp. ...

22. Quaytman, Robert, "Product Innovation, Organizational Change and Panic: A New Perspective," in M. Salancik (ed.), *Innovation* (Bloomington, 1979), p. 25 ff.

23. Simon, H. A., "On the Concept of Organizational Goal," *Administrative Science Quarterly* (June), Vol. 9, No. 1, pp. ...

24. ——, "Rationality and Government," *Administrative Science* (June 1977), Vol. 16, No. 4, pp. 210-219.

25. Steiner, Gary, "Approach to Understanding," in S. and Business *California Management Review* (Fall, 1963), p. ...

26. Stinchcombe, S. A., "Chapter of Research in Development of Countries," in *Social Management* (July 1967), Vol. 8, No. 4, pp. 264-279.

27. Udall, John, *Administrative Behavior, a Primer in Comparative Societies* (Essex or Yorkshire (Jun. 1966), pp. 45 ff.

28. Vancil, Robert F. "Planned or Decentralized Decision Analysis of Authority," *Financial Management* Review (Sept./Oct. 1967), pp. 42-58.

29. Woolfe, James G., *Innovation and Business Techniques*, 2. ed., *Financial Vol. X, VII, 7, pp. 78 ff.

30. Yuchtman, Ephraim and Seashore A. E. "A System Resource Model of ... *Management Policy Studies*, *Administrative Science* (June 1967), Vol. XV, 2, pp. 494-509.

三民大專用書書目——經濟‧財政

三民大專用書書目——會計・審計・統計

書名	著者	著/校訂	服務機關
財務報表分析題解	李祖培	著	中興大學
稅務會計（最新版）	卓敏枝　盧聯生　莊傳成	著	臺大　輔大　文化
珠算學（上）（下）	邱英弘	著	臺中商專
珠算學（上）（下）	楊渠約	著	
商業簿記（上）（下）	盛禮約	著	淡水工商管理學院
審計學	殷文俊　金世朋	著	政治大學
商用統計學	顏月珠	著	臺灣大學
商用統計學題解	顏月珠	著	臺灣大學
商用統計學	劉一忠	著	舊金山州立大學
統計學	成灝然	著	臺中商專
統計學	柴松林	著	交通大學
統計學	劉南溟	著	臺灣大學
統計學	張浩鈞	著	臺灣大學
統計學	楊維哲	著	臺灣大學
統計學	張健邦	著	政治大學
統計學（上）（下）	張素梅　蔡淑女　張健邦	著訂　校訂	臺灣大學　政治大學
統計學題解	顏月珠	著	臺灣大學
現代統計學	顏月珠	著	臺灣大學
現代統計學題解	顏月珠	著	臺灣大學
統計學	顏月珠	著	臺灣大學
統計學題解	顏月珠	著	臺灣大學
推理統計學	張碧波	著	臺灣銘傳大學
應用數理統計學	顏月珠	著	臺灣大學
統計製圖學	宋汝溶	著	臺中商專
統計概念與方法	戴久永	著	交通大學
統計概念與方法題解	戴久永	著	交通大學
迴歸分析	吳宗正	著	成功大學
變異數分析	呂金河	著	成功大學
多變量分析	張健邦	著	政治大學
抽樣方法	儲全滋	著	成功大學
抽樣方法——理論與實務	鄭光甫　韋端	著	中央大學　主計處
商情預測	鄭碧娥	著	成功大學